퍼스트 스텝

퍼스트 스텝

—

2022년 3월 23일 초판 1쇄 발행

—

지은이 제레미 드실바
옮긴이 노신영
펴낸이 김정수, 강준규
책임편집 유형일
마케팅 추영대
마케팅지원 배진경, 임혜솔, 송지유, 이영선

—

펴낸곳 (주)로크미디어
출판등록 2003년 3월 24일
주소 서울시 마포구 성암로 330 DMC첨단산업센터 318호
전화 번호 02-3273-5135
팩스 번호 02-3273-5134
편집 070-7863-0333
홈페이지 http://rokmedia.com
이메일 rokmedia@empas.com

—

ISBN 979-11-354-7455-2 (03470)
책값은 표지 뒷면에 적혀 있습니다.

—

- 브론스테인은 로크미디어의 과학, 건강 도서 브랜드입니다.
- 잘못 만들어진 책은 구입하신 서점에서 교환해 드립니다.

퍼스트 스텝

직립보행은 어떻게 인간을
인간답게 만들었는가?

First Steps

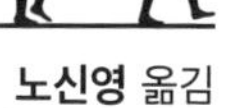

제레미 드실바 지음

노신영 옮김

BRONSTEIN

×

에린 그리고
앞으로 내디딜 발걸음을 위해

×

저자 | **제레미 드실바**Jeremy DeSilva

제레미 드실바는 미국 다트머스 대학교의 인류학 교수이다. 코넬 대학교에서 생물학을 전공했으며, 미시건 대학교에서 생물인류학 박사 학위를 받았다. 그는 오스트랄로피테쿠스 세디바와 호모 날레디 두 고대 인류의 가계도를 발견하고 묘사한 연구팀의 일원이다. 인간의 발과 발목에 대한 해박한 해부학적 전문 지식으로 인류의 직립보행의 기원과 진화에 대해 이해를 높이는 일에 앞장 서고 있다. 그는 서부 우간다의 야생 침팬지와 동부 및 남아프리카 전역의 박물관에서 초기 인류 화석을 연구했으며, 1998년부터 2003년까지 보스턴 과학 박물관에서 교육자로 일했다. 그는 남아프리카 공화국 위트와테르스란트 대학교 산하 진화학 연구소Evolutionary Studies Institute로부터 명예 연구원 자격을 받기도 했다. 과학 교육에 꾸준히 열정을 가진 드실바는 뉴잉글랜드 전역에서 인류 진화에 대한 강의를 하고 있다.

역자 | **노신영**

번역가 노신영은 고려대학교에서 언어학을 전공했고, 이화여자대학교 통번역대학원에서 번역을 전공했다. LG, SK, 시세이도 등 기업과 기획재정부와 같은 정부기관에서 다년간 통번역사로 활동했다. 옮긴 책으로는 《퍼스트 스텝》이 있다.

고인류학자들은 25종류가 넘는 화석 인류 조상과 멸종된 친척들(호미닌)을 발견하고 이름을 붙였다. 이 책을 통해, 여러분은 이 가운데 많은 종들을 그들의 이름과 대표적인 화석의 형태로 만나게 될 것이다. 이 호미닌들이 어느 시대에 살았었는지는 알 수 있지만(수직적으로 '수백만 년 전'과 같은 형식으로), 서로 정확히 어떻게 관련되어 있는지는 불분명하다. 다음의 가계도에는 가능성 있는 관계들이 제안되어 있지만, 최근의 화석과 유전적 증거들로 인류 가계도의 일부가 서로 연결된 가지들이 혼란스럽게 얽혀 있는 모습을 하고 있다는 사실을 밝혀냈다. 앞으로의 추가적인 발견들은 분명 아래의 그림을 어떤 면에서는 더욱 혼란스럽게, 그리고 또 다른 면에서는 더욱 단순하게 만들 것이다.

인류가계도

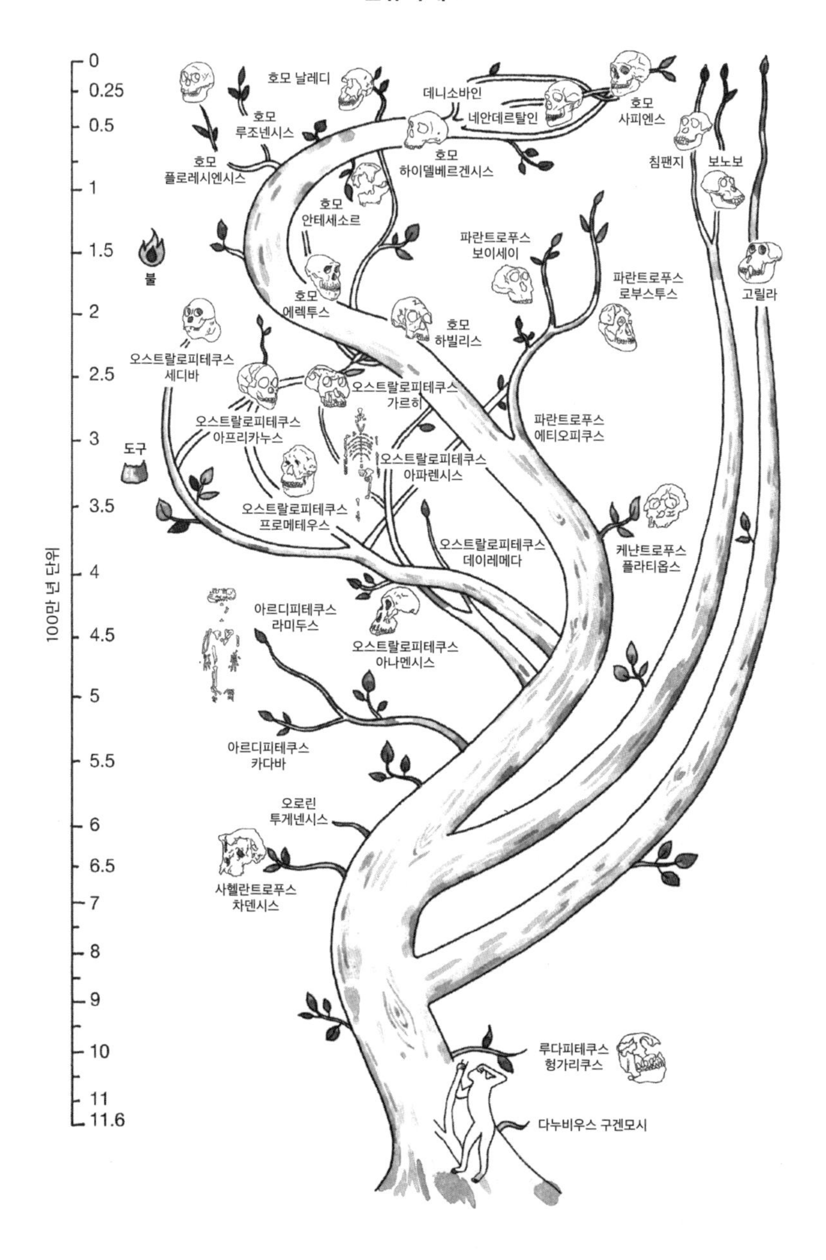

0
0.25
0.5
1
1.5
2
2.5
3
3.5
4
4.5
5
5.5
6
6.5
7
8
9
10
11
11.6
100만 년 단위
불
도구
호모 플로레시엔시스
호모 루조넨시스
호모 날레디
데니소바인
네안데르탈인
호모 사피엔스
호모 하이델베르겐시스
호모 안테세소르
호모 에렉투스
호모 하빌리스
침팬지
보노보
고릴라
파란트로푸스 보이세이
파란트로푸스 로부스투스
파란트로푸스 에티오피쿠스
오스트랄로피테쿠스 세디바
오스트랄로피테쿠스 가르히
오스트랄로피테쿠스 아프리카누스
오스트랄로피테쿠스 아파렌시스
오스트랄로피테쿠스 프로메테우스
오스트랄로피테쿠스 데이레메다
케냔트로푸스 플라티옵스
아르디피테쿠스 라미두스
오스트랄로피테쿠스 아나멘시스
아르디피테쿠스 카다바
오로린 투게넨시스
사헬란트로푸스 차덴시스
루다피테쿠스 헝가리쿠스
다누비우스 구겐모시

미국 버몬트주 노위치Norwich에 있는 나의 집에서 이 글을 쓰고 있을 때, 한 소셜 미디어에서는 사람들이 자신의 현재 직업과, 그들의 나이가 여섯 살, 열 살, 열네 살, 열여섯 살, 그리고 열여덟 살일 때 꿈꾸었던 직업을 비교하는 여론 조사가 한창 진행 중이었다. 나의 꿈은 이랬다.

여섯 살_과학자
열 살_야구 팀 레드삭스Red Sox의 센터필더
열네 살_농구 팀 셀틱스Celtics의 포인트 가드
열여섯 살_수의사

열여덟 살_우주비행사

현재_고인류학자

고인류학은 화석paleo 인류anthropology를 연구하는 학문이다. 이는 인간 그리고 인간이 사는 세상에 대한 가장 위대하고도 대범한 궁금증을 해결하고자 하는 질문을 던지는 과학이다. 즉, 인류는 왜 존재하는가, 인류는 왜 현재와 같은 모습인가, 그리고 인류는 어디에서 왔는가 하는 문제이다. 그러나 고인류학이 항상 나의 길이었던 것은 아니다. 나는 심지어 2000년에 들어서야 이 과학 분야에 대해 처음 알게 되었다.

그해에 나는 보스턴 과학박물관에서 과학교육학자로 일하고 있었다. 내 급여는 시간당 미화 11달러였고, 조지 W. 부시가 차기 미국 대통령으로 선출되었으며, 레드삭스가 지난 월드 시리즈 챔피언십에서 우승한 이래 82번째 시즌을 마무리하고 있었다. 박물관의 동료 중 하나로, 세상에서 가장 멋지고 전염성이 강한 웃음소리를 가진 명석한 과학교육학자가 있었다. 4년 후 나는 그녀에게 청혼을 했고 승낙을 받았다.

그러나 2000년도 후반에 내가 고인류학에 관심을 갖게 된 계기는 내 마음에 싹튼 애정이 아니라, 박물관 전시실의 중대한 오류 때문이었다. 공룡 전시실 안에 실물 크기의 티라노사우루스 렉스와 지나치게 가깝게 놓여 있는, 유리섬유로 만들어진 360만 년 전 탄자니아 라에톨리Laetoli 지역의 고대 인류 발자국 모형이 있었다. 마치 공룡과 털북숭이 매머드, 그리고 원시인이 함께 들어 있는 선사시대

동물 장난감 세트처럼, 공룡보다 20배나 더 오래된 이 발자국을 공룡 화석과 나란히 진열하는 것은 사람들에게 고대 인류와 공룡이 공존했다는, 의도치 않은 오해를 불러일으킬 수 있었다. 나는 가만히 있을 수 없었다.

나는 내 상사인 위대한 과학교육학자 루시 커쉬너Lucy Kirshner에게 상의했고, 커쉬너는 고대 인류 발자국은 새로 재건된 인간생물학 전시관에 진열되어야 한다는 데 동의했다. 그런데 커쉬너는 나에게 우선 박물관 도서관에 가서 라에톨리 발자국과 인류 진화에 대해 공부할 것을 권했다. 나는 관련 주제에 관한 서적을 섭렵했고, 곧 그 매력에 사로잡혔다. 나는 그 분야 사람들이 말하는 호미닌병에 걸린 것이었다. '호미닌hominin'은 멸종된 인류의 친족 및 조상을 뜻하는 말이다. 마침 시기도 매우 적절했다. 그 후 2년 동안, 인류 가계도상의 가장 오래된 일원들이 발견되었기 때문이다. 이들은 유인원과 유사한 신비로운 조상들로, 아르디피테쿠스Ardipithecus, 오로린Orrorin, 그리고 사헬란트로푸스Sahelanthropus 같은 이름으로 불렸다.

2002년 7월, 나는 당시 보스턴 대학의 고인류학자인 로라 맥래치 박사(Dr. Laura MacLatchy)와 박물관의 프레젠테이션 무대에 서서, 아프리카 차드에서 발견된 700만 년 된 호미닌 두개골의 의미에 대하여 대중들과 열띤 토론을 벌였다. 나는 들떠 있었다. 내가, 진짜 고인류학자들과 함께 현재까지 발견된 가장 오래된 인류화석에 대해 이야기를 나누고 있었다.

나에게 있어서 호미닌 화석은 단순히 인류 진화 역사에 대한 물질적 증거를 보여 주는 것이 아니었다. 과거 인류의 삶에 대한 특별하고 개인적인 이야기를 담고 있는 것이었다. 예를 들어, 라에톨리의 발자국은 직립보행을 하며, 숨쉬고, 생각하는 존재가, 웃고, 울고 살다가 죽은 인생의 한 순간이 포착된 것이었다. 나는 과학자들이 이 오래된 유골에서 정보를 짜내는 방법을 배우고 싶었다. 나는 우리 조상들에 대한 증거가 뒷받침된 이야기를 하고 싶었다. 나는 고인류학자가 되고 싶었다. 로라 맥래치 교수와 함께 박물관 무대에 서고 1년 후, 나는 맥래치 박사의 보스턴 대학 고인류학 실험실에서 대학원 과정을 시작했고, 얼마 지나지 않아 미시건 대학에서 학업을 이어 갔다.

현재 나는 뉴햄프셔의 숲에 자리한 다트머스 대학의 인류학과에서 강의를 하고 있으며, 연구를 위해 아프리카로 여행을 다닌다. 나는 거의 20년 동안, 남아프리카의 동굴과 우간다 및 케냐의 불모지 전역에서 화석을 찾아다녔다. 수백만 년 전 직립보행을 하던 우리 조상이 남긴 발자국을 더 찾으려고 탄자니아 라에톨리의 고대 화산재를 파헤쳤다. 야생 침팬지를 따라 그들의 정글 서식지를 탐험했다. 아프리카의 박물관에서는 멸종된 인류의 친족과 조상이 남긴 발과 다리 화석을 면밀히 관찰했다. 그리고 궁금해졌다.

인간의 큰 뇌와 복잡한 문화, 그리고 기술적인 지식에 대해 궁금해졌다. 인간은 왜 말을 하는지 궁금했다. 아이를 한 명 키우는 데 왜 마을 전체의 노력이 필요한 것인지, 또 항상 그래 왔는지 궁금했다. 아이를 출산하는 것이 왜 힘겹고 때로는 여성에게 위험한 것인지 궁금했다. 인간의 본성에 대해, 그리고 선했던 사람이 왜 한순간 폭력적이 될 수 있는지도 궁금했다. 그러나 그중에서도 나는, 왜 인간이 네 발이 아닌 두 다리로 걷게 되었는지가 가장 궁금했다.

그러는 과정에서, 나는 내가 궁금해하는 많은 것들이 모두 연결되어 있으며, 그 모든 것의 근원에는 우리가 움직이는 독특한 방식이 자리 잡고 있다는 것을 깨달았다. 직립보행은 우리를 인간으로 만들어 주는 많은 특성들의 관문이다. 인간의 품질보증마크인 것이다. 이 연관성을 이해하기 위해서는, 질문을 통한 증거 기반의 자연세계에 대한 접근방식이자 내가 여섯 살 때부터 받아들인 방법, 즉 과학이 필요하다.

이 책은 두 발로 걷는 것이 어떻게 우리를 인간으로 만들어 주는가에 대한 이야기이다.

어떤 특정한 다리들을 이용해 걷기 시작하느냐 하는 질문을 받은 지네에 대한 오래된 이야기가 있다.[1] 지네는 질문을 받고 놀랐다. 너무나도 정상적이라고 생각되었던 진행 방법이 완전히 복잡한 문제가 되었기 때문이다. 지네는 움직일 수 없었다. 인간이 '어떻게' 걷는지가 아닌, '왜' 걷는지에 대한 질문에 답을 하려 했을 때, 나도 이와 비슷한 난관에 처했다.

탐험가 존 힐러비(John Hillaby)

2016년도는 뉴저지의 시골과 교외를 배회하는 흑곰의 개체 수 증가를 제한하기 위한 연간 사냥에서 최다 사살을 기록한 해이다.

사냥된 636마리의 흑곰 가운데, 635마리는 동물애호가들의 적당한 항의 속에 처분되었다.[2] 그런데 특정한 곰 한 마리가 죽었다는 소식이 퍼지자, 사람들의 분노가 들끓었다.[3]

그 곰을 죽인 것을 두고 '암살'이라고 불렀다. 책임이 있다고 여겨지는 사냥꾼은 살해 협박을 받기도 했다. 어떤 사람들은 그도 역시 사냥되어 죽어야 마땅하다고 주장했다. 거세를 하자고 요구하는 사람들도 있었다. 곰 한 마리가 죽은 것을 가지고 왜 그렇게까지 분노했을까?

왜냐하면 그 곰이 두 발로 걸어 다녔기 때문이다.

2014년부터 뉴저지 거주자들은 가끔씩 어린 수컷 곰 한 마리가 교외의 거리와 뒷마당을, 이족보행이라 부르는 보행형태를 하고 두 발로 걸어다는 것을 목격하곤 했다. 그 곰은 먹을 때는 네 발로 서 있지만, 부상으로 인해 앞다리에 체중을 싣지 못해 뒷다리로 서서 걸어 다녔다.

사람들은 그 곰을 페달스Pedals라고 불렀다.

페달스가 살아 있을 때 직접 보지는 못했으나, 내 종족의 직립보행에 매료된 과학자로서 봤으면 좋았을 것이라 생각했다. 다행히 페달스를 찍은 유튜브 영상들이 있었다. 하나는 100만 번이 넘게 시청됐고,[4] 다른 하나는 시청 횟수가 400만이 넘었다.[5]

처음에는 곰 의상을 입은 사람처럼 보였는데, 움직이기 시작하자 페달스의 걸음걸이가 인간의 걸음걸이와는 다르다는 것이 분명해 보였다. 페달스의 뒷다리는 내 다리보다 훨씬 짧았다. 발톱이 긴 그의 발이 지면을 스치면서 움직이는 동안, 엉덩이부터 어깨까지는 움직임이 없이 굳어 있었으며, 빠르고 짧은 보폭으로 걸었다. 당황해서 황급히 화장실을 찾는 사람의 모습이 떠올랐다. 페달스는 두 발로 오래 걷지 못하고 바로 네 발로 딛는 자세로 돌아갔다.

우리는 동물들이 사람처럼 행동할 때 관심을 갖는다. 사람처럼 소리 지르는 염소와 "아이 러브 유(당신을 사랑해)."라고 울부짖는 시베리안 허스키에 대한 영상을 올린다. 우리는 지붕을 미끄러져 내려오는 까마귀와, 포옹을 하는 침팬지들을 보며 놀란다.[6] 그 동물들은 우리에게 인간과 나머지 자연 세계와의 동류의식을 상기시켜 준다. 어쩌면 우리는 그 어떤 행동보다도, 한 차례의 이족보행 공격에 위압당하는지도 모른다. 많은 동물들이 두 발로 서서 지평선을 살피거나 위협적인 자세를 취하지만, 인간만이 항상 두 발로 걸어 다니는 유일한 포유류이다. 다른 동물들이 이렇게 할 때면, 우리는 경이로움을 느낀다.

2011년, 영국 켄트 지역의 포트 림픈 리저브Port Lympne Reserve에 있는 유인원 궁전에 사는 암밤Ambam이라 불리는 수컷 실버백 로랜드 고릴라 한 마리가, 그의 우리 안에서 가끔 두 발로 걸어 다닌다는 이야기가 퍼져 나갔다.[7] 곧 그는 CBS와 NBC, 그리고 BBC 방송에서 소개됐다. 직립보행을 하는 고릴라 열풍은 2018년 초, 거대한 수컷 고릴라 루이스가 필라델피아 동물원의 그의 우리에서 두 발로 걸어 다니면서 다시 시작됐다. 다수의 사람들은 그가 손을 더럽히기 싫어서 그러는 것이라고 했다.[8]

페이스Faith라는 개는 다리 하나가 없이 태어났는데, 생후 7개월 되었을 무렵 또 하나를 절단하게 되었다.[9] 페이스가 깡충거리며 뛸 수 있도록 먹이를 이용해 훈련을 시킨 헌신적인 가족들 덕분에, 페이스는 유능한 이족보행 동물이 되었다. 페이스는 수천 명의 상이용사들을 방문했으며 방송『오프라Ophrah』에도 출연했다.

또한 2018년, 이족보행을 하는 문어의 영상이 소셜 미디어에 등장했다.[10] 그 문어는 다리 두 개만을 이용해 바다 모래바닥을 전진했다.

우리가 곰과 개, 고릴라, 그리고 심지어는 문어의 직립보행에 놀라운 반응을 보인다는 것은, 이 행동을 매우 인간다운 것으로 간주하고 있다는 의미다. 사람이 이족보행을 하는 것은 평범한 일이다. 흥미로울 것이 없다고 말할 수도 있겠다. 인간은 지상에서 유일하게 이족보행을 하는 포유류이며, 여기에는 타당한 이유가 있다.

이어지는 글에서는 이런 이유들이 더욱 분명해질 것이다. 나는 이 글을 따라 놀라운 여정을 구성해 놓았다.

제1부에서는 화석 기록이 인류 혈통의 직립보행 기원에 대해 우리에게 전달하고자 하는 바를 살펴본다. 제2부는 인간의 큰 뇌에서부터 우리가 아이들을 양육하는 방법에 이르는, 인간종을 정의하는 변화들에 이족보행이 어떻게 전제조건이 되었는지, 그리고 그런 변화들이 어떻게 선조들의 고향인 아프리카에서 시작해서 지구 전체로 인류를 퍼뜨리게 했는지 설명한다. 제3부는 효율적인 직립보행에 요구되는 신체 구조학적 변화들이, 아기의 첫 걸음에서부터 노년으로 가며 경험하는 통증과 고통을 포함한 오늘날의 인간의 삶에 어떤 영향을 주는지 탐구한다. 결론에서는 네 발이 아닌 두 발로 걷는 것에 대한 많은 단점에도 불구하고 인간종이 어떻게 생존하여 번성

했는지 살펴본다.

자, 이제 나와 함께 그 여정을 떠나 보자.

차례

1

부

직립보행의 기원

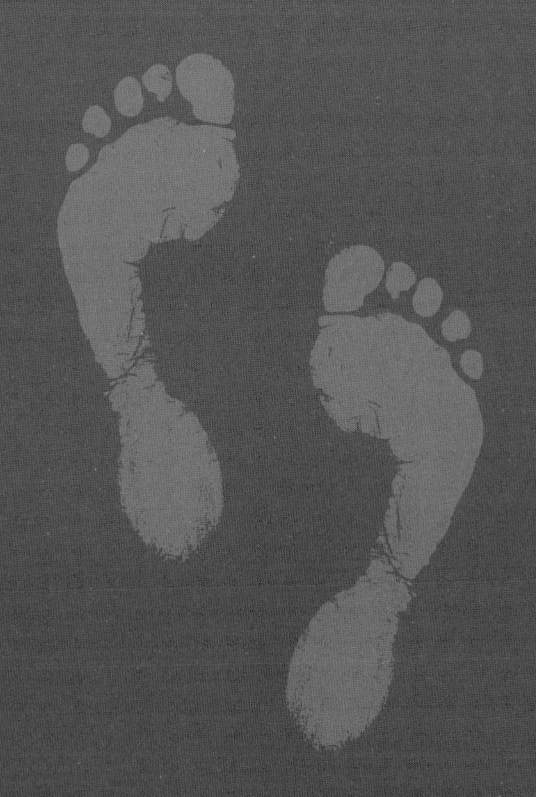

우리에게 잘 알려져 있는,
침팬지가 인간으로 변해 가는 이족보행 진화의 이미지가
왜 틀렸는지에 관하여

THE ORIGIN OF UPRIGHT WALKING

모든 다른 동물들은 아래를 본다.[1]
그러나 인간은 유일하게, 서서, 하늘을 향해 얼굴을 들 수 있다.

변신(Metamorphoses, AD 8), 오비디우스(Ovid)

— 01 —

인간은 어떻게 걷는가

걷는다는 것은 앞으로 넘어지는 것이다.[1]
우리가 내딛는 한 걸음은 저지된 낙하이며, 회피된 붕괴, 제동이 걸린 참사이다.
이렇게 해서, 걷는다는 것은 믿음의 행동이 되었다.

×

10년에 걸쳐 고국인 아프리카에서 지구의 땅끝까지
인류 조상의 발자취를 되짚는 2만 마일 대장정의 시작에서(2013년 12월),
저널리스트 폴 살로펙(Paul Salopek)

솔직히 인정하자. 인간은 이상하다. 인간은 포유류임에도 상대적으로 체모가 별로 없다. 다른 동물들이 언어 없이 의사소통을 하는 반면, 인간은 말을 한다. 다른 동물들은 숨을 헐떡이지만, 인간은 땀을 흘린다. 인간은 신체에 비해 특히 큰 뇌를 소유하고 있으며 복잡한 문화를 발전시켜 왔다. 그러나 아마도 가장 이상한 것은, 인간이 쭉 뻗은 뒷다리로 서서 세상을 돌아다닌다는 점일 것이다.

화석 기록을 보면, 우리 조상들은 큰 뇌나 언어와 같은 인간 고유의 특성을 개발시키기 훨씬 이전부터 두 다리로 걷기 시작했다. 땅에서 두 발로 걷는 이족보행二足步行은 그 특별한 여정에 대한 인류 혈통의 시작이었다. 유인원 같던 인류 조상의 혈통이 침팬지 혈통에서 분리된 직후였다.

플라톤Plato 역시 두 다리로 서서 걷는 직립보행直立步行의 고유함과 중요성을 인식하여, 인간을 '두 발로 걷는, 깃털 없는 동물'이라고 규정하였다.[2] 전설에 의하면, 냉소적인 디오게네스Diogenes는 플라톤의 이러한 정의가 달갑지 않아, 털 뽑은 닭 한 마리를 손에 들고 경멸하듯이 '플라톤의 인간'을 보여 주었다고 한다. 플라톤은 여기에 '납작한 손톱을 지닌'이라고 덧붙여 그의 정의를 수정하여 응대했으나, 이족보행에 대한 부분은 굽히지 않았다.

이족보행은 지속적으로 우리의 단어와 표현, 그리고 오락물에 등장해 왔다.[3] 보행을 설명하는 여러 방식에 대해 생각해 보자. 거닐다, 성큼성큼 걷다, 터벅터벅 걷다, 느릿느릿 걷다, 느긋하게 걷다, 어슬렁거리다, 발을 끌며 걷다, 까치발로 걷다, 육중하게 걷다, 짓밟다, 껑충 뛰듯이 걷다, 뻣뻣하게 걷다, 거들먹거리며 걷다, 등등. 누군가를 짓밟고 버릇없이 굴었다면, 그 사람의 입장이 되어 길을 걸어 보라는 말을 들을 것이다. 영웅은 물 위를 걷고, 천재들은 걸어 다니는 백과사전이다. 텔레비전의 만화 캐릭터를 의인화하기 위해, 만화가들은 캐릭터가 두 다리로 서고, 걷는 모습을 그린다. 미키 마우스Mickey Mouse나 벅스 버니Bugs Bunny, 구피Goofy, 스누피Snoopy, 곰돌이 푸Winnie the Pooh, 스폰지 밥Sponge Bob, 『패밀리 가이Family Guy』에 나오는 개 브라이언Brian 모두 두 발로 걷는다.

장애가 없는 보통 사람은 한평생 대략 1억 5천만 보를 걷는데, 이는 지구를 세 바퀴 돌기에 충분한 정도이다.[4]

그런데 이족보행이란 무엇일까? 그리고 어떻게 하는 것일까?

학자들은 두 발로 걷는 것을 종종 '제어된 넘어짐'이라고 묘사한다. 우리가 한쪽 다리를 들어 올리면, 중력이 작용하여 우리를 앞으로 그리고 아래로 잡아당긴다. 당연히 얼굴을 땅에 박으며 넘어지고 싶지 않기 때문에 우리는 다리를 앞으로 뻗어 발을 땅에 디딤으로써 몸을 지탱한다. 그 시점에, 우리 몸의 위치가 여정의 시작점보다 물리적으로 낮아졌으므로, 우리는 몸을 다시 위로 들어 올려야 하는 것이다. 우리 다리의 종아리 근육이 수축되고, 몸의 무게중심이 높아진다. 그다음에 다른 한쪽 다리를 들어 앞으로 휘두르고, 그리고 다시 넘어진다. 영장류 동물학자인 존 네피어John Napier는 1967년에 기술했다.[5]

「인간의 보행은, 신체가 한 걸음 한 걸음 재난의 끝자락으로 다가가는 독특한 행동이다.」

다음번에 누군가 걷고 있는 모습을 옆에서 보게 되거든, 한 걸음을 걸을 때마다 머리가 내려갔다 다시 올라가는 모습을 주의 깊게 보라. 이런 물결 모양의 패턴은 우리의 걸음이 제어된 넘어짐의 형태라는 특징을 보여 준다.

물론 걷는다는 것은 이렇게 투박하지도, 그렇게 단순하지도 않다. 잠시 기술적인 면을 살펴보자면, 다리 근육이 수축되어 우리 몸의 무게중심이 높아지면, 우리 몸에는 위치에너지가 저장된다. 중력이 작용해 우리 몸을 앞으로 당기면, 저장된 위치에너지가 운동에너지, 혹은 동작으로 전환된다. 중력을 이용함으로써 우리는 사용해야 할 에너지의 65퍼센트를 절약할 수 있다.[6] 위치에너지에서 운동에너지로의 이러한 전환이 바로 추가 작용하는 원리이다. 인간의 걸음도 이런 식으로 메트로놈과 유사한, 거꾸로 된 추로 생각해 볼 수 있다.

사람의 이족보행은 두 뒷다리로 서서 걷는 다른 동물들의 방식과 다른 것일까? 결과적으로, 그 답은 '그렇다'이다.

박사과정 학생이었던 나는 우간다 서쪽의 키발리 국립공원에서 야생 침팬지들과 한 달을 생활한 적이 있다. 거기서 나는 버그Berg를 만났다. 버그는 흔치 않은 대규모 유인원 집단으로 약 150마리의 침팬지 공동체를 이루고 있는 응고고Ngogo 공동체의 일원인 거대한 수컷 침팬지였다. 버그는 나이가 많은 편으로, 머리 털이 약간 벗겨지고 등 아랫부분과 종아리에 난 검은 털 사이에 듬성듬성 회색 털이 섞여 있었다. 버그는 계급이 높은 수컷은 아니었으나, 가끔 테스토스테론이 급증할 때가 있어, 머리 털이 부풀어 오르고 숲 전체에 울리는 쩌렁쩌렁한 울음소리를 내곤 했다. 버그가 이럴 때면, 인간은 멀찌감치 떨어져 있는 것이 상책이었다.

버그는 숲 바닥에서 나뭇가지를 집어 올리거나 근처 나무에서 하나를 꺾고 똑바로 서서, 하층 식물 군락 사이를 두 발로만 걸어 다녔다. 그러나 내가 걷는 모습처럼 움직이지는 않았다. 대신, 버그는 무릎과 고관절이 굽어 있어서, 그루초 막스가 『경마장의 하루』와 그 외의 다른 막스 형제 영화에서 우스꽝스럽게 표현한 웅크리고 걷는 듯한 모습과 같았다. 한 다리로는 균형을 잡을 수 없어서, 버그는 좌우로 뒤뚱거리며 볼품없게 숲을 헤치고 지나갔다. 이는 에너지가 많이 소모되는 이동 형태였고, 버그는 금세 지쳤으며, 열 두어 발자국 후에는 네 발로 딛는 자세로 돌아갔다.

이와 대조적으로, 인간은 웅크리고 걷지 않는다. 우리는 무릎과 고관절을 곧게 펴고 선다. 인간의 대퇴사두근(대퇴사두근: 허벅지의 앞쪽에 있는 큰 근육_역주)은 침팬지가 굽은 다리로 걸을 때처럼 많은 일을 하지 않아도 된다. 우리 엉덩이의 양 측면에 위치한 근육들이 넘어지지 않고 한 다리로도 중심을 잡을 수 있게 해 준다. 인간은 버그보다 우아하게, 그리고 에너지 절약형으로 걷는다.

그런데 인간의 신체 구조에 왜 이런 변화가 발생했을까? 왜 이런 유별난 형태의 보행 능력이 진화한 것일까?

지구상에서 가장 빠른 사람의 이족보행을 생각하면서 우리의 여정을 시작해 보자. 자메이카의 단거리 선수인 우사인 볼트Usain Bolt는 2009년 100m 단거리에서 9.58초라는 남성 세계 신기록을 수립했다.[7] 우사인 볼트는 60과 80m 표식 사이의 구간에서 약 1.5초간 시속 45km라는 최고 스피드를 유지했다. 그러나 동물의 왕국에 사는 다른 포유류들의 기준을 적용해 보면, 이 인간 스피드 괴물은 불쌍할 정도로 느리다.

가장 빠른 육상 포유류인 치타는 시속 96km를 초과해 달린다.[8] 치타는 일반적으로 인간을 사냥하지 않지만, 가끔씩 인간을 사냥하는 사자와 표범도 시속 88km를 유지한다. 심지어 얼룩말과 영양을 포함한 이들의 먹잇감도 시속 80에서 88km의 속도로 물어뜯는 주둥이로부터 도망을 친다. 다른 말로 하자면, 아프리카의 포식자와 먹이 간의 경쟁은 현재 시속 80km 정도의 속도에서 벌어지고 있다. 이것이 대다수 포식자가 달리는 속도이며, 대다수의 먹잇감이 도망치는 속도이기도 하다. 인간은 예외이지만.

우사인 볼트는 표범으로부터 도망치지도 못하지만, 토끼도 한 마리 잡을 수 없다. 인간들 가운데 가장 빠르다는 사람들도 영양이 달리는 속도의 절반밖에 되지 않는다. 네 발이 아닌 두 다리로 달리는 탓에, 인간은 네 발로 전속력을 내는 능력을 상실해서 매우 느리고 약한 존재가 되었다.

이족보행은 우리의 걸음걸이도 다소 불안정하게 만든다. 가끔은 우리의 우아한 '제어된 넘어짐'이 결코 제어되지 않을 때가 있다. 미국 질병통제예방센터에 따르면, 해마다 3만 5천 명 이상의 미국인이 넘어져서 사망하는데, 이는 자동차 사고의 사망자 수와 거의 비슷하다.[9] 그런데 네 발 달린 동물, 즉 다람쥐, 개, 혹은 고양이 등이 무엇인가에 발이 걸려 넘어지는 것을 본 적이 있는가?

특히나 우리 조상들이 지금의 사자, 표범, 하이에나의 크고 빠르고 굶주린 조상들과 환경을 공유했음을 생각해 보면, 느리고 불안정하다는 것은 멸종으로 가는 지름길 같아 보인다. 그런데 우리가 이렇게 생존해 있는 것을 보면, 두 발로 걷는 것의 단점보다는 장점이 크다는 것이 분명해 보인다. 위대한 영화감독인 스탠리 큐브릭Stanley Kubrick은 이족보행의 장점이 무엇인지 안다고 생각했다.

큐브릭 감독의 1968년 영화인 『2001: 스페이스 오디세이2001: Space Odyssey』에는, 털북숭이 유인원 무리가 건조한 아프리카 대초원에 생긴 물웅덩이 주변에 모여 있는 장면이 나온다. 그중 하나가 땅에 놓인 커다란 뼈를 호기심 어린 눈으로 쳐다본다. 그는 뼈를 집어 들더니 방망이처럼 잡고서, 주변에 흩어진 뼈들을 가볍게 두드린다. 스트라우스의 1896년 작품 〈작품번호 30번, 차라투스트라는 이렇게 말했다〉가 연주되기 시작한다. 호른: 빰 빠암 빠아암 빠밤! 베이스 드럼: 둥둥, 둥둥, 둥둥, 둥. 그 유인원은 뼈를 도구, 즉 살생을 위한 도구로 휘두르는 상상을 한다. 털북숭이 야수가 두 다리로 서서 무기를 내려치며 뼈를 부순다. 이는 상징적으로 먹이 혹은 적을 때려죽이는 것이다. 이것이 큐브릭 감독이 생각한 인류의 여명the Dawn of Man이었다. 큐브릭 감독과 공동 각본가인 아서 C. 클라크Arthur C. Clarke는, 당시에 널리 받아들여졌던 인류의 기원과 직립보행의 시초에 대한 모델을 극적으로 연출했다.

이 모델은 아직도 우리에게 친숙하다. 그리고 분명히 틀린 것이다. 이는 무기를 들기 위해서는 손이 자유롭게 움직여야 했기 때문에 이족보행이 대초원이라는 환경에서 진화되었다고 가정하고 있다. 이는 인간은 현재도, 그리고 이전에도 항상 폭력적이었다고 단언하고 있다. 이런 생각은 다윈Darwin에게까지 거슬러 올라간다.

찰스 다윈의 《종의 기원On the Origin of Species, 1859》은 지금까지 쓰인 가장 영향력 있는 책 가운데 하나이다. 다윈은 진화를 발명하지 않았다. 동식물연구가들은 수 세기 동안 종의 가변성에 대해 논의해 왔다. 다윈의 업적이 위대한 것은, 인구가 시간의 흐름 속에서 어떻게 변화해 왔으며 지속적으로 변화해 가는가를 증명할 수 있는 장치를 제공했기 때문이다. 많은 사람들이 '적자생존'이라고 알고 있는 이 장치를, 다윈은 '자연선택'이라고 불렀다. 그 후 150년이 넘게 흐른 지금, 자연선택이 진화적 변화의 강력한 추진 장치라는 증거들이 넘쳐나고 있다.

회의론자들은 처음부터 인간이 유인원의 후손이라는 암시에 대해 비난의 소리를 높였지만, 다윈은 《종의 기원》에 인류의 진화에 대한 것은 거의 기술하지 않았다.[10] 다만 책의 거의 끝부분에 「인간의 기원과 그 역사에 빛이 비칠 것이다.」라고 서술했다.[11]

그럼에도, 다윈은 인간에 대해 생각하고 있었다. 12년 후, 다윈은 《인간의 유래The Descent of Man, 1871》에서 인간이 다수의 서로 연관된 특성을 소유하고 있다는 가설을 세웠다. 그는 인간이 도구를 사용하는 유일한 유인원이라고 주장했다. 지금은 그의 주장이 틀렸다는 것을 알지만, 탄자니아 곰베Gombe 국립공원의 침팬지들이 도구를 만들어 사용했다는 제인 구달Jane Goodall의 관찰은 90년 후에나 가능한 것이었다. 그러나 다윈이 인간만이 유일한 완전 이족보행 유인원이며, 대단히 작은 견치犬齒, 혹은 송곳니를 지니고 있다고 주장한 것은 옳았다.

다윈에게 있어서 도구의 사용, 이족보행, 그리고 작은 송곳니 이 세 가지 인간의 특성은 서로 연관된 것이었다. 그가 생각한 대로, 두 다리로 움직이는 개체는 손이 자유로워서 도구를 사용할 수 있었다. 도구 덕택에 경쟁자와 경쟁하기 위한 커다란 송곳니는 더 이상 필요하지 않았다. 결과적으로, 다윈은 이런 일련의 변화들이 뇌를 크게 만들었다고 생각했다.

그런데 다윈에게는 불리한 조건이 있었다. 다윈은 야생 유인원의 행동에 대한 직접적인 설명, 즉 그로부터 100년 후에나 겨우 수집되기 시작한 이 데이터를 손에 넣을 수 없었다. 더욱이, 1871년에는 아프리카 대륙에서 발견된 초기 인류 화석이 단 한 점도 없었다.

아프리카는 현재 우리가 알고 있듯이 인류 혈통의 기원이 시작된 장소이며, 다윈도 150년 전에 이미 이 사실을 예측하고 있었다.[12] 다윈이 알고 있는 근대 이전의 인류 화석은, 당시에는 병든 호모 사피엔스로 잘못 알려져 있었던 독일에서 발견된 네안데르탈인의 뼈 몇 점이 전부였다.[13]

화석 기록이나 인간과 가장 가까운 살아 있는 유인원 친족에 대한 정확한 행동 관찰의 혜택 없이, 다윈은 왜 인간은 두 다리로 걷는가에 대한 입증 가능한 과학적 가설을 제시하는 데 최선을 다했다.

다윈의 가설을 입증하는 데 필요한 데이터는, 남아프리카 위트와테르스란트Witwatersrand 대학의 뇌 전문가인 호주 출신의 젊은 교수 레이몬드 다트Raymond Dart가 요하네스버그에서 남서쪽으로 480km 떨어진 타웅Taung이라는 마을 근처의 채광 작업장에서 암석 한 상자를 얻게 된 1924년에 드러나기 시작했다.[14] 다트 교수가 상자를 열어 보니, 암석 하나에 청소년기 영장류의 화석화된 두개골이 포함되어 있는 것이 보였다. 아내의 뜨개질바늘을 이용해 이를 둘러싸고 있는 석회암에서 두개골을 분리해 냈다. 꺼내고 보니, 두개골은 낯선 영장류의 것임을 알 수 있었다. 타웅 아이Taung child로 알려지게 된 이 영장류는, 우선 개코원숭이나 유인원의 것과는 다른, 매우 작은 송곳니를 가지고 있었다. 그런데 진짜 단서는 아이의 화석화된 뇌에 숨어 있었다.

내 연구의 주요 관심사는 인류 조상의 발과 다리뼈이지만, 역사적으로, 그리고 미학적으로, 타웅 아이의 두개골에 견줄 수 있는 화석은 존재하지 않는다. 2007년, 나는 남아프리카 요하네스버그로

가서 그 두개골을 조사했다. 그곳의 책임자는 내 친구인 베른하트 지펠Bernhard Zipfel로, 그는 '사람들의 건막류를 치료하는 데 지쳐서' 발 치료 전문가에서 고인류학자가 되었다. 어느 날 아침, 그는 금고에서 작은 나무 상자 하나를 꺼내 왔다.[15] 그것은 100년 전에 다트 교수가 소중한 타웅 두개골을 보관하는 데 사용했던 것과 같은 상자였다. 지펠은 조심스레 화석화된 뇌를 꺼내서 내 손에 놓아주었다.

이 작은 호미닌이 죽은 후, 뇌는 부식했고 진흙이 두개골을 채웠다. 그 후 수천 년을 거치면서, 퇴적물이 굳어서 두개골 안쪽의 본을 떴고, 마침내 뇌 모형이 형성된 것이다. 이 모형은 기존의 뇌의 크기와 모양을 충실하게 복제했고, 심지어는 뇌 주름, 열구(열구: 뇌가 조각으로 나뉘면서 생기는 좁은 틈, 또는 홈_역주), 그리고 외부 두개골 동맥의 세밀한 모양까지도 보존하고 있었다. 해부학적 세부사항들도 정교했다. 조심스럽게 화석 뇌를 뒤집자, 반짝이는 방해석(방해석: 대표적 탄산염광물로 석회암과 대리석의 주성분_역주)의 두꺼운 층이 드러났다. 고대 인류 화석이 아니라 마치 정동석(정동석: 비어 있는 내부 공간이 주로 수정과 기타 광물로 차 있는 암석_역주)인 것처럼 빛이 반사했다. 나는 타웅이 이렇게 아름다울 줄은 몰랐다.

다트 교수는 누구보다도 뇌 구조에 정통한 사람이었기 때문에, 뇌의 주름과 열구가 보존되어 있다는 것은 놀라운 행운이었다. 다트 교수는 다름 아닌 신경해부학자였다. 그의 연구로 타웅 아이의 뇌는 성체 유인원의 뇌와 크기는 비슷하지만 인간의 것과 유사한 엽(뇌엽: 대뇌 반구를 부위에 따라 나눈 각 부분_역주) 구조를 지니고 있다는 것이 밝혀졌다.

뇌 모형은 마치 퍼즐 조각처럼 타웅 두개골의 뒷면에 완벽하게 맞아 들어갔다. 나는 천천히 두개골을 돌려서 250만 년 된 아이의 안구 구멍을 들여다보았다.[16] 고대 호미닌의 눈을 이렇게 가까이 마주한 것은 처음이었다. 두개골의 밑면을 조사하려고 돌려 보자, 다트 교수가 1924년에 발견했던 것을 볼 수 있었다. 척수가 관통하는 구멍인 대공이 두개골 바로 밑에 위치해 있었다. 인간과 같은 위치였다. 타웅 아이는 살아 있을 때, 수직으로 곧은 척추 위에 머리가 얹힌 상태였던 것이다.

바꿔 말하면, 타웅 아이는 두 발로 걸어 다녔다. 1925년, 다트 교수는 이 화석화된 두개골이 과학계에 완전히 새로운 종으로부터 온 것이라고 발표했다. 속屬과 종種으로 동물을 분류하고 명명하는 과학자들의 전통에 따라, 다트 교수는 이 새로운 종을 '아프리카에서 온 남부 유인원'이라는 뜻으로 오스트랄로피테쿠스 아프리카누스Australopithecus africanus로 명명했다.[17] 예를 들어, 집에서 키우는 개들은 모두 같은 종에 속하지만, 동시에 늑대와 코요테, 자칼을 포함하는 더 큰 집단, 즉 '속'에도 포함되어 있다. 그 속屬에 포함된 모든 개체들은 더 크고 관련성이 적은 집단인 '과科'에 속하게 되는데, 여기에는 야생 개와 여우, 그리고 늑대와 유사한 멸종된 육식동물의 많은 종種이 포함된다.

우리와 우리의 조상들도 이와 같은 방법으로 분류된다. 현대 인류는 모두 같은 종에 속하지만, 우리는 또한 네안데르탈인과 같이 다른 인간 유사 집단들을 포함하는 속屬에서 살아남은 유일한 생존자이기도 하다. 인간의 속인 호모Homo는 250만 년 전에 처음 등장해서 오스트랄로피테쿠스라 불리는 다른 속의 일부였던 종으로부터 진화했다. 따라서 호모와 오스트랄로피테쿠스에 속한 모든 개체들은 모두 호미니드hominid이다. 호미니드는 침팬지, 보노보, 고릴라처럼 많은 현존하는 혹은 멸종된 유인원을 포함하는 친족관계의 동물을 아우르는 과科의 이름이다.

동물은 속의 이름 다음에 종의 이름을 붙여서 부른다. 예를 들어, 사람은 호모 사피엔스, 개는 캐니스 파밀리아리스Canis familiaris, 그리고 타웅 아이는 오스트랄로피테쿠스 아프리카누스라고 한다.

그러나 이름보다 더 중요한 것은 화석에 대한 다트의 해석이었다. 그는 그 화석이 침팬지나 고릴라의 조상이 아닌, 멸종한 인간의 친족일 것이라는 가설을 세웠다.

과학계에서 타웅의 발견에 대한 중요성을 놓고 논의하는 동안, 남아프리카 고생물학자인 로버트 브룸Robert Broom은 오늘날 인류의 요람Cradle of Humankind으로 알려진 요하네스버그 북서쪽 지역의 동굴에서 오스트랄로피테쿠스의 화석을 찾고 있었다. 1930년대에서 1940년대 후반에 걸쳐, 브룸은 다이너마이트를 사용하여 단단한 동굴 벽을 뚫었다. 그러고는 파편들 사이를 헤집고 우리 조상들의 유해를 찾았다. 현재에도 이 동굴들 입구에는 커다란 동굴 잔해 무더기들이 남아 있으며, 화석을 포함하고 있는 돌덩어리들도 많이 있다. 이를 브룸 무더기Broom piles라고 부른다.

현재의 고인류학자들은 이 거친 방법에 얼굴을 찌푸리지만, 어쨌든 브룸은 두 종류의 호미닌 화석을 수십 점 발견했다. 브룸이 파란트로푸스 로부스투스Paranthropus robustus로 부른 한 형태는, 큰 치아와 거대한 저작근을 위한 뼈 부착물을 가지고 있었다. 다른 하나는 작은 치아와 작은 저작근을 가진 왜소한 형태로, 다트 교수의 오스트랄로피테쿠스 아프리카누스와 일치하는 것으로 보였다.

스테르크폰테인Sterkfontein이라고 부르는 동굴에서 브룸은 화석화된 척추와 골반, 그리고 무릎뼈 두 점을 발굴했는데, 이는 오스트랄로피테쿠스 아프리카누스가 두 다리로 걸었음을 증명하는 것이었다. 동굴 석회암에 포함된 우라늄을 이용한 방사능연대측정법을 사용해서, 현재 이 화석들이 200만 년에서 260만 년 전의 것이라고 추정하고 있다.[18]

한편, 다트 교수는 인류의 요람 북동쪽에 위치한 마카판스갓Makapansgat 동굴에서 화석을 발굴하고 있었다. 다트 교수는 거기에서, 그의 소중한 타웅 아이와 매우 달라 새로운 종으로 명명해야 할 만한 고대 인류 화석을 몇 점 발견했다. 마카판스갓에서 발견한 호미닌을 오스트랄로피테쿠스 프로메테우스Australopithecus prometheus라고 이름 지었다.[19] 인간 화석 근처에서 발견된 화석화된 동물 뼈 다수가 그슬려 있었고 의도적으로 태워진 것으로 보였기 때문에, 인간에게 불을 가져다준 그리스 거신족의 이름을 딴 것이다.

다트 교수는 또한 동물 화석에 독특한 훼손의 흔적이 있는 것을 발견했다. 동물 뼈는 산산이 부서져 있었다. 대형 영양의 다리뼈는 칼처럼 날카로운 모서리가 생기게끔 부서져 있었다. 턱뼈 역시 날카롭게 부서져 있어서 자르는 도구로 사용되었다고 여겨질 정도였다. 다트는 무기로 잡고 사용하기에 적합한 영양의 뿔도 발견했다. 마카판스갓 동굴의 전역에 영양과 개코원숭이의 부서진 두개골이 다수

흩어져 있었다. 오스트랄로피테쿠스와의 과격한 만남의 희생자들로 짐작됐다.

1949년, 다트 교수는 그가 발견한 사실들을 출간하면서, 오스트랄로피테쿠스는 문화를 발전시켰다고 주장했다. 후에 그 문화를 뼈, 치아, 그리고 뿔을 의미하는 그리스 단어를 결합해서 오스테오돈토케라틱Osteodontokeratic이라고 불렀다.[20] 다트 교수는 다윈의 생각을 확장시켜, 이 문화의 창시자들은 다른 동물과 서로를 공격하는 데 이 무기들을 사용했을 것이라고 주장했다.

다트 교수는 위트와테르스란트 대학의 교직원이 되기 전에 오스트레일리아 육군의 위생병이었다. 1918년 대부분을 영국과 프랑스에서 주둔하면서 제1차 세계 대전의 마지막 해를 목격했다.[21] 그는 총상 환자들과 독가스에 노출되어 폐가 타들어 간 군인들을 치료했을 것이다. 20년 후, 다트 교수는 다시 한번 자신 주변의 세계가 불타오르는 것을 지켜봐야 했다. 두 차례나 세계 대전을 목격한 다트 교수가 인간이 폭력적 본성을 지녔다고 유추하고, 그 증거를 마카판스갓에서 찾았다고 믿은 것은 당연한 일이지도 모르겠다.

인간의 폭력성과 직립보행의 기원에 대한 다트 교수의 생각은, 로버트 아드레이Robert Ardrey가 1961년 세계적 베스트셀러가 된 《아프리칸 제네시스African Genesis》라는 서적을 출간하면서 대중에게 널리 알려졌다.[22] 그리고 7년 후에, 큐브릭 감독의 유인원-인간은, 스트라우스의 〈차라투스트라는 이렇게 말했다〉의 선율에 맞춰 뼈를 부수고 있었다. 다트 교수의 제자였던 필립 토바이어스Phillip Tobias는, 심지어 『2001: 스페이스 오디세이』 촬영 현장에서 유인원 분장

을 하고 폭력적인 오스트랄로피테쿠스 연기를 하는 사람들을 감독하기까지 했다.[23]

그러나 아프리카 프레토리아의 딧송 국립 자연사 박물관에서는 다트의 이론들이 조용히 무너지고 있었다.

찰스 킴벌린 '밥' 브레인Charles Kimberlin 'Bob' Brain은 세밀한 것을 잘 살피는 특출한 눈을 가진 젊은 과학자였다. 1960년대에, 그는 다트의 '도구'를 다시 살펴보고 그것들이 자연적으로 훼손됐거나 표범과 하이에나의 강력한 주둥이에 의해 부서진 뼈들과 일치한다는 사실을 발견했다. 다트가 이 화석들을 잘못 해석한 것으로 보였다. 초기 인류에 의해 의도적으로 부서진 것이 아니었다.

게다가, 탄 동물의 뼈는 관목지대의 화재로 인해 그슬려진 것으로, 폭우에 휩쓸려 마카판스갓 동굴에 흘러들어 화석화된 것으로 밝혀졌다. 다트의 오스트랄로피테쿠스 프로메테우스는 결과적으로 불을 가져온 자가 아니었다. 과학자들은 또한 오스트랄로피테쿠스 프로메테우스와 아프리카누스가[24] 두 개의 구별되는 종이라는 것을 정당화할 만한 충분한 해부학적 차이점을 찾을 수 없어서, 프로메테우스는 아프리카누스에 흡수되었다.[25]

한편, 브레인은 브룸이 몇 년 전에 인류의 요람 지역의 스와르트크란스Swartkrans 동굴에서 시작한 발굴 작업을 재개했다. 브레인은 그곳에서 청소년기의 오스트랄로피테쿠스 두개골 파편을 발견하고 카탈로그 이름을 SK 54로 지정했다.[26]

타웅 아이를 보고 며칠 후에, 나는 스와르트크란스 동굴에서 나온 화석을 조사하고자 프레토리아의 딧송 박물관으로 갔다.[27] 박물관 수집품 책임자인 스테파니 팟제Stephany Potze는[28] 브룸 관Broom Room으로[29] 나를 데려갔다. 그곳은 붉은 카펫이 깔린 작은 방으로, 나열된 유리 진열대에는 지금까지 발견된 인류 화석들 가운데 가장 중요한 화석들이 보관되어 있었다. 브룸 관은 진기한 골동품 상점 같은 느낌이었다.

그곳에서 팟제는 내 손에 SK 54를 내려놓았다. 그것은 얇고 섬세한 화석으로, 군데군데 망간의 검은 얼룩이 있는 옅은 갈색을 띠고 있었다. 두개골 뒷면에 2.5cm 간격으로 떨어져 있는 두 개의 둥근 구멍이 즉시 내 관심을 끌었다. 안쪽은 마치 병따개로 구멍을 뚫은 것처럼 뼈가 뒤틀려 있었다.

그다음, 팟제는 역시 스와르트크란스에서 발견된 고대 표범의 아래턱뼈를 나에게 건네며 말했다.[30]

"해 보세요."

앞선 많은 사람들이 그랬듯이, 나는 표범의 송곳니를 SK 54의 두개골 뒷면에 있는 구멍에 조심스레 맞춰 보았다. 완벽하게 맞아 들어갔다.

이 인류의 조상들은 사냥꾼이 아니었다. 사냥을 당하는 대상이었다.[31]

지난 몇십 년 동안, 고대 표범이나 검치호랑이, 하이에나, 그리고 악어에게 물린 자국이 있는 초기 인류 화석이 다수 발견되었다. 타웅 아이를 다시 살펴본 결과, 다트 교수의 유명한 두개골의 안구 구멍에는 맹금류의 발톱 자국이 있었다. 아마도 왕관 독수리로 추정되는 맹금이 타웅 아이를 땅에서 낚아채서 먹이로 쓰려고 잡아 간 것일 테다.

과학계에서 종종 발생하는 일이지만, 널리 용인된 명확한 이론이라 하더라도 새로운 증거 앞에서는 시들게 마련이다. 대중적인 문화 속에는 계속 남아 있지만, 도구와 무기를 사용하기 위한 자유로운 손을 필요로 하는 '사냥하는 인간'은 더 이상 이족보행의 기원을 설명하지 못한다.

그렇다면 왜 애초에 이런 낯선 형태의 보행능력이 진화한 것일까?

어떤 학자들은 영원히 알 수 없을 것이라고 말하기도 한다.[32] 인간이 두 다리로 걷는 유일한 포유류라는 사실이, 이 수수께끼를 해결하기 어렵게 하는 동시에 흥미롭게 만들기도 한다.

그 이유는 이러하다.

상어에서 송어, 오징어, 돌고래에 이르는 많은 동물들이 헤엄을 친다. 심지어는 멸종된 파충류인 어룡漁龍도 헤엄을 쳤다. 그러나 이 동물들은 가까운 친족관계가 아니다. 돌고래는 위에 언급된 동물들보다 인간과 더 밀접한 관계이며, 어룡 역시 물고기보다는 맹금류에 가깝다. 그런데 이 동물들의 몸의 형태는 놀라울 정도로 유사하다.

왜 그럴까? 그것은 헤엄치기에 '최적'인 방법이 존재하기 때문이다. 상어와 어룡, 돌고래의 조상들은 물속에서 움직이기에 최적인 형태를 지녔을 때 더 빠르게 헤엄치고, 물고기를 더 많이 먹고, 더 많은 새끼를 남길 수 있었다. 친족관계도 아닌 수중 동물들이 어떻게 이런 유사한 형태를 지니게 되었을까? 물속에서 빠르게 움직이기 위한 최적의 방법인 유선형의 몸이 자연선택을 통해 여러 번 진화했기 때문이다.

이는 자연에서는 반복적으로 발생하는 일이다. 예를 들어 박쥐와 새, 나비는 모두 날개를 '만들어 냈다.' 뱀과 전갈, 바다말미잘이 먹이를 독살하는 신경독소는 독립적으로 진화한 것이다. 과학자들은 이를 '수렴진화收斂進化'라고 부른다.

수렴진화가 이족보행을 설명하는 데 도움이 될까? 만일 우리가 현존하는 포유류에만 의지한다면, 답은 "그렇지 않다."이다. 왜냐하면 인간이 유일한 이족보행 포유류이기 때문이다. 두 다리로 자주 걷는 다른 포유류가 있다면, 우리는 그 포유류를 연구해서 이족보행이 생존에 어떤 도움을 주었는지 알아내면 된다. 이족보행으로 먹이 채집이 용이해졌나? 그들이 살던 오래전의 서식지에서는 이족보행이 유리한 장점을 제공했는가? 짝짓기 전략의 일종으로 볼 수 있을까? 가상의 이족보행 포유류에 대한 이러한 질문에 답을 할 수 있다면, 왜 고대 인류가 이런 형태의 보행능력을 발전시켰는지에 대한 중요한 단서가 될 것이다. 그러나 두 다리로 서서 걷는 다른 포유류를 연구할 수 없기 때문에, 터무니없는 가설에서 합리적인 것을 가려내기란 매우 힘들다.

그렇다면 우리는 과거 공룡이 살던 시대를 더욱 깊이 살펴봐야 할지도 모르겠다. 그렇게 보니, 두 발로 걷는 것이 그리 드문 일도 아니다.

— 02 —

티라노사우루스 렉스, 캐롤라이나 도살자, 그리고 두발동물의 시초

다리가 넷이면 좋아, 둘이면 더 좋아!
다리가 넷이면 좋아, 둘이면 더 좋아!
다리가 넷이면 좋아, 둘이면 더 좋아![1]

×

동물농장(1945년), 양, 조지 오웰(George Orwell)

나는 어릴 적 형제들과 함께 『로스트 랜드Land of the Lost』 재방송을 즐겨 보았다. 나는 말할 때 쉭쉭거리는 소리를 내며 늘 마샬 가족의 일원을 납치하려고 하는 파충류 생명체인 슬리스탁스Sleestaks가 항상 무서웠다. 슬리스탁스는 키가 매우 크고 기이할 정도로 큰 눈을 가졌으며 두 다리로 걸었다. 젊은 시절의 빌 레임비어Bill Laimbeer가 슬리스탁스 중 하나를 연기했는데, 그래서 슬리스탁스의 키가 컸으며 내가 그들을 싫어했는지도 모른다. 레임비어는 키가 211cm였고, 디트로이트 피스톤 팀의 프로 농구 선수였다. 나는 보스턴 셀틱스의 광팬이었다.

『로스트 랜드』는 물론 만들어진 이야기이다. 그러나 두 발로 걷는 파충류는 진짜였다.

2018년 평창 동계 올림픽이 마무리되어 갈 무렵, 한국의 과학자들은 직립보행 도마뱀이 만든 1억 2천만 년 전의 훌륭한 발자국 자취를 발견했다고 발표했다.[2] 어쩌면 포획자로부터 도망가기 위해 그 도마뱀은 두 다리로 서서 갯벌을 가로질러 질주하다 이족보행의 흔적을 남겼는지도 모른다. 그 갯벌은 강렬한 태양 아래 단단해지고 수년간의 퇴적물에 파묻혔다. 지질학적 융기와 침식작용이 결과적으로 한 고대 도마뱀의 삶에서 이 순간을 드러내 주었고, 다행스럽게도 발자국이 뭉그러지기 전에 과학자들에게 발견되었다.

고대의 발자국이 발견되는 일은 드물지만, 두 발로 걷는 도마뱀의 발견은 놀라운 일이 아니다. 오늘날에도 남아메리카 바실리스크 도마뱀은 생존을 위해 두 발로 서서 도망을 간다. 이 작은 도마뱀은 어찌나 빨리 달리는지, 좁은 물 위를 두 발로 뛰어가기까지 한다. 이 때문에 바실리스크도마뱀은 예수 그리스도 도마뱀이라는 또 다른 이름으로도 불린다.

추가적인 발견들도 빠르게 움직이는 파충류들이 꽤 오랜 시간 동안 두 다리로 움직여 왔다는 사실을 분명하게 해 준다. 20년 전, 토론토 대학의 고생물학자가 독일 중부의 화석화된 고대 늪지에 보존된 작은 이족보행 파충류의 골격을 발견했다. 이 파충류를 유디바무스 쿠르소리스Eudibamus cursoris라 명명했다. 해석하면 '두 다리로 달리는 최초 주자'라는 뜻이다. 긴 다리와 경첩과 유사한 관절은 이 멸종된 동물이 이족보행을 했다는 단서이다.

놀랍게도 유디바무스는 매우 오래된 것이었다. 유디바무스는 약

2억 9천만 년 전에 살았던 것으로, 파충류 자체의 기원에서 그리 오래되지 않았으며 첫 공룡이 진화되기 몇천만 년 전이었다. 현재까지는, 유디바무스가 네 발이 아닌 두 발로 움직인 지구 역사상의 최초의 동물 중 하나이다.[3] 이 작고 재빠른 파충류가 오늘날의 예수 그리스도 도마뱀처럼 포식자를 피해 두 발로 질주했을지는 모르나, 유디바무스는 진화적으로 막다른 길에 다다라 있었다.

다시 말해, 우리가 아는 첫 육상 이족보행 혈통은 실패였다. 현생 후손도 전혀 남기지 못한 채 멸종했다. 그러나 이족보행의 황금기는 코앞에 와 있었다.

창문 밖으로 작은 이족보행 동물 한 마리가 벌레를 찾아서 푸른 봄 잔디 위를 뛰어다니고 있다. 사랑스럽다. 아니, 내 딸 이야기를 하는 것이 아니라, 미국지빠귀 이야기다. 잔디 위의 여기저기를 뛰어다니며, 가끔 벌레를 찾아 부리로 흙을 쪼아 댄다. 결국 무엇인가에 놀랐는지, 지빠귀는 깃털 덮인 날개를 이용해 가까운 나무로 날아간다.

지빠귀에서 독수리, 타조, 펭귄에 이르는 모든 조류들은 이족보행을 한다. 조류는 언제 이족보행을 발달시켰을까? 그리고 왜 그랬을까? 조류의 이족보행을 이해하면 인간의 직립보행을 이해하는 데 도움이 될지도 모르겠다.

특정한 한 특성의 진화적 기원을 이해하기 위해 과학자들이 사용하는 방법 중 하나는 가까운 친족의 해부학적 구조를 검토하여 유사점과 상이점을 찾는 것이다. 인간을 인간의 사촌인 유인원에 비교하는 것은 우리가 늘 하는 일이다. 그렇다면 조류와 가장 가까운, 살아 있는 친족은 누구일까? 이 질문에 대한 답은 분명하고도 충격적이다.

조류의 DNA와 해부학적 구조를 연구한 결과, 과학자들은 이 깃털 달린 친구들이 크로커다일, 앨리게이터, 카이만과 같은 악어류와 가장 가까운 관계임을 확인했다.[4] DNA와 화석은 어떤 동물들이 밀접하게 관련되어 있는지를 보여 줄 뿐만 아니라, 마지막으로 공통조상을 공유한 것이 언제였는지도 알려 준다. 예를 들어 인류와 침팬지의 공통조상은 겨우 600만 년 전에 살았다. 그러나 조류와 악어류의 마지막 공통조상은 훨씬 과거로 거슬러 올라가, 2억 5천만 년보다도 전에 생존했었다.

1980년대의 코미디물 『성장통Growing Pains』의 10대 스타였던 커크 카메론Kirk Cameron은 온라인 영상에 출연해서 조류/악어류의 유전적 관계를 일컬어 진화가 '만들어진 동화'라는 증거라고 소개하며 이렇게 말했다.

"이것이 바로 진화론자들이 찾고 있었던 것입니다. … 악어오리?"[5]

그러나 진화는 카메론이 상상한 것처럼 이루어지지 않는다. 어느 두 동물의 최종 공통조상은 『닥터 모로의 DNAIsland of Dr. Moreau』 영화에 나올 법한, 존재하는 두 형태의 잡종이 아니다. 공통조상이란 오히려 좀 더 일반화된 형태로, 그것을 기반으로 특화된 현생 동물들이 특정 환경에 적응하면서 오랜 시간에 걸쳐 독립적으로 변화하고 진화해 온 것이다.

조류와 악어류의 최종 공통조상은 악어오리가 아니라, 지배파충류라 불리는 동물의 한 무리였다. 그 동물들이 화석을 남겼기 때문에 우리는 이러한 사실을 알 수 있다. 초기 지배파충류 화석은 2억 4천 500만 년에서 2억 7천만 년 전의 것으로 추정되는 암석에서 발견되며, 이 시기를 초기 트라이아스기라고 한다. 지배파충류의 일부는 식물을 먹었다. 일부는 작은 파충류와 겉으로 보기에는 털이 난 도마뱀처럼 보이는 원시 초기 포유류를 먹었다. 어떤 지배파충류는 매우 작았다. 어떤 것들은 거대했다. 박물관을 자주 다니는 사람들에게 미니어처 티라노사우루스 렉스로 쉽게 오인되기도 하는 포스토수쿠스Postosuchus라 불리는 지배파충류는 가끔씩 두 발로 걸었다.

지배파충류는 아직은 공룡이 아니었다. 이유는 여전히 분명하지 않지만, 2억 4천 500만 년 전경에 지배파충류의 혈통이 분화해서 지배적인 두 형태가 진화했다. 하나는 결과적으로 현재의 크로커다일과 앨리게이터로 이어졌다. 다른 하나는 공룡으로, 그리고 최종적으로 조류로 진화했다.

두 혈통 모두의 근간에는 이족보행이 자리하고 있다.

2015년, 노스캐롤라이나 자연관학 박물관의 린지 자노Lindsay Zanno는 롤리Raleigh 서쪽 지역의 2억 3천만 년 전의 퇴적물에서 발견된 트라이아스기 악어류의 유골을 묘사했다. 그녀는 그 유골을 카르누펙스 캐롤리넨시스Carnufex carolinensis, 즉 '캐롤라이나 도살자'라고 명명했다.[6] 캐롤라이나 도살자는 섰을 때 높이가 274cm이고, 면도날처럼 날카로운 이빨이 입안에 가득했으며, 가끔씩 두 발로 걸어 다녔다. 우리는 악어가 공룡 시대부터 전혀 변화하지 않은 것으로 간주하고, 살아 있는 화석이라고 생각하곤 한다. 그러나 팔다리를 뻗고 늘어져 있는 다소 느린 현재의 악어류와는 반대로, 초기 악어류 조상들은 몸이 가볍고 움직임이 빠른 직립 자세의 동물이었고, 심지어 두 발로 걷는 경우도 있었다.[7]

자노의 고생물학 실험실은 롤리 시내에 위치한 자연과학 연구센터의 2층에 있었다. 2012년에 지어진 이 센터는, 대중들을 과학의 과정에 참여시키고자 고안된 현대적 시설이었다. 방문객들에게 완전한 공개를 위해 설치된 유리막 너머로, 화석뿐 아니라 그것을 발견하고 연구하는 고생물학자들도 보인다. 실험실 중앙에는 석고로 된 보호용 커버에서 분리하여 세척을 해야 하는 트리케라톱스의 두개골이 놓여 있다. 오래전에 멸종된 동물의 광물화된 뼈에 붙어 있는 고대의 흙을 천천히 제거하는 소형 전동 드릴의 윙윙거리는 소리가 공기를 채운다.

"저는 항상 고생물학자가 되고 싶었습니다."

자노는 나에게 말했다. 초등학생 시절, 자노는 공룡 모양의 지우개를 책상 위에 세심하게 진열해 놓았다. 과학에 대한 열정은 항상 있었으나, 공룡을 연구하는 것이 현실적인 직업 선택이라고는 생각하지 않았다. 그래서 처음에는 지역 전문대학의 의학 예과 과정에 진학했다.

자노가 그 유명한 초기 인류 화석인 루시Lucy의 발견에 대한 돈 요한슨Don Johanson의 저서 《루시에서 언어까지From Lucy to Language》를 읽은 것이 바로 그때였다. 자노는 다시 화석의 매력에 빠져들었으나, 인류 고생물학이라는 분야에 대해 실망하지 않을 수 없었다.

"당시에는 화석의 수보다 연구원들이 많다는 것이 분명해 보였습니다."

자노는 대신 공룡 및 그 친족들에 대한 분야인 척추동물 고생물학에 눈을 돌렸고, 다시는 뒤돌아보지 않았다.

자노는 나를 위해 캐비닛에서 캐롤라이나 도살자의 화석을 꺼내서 보호용 충전재 시트 위에 조심스레 내려놓았다. 2억 3천만 년 된 화석은 옅은 오렌지색이었다. 두개골 파편들은 얇고 섬세했다. 자노가 파편들을 맞추자, 성장한 악어의 머리 크기와 같은 두개골이 완성되었다. 그러고는 두개골 바로 옆에서 발견된 팔뼈를 꺼내 보였다. 팔뼈는 매우 작았다. 그렇게 작은 팔을 지녔다는 것은 캐롤라이나 도살자가 가끔씩 두 발로만 이동했으며, 아마도 사족보행(네 발로 걷는)과 이족보행 사이의 전환이 가능한 유연성을 가지고 있었다는 의미로 자노는 생각했다. 그러나 자노가 지적했듯이 다리뼈가 발견되지 않은 상태였다. 누락된 정보를 보충할 수 있는 하나의 방법은 카르누페스를 동시대에 생존했던 악어와 유사한 다른 지배파충류와 비교하는 것이다. 포포사우루스Poposaurus, 슈보사우르스Shuvosaurus, 에피기아Effigia와 같은 이름을 지닌 악어의 고대 친척들이 텍사스와 뉴멕시코에서 발견되었다. 이 고대 괴수들 또한 큰 머리와 작은 팔을 가지고 있었다. 가장 완전한 형태의 화석을 보면 이들에게 길고 강력한 다리가 있었음을 알 수 있다. 보존된 발목과 커다란 발뒤꿈치가 경첩과 같은 형태를 지니고 있다는 점에서 이들이 두 다리로 움직였음을 알 수 있다고 연구원들은 말한다.[8]

캐롤라이나 도살자는 노스캐롤라이나 채텀 카운티의 몬큐어 남쪽에 위치한 채석장에서 발견되었다. 트라이아스기 대기의 고농도 산소에 노출된 이암泥巖이 암석을 부식해서 붉은색과 오렌지색으로 변질시켰다. 현재는 이 암석들을 땅에서 파서 벽돌로 만들면서, 이암의 퇴적물에 보존된 화석들마저 파괴하고 있다. 그 화석들은 지구가 그들에게 던진 역경을 2억 3천만 년 동안이나 견뎌 왔다. 지금까지는 말이다. 채석장 인부들은 중장비에 유골이 분쇄되기 직전에 과학자에게 통보하곤 한다. 고생물학자에게 있어서 그런 때는, 구조작업이 된다.

나는 3월의 어느 화창한 오후에, 오래된 1번 국도 위의 딥 리버 다리를 건너서 채텀 카운티로 들어섰다. 11km 정도의 긴 길에, 여섯 개의 교회가 있었는데, 그 가운데 네 개가 침례교였다. 수선화가 만개하고, 작은 단독주택들이 자리한 거리에는 주화州花인 층층나무가 꽃을 피운 채 늘어서 있었다. 많은 집들이 트라이아스기의 이암으로 만든 벽돌로 지어졌다. 그 벽돌 가운데는 화석을 포함한 것들도 분명히 있을 것이다.

그러나 2억 3천만 년 전에 괴수 한 마리가 이곳을 거닐고 있었을 때는, 주변이 매우 다른 모습이었다. 층층나무는 없었다. 꽃을 피우는 식물이 아직 발생하기 전이었으니까. 길가의 잔디도 생겨나기 전이었다. 대신, 식물은 양치식물과 이끼가 지배적이었다. 왕솔나무의 고대 조상들은 현재의 작은 석송石松의 사촌인 기둥이 굵고 크기가 15m나 되는 나무들과 같이 서식했다. 길가에 쓰레기도 없었다. 자동차도 없었다. 사람도 없었다. 캐롤라이나 도살자와 맞닥뜨렸을 때기도할 곳도 없었다.

두 발로 걷는 악어는 진화적 성공 사례로 간주될 만한 것처럼 들리지만, 이족보행은 궁극적으로 악어 혈통에서 선호되는 보행의 형태가 아니었다. 이 파충류들은 네 발로 걷는 보행 형태를 서서히 발전시켰다. 가끔씩 두 발로 걷는 것이 캐롤라이나 도살자에게 도움이 되었을지는 모르나, 결국에는 네 발로 걷는 형태에 의지한 그의 악어 친척들이 세월의 시험을 견뎌 내고 살아남았다. 이는 아마도 네 발로 걷는 것이 얕은 물속에서 매복하는 사냥에 더욱 적합했기 때문일 것이다.

다시 한번, 이족보행은 실패했다.

지배파충류의 두 갈림길에서 다른 길을 택하면, 결과적으로 현재의 조류에 이르게 된다. 이 혈통의 근간에는 최초 공룡과 유사한 지배파충류, 그리고 최초의 공룡이 자리 잡고 있다. 최초의 공룡은 스테고사우루스처럼 네 발로 걷지 않았다. 그들은 후기 공룡의 한 종류인 벨로키랍토르처럼 뒷다리로 서서 질주했다. 그들은 이족보행을 했다.

악어류의 경우에서와 같이, 다수의 공룡 혈통에 있어 이족보행은 성공적인 보행 형태가 아니었으며, 네 발로 걷는 형태가 반복적으로 진화되었다. 목이 긴 브론토사우루스와 뿔이 달린 트리케라톱스를 예를 들어 생각해 보면 된다. 그러나 공룡의 한 혈통만은 두 발로 서는 자세와 이족보행 능력을 유지했다. 무시무시한 알로사우루스는 두 다리로 쥐라기를 돌아다녔고, 티라노사우루스 렉스T. 렉스는 백악기를 지배했다. 그 둘은 모두 이족보행 살인기계였다.

자노는 고대 악어의 화석을 그저 발견하기만 하는 것은 아니다. 자노는 여름 내내 미국 서부 전역의 백악기 퇴적물을 파헤치며 T. 렉스의 조상과 테리지노사우루스라 불리는 T. 렉스의 이족보행 사촌을 찾고 있다. 공룡에게 있어 이족보행은 이동의 책임으로부터 팔을 자유롭게 했다. 그렇게 되자, 놀라운 변이가 발생했다.

공룡을 좋아하는 내 아들의 방 문에는 T. 렉스 그림 스티커가 붙어 있다. 스티커에는 이런 글귀가 적혀 있다.

「당신이 행복하다면, 그리고 그것을 알고 있다면, 손뼉을 … 아.」

T. 렉스의 짧은 팔은 많은 공룡 관련 농담의 대상이며, 연구원들 역시 팔의 기능 여부를 놓고 논란을 벌여 왔다.[9] 그러나 T. 렉스의 팔은 불쌍한 카르노타우루스에 비하면 아놀드 슈왈제네거의 팔이나 다름없다. 카르노타우루스는 공룡 조립장난감을 가지고 노는 사람이 두 다리 위에 티라노사우루스 머리를 얹고, 뿔을 더한 다음, 팔을 끼우는 것을 완전히 잊은 것처럼 생겼기 때문이다. 이족보행 공룡의 팔에 대한 진화의 선택은 위축이었던 것으로 보인다.

자노는 컴퓨터 스크린을 켜면서 이렇게 말했다.

"이족보행 공룡의 팔에 생길 수 있는 이 놀라운 일들을 좀 보세요."

그녀는 나에게 알바레즈사우루스의 복원물을 보여 주었다. 알바레즈사우루스는 곤충과 흰개미를 잡아먹도록 특화된 공룡으로, 손뼈가 서로 결합되어 한 쌍의 커다란 갈고리 손톱이 형성됐다. 그리고 세 개의 긴 갈고리 손톱이 달린 2m가 넘는 거대한 팔이 발달된 이족보행 공룡인 데이노케이루스도 보여 주었다. 그리스어로 '무시무시한 손'이란 뜻의 이름이 붙은 이유가 된 위협적인 앞다리에도 불구하고, 이 괴수는 초식동물이었던 것으로 보인다. 갈고리 손톱을 사용해서 나뭇가지들을 당겨, 치아가 없는 부리로 가져왔을 것이다. 자노는 데이노케이루스처럼 거대한 팔이 있으나 길고 납작한 손톱이 달린 테리지노사우루스도 보여 주었다. 테리지노사우루스는 복부 또한 거대해서 새끼들을 먹일 때는 앉아 있었을 것으로 추측된다.

"제가 본 중에 최악의 두발동물이에요."

자노가 말했다.

테리지노사우루스는 벨로키랍토르와 오비랍토르같이 육식성이며 이족보행을 하는 많은 수각류 공룡들처럼 깃털을 가지고 있었을 가능성이 높다. 보행 업무에서 벗어난 팔은 여러 다른 용도로 사용되었을 것이다. 식량을 모으는 데 사용될 수도 있다. 짝짓기 상대를 유혹하는 장식적인 용도로 사용될 수도 있다. 오비랍토르는 깃털 덮인 팔을 둥지에서 알을 보호하는 용도로 사용했을 것이다. 깃털은 다른 공룡들도 따뜻하게 해 주었을 것이다. 시간이 지나면서 깃털은 활공, 후에는 강력한 비행을 위한 용도로 추가적으로 사용되었다. 6천 600만 년 전, 대부분의 공룡은 멸종했으나, 깃털 달린 이족보행 공룡들 일부는 살아남았다.

공룡은 인류에 대해서 적어도 한 가지 사실을 말해 주고 있다. 이족보행으로 팔이 체중을 감당하는 일에서 해방되고, 그렇게 되면서 혁신적인 일들이 발생한다는 것이다. 물론 조류의 경우, 팔은 여전히 비행이라는 이동 방법에 주로 사용되고 있다. 그러나 에뮤, 타조, 레아, 화식조와 같은 조류의 일부는 이동하는 데 팔을 사용하지 않는다. 이 날지 못하는 새들은 다리를 이용해 이동한다. 인간과 같이, 그들은 걸어 다니는 두발동물이다. 인간과는 달리, 그들은 빠르다.

타조는 시속 64km 이상으로 달린다. 가장 빠르다는 인간은 그 반 정도의 속도로도 달리기 힘들다. 이 대형 새들에게는 발과 발목에 근육이 없고 오직 기다란 힘줄만 있다. 그 힘줄이 늘어나면서 탄성에너지를 저장했다가 수축하고 그 반동으로 새가 앞으로 나아가도록 도와준다. 근육은 몸의 윗부분인 둔부에 위치해 있는데, 이는 마치 메트로놈의 추가 진자와 멀리 떨어져 있는 것과 같은 이치이다. 이런 구조 때문에 이 날지 못하는 새들은, 로드러너 스타일로 다리를 매우 빨리 흔들 수 있다. 인간에게는 발과 다리에 유인원보다 긴 힘줄이 있지만, 에뮤와 타조보다는 근육질의 발과 다리를 가지고 있다. 그래서 인간은 그들처럼 빨리 다리를 흔들 수 없다.

인간과 타조의 발은 또 한 가지 중요한 점이 다르다. 인간의 발뒤꿈치는 땅에 닿는다. 발뒤꿈치가 가장 먼저 땅에 닿는 부분이다. 그러나 크고 날지 못하는 새들은 발뒤꿈치를 들어 올려 발가락으로 걷는다. 이런 형태는 새의 발을 스프링처럼 만들어 준다. 새의 무릎이 뒤로 꺾인다고 생각하는 사람들이 있으나, 그렇지 않다. 우리가 일반적으로 인간의 무릎이라고 생각하는 위치에 있는 새의 관절은 실은 높이 올라가 있는 새의 발목으로, 사람과 같은 방식으로 굽혀진다.

새와 인간은 둘 다 이족보행을 하는데 왜 이렇게 구조가 다른 것일까? 그것은 진화가 기존의 구조상에서만 이루어지기 때문이다. 우리는 무無에서 창조되지 않았다. 인간은 변형된 유인원이며 새의 혈통과 비교했을 때, 이족보행의 기간도 매우 짧다.

불과 몇 100만 년 전까지만 해도, 우리의 조상들은 나무 기둥과 가지를 잡고 오르기에 적합한, 자유롭게 움직이는 근육질의 발을 가지고 있었다. 새는 적어도 2억 4천 500만 년을 거슬러 올라가는 이족보행 동물의 끊어진 적 없는 사슬의 살아 있는 연결고리이다. 새는, 진화적인 의미에서 이족보행의 달인들이다. 인간은 서툰 초심자에 불과하다.

직립보행은 고대 도마뱀에서 악어, T. 렉스와 조류에 이르는 많은 다양한 혈통 속에서 진화되어 왔다. 인간이 두 다리로 걷는 이유에 대한 수수께끼를 푸는 데 도움이 될 만한 공통점을 이 동물들에게서 찾을 수 있을까?

예수 그리스도 도마뱀이든 벨로키랍토르이든, 각각의 경우에 있어 이족보행은 속도에 관한 것으로 보인다. 심지어는 바퀴벌레도 놀랐을 때는 두 다리로 서서 달린다. 초기 인류도 속도 때문에 이족보행을 진화시킨 것일까? 분명히 그 답은 "아니다."이다. 네 발로 달리는 침팬지는 수년간 단련해 온 올림픽 단거리 선수를 쉽게 따라잡는다. 원숭이 가운데 가장 빠른 아프리카 파타스원숭이는 여유롭게 올림픽 100m 단거리에서 금메달을 차지할 테지만, 이족보행을 하지 않는다. 인간은 속도 때문이 아니라, 속도의 문제가 있음에도 불구하고, 이족보행을 진화시켰다.

벨로키랍토르는 이족보행을 해도 빨랐는데, 어째서 인간은 이족보행으로 느려진 것일까? 그 답은 꼬리가 가지고 있다.

앨버타 대학의 연구원들은 공룡의 거대한 꼬리가 속도에 기여했음을 발견했다.[10] 이족보행 공룡의 뒷다리에 달린 강력한 꼬리 근육이 힘을 실어 주기 때문이다. 영화 『쥬라기 공원』에 나오는 영리한 벨로키랍토르의 자세나 『박물관이 살아 있다』의 달리는 T. 렉스의 뼈대를 떠올려 보자.[11] 꼬리 근육이 단단해지고, 머리를 앞으로 내밀고, 그리고 달려 나간다.

포유류에 있어 꼬리와 이족보행의 관계는 더욱 복잡하다. 인간에게는 물론 꼬리가 없고, 다른 유인원들도 마찬가지이다. 꼬리의 부재는 긴팔원숭이와 오랑우탄, 고릴라, 침팬지, 보노보, 인간으로 구성된 유인원 친족들의 집단인 유인원과科를 정의하는 특징들 가운데 하나이다. 다음 번 동물원에 가면, 침팬지와 고릴라, 오랑우탄을 '원숭이'라고 부르기 전에 잠시 생각해 보기 바란다. 원숭이에게는 보통 꼬리가 있지만, 유인원에게는 꼬리가 없다.

모든 유인원은 몸을 수직으로 곧게 편 자세로 움직이는 직립보행을 하며, 팔로 매달릴 수 있다. 원숭이는 일반적으로 그렇게 하지 못한다.[12] 따라서 놀이터에서 아이들이 매달려 노는 기구인 '원숭이 바monkey bar(공중사다리)'는 '유인원 바ape bar'로 이름을 바꾸는 것이 적절하다. 긴팔원숭이는 나뭇가지에 매달려 흔들거리고, 오랑우탄은 나무들 사이에서 몸을 곧게 펴고 움직이며, 아프리카 유인원은 나무가 마치 소방서용 봉인 듯 나무 기둥을 타고 오르내린다. 인간에게 있어 직립보행, 또는 수직으로 곧게 서는 것은 걷는 방법에 가장 잘 드러난다. 인간은 직립 이족보행을 한다.

이족보행을 하는 데 꼬리가 필요하지 않다는 사실은 분명해 보인다. 포유류 대부분은 꼬리를 가지고 있지만, 이족보행을 하지는 않는다. 포유류 조상들은 강력한 꼬리를 잃고 쥐의 꼬리같이 작은 꼬리, 혹은 공룡의 그늘에 숨어 살던 초기 포유류의 경우처럼 꼬리가 전혀 없는 상태로 진화한 것으로 설명될 수 있다.

사실, 강력한 꼬리는 포유류가 이족보행으로 진화하는 것을 실질적으로 방해했을지도 모른다. 그 이유를 살피기 위해서, 우리는 남반구의 땅으로 떠나야 한다.

5만 년에서 7만 년 전 사이의 어느 시점에, 호모 사피엔스의 무리들은 아프리카 대륙을 넘어 유라시아 지역으로 영역을 확장했다. 그들은 동쪽을 향해 나아갔고 최종적으로 인도네시아 군도에 도착했다. 당시는 빙하기였고, 적도 인도네시아에서는 냉기가 느껴지지 않았지만, 그 영향은 느낄 수 있었다. 부풀어 오른 극관 얼음에 바닷물이 갇히게 되었다. 해수면은 낮았고, 인도네시아의 '섬'들은 과학자들에게 오늘날 순다랜드(순다랜드: 현재의 동남아시아 지역_역주)라고 불리는 대륙 안에서 서로 연결되어 있었다. 그러나 해수면이 아무리 낮아도, 이동을 계속하기 위해서는 간단한 수상 기술과 호기심, 그리고 모험심이 필요했다. 인간들은 계속에서 남동쪽으로 이동하면서 섬들을 건너 뛰어 가장 가까운 대륙, 즉 호주로 향했다.[13]

호주에 도착하자, 인간들은 두발동물들로 가득 찬 세상을 만나게 된다. 그곳에는 두 발로 걸어 다니는, 날지 못하는 대형 조류인 에뮤가 수천만 마리 있었고 캥거루는 아마 그보다 더 많이 있었을 것이다. 그러나 두발동물이긴 하지만, 캥거루는 사람이나 에뮤와도 움직이는 모습이 다르다. 캥거루는 깡충깡충 뛴다. 그들에게 있어 이 보행 형태는 다리의 긴 힘줄에 저장된 탄성 에너지를 최대한 이용하는 매우 효과적인 방법이다.[14] 캥거루는 시속 64km 이상의 속도를 낼 수 있다.

그런데 사람들이 호주에 처음 도착했을 때, 깡충깡충 뛰는 캥거루만을 본 것이 아니었다. 걸어 다니는 캥거루가 있었다. 이 캥거루들의 유골이 호주에서 출발하여 장거리 여행을 거쳐 뉴욕에 도착했다.

뉴욕의 미국 자연사 박물관은 과학 팬들에게 사탕가게 같은 곳이다. 박물관의 로비에는 엄마 바로사우루스가 두 뒷다리로 서서 굶주린 알로사우루스로부터 새끼를 보호하려고 하는 흥미진진한 장면이 연출되어 있다. 하이든 천문관은 어째서인지 은하계의 적색편이가 이해되도록 해 준다. 나는 대왕고래의 실물 모형 밑에 하루 종일 누워 있을 수 있다. 그러나 각 층의 전시실을 탐방하는 방문객들이 눈치채지 못하는 것이 있다. 박물관 중심부에 일반 대중에게는 접근이 금지된 방대한 공간이 있으며, 그곳에 연구용 소장품이 보관되고 과학이 이루어지고 있다는 사실이다.

2018년 4월, 바로 그곳에서 나는 거대한 홍적세(홍적세: 지질시대 신생대 제4기의 전반_역주) 캥거루의 화석화된 유골을 관찰했다. 연구용 소장품이 있는 공간은 일반 전시실과 매우 가까워서, 나는 벽 너머로 학생들의 흥분된 외침 소리를 들을 수 있었다. 바닥에서 천장까지 쌓여 있는 캐비닛은 오래전에 멸종된 동물들의 유골을 담고 있다. 19세기와 20세기 초반의 고생물학 원정으로부터 가져온, 발굴된 상태 그대로의 화석들이 담긴 수백 개의 상자들이 개봉도 되지 않은 채로 있는 것을 보니, 나는 영화 『레이더스: 잃어버린 성궤를 찾아서』의 마지막 장면이 떠올랐다.

캐비닛에 들어가지 못할 정도의 큰 화석들은 목재 운반대에 보관했다. 아르마딜로의 멸종된 사촌인 조치수의 거대한 갑옷 껍질들이 한쪽 벽면에 나란히 진열되어 있었다. 그 옆으로는 관절로 연결된 글로소테리움의 뼈대가 놓여 있었다. 글로소테리움은 무게가 1톤 이상 나가는 멸종된 거대 땅늘보이다. 다른 쪽 벽에는 4천만 년 전 시신세(시신세: 신생대 제3기를 다섯 개로 구분할 때 두 번째에 해당하는 시기_역주)에 살았던 거대 육식 포유류인 앤드류사르쿠스의 두개골이 있었다. 내가 상상했던 『네버엔딩 스토리』의 행운룡의 두개골이 바로 그 모습이었다.[15] 이런 보물들이 전시실의 얇은 벽 바로 너머에 있다는 사실을 방문객들은 모른다.

이 방의 한 구석에는 호주 남부의 홍적세 화석 포유류로 가득한 서랍들이 있다. 칼라보나 호수로의 두 차례 원정에서 가져온 유골들이 가득한 캐비닛이 두 개 있다. 칼라보나 호수는, 1893년과 1970년에 미국 자연사 박물관의 과학자들이 멸종된 대형 캥거루의 화석을 발견한 곳이다.

그 뼈들은 밀도가 높고 이상하게 알록달록했다. 화석의 기본적인 갈색과 회색에, 오렌지색, 흰색, 심지어는 핑크색도 섞여 있었다. 몇 점의 뼈는 심하게 부서져 있었다. 반면 아름답게 원래 모습이 보존되어, 살아 있을 때처럼 관절이 이어져 있는 뼈도 있었다.

나는 서랍에서 얼굴이 짧은 대형 캥거루(스테누루스 스털린지)의 화석화된 발과 다리, 그리고 골반뼈를 조심스레 꺼냈다. 이 캥거루는 무게가 136kg 이상이고 꼬리에서 주둥이까지의 길이가 3m였다. 대퇴골 하나만도 파이프 렌치 정도의 크기였다. 그만한 크기의 동물이 깡충깡충 뛰려고 하면, 힘줄이 끊어져서 바로 멸종으로 이어졌을 것이다. 이 캥거루는 어떻게 돌아다녔을까? 브라운 대학의 고생물학자인 크리스틴 자니스Christine Janis가 이 퍼즐을 풀었다.[16] 이 캥거루는 깡충깡충 뛰지 않았다. 걸었다.

자니스는 스테누루스의 꼬리뼈가 상대적으로 작다는 것을 발견했다. 이는 오늘날의 캥거루처럼 깡충깡충 뛸 때 꼬리로 몸의 균형을 잡아 줄 수 없다는 것을 의미한다. 게다가, 현재의 인간과 마찬가지로, 스테누루스의 둔부와 무릎은 불균형할 정도로 커서 이 거대한 캥거루의 무게를 한 번에 한 다리로 지탱하는 데 적합했다. 호주 중부에서 최근에 발견된 400만 년 전의 발자국은 이 오래된 유골에 대한 자니스의 해석, 즉 스테누루스가 걸었다는 것을 확인해 주었다.[17]

나는 화석을 살펴보면서, 걸어 다니는 거대한 캥거루의 모습을 상상해 보려고 했다. 나는 스테누루스가 아직 살아 있어서 호주의 오지를 돌아다녔으면 하고 바랐다. 애석하게도, 스테누루스는 홍적세 무렵에 사라졌다. 두 발로 걷는 신참에게 사냥을 당해 멸종했는지도 모른다.

얼굴이 짧은 대형 캥거루는 너무 커서, 오늘날의 캥거루처럼 깡충깡충 뛸 수 없었다. 몸집이 큰 멸종된 다른 포유류들 역시, 이족보행은 아니더라도 곧게 선 모습으로 그려지곤 한다. 박물관에서는 멸종한 홍적세의 거대 동굴곰을 위협적인 서 있는 자세로 전시해 놓는 것이 일반적이다. 거대 땅늘보인 메가테리움의 뼈대는 곧게 서서 낮은 나뭇가지에서 먹이를 찾는 모습으로 복원될 때가 많다. 대체적으로 네 발로 걷지만, 메가테리움도 간혹 두 발로 걸었다는 증거로 보이는 발자국이 발견되었다.[18] 목 아랫부분의 화석이 단 한 점도 발견되지 않았음에도, 멸종된 아시아 홍적세 대형 유인원인 기간토피테쿠스Gigantopithecus 역시 두 다리로 걸었다는 가설을 세우는 학자들이 있어, 빅풋Bigfoot과 예티Yeti, 그리고 사스콰치Sasquatch의 흐릿한 비디오와 가공의 목격담을 떠올리게 한다.

크기가 크다는 것이 왜 포유류의 일부가 이족보행을 하게 되었는지를 설명해 주는 것 같다. 그런데 이것이 인간의 보행에 대한 불가사의한 기원을 설명하는 데 도움을 주었는가? 또다시 그 답은 "아니요."인 것 같다. 화석을 보면 인간 최초의 이족보행 조상들은 침팬지 정도의 크기였음을 알 수 있다.[19]

크기는 인간을 서게 한 원인이 아니다. 움직이는 속도도 아니다. 우리 조상이 네 발이 아닌 두 다리로 움직여야 했던 이유가 분명히 있을 것이다. 그러나 다른 동물들이 직립보행을 하게 한 요인들과는 다른 것임이 분명하다. 인간 특유의 자극제여야만 한다.

그렇다면 그것이 무엇일까?

— 03 —

"인간은 어떻게 똑바로 서는가" 그리고 이족보행에 대한 바로 그런 이야기들

이족보행의 기원에 대한 추측은 종종 독창성의 훌륭한 발휘이며, 이는 무엇보다도 이곳이 지적 도전에 대한 무대임을 보여 준다.[1]

×

로울리 오리진(Lowly Origin, 2003),
동식물연구가 조나단 킹돈(Jonathan Kingdon)

고대 그리스 정치인 알키비아데스Alcibiades에 의하면, 인간은 네 다리, 네 팔, 두 얼굴을 가지고 있었다고 한다. 인간들은 교만하고 위험하여, 신들에게 분명한 위협이었다. 제우스는 이를 걱정하여, 올림포스 신들과 그가 거신족에게 했듯이 인간들을 번개로 멸망시킬 생각이었다.[2] 그러나 제우스는 그렇게 하지 않고, 기발한 계획을 생각해 낸다. 제우스는 인간을 둘로 나눴다. 두 다리, 두 팔, 얼굴 하나를 가진 인간은 전처럼 위협적이지 않을 것이었다. 아폴론이 갈라진 인간들을 꿰매어 배꼽에 매듭을 지었다. 그 이후로 인간들은 지구를 방황하며, 다른 반쪽인 자신의 영혼의 단짝을 찾아다닌다고 한다.

인간은 호기심이 많은 종족이다. 우리는 근본적 문제에 대한 답을 찾는다. 인간은 어디서 왔는가? 우리는 왜 이렇게 생겼을까? 증거가 있는 답을 찾기 위해, 우리는 과학에 눈을 돌린다. 그러나 직립보행 기원의 이야기도 증거 없이는, 다리가 넷 달린 인간을 가운데로 갈랐다는 제우스의 이야기처럼 허황될 뿐이기 때문에, 우리 과학자들은 신중해야 한다. 인간의 이족보행에 대한 여러 설명들이 과학의 언어로 기술되어 있을지 모르나, 이들은 러디야드 키플링Rudyard Kipliing이 쓴 《표범의 얼룩무늬는 어떻게 생겨났을까?》, 《낙타는 왜 혹이 달렸을까?》, 그리고 그 외의 《바로 그런 이야기Just so Stories》과 동일한 기승전결 구조를 공유하고 있기도 하다.

시카고 대학 인류학자인 러셀 터틀Russell Tuttle은 이족보행 기원의 가설들을 '과학적인 정보가 제공된 허구'라고 불렀다.[3] 지난 75년간 인류학자들은 이족보행이 자연선택 과정에서 우리의 조상들에게 부여된 이유를 설명하는 100편이 넘는 과학 논문들을 발표하면서, 왜 인간은 두 다리로 걷는가에 대한 더욱더 많은 그럴듯한 이유들을 제공해 왔다.

진지하게 받아들여진 가설은 많지 않다.

'왜 인간은 이족보행을 하는가'라는 질문에 바로 뛰어드는 대신, 좀 더 넓은 관점에서 이 문제를 생각해 보는 것이 도움이 될 것 같다. 이족보행은 다른 포유류에서 찾아보기 힘들다. 가끔이기는 하나, 그래도 두 다리로 가장 많이 움직이는 동물은 여우원숭이와 원숭이, 유인원을 일컫는 영장류이다. 마다가스카르의 시파카 여우원숭이는 나무에서 내려올 때 두 다리로 폴짝거리며 뛰어내려와 땅 위를 돌아다닌다. 꼬리감는원숭이는 견과류와 돌을 품에 안아 모으면서, 짧은 거리는 두 다리로 걸어 다닌다. 개코원숭이는 똑바로 서서 허리까지 오는 물속을 걷는다. 침팬지와 개코원숭이를 비롯한 모든 유인원 종은 가끔씩 두 다리로 움직인다.

그렇다면 문제는, 이족보행이 어떻게 갑자기 생겨났느냐가 아니라, 다른 영장류에서는 가끔이었던 이족보행의 빈도수가 인간에게는 항상으로 높아지게 된 상황이 무엇이었는가에 있다.[4]

두 다리로 걷는 것은 포유류에서 찾아보기 힘들지만, 두 다리로 서는 자세는 그렇지 않다. 물론 우리 조상들도 두 다리로 걷기 전에, 두 다리로 서야 했을 것이다. 현존하는 일부 포유류가 왜 서는지에 대한 조사는, 왜 초기 인류 조상이 이족보행의 선제조건인 직립자세를 발전시켰는가에 대한 이해를 도와줄 수 있을 것이다.

많은 포유류들이 그들의 환경을 관찰하기 위해서 두 다리로 선다. 예를 들어, 이런 행동은 아프리카 미어캣과 북아메리카 프레리독에서 흔하게 볼 수 있다. 영국 켄트 지방의 유인원 궁전Palace of the Apes에 사는 거대한 수컷 고릴라인 암밤Ambam은 자신의 사육자인 필 리지Phil Ridges가 식사 준비하는 모습을 지켜보기 위해 자주 두 발로 서 있곤 한다. 멀리서 소리가 들릴 때도, 암밤은 두 발로 서서 소리가 들리는 방향에 눈을 고정한다. 이런 예들은 '피카부Peekaboo(까꿍)' 가설을 지지하는 것으로, 이는 인류 조상의 직립 자세가 대초원의 포식자를 살펴보기 위한 수단으로써 발전된 것이었음을 인정하고 있다.[5]

찰스 다윈이 탄생한 해(1809), 대단히 부정확한 진화 방법에 대한 가설을 세운 것으로 잘 알려져 있는 프랑스인 동식물연구가 장-바티스트 라마르크Jean-Baptiste Lamarck는 그의 저서 《동물 철학Zoological Philosophy》에서 이러한 이론을 제안했다. 그는 이족보행이 '넓고 먼 곳을 보고자 하는 욕구'를 충족시켰다고 기술했다.[6]

그것이 맞는다면, 우리의 고대 호미닌 조상들은 들키지 않으려고 쭈그려 앉기 전에, 위험을 살피기 위해 풀로 덮인 풍경을 관찰하고자 서 있었다는 것이다. 이것이 옳을 수도 있으나, 그렇다면 왜 우리 조상들은 두 다리로 움직이기 시작했을까? 만일 내가 사자를 발견하고 그 사자도 나를 보았다면, 이족보행은 네 발로 질주하는 것보다 훨씬 느린 도주법이었을 것이다.

침팬지와 곰은 자기 영역에 다른 동물들이 접근하지 못하도록 경고하거나 주변을 살피고자 공기 중의 냄새를 맡기 위해 두 발로 서는 것이 관찰되었다. 어쩌면 고대 호미닌 조상들은 더 크고 위협적으로 보이기 위해 두 다리로 일어섰는지도 모른다.[7] 그런 방법이 살아남아서 더 많은 자손을 남기는 데 도움이 되었을 수도 있다. 한 학자는 이를 한 걸음 더 발전시켜, 초기 호미닌은 사자에 대항하는 방어 수단으로 가시덤불을 휘두르기 위해 일어섰다고 주장하기도 했다.[8]

아니면, 서 있는 것은 불침번보다는 먹는 데 도움이 되었는지도 모른다.

게레누크는 아름다운 아프리카 동부의 영양으로, 어리고 양분이 많은 아카시아 잎에 닿으려고 뒷다리로 일어선다. 염소도 가끔 이런 행동을 한다. 야생에서는 낮게 달린 과일을 따려고 두 다리로 서는 침팬지들도 있다.[9] 땅 위에서 그럴 때도 있고, 가끔은 나무 위에서도 그런다. 고대 호미닌 조상들 역시 손이 닿지 않는 먹을거리를 채집하기 위해 두 다리로 섰다는 가설을 세운 학자들도 있다. 똑바로 설 수 있는 개체들은 배를 채울 수 있었고, 그만큼 건강해서 더 많은 자손을 남길 수 있었을 것이다.

어떤 학자들은 우리 조상들이 목초지나 과수목의 아래가 아닌, 오늘날 보츠와나의 오카방고 삼각지와 유사한 물기가 많고 사초가 가득한 거주지에 자리했다고 보고 있다.[10] 이것이 옳다면 인간은 습지 유인원이다. 현재 오카방고 근처에 살고 있는 개코원숭이는 가끔 얼굴이 물에 젖는 것을 피하려고 두 다리로 서기도 한다.

이 가설은 1960년대에 알리스터 하디Alister Hardy 경과 곧 이어 일레인 모건Elaine Morgan에 의해 처음으로 주장된 '수생 유인원' 이론을 조금 더 합리적으로 수정한 것이다.[11] 최근에 데이비드 아텐버러David Attenborough가 BBC 라디오 방송을 통해 대중에 알린 이 이론은, 호미닌의 이족보행이 물에서 진화했다고 추측하고 있다. 인간의 신체 구조와 생리현상의 선별된 특징들 가운데, 체모의 부재와 상대적 부력, 그리고 인간의 아기가 보여 주는 잠수반사가 이 이론으로 설명된다고 주장하고 있다.

애니멀 플래닛Animal Planet과 디스커버리 채널Discovery Channel에서 2012년에 방영되어 190만 미국인들이 시청한, 터무니없이 비과학적인 방송인 『인어: 몸이 발견되다Mermaids: The Body Found』에서 이 가설이 홍보되었다. 이 방송은 배우인 제이슨 코프Jason Cope와 헬렌 존스Helen Johns가 연기한 '과학자' 로드니 웹스터Rodney Webster와 레베카 데이비스Rebecca Davis의 날조된 증거와 인터뷰로 가득했다.

수생 유인원 가설은, 물이 많은 거주지에는 위험한 악어와 하마가 가득할 것이며 인간은 수영을 잘 하지 못한다는 사실을 깨닫기 전까지는 그럴싸해 보인다.[12] 두말할 것 없이 세계에서 가장 빠른 수영 선수인 마이클 펠프스Michael Phelps는, 2008년 여름 베이징 올림픽에서 200m를 겨우 1분 43초 안에 들어왔다. 같은 올림픽 경기에서, 우사인 볼트는 땅 위의 같은 거리를 19초에 완주했다. 인간이 땅 위에서 느리다고 생각한다면 —그리고 맞는 생각이겠지만— 물속에서 시도해 보라. 더 좋은 방법은 —악어와 하마가 근처에 있다면— 시도하지 말라는 것이다.

그렇다면 왜 우리 조상들은 두 다리로 서서 걷기 시작했을까? 정말이지 그 이유를 알 수는 없으나, 자신만의 지론에 확신을 가지는 사람들을 보면 걱정이 된다.

2019년 3월, 진화 생물학자인 리차드 도킨스Richard Dawkins는 트위터Tweeter에 다음과 같은 글을 남겼다.

> 인간은 왜 이족보행을 진화시켰는가? 밈meme을 기반으로 한 내 이론은 이러하다. 영장류에게 있어 일시적인 이족보행은 산발적이다. 이족보행은 탁월하게 모방 가능한 속임수이자 남들이 부러워할 만한 기술을 과시하는 행위였다. 내 생각엔 이족보행이 문화적으로 유행이 되어서, 밈meme/유전자(자웅선택 포함) 상호진화를 유발한 것으로 보인다.

바꿔 말하면, 이족보행이 이유도 없이 그저 모방에 의해서 시작되었다는 것이다.

나는 도킨스가 '이론'이라는 말 대신 '가설'이라는 단어를 사용했으면 하고 바란다. 과학에서 '이론'은, 예측 및 설명 가능한 힘을 지닌 포괄적이고 지배적인 생각을 일컫는 단어이기 때문이다. 과학자들은 이론이란 말을, 대강의 추측 정도로 생각하는 일상적인 상황에서 사용되는 것과는 다른 방식으로 사용한다. 그럼에도 불구하고, 도킨스는 이족보행이 한 트렌드로 시작되어 문화적으로 멋진 현상이 되고, 빠르게 퍼져 나가 결과적으로는 점진적인 신체 구조의 변화를 야기했다고 생각하고 있다.

도킨스는 그의 이족보행 밈meme 주장을 얀 웡Yan Wong과 공동집필한 《조상 이야기The Ancestor's Tale》이라는 2004년에 출간된 책에서 처음 밝혔다. 그리고 15년이 지난 후, 433명에게 트위터Tweeter 답글을 받고서, 도킨스는 그의 추종자들이 어떻게 생각하는지 알 수 있었다. 하나님이 인간을 두 발로 걷게 했다고 주장하는 답글들도 꽤 있었다. 그저 "뭐?"라는 답글도 있었다. 그러나 대부분의 답글은 왜 인간이 두 발로 걷는지 100퍼센트 확실하게 알고 있는 독자들로부터 온 것이었다. 반복적으로 나타나는 의견이 네 가지 있었다. 도구나 무기를 손으로 들기 위해서 인간은 두 발로 걷는다. 키가 큰 풀 너머로 포식자를 보고 피하기 위해서이다. 물속에서 서 있기 위함이다. 장거리 먹이 추적을 위한 체력을 얻기 위해서이다. 그런데 수생유인원 지지자들은 자신들이 가장 잘 안다고 특히 단호하게 주장했다. 과학은 인기투표에 의해서 움직이지 않는다. 이런 생각들이 반복적으로 회자된다고 해서 맞는 말이 되는 것은 아니다.

그러나 우리 모두는 훌륭한 미스터리를 좋아한다.[13] 그러니 도킨스의 트위터 글에 언급되지 않은 가설들을 잠깐 둘러보자.

- **몰래 접근**: 초기 호미닌은 이족보행 덕분에 먹잇감에 몰래 다가가 돌로 공격할 수 있었다.
- **엉덩이를 끌며 이동**: 땅에서 먹을 것을 찾는 유인원이, 먹이가 모여 있는 곳들 사이를 엉덩이를 끌며 이동하면서 점차적인 직립자세를 발전시켜 나갔다.
- **호미닌 노출증 환자**: 여성들은 서서 자신의 성기를 내보이는 남성에게 매력을 느꼈다. 맞다. 이거 진짜 가설이다.
- **록키 발보아**(영화 『록키』의 주인공): 우리 조상들은 서로 때리기 위해서 손이 자유로워야 했다.
- **발이 걸려 넘어지는 함정**: 네 발로 걸으면 앞뒤의 팔다리가 엉켜서 넘어질 수 있기 때문에 사족보행四足步行이 점차 사라졌다. 물론, 다른 네 발로 걷는 동물들에게 이런 문제는 없는 것으로 보인다.
- **팔에 안은 아기**: 초기 호미닌은 죽은 동물의 고기를 먹기 위해서 무리를 지어 생활하는 아프리카 대형 동물들과 함께 이주했으며 아이를 안기 위한 팔이 필요했다.
- **포식자 회피**: 두 발로 걷는 호미닌들이 표범과 사자를 더 잘 피할 수 있다. 물론, 그렇지 않다.
- **손과 발로 기어오름**: 호미닌은 손과 발을 이용해 언덕과 계곡을

오르내리다가 이족보행을 발전시켰다.

- **중신세 미니-미**Mini-Me: 몸집이 작은 초기 호미닌은 가로로 뻗은 나뭇가지 위에 두 발로 올라서서 걷거나 뛰었다.
- **홍등 지역**: 남성들은 손으로 고기를 들고 여성에게 찾아가 성행위와 교환했다.
- **불이야! 불이야!**: 가까운 초신성이 산불의 빈도를 높여 유인원의 서식지가 불에 타서 이족보행을 부추겼다.
- **타조 흉내**: 호미닌은 두 다리로 걷는 타조를 흉내 내어 몰래 타조 둥지로 가서 알을 훔쳤다. 이것은 내가 만들었는데, 엉뚱한 면에서는 다른 것 못지않은지?[14]

그리고 아직 아주 많이 남아 있다.[15] 이족보행 기원에 대한 넘치는 가설들은 그 자체로 문제가 되지는 않는다. 문제는 다수의 가설들이 현재 우리가 가진 정보로는 과학적으로 검증될 수 없다는 데 있다.

어떤 생각이 과학적이기 위해서는, 실제 데이터와 비교할 수 있는 예측을 해야 한다. 예를 들어, 중신세 미니-미 가설을 검증하고자 하는 한 과학자는 초기 이족보행 호미닌들이 작은 몸집을 가졌으며, 목초지보다는 숲에서 살았고, 나무에서 움직이고 먹는 생활에 적응했다고 예측할 수 있다. 만일 실제 화석이, 초기 직립보행자들은 몸집이 크고, 목초지 환경에 살았으며, 땅에서 음식을 먹었다는 것을 나타낸다면, 중신세(중신세: 신생대 제3기 초에 해당하는 지질시대_역주) 미니-미 가설은 부인될 것이다. 실제 데이터가 예측과 일치하지 않아서 그 가설이 틀린 것이라면, 우리는 그다음 가설로 넘어가고 과학은 앞으로 나아간다. 만일 가설을 검증 가능한 예측의 틀에 가두지 않으면, 그것은 그저 이야기에 불과하며, 제우스가 인간을 둘로 쪼갰다는 이야기만큼이나 과학적 타당성이 결여된다. 좋은 가설은 취약한 가설이며, 좋은 과학자는 데이터가 맞지 않는다면 바로 가설을 포기할 줄 아는 민첩한 과학자이다.

그렇다면 우리는 어떤 데이터를 찾고 있는 것인가?

우선, 지상의 이족보행이 어디에서 시작되었는가를 알면 유용할 것이다. 또한 언제 시작되었는지 아는 것도 분명히 도움이 될 것이다.

찰스 다윈은 《인간의 유래》에서 인간이 아프리카 유인원과 친족관계를 공유하고 있다는 가설을 세웠다. 보노보는 1933년이 되어서야 과학계에 알려졌기 때문에, 다윈은 침팬지와 고릴라에 대해서만 기술했다. 그러면 아시아 유인원과 오랑우탄, 긴팔원숭이에 대한 것은 어떤가? 인간은 이 동물들과도 매우 닮아 있다. 이 유인원들 가운데 인간과 가장 밀접하게 연관된 유인원이 무엇인지 어떻게 결정해야 할까?

이런 관계에 대한 논쟁이 100여 년 가까이 진행되고 난 후인 1960년대 후반에야 과학자들은 비로소 유인원 종들의 단백질을 비교하기 시작했고, 마침내 DNA도 비교하게 되었다. 그 결과, 우리는 가계도를 새롭게 작성하게 되었다. 다윈이 예측했던 대로 인간과 가장 가까운, 현존하는 친척은 아프리카 유인원이었다. 우리와 가장 가까운 것은 침팬지와 보노보이며, 고릴라는 6촌, 오랑우탄은 8촌에 해당되었다.

침팬지와 보노보와의 밀접한 관계가 인간이 그들로부터 진화되었다는 것을 의미하지는 않는다. 그들은 인간의 친척일 뿐이지, 조상이 아니다. 인간이 유인원으로부터 진화했다는 것은 인간으로부터 유인원이 진화했다고 하는 것만큼이나 옳지 않다. 진화 이론이 예측하는 것은 인간과 유인원이 공통조상을 공유하고 있다는 점이다. 커크 카메론의 악어오리와 같은 실수는 저지르지 말아야 한다. 이 공통 조상은 인간과 유인원을 합성한 인간침팬지나 보노사피엔스가 아니라, 양쪽 진화의 근원이 된 조금 더 일반화된 유인원이다.

이 고대 유인원은 어떻게 생겼을까? 언제 살았을까? 이는 어려운 질문이지만, 과학자들은 답을 알아내기 시작했다.

그리니치빌리지에 있는 뉴욕 대학 캠퍼스의 웨이벌리 플레이스 25번지 건물의 4층, 비좁은 엘리베이터에서 내린 나를 분자인류학자인 토드 디소텔Todd Disotell이 반겨 주었다.[16] 그는 작고 다부진 체격의 소유자로, 55세의 나이보다 훨씬 젊어 보였다. 쌀쌀하고 음산한 4월의 어느 날이었지만, 디소텔은 밝은 색의 반바지와 캔버스 로퍼, 그리고 킹콩 티셔츠를 입고 있었다. 짧은 소매 밑으로, 다윈의 유명한 '나는 생각한다'의 문구 아래 가계도를 선으로 그린 문신이 오른 팔뚝에, 빅풋Bigfoot의 문신이 왼쪽 이두박근 위에 보였다. 그는 가운데만 머리를 남겨 두는 모히칸식으로 머리를 밀어서 매우 짧아진 헤어스타일에, 염소수염을 기르고, 오렌지색 테 안경을 쓰고 있었다. 디소텔은 인류학적 유전자학의 세계적인 전문가이다.

뉴욕 대학 인류학과의 비좁은 구역을 감안했을 때 꽤 큰 시설인 디소텔의 연구실을 돌아보고 있자, 여섯 명의 대학원과 박사 후 과정 학생들이 피펫에서 고개를 들어 우리를 쳐다봤다. 미국 TV 시리즈 『고대 외계인Ancient Aliens』의 조르지오 추칼로스Giorgio Tsoukalos가 자신이 외계인이라고 생각하는 두개골에서 DNA를 추출하는 과정을 이곳에 직접 와서 봤다며 디소텔은 자랑스럽게 말했다. 그 두개골은 외계인의 것이 아니었다. 국가 보조금을 받기가 점차 힘들어지는 요즘, 디소텔은 기발하지만 논란이 될 만한 방법을 취하고 있다. TV 스튜디오에서 구매한 값비싼 기구를 사용하는 대신, 고대 외계인과 빅풋에 대해 만연한 기상천외한 이야기들을 방송하는 『히스토리 채널History Channel』에 자신의 전문가적 견해를 제공하는 것이다.

연구실을 둘러본 후, 우리는 점심을 먹으러 길 아래의 화이트 오크 태번White Oak Tavern으로 향했다. 디소텔은 사과를 뺀 사과 샐러드를 주문했고, 나는 나를 맨해튼으로 이끈 질문을 디소텔에게 던졌다.

"인간과 침팬지가 마지막으로 공통조상을 공유한 것은 언제입니까?"

나는 깊은 한숨과 생각에 잠긴 음료수 한 모금, 그리고 '한편으로는'으로 시작되는 애매모호한 설명들의 연속을 기대하고 있었다.

"600만 년 전입니다."

그는 망설임 없이 말했다.

"플러스마이너스 50만 년 정도로요."

"정말로요? 많게는 1천 200만 년 전, 적게는 500만 년 전이라는 추정치도 봤는데요."

디소텔이 대답했다.

"아닙니다. 그건 잘못된 가정을 기반으로 나온 데이터예요."

그는 혈통이 분화되는 시점을 추정하기 위해, 대상 유전자의 짧은 염기서열 안에서 분자적 차이의 수를 세는 방식으로 연구하던 때가 있었다고 설명했다. 그러나 지금은 기술이 발전해서 인간과 아프리카 유인원을 비롯한 많은 종의 수만 가지 유전자를 빠르게 비교할 수 있게 되었다고 한다. 모두가 디소텔의 데이터 분석에 동의하는 것은 아니라는 점을 분명히 해야겠지만, 그에게 있어서는 명확한 결과였다.

대부분의 화석 증거들이 우리의 혈통이 침팬지와 보노보의 혈통으로부터 600만 년 전에 완전히 분화되어 나왔다는 디소텔의 결론을 뒷받침하고 있다.[17] 25년마다 신세대가 나타난다고 가정하면, 내가 침팬지와 공유한 마지막 공통조상은 '할머니' 앞에 '고조高祖'의 '고高'가 239,999번 붙는 할머니인 것이다. 만일 내가 1초마다 '고'를 붙인다면, 쉬지 않고 3일을 내내 말해야 침팬지로부터 혈통이 분화된 지점에 도달할 것이다.

아프리카는 현재도, 그리고 과거에도 항상, 다양한 서식지가 넘쳐나는 광활한 땅이었다. 최초의 호미닌이 살았던 곳이 어디였는지를 알 수 있다면 도움이 될 것이다. 원시림의 지붕 아래 살았을까? 아니면 목초지로의 모험을 감행했을까? 환경 변화는 행동과 신체 구조에 진화적 변화를 야기하곤 한다.

아프리카의 환경에 발생한 극적인 변화에 대한 단서는, 탄소와 산소의 안정적 동위원소를 보존하고 있는 고대 토양과 화석화된 치아에 숨겨져 있다. 이해를 돕고자, 짧고 간단한 화학 수업을 위해 잠시 멈춰 가야 하겠다.

탄소와 산소는 동위원소라고 부르는 다른 형태가 존재한다. 어떤 동위원소들은 불안정하고 방사성을 띤다. 이런 동위원소들이 우리가 돌아갈 다음 장의 주제가 되는 화석의 절대 나이를 결정하는데 도움을 준다. 고대 환경 재구성을 위해 우리가 관심을 가지는 동위원소들은 안정적인 것들이다.

보통 양자가 여섯 개, 중성자가 여섯 개라서 ^{12}C로 지정된 탄소는, 중성자가 하나 더 있는 ^{13}C이라는 하나의 동위원소를 가진다. 어떤 식물들은 숨을 쉴 때 무거운 동위원소인 ^{13}C을 포함한 이산화탄소를 거부하고 ^{12}C를 우선적으로 조직에 흡수시킨다. 습윤하고 풀이 무성한 환경 속의 산림 식물이 이런 경향을 보인다. 건조하고 탁 트인 대초원에서 자라는 풀과 다른 식물들은 ^{13}C도 마다하지 않고 될수록 많이 흡수한다.

동물이 식물을 섭취하면, 탄소가 동물의 뼈와 치아에 흡수된다. 이 탄소 동위원소는 매우 안정적이어서 수백만 년에 걸친 화석화의 과정에서도 사라지거나 변화하지 않는다는 장점을 가지고 있다. 과학자들은 고대 영양의 치아를 가루로 만들어, ^{12}C와 ^{13}C의 비율을 질량분석기로 측정하여, 영양이 숲에서 먹이를 먹었는지, 목초지였는지, 혹은 둘 다였는지를 결정한다.

산소, 혹은 ^{16}O는 중성자가 두 개 더 있는 ^{18}O라는 안정적 동위원소를 가진다. 둘 다 H_2O에서 'O'의 역할을 할 수 있다. ^{16}O이 둘 중에 더 가벼운 산소이므로 이 동위원소를 지닌 물은 더 빠르게 증발하고, 빠르게 위로 올라가 비구름을 형성한다. 기온이 낮아지면, 가벼운 산소는 눈으로 떨어져 극빙極氷 안에 갇힌다. 이것이 바다의 ^{18}O 농도를 높여서, 현재 우리가 보유하고 있는 과거 지구 기온의 가장 중요한 기록이 형성된 것이다. 또한, 기후가 건조해지고 증발이 활발해지자, 아프리카의 호수와 강에도 ^{18}O가 집중되었다. 가벼운 산소와 무거운 산소의 비율 역시 화석에서 알아낼 수 있으며, 이는 해당 지역의 기온과 습도에 대한 영구 기록을 우리에게 제공한다.

모든 동물들은 물을 마시거나, 아니면 식물을 섭취해서 수분을 얻기 때문에, 연구원들은 고대 화석의 화학적 성질을 이용해서 우리 조상들이 진화하기 시작한 무렵인 수백만 년 전의 아프리카의 모습을 재현한다. 그 결과는 흥미롭다.

적어도 1천만 년에서 1천 500만 년 전인 중신세를 시작으로, 아프리카는 더욱 건조해지고 계절적으로 변화하기 시작했다. 기후 변동이 더욱 두드러졌고, 아프리카 동부의 숲은 점차 조각으로 흩어져 사라졌으며, 조각난 사이를 메우며 목초지가 확장되어 갔다. 과학자들은 지상의 이족보행이 광활한 숲에서 탁 트인 대초원으로 변해 가는 과정인, 숲이 듬성듬성 있는 환경에서 진화되었다고 현재는 믿고 있다. 그러나 이 새로운 세상에서 직립보행이 왜 득이 되는 것이었는지 확실하지 않다.[18]

한 가지는, 두 발로 서 있는 자세가 목초지에서 우리 조상들을 시원하게 해 주었을 것이라는 설명이다.[19] 적도 아프리카는 뜨겁다. 대부분의 동물은 밤이나 해 질 녘과 새벽에 활동하고, 낮에는 과열을 피하고자 그늘을 찾아 경쟁한다. 우리의 조상들은 자꾸만 줄어드는 그늘을 찾는 경쟁에서 육식동물과 다른 대형 아프리카 포유류와 제대로 겨루지 못했을 것이다. 두 발로 서 있는 자세로 움직이는 개체들은 태양에 노출되는 부위가 적었으며, 동시에 바람에 노출되는 부위가 많아 땀을 흘리는 것이 더욱 효과적이었을 것이다.

생물학자인 피터 휠러Peter Wheeler는 반드시 옳다고 할 수는 없는 이 기발한 가설을 1980년대 후반과 1990년대에 걸쳐 발전시켰으며, 이족보행으로 체내에 필요한 수분을 40퍼센트나 줄일 수 있었다는 계산도 했다. 나는 휠러가 맞는다고 생각한다. 그러나 이족보행의 기원에 대한 부분은 아니다. 이족보행은, 햇볕이 내리쬐는 이 탁 트인 환경에 호미닌이 이동해 와서 과열에 대한 걱정을 시작하기 전부터 진화된 것으로 보인다.

두 번째 가설은 에너지와 관계가 있다. 사람은 1,600m를 걸으면 약 50칼로리를 소모한다. 1,600m를 걸어서 소모된 에너지는 건포도 한 줌 정도로 회복할 수 있다. 인간처럼 두 다리로 걷는 것은 에너지 효율이 탁월하게 높은 장소 이동 방법이다.

하버드 대학 연구원들은 인간의 걸음과 침팬지의 걸음을 비교해서 두 다리로 걷는 것의 효율성을 시험해 보기로 결정했다.[20] 그들은 올드 네이비Old Navy 광고에서 가끔 보는 할리우드 침팬지들을 러닝머신에 올리고, 각 침팬지의 얼굴에 스노클처럼 생긴 CO_2 감지장치를 부착시켜서 소모되는 에너지를 측정했다. 걱정할 필요 없다. 만일 유인원들이 이 상황에 만족하지 않았다면, 얼굴에서 실험 장치를 뜯어내고, 아마 연구원의 팔도 뽑아 버렸을 것이다. 침팬지는 매우 힘이 세고 신경질적이다.

연구원들은 침팬지가 걸을 때, 네 발이건 두 발이건 상관없이 인간보다 두 배나 많은 에너지를 소모한다는 것을 발견했다.[21] 우리 진화 역사의 초기에는 자원이 부족했던 시절이 있었을 것이고, 호미닌 무리들은 먹이가 있는 산림지대를 이곳저곳 옮겨 다니기 위해 풀밭을 가로질러 이동해야 했을 것이다. 네 발이 아닌 두 다리로 움직이는 개체들은 에너지 소비량이 적어서 힘든 시절을 견뎌 내기 쉬운 입지에 있었는지도 모른다. 설득력이 있는 말이다. 그런데 문제는, 침팬지들이 사람보다 더 많은 에너지를 소비하는 이유가, 네 발로 움직여서가 아니라 웅크린 자세로 걷기 때문이라는 것이다. 걸을 때 무릎과 고관절이 곧게 뻗어 있는 동물들은 네 발이건 두 발이건 상관없이 에너지를 절약한다. 우리 조상들이 곧게 편 다리로 이족보행을 완벽히 습득하자, 에너지에 대한 이득이 생겨났다. 그러나 처음에는, 네 발로 걷는 것에 비해 두 발로 걷는 것의 에너지적 효과가 특별히 없었다.[22]

스탠리 큐브릭의 영화『2001: 스페이스 오디세이』로 다시 돌아가서, 유인원 분장을 한 배우들이 보행의 의무에서 손을 해방시키고자 서 있는 모습을 생각해 보자. 전투를 하기 위해 손을 자유롭게 했다기보다는, 어쩌면 자유로운 손은 생존을 위해 훨씬 중요하고 기본적인 것, 즉 식량을 운반하는 데 도움이 되었는지도 모른다.

루이스Louis는 토마토를 좋아한다. 그래서 미국에서 가장 오래된 동물원인 필라델피아 동물원의 사육사들은 이 서부 저지대 고릴라의 우리 전체에 토마토를 숨겨 놓는다. 루이스를 마당에 풀어 놓자, 그는 손가락 관절을 이용해 토마토가 숨겨진 익숙한 장소로 걸어가서 그가 가장 좋아하는 과일을 수거한다. 그런데 루이스는 200kg이 넘는 실버백 고릴라가 토마토를 손에 가득 쥐고 손가락 관절로 걸으면 어떤 일이 발생한다는 것을 경험과 실패를 통해 힘겹게 배웠다. 토마토가 으깨진다.

무슨 이유에선지 루이스는 손이 더러워지는 것을 싫어한다. 전날 밤새 비가 왔으면, 루이스는 손가락 관절에 진흙이 묻는 것을 피하려고 젖은 땅을 두 발로 넘어갈 것이다. 손에 가득한 으깨진 토마토는 이 깔끔쟁이 고릴라에게 비극일 것이다.

루이스의 해결 방법? 이족보행이었다.

루이스는 손으로 토마토를 모아서 품에 안고는 두 발로 우리 안의 이곳저곳을 돌아다녔다. 그의 사육사 마이클 스턴Michael Stern은 나에게 이런 일이 한 달에 몇 번씩 있다고 말했다.

이와 유사하게, 영국 켄트 지방 포트 림픈 리저브Port Lympne Reserve의 유인원 궁전에 사는 암밤Ambam의 누이인 탐바Tamba는 두 팔 가득 먹을 것을 안고 있을 때 가끔 두 발로 걷는다. 갓 난 새끼를 안고 있을 때는 자주 두 발로 걷는다.

동물원이라는 환경에서 두 발로 걷는 것은 그렇다 치고, 야생에서는 어떨까?

아프리카 서부의 기니 공화국에서 일하는 영장류 동물학자들은 한 침팬지 무리를 몇십 년간 연구해 왔다. 이 침팬지들은 돌을 이용해서 영양가 높은 아프리카 호두의 단단한 껍데기를 깨는 것으로 유명하다. 그런데 그들이 사는 우림 지역은, 지역 사람들이 쌀과 옥수수, 그리고 침팬지들이 가장 좋아하는 파파야를 비롯한 각종 과일을 재배하는 개간지와 인접해 있다. 그곳 사람들에게 안타깝게도, 침팬지들이 과일을 훔치려고 농장을 습격한다.

옥스퍼드 대학 인류학자인 수자나 카르발류Susana Carvalho는, 침팬지들이 파파야와 아프리카 호두처럼 자신들에게 가치가 높은 먹이를 수집하고 운반할 때 두 발로 걷는 경우가 많다는 것을 발견했다.[23] 손에 가득 물건을 쥐고 있기 때문에 두 발로 걸을 수밖에 없는 것이다. 어쩌면 이 침팬지들이 왜 초기 호미닌이 두 발로 걷기 시작했는지에 대한 단서를 제공해 줄지도 모르겠다.

덴버의 콜로라도 대학 인류학자인 고든 휴스Gordon Hewes도 그런 생각을 했다.[24] 그는 1961년, 초기 호미닌은 도구나 무기를 들기 위해서가 아닌, 먹을 것을 운반하기 위해서 이족보행을 시작했다고 주장했다. 그가 관찰한 짧은꼬리원숭이는 먹이를 옮길 때 종종 두 발로 걷는다는 사실을 이에 대한 근거의 일부로 제시했다. 먹이를 제공받는 침팬지들은 가끔씩 너무 많은 바나나를 품에 안고 있어서 두 발로 움직여야 한다는 제인 구달Jane Goodall의 즉흥적인 발언을 휴스는 1964년에 우리에게 상기시켰다.

켄트 주립대학의 오웬 러브조이Owen Lovejoy는 이 생각을 조금 더 발전시켜, 이족보행의 진화는 우리 혈통에서의 암수결합과 동시에 일어났다고 주장했다. 그의 모델을 보면, 두 발로 걷는 호미닌 남성은 여성에게 식량을 가져다줄 수 있었다. 결국, 여성은 이 인심 좋은 남성에게 호감을 갖게 되어서 암수결합이 이루어졌을 것이다. 남성은 짝짓기 상대를 놓고 서로 경쟁하기 위한 커다란 송곳니가 더 이상 필요하지 않았을 것이다. 따라서 이 '먹이제공 가설'은 송곳니 축

소와 이족보행을, 다윈이나 다트의 생각처럼 폭력이 아닌 성행위를 중심으로 연결하고 있다.[25]

이 성행위 기반 전략을 채택한 다른 포유류의 살아 있는 예를 찾을 수 없으니, 이 가설을 입증하는 것은 어렵다. 이 가설을 비판하는 많은 사람들은, 이는 이족보행 진화에 있어서 여성의 역할을 경시하고 있으며, 호미닌 여성을 식량 제공자인 남성이 집에 파파야를 가지고 오기만을 나무 위에서 기다리는 무력한 존재로 치부했다고 말한다.[26]

식량을 이족보행 진화를 부추긴 원동력으로 보는 것은 이해할 수 있으나, 여성의 역할도 컸다는 것 역시 이해해야 한다. 인류학자인 카라 월-쉐플러Cara Wall-Scheffler는 나에게 말했다.

"자연선택의 대상은 여성과 그 여성의 유아입니다."

어떤 유전적 특성이 여성과 그들의 자손에게 득이 되지 않는다면, 그 특성이 진화적인 탄력을 얻게 될 확률은 거의 없다.

1970년대와 1980년대에, 산타크루즈 소재 캘리포니아 대학 인류학자인 낸시 태너Nancy Tanner와 아드리엔 질만Adrienne Zihlman이 바로 그런 사례를 보여 주었다.[27] 그들의 가설에 따르면, 초기 호미닌 여성은 낮 동안 식물과 작은 동물들을 채집했는데, 이는 여성들이 근대 수렵-채집 사회에서 사냥을 하는 대부분의 남성들보다 더 많은 칼로리를 소모하게 했다. 호미닌 여성들은 필요 이상으로 식량을 채집해서 집단의 다른 구성원들에게 나누어 주었다. 직립보행을 하는 사람들은 도마뱀과 달팽이, 덩이줄기, 알, 과일, 흰개미, 뿌리와 같은 식량을 더 많이 채집할 수 있었다.

공유와 협력에 대한 중요성 때문에 여성들은 덜 공격적이고 사교성이 좋은 남성과 짝을 지으려 했을 것이다. 이 덜 공격적인 남성들은 송곳니도 더 작았을 것이다. 태너와 질만의 가설에서 호미닌 여성은 나뭇가지를 이용해 뿌리와 덩이줄기를 파내고, 아기를 안고 다니기 위한 어깨띠를 착용했다. 달리 말하면, 일찍부터 기술이 발전했으며, 이는 여성들에 의한 것이었다. 보노보와 침팬지의 경우에도 암컷이 기술에 적응을 잘하는 것으로 드러났으며, 이는 초기 호미닌의 경우에도 동일하다고 생각할 수 있다.[28]

중요한 것은, 식량이든 도구이든, 아기이든, 무언가를 운반한다는 것이 이족보행 진화의 주된 이유이나, 그것만이 유일한 장점은 아니었음을 태너와 질만이 인식했다는 사실이다. 일단 두 발로 걷게 되자, 호미닌은 적을 찾고자 주변을 살필 수 있었다. 또 포식자가 될 수 있는 대상에게 물건을 던져서 위협을 할 수 있었으며, 식량을 찾으러 이곳저곳을 효율적으로 이동할 수 있게 되었다. 태너와 질만은 이족보행이 인류의 조상에게 득이 된 이유가 한 가지만은 아니었다고 주장했다. 여러 장점의 꾸러미가 호미닌을 두 발로 걷게 이끌었던 것이다.

그렇다면 직립보행의 그 원인을 찾는 것은 헛된 일인지도 모르겠다. 그리고 왜 이족보행이 진화했는가에 대한 이유를 알아내지 못하더라도, 우리는 직립보행이 오늘날 우리를 인간으로 만들어 주는 많은 신체 구조와 행동 변화를 가져왔다는 사실을 생각해 볼 수 있다. 그러나 초기 인류 조상들의 직립보행 시작을 이해하려면, 우리는 분명한 예측을 할 수 있는 검증 가능한 생각들을 제안해야 한다.

검증할 수 없는 이야기를 거부하고 사실적인 과학을 추구해야 한다. 발생 가능했던 일들과 실제로 발생한 일들 사이의 통합이 더욱 절실하다.

그것에 가깝게 다가가기 위해서, 우리에게는 화석이 필요하다.

— 04 —

루시Lucy의 조상

그러나 우리는 인간을 비롯한 유인원 전체의 초기 조상이,
현존하는 그 어떤 유인원 혹은 원숭이와 동일하거나,
혹은 매우 유사하다고 가정하는 오류에 빠져서는 안 된다.[1]

×

인간의 유래(1871), 찰스 다윈(Charles Darwin)

사람들은 나에게 과학자들이 유인원과 인간 사이의 단절고리missing link를 언제 발견할 것인지 묻곤 한다. 나는 그들에게 말한다. 이미 발견했다고.

단절고리의 개념은, 인간도 아니고 유인원도 아니지만 양쪽 모두의 특징을 보유하고 있는 동물이 있다는 증거가 화석 기록으로 남아 있어야 한다고 가정하고 있다. 네덜란드 해부학자 유진 뒤부아Eugene Dubois는 1891년 인도네시아 자바섬의 솔로강을 따라 화석을 찾고 있었다. 뒤부아와 그의 팀은 호미닌의 어금니와 두개골의 윗부분, 다리뼈를 한 점 발견했다. 다리뼈는 이 호미닌이 이족보행을 했음을, 그리고 두개골은 뇌 용량이 915cm^{3}임을 보여 주었다.[2] 그렇게 작은 뇌를 지닌 성인 현대인은 없으며, 그렇게 큰 뇌를 지닌 유인원도 없다. 사실 그 두개골은 평균적인 침팬지와 평균적인 인간 두뇌 크기의 거의 정확히 절반 정도의 뇌를 수용할 만한 크기이다. 보라, 단절고리이다.

뒤부아는 그의 발견을 직립 원인이란 뜻의 피테칸트로푸스 에렉투스Pithecanthropus erectus라 명명했다. 현재는 이 화석들의 출처인 호미닌을 호모 에렉투스Homo erectus라 부르는데 아프리카와 아시아, 유럽 전역에서도 다수의 화석이 발견되었다. 뒤부아의 발견은 대단히 중대한 것이다. 뒤부아는 현생유인원과 현생인류의 차이를, 최소한 두뇌 크기를 기준으로 연결해 주는 생명체가 이 지구상에 존재했다는 사실을 보여 주었다. 고리는 더 이상 단절되지 않았다.

그러나 '단절고리'라는 용어는 인간 진화에 대해 대단히 잘못된 다른 무언가를 말해 주고 있다. 이 단어는 인간과 유인원 사이의 모든 차이점이 점진적으로 그리고 같은 속도로 발생했다고 가정하고 있다. 즉, 유인원과 인간의 중간 정도의 뇌를 지닌 피테칸트로푸스 에렉투스 같은 호미닌은, 반은 유인원이고 반은 인간인 것에 걸맞게 두 다리로 웅크리고 서서 발을 끌면서 비효율적으로 움직여야 한다는 의미다. 심지어 뒤부아 역시 그렇게 생각했다.

1900년에 뒤부아와 그 아들은 파리 월드 페어에 출품하기 위해 살을 붙인 나체의 피테칸트로푸스 에렉투스의 석고 조형물을 제작했다.[3] 뇌가 작은 이 호미닌의 석고상은 자신의 오른손에 들고 있는 도구를 무표정하게 내려다보는 모습을 하고 있다. 그는 서 있는 모습이었지만, 길게 구부러진 발가락에 마치 엄지손가락처럼 옆으로 튀어나와 있는 엄지발가락을 지닌 원숭이 같은 발로 지탱하고 있었다.

이로부터 10년 후에 프랑스 고생물학자인 마르슬랭 부울Marcellin Boule은 프랑스 라샤펠오생의 동굴에서 발견된 거의 완전한 모습의 네안데르탈인 골격에 대한 분석 자료를 발표했다. 두개골 크기는 평균적인 사람의 뇌보다 더 큰 뇌를 수용할 만큼 컸다. 그러나 부울은 이 유골이 호모 사피엔스는 아니라고 결론지었다. 라샤펠오생의 네안데르탈인 두개골은 앞으로 튀어나온 큰 얼굴에 눈 위의 뼈가 돌출된 형태였다. 그리고 대부분의 사람에서 찾아볼 수 있는 높은 이마가 보이지 않았다. 그러나 부울이 유골의 신체적 특징을 해석한 방식은 많은 것을 시사한다.[4] 부울은 앞으로 굽은 몸에 원숭이 같은 발과 구부러진 기다란 발가락을 지닌 모습으로 골격을 재구성했다.

여기서 전달되는 메시지는 분명하다. 그 유골이 인간이 아니라면, 인간처럼 걷지도 않았을 것이라는 점이다. 그러나 이런 해석들 모두 시간이 흐르면서 설득력을 잃었다.

추가적으로 발견된 화석과 화석 발자국까지도 호모 에렉투스와 네안데르탈인 둘 다 인간의 발 형태를 하고 직립 보행을 했다는 사실을 보여 주었다. 똑바로 서서 성큼성큼 걷는 이족보행은 뒤부아나 부울의 생각보다 훨씬 전부터 시작되었다. 이를 알아보기 위해서 우리는 인류 진화에 대해 우리 모두가 알고 있는 출발점, 즉 인류 과학의 아이콘인 화석 유골에 주목해야 한다.

1974년 11월 24일, 애리조나 주립대학 고인류학자인 돈 요한슨

Don Johanson은 에티오피아 북쪽 아파르 지역의 하달 마을 근처에서 이것을 발견했다.[5] 그 이전까지 누구도 이렇게 완전한 형태의 오스트랄로피테쿠스의 골격을 발굴한 적이 없었으며, 그 골격은 오스트랄로피테쿠스의 새로운 종인 것으로 밝혀졌다. 요한슨과 그 동료들은 이것을 아파렌시스afarensis라고 불렀다.[6]

골격이 발견된 날 밤에, 발굴팀은 카세트 플레이어로 비틀즈의 〈페퍼 상사의 고독 클럽 밴드Sgt. Pepper's Lonely Hearts Club Band〉를 반복해서 들으며 자축하고 있었다. 〈다이아몬드와 함께 하늘에 떠 있는 루시Lucy in the Sky with Diamonds〉라는 노래를 수없이 반복해 듣다가, 발굴팀의 한 단원이 골격에 루시Lucy라는 이름을 붙이자고 제안했다.[7] 그렇게 이름이 정해졌다.

과학자들은 루시를 'A. L. 288-1'이라고 부르기도 하는데, 이는 아파르 지역의 288번째 발굴현장에서 발견된 첫 화석이라는 의미의 카탈로그 번호이다. 에티오피아 사람들은 딩키네시Dinkinesh라고도 부르는데, "너는 놀라워."라는 뜻의 암하라Amharic 말이다.

2017년 3월, 나는 아디스아바바 국립 박물관에 보존된 루시의 유골을 연구하고자 에티오피아로 떠났다. 아디스아바바는 해발고도 2,133m의 고원에 위치한 아프리카의 번화한 도시다. 빠르게 증가하는 인구수는 로스앤젤레스를 따라잡고 있다. 킹 조지 6세 거리에 있는 3층짜리 건물에는 루시의 복제 모형이 전시되어 있어 일반인도 방문이 가능하다. 국립 박물관 뒤로 보이는 대형 건물이 루시의 실세 화석이 보관되어 있는 곳이다. 이 콘크리트 요새는 마치 야만적인 건축가가 지은 것처럼 보인다. 중앙 안뜰을 둘러싸고 있는 계단은 에서Escher의 그림과도 닮았다.

건물 한 구역의 지하실에는 풋볼 경기장만 한 크기의 방이 하나 있는데, 여기에는 멸종된 코끼리와 기린, 얼룩말, 누, 아프리카 흑멧돼지, 영양의 화석 수만 점이 보존되어 있다. 신중한 화석 준비 담당자들이 화석 유골에서 굳은 흙을 한 알 한 알 천천히 제거하고 있는 모습을 감추고 있는 닫힌 문 뒤로, 소형 공기드릴의 윙윙거리는 소리가 들려온다.

3층에는 연결되어 있는 여러 개의 방에 가장 귀중한 화석인 고대 인류의 유골들이 내폭 설계가 된 금고 속에 보관되어 있다. 내가 도착한 날에는 창문이 열려 있었다. 암하라 언어로 기도하는 소리가 근처 기독교 교회에서 울려 퍼져, 볶은 커피콩과 디젤 냄새가 희미하게 섞인 온화한 바람을 타고 불이 켜지지 않은 방 안까지 흘러 들어왔다. 정전은 아디스에서 생활의 일부이다.

루시는 세 개의 나무 트레이에 정돈되어 있었다. 한곳에는 두개골과 턱, 팔, 손뼈의 조각들이 담겨 있었고, 다른 하나에는 갈비뼈와 척추뼈가, 그리고 마지막 트레이에는 골반과 다리, 발뼈가 담겨 있었다. 유골 화석들은 각각의 화석에 정확히 맞게 제작된 부드러운 회색의 충전재 위에 안치되어 있었다. 두개골 파편에 달린 A. L. 188-1a에서부터 쇄골에 붙어 있는 A. L. 288-1bz에 이르기까지, 모든 유골에는 흰색의 종이 라벨이 붙어 있다. 루시의 갈색 유골에는 듬성듬성 회색이 섞여 있고 올리브색이 살짝 감돌고 있는데, 이는 유골이 화석화하면서 광물을 흡수해서 나타나는 색상이다.

유골은 우리에게 이야기를 들려준다. 그리고 루시의 유골은 그녀의 삶에 대한 많은 것들을 보여 주고 있다. 루시의 팔과 다리뼈의 말단부에는 성장판이 융합되어 있는데, 이는 루시가 죽을 당시 완전히 성장한 상태였음을 알려 준다. 사랑니가 나와 있었으나 마모가 적은 것으로 봐서 아직은 젊은 여성이었다. 만일 루시가 현생 인류였다면, 사랑니의 마모 상태는 20대 초반의 여성과 일치한다. 그러나 그녀의 치아는 오스트랄로피테쿠스가 현재의 인간보다 빠르게 성장했다는 단서들을 보여 주고 있어, 루시는 사망 당시 10대 후반에 가까웠던 것으로 추정된다. 루시가 어떻게 죽었는지는 확실치 않으나, 뼈의 골절 상태가 나무에서 떨어졌을 때와 일치한다는 의견도 있다.[8] 골반에 있는 두 개의 물린 자국은, 루시가 고대 호숫가의 진흙에 빨려 들어가기 전에 시체를 먹는 동물에게 먼저 먹혔음을 말해 주고 있다.

루시의 신장은 107cm에서 120cm 사이로, 키가 작았다. 그녀의 관절은 무게가 27kg 정도인 사람의 크기와 비슷했다. 즉, 루시는 만 일곱 살 정도의 현생인류 아이와 비슷한 크기였다는 말이다. 루시는 하다르Hadar에서 발견된 같은 종의 다른 화석들과 비교했을 때도 작은 편으로, 루시가 정말로 여성이었다는 것을 더욱 확실히 해 준다. 그녀의 뇌 용량은 평균적인 침팬지의 뇌보다 약간 컸으며, 큰 오렌지 정도의 크기였다. 그러나 침팬지와는 달리, 루시는 두 다리로 그녀의 세상을 활보했다. 루시는 이족보행을 했다.

나의 학생들은 만일 물리학과에 있는 나의 동료들이 타임머신을 만든다면 어떤 시기에 가 보고 싶어 하는지 가끔 나에게 묻곤 한다. 나는 주저하지 않고 답한다. 318만 년 전의 에티오피아로 가서 루시와 하루를 보내고 싶다고 말이다. 나는 그녀를 졸졸 따라다니며, 어떻게 움직이고 어떻게 사는지, 아기가 있다면 어떻게 돌보는지, 무엇을 먹는지, 그리고 무리의 다른 일원들과 어떻게 상호작용하는지 관찰할 것이다. 나는 과학 장비를 들고 가서 그녀의 걸음걸이의 모든 점을 세밀하게 측정하여 그녀의 관절에 가해지는 힘을 계산할 것이다.

물론 이것은 선택사항이 아니다. 우리에게 남겨진 것은, 인류 조상의 삶을 재구성해 볼 수 있는 귀한 뼛조각들뿐이다. 오래된 뼛조각 몇 점을 가지고 루시와 그녀와 같은 종의 인류가 두 다리로 걸었다는 것을 어떻게 아는가? 뼈 단서는 말 그대로 머리부터 발끝까지 발견될 수 있다.

우리는 머리로 걷지는 않지만, 머리는 우리가 어떻게 걷는지 보여 준다. 모든 동물들은 대후두공大後頭孔이라는 두개골 구멍이 있는데, 이는 척수와 뇌가 연결되는 통로 역할을 한다. 치타와 침팬지처럼 네 발로 걷는 동물들의 대후두공은 두개골의 후두부 가까이에 위치해 있어서 머리와 척추가 수평적으로 연결되게 한다. 그러나 인간의 경우는 대후두공이 두개골 바로 밑에 위치하기 때문에, 머리가 척추 위에 수직적으로 균형을 잡을 수 있도록 도와준다. 이 해부학적 단서 때문에 레이몬드 다트는 남아프리카 타웅의 오스트랄로피테쿠스 아이가 이족보행을 했다고 결론지었다.

안타깝게도 루시의 두개골은 조각난 상태로 발견되어서 대후두공의 위치를 복원하는 것이 불가능했다. 그러나 에티오피아에서 요한슨이 발견한 유골은 루시만이 아니었다. 요한슨은 오스트랄로피테쿠스 아파렌시스 개체들의 한 무리 전체의 화석화된 유골을 발견했다. 요한슨은 이들을 '첫 번째 가족'이라 불렀다.

첫 번째 가족이 발견된 장소에서는 대후두공이 보존된 두개골의 후두부와 밑 부분이 발견되었다. 대후두공의 위치가 두개골의 바로 밑 부분으로 현생인류와 같았다. 최근에 발견된 보다 완벽한 오스트랄로피테쿠스의 두개골도 이런 사실을 확인시켜 주었다. 루시의 종족들은 수직의 척추 위에 올려진 머리를 반듯하게 들고 다녔다.

루시의 두개골은 완전하지 않았지만, 척추만큼은 아름답게 보존되어 있었다. 대부분의 포유류는 척추가 수평적이거나 초승달 모양의 완곡한 만곡을 이루고 있다. 걸음마를 배우기 전인 인간의 아기도 역시 이런 형태의 척추를 하고 있다.[9] 그러나 첫 걸음을 떼기 시작하면, 척추의 변형이 시작되어 S자 모양의 만곡이 형성된다. 척추 만곡은 우리 몸통과 머리의 위치를 재정비하여 둔부 위에 균형 있게 자리 잡도록 해 준다. 가장 중요한 것은 척추 밑 부분의 만곡으로, 요추전만이라 부른다. 이로 인해 등 아래의 잘록한 허리 부분이 생성되며, 이는 직립보행을 하는 인간에서만 유일하게 나타난다. 루시 화석의 척추도 현재의 사람들처럼 S자 모양의 만곡이 있다.

인간과 침팬지의 목 아랫부분 골격에서 가장 눈에 띄는 차이는 골반이다. 침팬지의 골반은 길고 납작해서 소둔근小臀筋이라고 하는 근육을 등 쪽에 고정시켜 준다.[10] 이는 침팬지가 다리를 뒤로 차는 동작을 가능하게 해 주는데, 이 동작은 나무에 오를 때 침팬지의 몸을 위로 올려 주는 역할을 한다. 그러나 침팬지가 두 다리로 걸으면, 좌우로 뒤뚱거리며 지속적으로 넘어질 위험에 처하게 되어, 체력을 소비하는 걸음걸이가 된다.

인간의 골반은 더 짧고 둥그스름한 사발 형태를 하고 있어, 소둔근을 몸의 측면에 고정해 준다. 우리가 한 걸음을 떼면, 이 근육들이 수축하여 몸을 곧고 균형 있게 유지해 준다. 이렇게 한번 해 보라. 걸을 때, 우리가 넘어지지 않도록 엉덩이 근육이 단단해지는 것을 느껴 보라. 이것이 가능한 이유는 우리의 골반 모양 때문이다.

루시는 어떠한가? 그녀의 골반은 짧고 둥그스름하여, 마치 우리의 것을 축소해 놓은 것 같다. 볼기뼈는 몸의 측면에 위치해 있는데, 이것은 그녀가 두 다리로 세상을 걸어 다닐 때 엉덩이 근육이 그녀를 똑바로 서게 하고, 균형을 잡을 수 있게 해 줬다는 의미이다.[11]

골반에서 아래쪽으로 이동해 오면, 이족보행의 증거를 찾을 수 있는 최적의 장소에 도달한다. 바로 무릎이다. 인간의 신생아는 몸에서 가장 긴 뼈인 대퇴골이 곧다. 그러나 아기가 걷기 시작하면, 밑으로 누르는 압력이 자라나는 대퇴골의 말단부를 기울어지게 한다. 두융기각bicondylar angle이라 부르는 이 기울어짐은 두 다리로 걷는 개체에서만 발생한다. 침팬지에서는 절대 발생하지 않으며, 사지마비로 태어나 한 번도 걸어 보지 못한 사람에게도 발생하지 않는다.[12] 만일 루시의 무릎에도 이 각이 존재한다면, 루시는 두 다리로 걸었음이 분명하다. 다른 방법으로는 발생할 수 없기 때문이다.

요한슨은 루시의 왼쪽 무릎을 발견했으나, 완전히 으스러진 상태여서 복원이 쉽지 않았다. 그러나 루시가 발견되기 1년 전, 요한슨은 하다르를 처음 방문했고, 그때 발견한 첫 호미닌 화석이 바로 무릎이었다.[13] 그 무릎에는 두융기각이 있었다. 두 다리로 걸었던 무언가에서 나온 것이 틀림없었다.

두발동물인 사람의 신체 부위에서 유일하게 직접 땅에 닿는 부분은 발이다. 그렇다면 직립보행을 위한 주요 구조적 조정들을 발에서 찾을 수 있다는 것은 매우 타당하다. 인간은 커다란 발뒤꿈치와 경직된 발목, 그리고 기다란 아킬레스건을 가지고 있다. 지구상의 다른 모든 영장류와는 달리, 인간은 움켜잡지 못하는 엄지발가락이 나머지 발가락들과 나란히 자라나 있다. 이와 함께, 길고 뻣뻣하며 아치가 있는 발바닥은 우리가 다음 발걸음을 디딜 수 있도록 앞으로 나아가게 한다. 우리에겐 또한 발로 땅을 구를 때 위로 굽혀지는 짧은 발가락들이 있다. 이는 물건을 잡기 위해 아래로 구부러지는 기다란 유인원의 발가락과는 반대이다.

루시와 첫 번째 가족의 발뼈는 인간과 놀랍도록 유사하다. 발뒤꿈치는 크고, 루시의 발목은 내 발목을 축소한 듯 매우 비슷한 모습이다. 루시의 발가락은 길고 살짝 구부러져 있으나, 발가락 끝이 위로 향하고 있어 그녀가 사람이 걸을 때처럼 발가락을 이용해서 바닥을 밀어냈음을 보여 준다.

루시의 유골은 이전 남아프리카에서 발견된 화석들이 암시만 했던 것을 확인시켜 주었다. 이족보행이 인류 진화 역사의 초기에 나타났다는 사실이다.

레이먼드 다트Raymond Dart와 로버트 브룸Robert Broom이 1930년대와 1940년대에 남아프리카 동굴에서 발견한 오스트랄로피테쿠스의 화석들은, 여기서 무릎 뼈 한 점, 저기서 아래턱 뼈 한 점 등, 조각난 상태였다. 고생물학자들은 카탈로그 이름이 Sts 14로 붙여진 젊은 여성으로부터 나온 한 구의 부분 골격을 발견했다. 그녀의 골반과 척추 역시 사람과 매우 유사해서, 그녀가 곧게 서서 두 발로 걸었다는 것을 암시했다. 그러나 그녀의 머리는 발견되지 않았다.[14]

남아프리카의 이 동굴들에서 발견된 화석화된 두개골은 고릴라의 뇌 정도의 크기를 지닌 호미닌의 것이었다. 당시에는 직립보행이 두뇌가 커지기 전에 시작되던 것으로 보였으나, 루시 이전에는 머리와 몸을 둘 다 보전하고 있는 고대 호미닌 골격이 발견되지 않았다.

루시가 바로 그랬다. 유인원 크기의 작은 뇌에, 인간과 같은 몸을 한 오스트랄로피테쿠스였다. 뒤부아Dubois와 부울Boule이 틀렸다. 반은 인간이고 반은 유인원과 같은 방법으로 구부정하게 걷는, 유인원과 인간의 중간 정도의 뇌를 지닌 인간의 조상은 존재하지 않았다. 이족보행이 먼저 나타나고, 큰 두뇌로의 진화는 늦게 시작되었다.

얼마나 먼저였을까?

17세기 신학자 제임스 어셔James Ussher는 기원전 4004년 10월 22일, 토요일 오후 6시에 지구가 갑자기 생겨났다고 주장했다. 놀라운 정밀성으로 축복받은 날짜였다. 그러나 현대 과학이 우리의 세상에 대해 밝힌 모든 것에 근거해 보면, 이는 몹시 부정확한 것이다. 정밀성과 정확성 사이의 상호 절충이 필요한 경우가 종종 있다.[15] 지질학자들은 후자를 선택했다.

루시는 약 318만 년 전에 살다 죽었을 것으로 추정된다. 어셔의 계산과 비교하면, 루시의 나이는 정확하나 정밀성이 떨어진다. 루시가 3,181,824년 전의 7월 11일, 오전 8시 10분에 사망했다고 쓸 수 있었으면 하는 마음은 간절하나, 그럴 수 없다. 화석의 연대를 측정하는 우리의 기술은, 운이 좋으면 1만 년 단위로 반올림한 어림의 수치를 알려 준다. 그 이유를 이해하려면, 약간의 화학이 필요하다.

화산이 폭발하면, 녹은 암석과 화산재를 분출한다. 지구의 점액성 맨틀로부터 끓어오르는 그 독성 물질 속에는 원소 칼륨(K)의 동위원소가 포함되어 있다. 지구상의 대부분의 칼륨은 ^{39}K이다. 그러나 화석의 나이를 계산하는 데 관계하는 종류는 중성자가 하나 더 있는 ^{40}K이다. 이것은 방사성 물질이기 때문에 불안정하며, ^{40}K로 있기 싫어한다. ^{40}K가 부식하면서 아르곤(^{40}Ar)이라는 다른 원소로 변화된다. 아르곤은 암석으로부터 빠져나와서 공기 중을 무해하게 떠다니는 비활성 기체이다. 우리에게 다행스럽게도, 모든 아르곤이 암석을 빠져나가지는 않는다.

화산 분출의 용광로에서 생성된 암석과 화산재는 방사성 칼륨을 함유하는 장석이라 불리는 결정체를 포함하고 있다. 그러나 이 방사성 칼륨이 부식하면, 결과물인 아르곤은 결정체 속에 갇히게 된다. 시간이 흐르면서 더욱 많은 아르곤이 결정체 안에 쌓이게 되는데, 이것이 일정한 속도로 발생한다. 그 속도를 우리는 반감기라 부른다. 부식하는 칼륨 동위원소가 조금씩 사라져 가며, 우리에게 '암석 안의 시계'라는 별명이 붙은 연대측정법을 선사한 것이다. 탄소를 이용한 측정법도 이와 유사한 방식이나 5만 년을 넘지 않는 물체의 연대측정에만 사용 가능하다. 루시처럼 더 오래된 것에는 ^{40}K와 같은 동위원소가 필요하다.

어떻게 해서 연대측정이 이루어지는지 이해하기 위하여 맥주한 잔을 생각해 보자. 바텐더가 기네스 맥주를 따르면, 많은 양의 거품이 생긴다. 서서히 거품이 '부식'해서 맥주로 변화한다. 이는 일정한 속도로 이루어진다. 거품의 절반이 맥주로 변화하는 데 걸리는 속도는 1분 정도다. 남은 거품의 절반이 또 1분 만에 사라진다. 그다음 절반이 1분 후에, 또 그다음으로, 결국엔 거품의 얇은 막이 남을 때까지 계속된다. 파인트 잔에 거품이 많다면 막 따른 맥주이다. 거품이 없는 쪽은 시간이 지난 맥주이다. 동일한 현상이 ^{40}K와 ^{40}Ar에도 발생한다.[16] 방사성 칼륨 함유가 높은 암석은 상대적으로 어린 암석이다. 아르곤의 함유량이 높으면 오래된 암석이다. 각각의 동위원소가 남아 있는 양을 측정하여 얼마나 오래된 것인지를 결정할 수 있다.

물론 루시의 유골은 화산재로 만들어진 것이 아니기 때문에 연대측정이 불가능하다. 그러나 루시의 유골은 화산재가 응고되어 형성된 응회암층 위에 쌓인 퇴적물 안에서 발견되었다. 지질학자들이 이 응회암의 표본을 수집해 장석 결정체를 분리하여, 그 안에 함유된 ^{40}K와 ^{40}Ar의 양을 질량분석기로 측정한다. 두 동위원소의 비율이 대략 322만 년 전이라는 결과를 보여 주었다.

루시의 유골이 이 응회암층 위에서 발견되었기 때문에, 우리는 루시가 적어도 322만 년 전 즈음에 죽었다는 것을 알 수 있지만 정확히 언제였는지 알 수는 없다. 300만 년 전일 수도, 100만 년 전일 수도, 5만 년 전, 혹은 1965년일 수도 있다. 많은 도움이 되지는 않는다.

다행스럽게도 아프리카 동부는 지각변동이 활발한 지역으로, 화산이 다시 분출해서 루시의 유골 위로 또 다른 응회암층이 형성되었다. 그러니 루시는 그 두 차례의 화산 분출 사이의 언젠가 사망한 것이다. 상부 화산재 층의 나이는 318만 년이다.

이로써 루시의 죽음은 322만 년과 318만 년 사이인 4만 년의 기간 안에 발생한 것이다. 그녀의 유골이 318만 년 응회암층에 더 가까운 곳에서 발견되었으니, 그 시간대에 근접한 시기에 사망한 것으로 추정하고 있다.[17] 우리의 화석 연대측정법은 정밀성이 부족하다. 그러나 정확하다.

1974년에 루시가 발견되었을 때에는, 그때까지 발굴된 멸종된 인류의 부분 골격으로서는 가장 오래된 것이었다. 루시의 발견에 대한 직접 경험을 담은 요한슨의 《루시: 인류의 시작Lucy: The Beginnings of Humankind》은 뉴욕 타임스 베스트셀러였으며 많은 미래의 고인류학자들에게 영감을 주었다. 루시 골격의 모형은 전 세계 과학박물관들의 주요 전시품이다. 에티오피아의 식당들은 종종 '루시'라는 상호를 붙인다. 루시는 만화 《파 사이드Far Side》의 한 편에도 출연했다. 2015년 에티오피아를 방문 중인 버락 오바마 대통령은 반드시 루시를 보러 가겠다고 했다. 그날 저녁 공식 만찬 자리에서 오바마 대통령은 다음과 같이 말했다.[18]

> 우리는 에티오피아인, 미국인, 그리고 전 세계의 모든 사람들이 같은 인간, 같은 사슬의 일부라는 사실을 상기해야 합니다. 그리고 그 유물들을 설명했던 교수님 한 분이 올바르게 지적하신 대로, 우리 주변에 너무나도 많은 고난과 역경, 그리고 슬픔과 폭력

이 난무하는 이유는 우리가 그 사실을 잊고 있기 때문입니다. 우리는 우리 모두가 공유하는 근본적인 관련성을 보려 하지 않고 피상적인 차이점만을 찾으려 합니다.

루시는 우리가 인류 진화에 대해 알고 있다고 생각하는 모든 것들의 시작점이다.

나는 정강이와 연결되는 발뼈인 루시의 목말뼈를 집어 들었다. 작지만 단단했다. 이 뼈들은 결국 암석이다. 대부분의 유기물은 오래전에 분해되었다. 그러나 이 암석들은 정교하고 세밀한 해부학적 구조를 보존하고 있다. 발목 관절은 매끈하고, 사각형이었다. 내 발목 관절을 축소해 놓은 것 같았다. 자세히 보니, 300만 년도 더 전의 험한 지형을 걸었던 그녀의 발이 안정되도록 도와주었을 발 인대가 붙었던 지점에 아주 작은 돌기가 보였다. 대퇴골에는 둔부 근조직이 삽입된 곳의 흔적이 잘 드러나 있었다. 이 근육들이 수축하면서 루시가 한 걸음을 내디딜 때마다 그녀의 직립 자세를 유지시켜 주었을 것이다.

박물관의 전기가 들어오자, 루시의 치아의 매끈한 상아질이 반짝였고, 나는 나머지 뼈들에 집중했다. 정말이지 "너는 놀라워Dinkinesh."

루시가 인류 역사에서 차지하는 자리를 다시 한번 생각해 보자. 우리는 토드 디소텔Todd Disotell이 인간과 아프리카 유인원의 DNA를 비교한 결과, 인간은 약 600만 년 전에 침팬지 및 보노보와 마지막으로 공통조상을 공유했다는 사실을 밝혀냈다는 것을 알고 있다. 루시는 318만 년 전에 살았다. 이것은 루시가 현재를 살아가는 인간과 침팬지가 공유한 최종 공통조상의 중간 지점 즈음에 살았다는 것을 의미한다.

루시의 발견은 우리의 과학에 엄청난 사건이었지만, 이는 또한 오스트랄로피테쿠스와 인류 최초 조상들과의 사이에 거의 300만 년이라는 엄청난 간격을 벌려 놓았다. 과학은 종종 이렇게 진행된다. 어떤 발견은 여러 질문에 답을 해 주지만, 새로운 많은 질문을 야기하기도 한다. 루시와 그녀의 종족 이전에는 무엇이 있었나? 오스트랄로피테쿠스는 무엇으로부터 진화한 것인가? 그것도 두 다리로 걸었을까? 이족보행은 얼마나 오래된 것일까?

수 년 동안, 우리에게는 지속해 나갈 것이 아무것도 없었다.

그런데 1990년대 중반, 케냐 국립 박물관의 미브 리키Meave Leakey가 투르카나 호수 서편의 카나포이Kanapoi라 불리는 발굴 현장의 420만 년 된 퇴적물에서 오스트랄로피테쿠스의 정강이뼈를 한 점 발견했다.[19] 그 유골은 크고 납작한 무릎과, 인간과 유사한 발목 관절을 가지고 있어서 이족보행 호미닌의 것임을 알 수 있었다. 이 발견으로 이족보행의 기원은 한층 더 과거로 거슬러 올라갔으나, 이족보행과 침팬지와의 공통조상 사이의 차이는 여전히 200만 년이라는 어마어마한 시간에 머물러 있었다.

2001년 1월부터 2002년 7월 사이의 18개월에 걸친 고인류학적 열풍 덕분에 이 엄청난 차이에 변화가 생겼다. 마침내 인류의 초기 조상에 대한 희미한 불빛이 비치기 시작했던 것이다. 아프리카의 각기 다른 세 구역에서 작업을 하던 세 연구팀이 이루어 낸 엄청난 발견으로, 인류혈통의 기원, 그리고 직립보행의 기원이 260만 년에서 560만 년 전인 선신세(선신세: 신생대 제3기의 마지막 시기_역주)에서 벗어나, 530만 년에서 1,160만 년 전인 중신세(중신세: 신생대 제3기 초에 해당하는 지질시대_역주) 후기로 밀려났기 때문이다. 발견된 화석들은 직립보행이 호미닌 혈통의 출발 시점으로까지 거슬러 올라간다는 것을 보여 주었다.

그러나 이는 논란의 여지가 많으며 고인류학의 어두운 면을 드러내는 것이기도 하다.

케냐는 말 그대로 반으로 갈라지고 있다. 동쪽 부분은 소말리 지각판의 일부로, 1년에 6mm 정도의 속도로 동쪽 방향으로 움직이고 있다. 이는 머리카락이 자라나는 속도보다 25배 느리지만, 수백만 년에 걸친 이동으로 아프리카 대지구대Great Rift Valley라고 부르는 깊게 파인 골을 만들었다.

땅이 찢어져 갈라지자, 낮은 지역에는 물이 고여서 호수가 형성됐다. 2005년 여름에 내가 떠났던 나이로비 북부에서 바링고 분지까지의 운전길은, 케냐의 지구대 호수들을 둘러보는 가장 인기 있는 관광코스이다. 이 길은 케냐에서 가장 큰 여덟 개의 호수 가운데 다섯 개인 나이바샤Naivasha, 엘레멘타이타Elementaita, 나쿠루Nakuru, 보고리아Bogoria, 그리고 바링고Baringo 호수를 지나간다. 나쿠루와 나이바샤를 포함한 얕은 호수들은 수만 마리 플라밍고의 서식지이다. 멀리서 보면 호숫가가 흐릿한 핑크색으로 보인다. 길은 움푹 파인 곳투성이라, 서너 시간이면 충분할 운전 시간이 예닐곱 시간으로 늘어난다. 그러나 그럴 만한 가치가 있다.

바링고 호수 북서쪽에 땅이 갈라지면서, 뉴욕시의 다섯 개 구를 합쳐 놓은 크기의 구역을 덮고 있는 경사지고 조각난 두꺼운 퇴적층을 노출시켰다. 가장 오래된 층은 1,400만 년을 거슬러 올라갔으며 고대 유인원의 유골을 보존하고 있다. 어린 층들은 겨우 50만 년 전의 것으로 우리 호미닌의 직계 선조인 호모 에렉투스의 유골을 포함하고 있다.

이 두 시기 사이의 언젠가부터 우리는 걷기 시작했다.

1999년 후반에 프랑스 고인류학자인 브리짓 시너Brigitte Senut와 마틴 픽포드Martin Pickford는 바링고 분지의 투겐 언덕 지역에서 탐사 중이었다. 그곳에서 그들은 턱뼈 조각, 치아 몇 점, 위팔뼈, 손가락뼈 한 점, 그리고 조각난 대퇴골 몇 조각을 약 600만 년 전의 퇴적층에서 찾아냈다. 발견된 호미닌 화석의 해부학적 구조는 당시에 알려진 어떤 종류와도 닮지 않았다.[20] 그래서 그들은 2000년 1월, 그들이 오로린 투게넨시스Orrorin tugenensis라고 명명한 새로운 종을 발견했다고 서둘러 발표했다.

길고 굽은 손가락과 팔에 부착된 근육으로 보아 오로린에게는 나무 생활이 편했다는 것을 알 수 있으나, 가장 완전한 형태인 대퇴골은 더욱 흥미로운 이야기를 전달하고 있었다.

모든 포유류 대퇴골의 위쪽 끝에는 골반 관절 구멍에 들어맞는 공처럼 둥근 부분(대퇴골 머리_역주)이 있다. 그 둥근 부분의 바로 아랫부분을 '목'이라고 하며, 둥근 부분과 중요한 모든 소둔근이 부착되는 대퇴골의 다른 부분을 구분한다. 대부분의 포유류는 이 '목'이 짧지만, 인간은 '목'이 길어서 우리가 두 발로 걸을 때 균형을 잡을 수 있도록 소둔근에 힘을 더해 준다. 긴 대퇴골 목 덕분에, 우리의 엉덩이 근육은 한 지점에서 다른 지점으로 이동할 때 많은 에너지를 소비하지 않아도 된다.

오로린의 대퇴골 목은 우리의 것처럼 길었다. 오로린에게는 두 다리로 걸을 수 있는 능력이 있었다. 그런데 정말 그랬을까? 만일 시너와 픽포드가 대퇴골의 다른 쪽 끝, 즉 무릎 부분을 찾았더라면 더욱 확실했을 것이다.[21] 그러나 그들이 찾아낸 부분만으로도 설득력이 있다. 이는 오로린의 신체, 아니면 적어도 고관절만큼은 땅에서 두 발로 걷을 수 있게 조정되어 있다는 것을 알려 준다.

오로린 화석이 설득력이 있기는 하지만, 이 화석들은 고인류학이란 과학이 결함투성이 영장류에 의해 실행되고 있음을 상기시켜 준다. 바로 인간이다. 오로린 화석을 둘러싼 합리적인 과학적 의견 충돌이 20년이나 진행되면서, 《종의 기원The Origin of Species》보다는 TV 소설 장르에 더욱 걸맞을 만한 드라마를 만들어 냈다.

위조 허가증에 대한 고발, 불법 화석 수집, 그리고 케냐의 감옥을 포함한 자세한 내용들은 다른 곳에서도 찾아볼 수 있으나, 우리 과학계에 있어 가장 비극적인 부분은 오로린 화석이 있는 정확한 장소를 모른다는 사실이다.[22] 현재는 한 나이로비 은행 지하금고의 대여금고에 보관되어 있으며, 오로린의 70억이 넘는 현존해 있는 친척들은 접근이 불가능하다는 소문이다.[23] 이 고대 개체들이 존재했었다는 유일한 증거인 오로린 화석은 더 나은 대접을 받아야 마땅하다. 그들의 이야기를 들려줄 기회가 주어져야 마땅하다.

오로린이 세상에 알려지고 겨우 6개월 후, 에티오피아 고생물학자인 요하네스 하일리-셀라시Yohannes Haile-Selassie는 중신세의 두 번째 호미닌인 아르디피테쿠스 카다바Ardipithecus kadabba의 발견을 발표했다.[24] 요하네스는 당시 캘리포니아 대학 버클리 캠퍼스의 팀 화이트 연구소의 대학원생이었으며, 현재는 클리브랜드 자연사 박물관의 자연인류학 큐레이터이다. 턱과 치아 몇 점, 그리고 목 아랫부분의 뼈들로 구성된 이 화석은 500만 년에서 600만 년 전 사이로 측정된 에티오피아의 퇴적물에서 발견되었다.

송곳니가 작은 편이라는 것은 아르디피테쿠스 카다바가 인류혈통의 일부이며, 고대 침팬지나 고릴라가 아니라는 것을 시사했다. 그러면, 오로린처럼 두 다리로 걸을 수 있었을까? 그럴 수도.

아르디피테쿠스 카다바의 허리 밑으로 발견된 유일한 부분은 발가락뼈 한 점이었다. 발가락뼈는 길고 굽어 있었는데, 이는 오늘날의 유인원처럼 발가락을 사용해 물건을 잡는 동물의 뼈라는 것을 시사하고 있었다. 그런데 그 발가락뼈는 발볼에 연결되는 부분인 맨 아랫부분이 위로 기울어져 있었다. 이는 아르디피테쿠스 카다바의 발가락이, 우리가 이족보행을 하면서 발로 땅을 밀어낼 때 그런 것처럼, 위로 굽혀질 수도 있다는 것을 말해 준다.

그로부터 오래 지나지 않은 2002년에, 고인류학 공동체는 또 다른 매우 오래되고 수수께끼 같은 화석의 발표에 다시 한번 놀라게 된다. 이 화석은 2001년 7월 19일에 발견되었다. 차드에서 온 대학원생인 짐도말바예 아후타Djimdoumalbaye Ahouta가 중앙아프리카의 주랍 사막을 샅샅이 뒤지고 있던 때였다. 그는 아프리카의 그 지역에서 수년간 작업을 해 온 프랑스 고생물학자인 미셸 브뤼네Michel Brunet가 이끄는 팀의 일원이었다.

나는 2019년 추수감사절에 프랑스 대학에서 브뤼네와 이야기를 나눈 적이 있다. 너무나 잘 어울리게도, 그의 파리 사무실은 판테온 신전 가까이에 자리하고 있었다. 그는 고생물학의 거장이었다.

"내가 그 장소를 발견했습니다."

그가 프랑스어 억양이 섞인 영어로 말했다.

"나는 거기서 무언가를 찾게 될 것이라는 것을 알았어요. 저는 아후타에게 말했습니다. '너는 최고의 화석 사냥꾼이야. 너는 반드시 찾게 될 거야.'"

화석 탐사는 어려운 작업이다. 날은 뜨겁고 먼지가 일며, 불편할 때가 많다. 땀이 건조한 공기 중으로 빠르게 증발하기 때문에 탈수되기 쉽다. 전갈도 아주 많다. 적도 아프리카의 태양은 눈이 멀 것 같이 강렬하다. 아침과 오후 늦게 화석을 찾는 것이 가장 좋다. 낮은 태양이 주변에 그림자를 드리우면, 익숙한 형태의 대퇴골, 턱, 혹은 두개골이 풍화된 고대 퇴적물 밖으로 튀어 나와 있는 모습을 어렴풋이 보는 것이 쉬워진다.

차드에서의 화석 사냥에는 위험과 불편함의 요소가 하나 더 추가된다. 지뢰이다. 북쪽의 회교도 인구와 남쪽의 기독교 인구는 수십 년간 싸움을 벌였고, 주랍 사막의 모래 속에 폭파되지 않은 무기들을 남겼다.

어느 날 아침, 아후타는 땅 위에 흩어져 있는 유골 더미를 발견했다. 사막의 모래가 이동하면서 최근에 이 유골들이 노출되었으며,

발굴팀이 마침 거기 있었다는 것은 행운이었다. 언제 모래폭풍이 몰려와 다시 덮어 버릴지 몰랐다. 그들은 영양의 다리와 턱뼈, 고대 코끼리와 원숭이의 뼈, 심지어는 악어와 물고기의 화석도 발견했다.

유골들 가운데는 영장류의 턱과, 치아 몇 점, 그리고 완전하지만 찌그러져서 뒤틀린 영장류의 두개골이 있었다.

화석은 이름표를 달고 나오지 않는다. 연구팀은 이 두개골을 박물관으로 가져가서 침팬지와 고릴라, 오스트랄로피테쿠스의 두개골과 비교해 보았다. 그러자, 그들은 충격적인 결론에 도달했다.

주변 암석의 화학적 성질과 근처에서 발견된 동물 유골의 구성요소를 기반으로, 그 두개골이 600만 년에서 700만 년 전 사이에 살았던 동물의 것으로 밝혀졌다. 그 시기는 마침 인류 혈통과 침팬지 혈통이 서로 분리되던 시기였다. 두개골은 그때까지 화석 유인원에서는 볼 수 없었던 해부학적 구조들이 결합된 모습이었다.[25] 연구원들은 당연히 이를 새로운 종이라 선언하고 사헬란트로푸스 차덴시스Sahelanthropus tchadensis라 명명했다. 그들은 고란 언어로 '삶의 희망'이라는 뜻의 '투마이'라는 별칭도 붙여 주었다. 고란 언어를 말하는 그 지역 사람들은 위험하고 불확실한 건기의 시작에 태어난 신생아에게 투마이라는 이름을 붙여 준다.

그렇다면 사헬란트로푸스는 무엇인가?

사헬란트로푸스의 뇌는 침팬지 뇌의 크기만 하다. 얼굴과 머리 뒤쪽은 고릴라처럼 생겼다. 그러나 다른 아프리카 유인원과는 다르게, 마모되어 작아진 송곳니가 있었다. 이는 인류 조상의 특징 중 하나이다. 그리고 척수가 통과하는 구멍인 대후두공이 인간에서처럼 두개골 바로 아래 위치해 있었다고 한다. 만일 그렇다면 사헬란트로푸스는 자주 직립 자세를 유지했을 것이다.

이것이 투마이가 두 다리로 걸었다는 것을 의미하는가? 반드시 그렇지는 않다. 나는 확신하기 전에, 발과 다리, 그리고 골반 화석과 같은 더 많은 증거들을 보고 싶다. 그러나 그 두개골은 확실한 답을 주지 않는다.

동아프리카의 대지구대에서도 남아프리카의 동굴에서도 수천 마일 떨어진 곳에서 발견된 사헬란트로푸스는 우리의 과거로 가는 새로운 창을 열어 주었다. 그때까지의 초기 호미닌 화석이 아프리카의 동부와 남부에서만 발견된 이유는, 우리가 그 장소에서만 화석을 찾고 있었기 때문이다.

그런데 여기에서 다시 고생물학의 어두운 면과 모든 드라마가 개입한다.

내가 대학원 학생으로 교육을 받던 미시간 대학의 고인류학자들은 브뤼네의 해석에 회의적이었다. 오로린의 발견자인 픽포드와 시너도 마찬가지였다. 그들은 함께, 사헬란트로푸스가 인류혈통의 일원이 맞는지 의문을 제기하는 짧은 논문을 한 편 출간했다. 그들은 투마이의 대후두공이 인간과 같은 위치에 있다는 브뤼네의 주장에도 의문을 가졌다. 투마이의 두개골이 찌그러지고 뒤틀려 있었던 까닭이다.[26] 픽포드와 시너는 투마이가 고대 고릴라였을 가능성을 제기했다.

브뤼네의 팀은 두개골 단층 촬영을 이용해 그 과정에서 찌그러진 부분이 디지털로 복구된 두개골 재구성에 대한 내용을 발표하며 이에 대응했다. 복원된 결과, 대후두공이 인간과 같은 장소인 두개골 하부에 위치해 있어 사헬란트로푸스가 직립 이족보행을 했다는 그들의 주장을 확인시켜 주었다.[27]

이것이 바로 과학이 이루어지는 방법이다. 타당한 도전으로 고대 화석에 대한 지속적인 연구와 심화된 이해를 도출하는 것. 그런데 과학의 바퀴가 다시 떨어져 나가기 시작했다.

과학의 근본적인 요소는 반복성이다. 위의 경우, 독립 연구팀들이 브뤼네 팀의 두개골 복원을 반복 시도해서 같은 결과가 도출되는지 확인하는 것이 필요하다. 그러기 위해서는 원래의 화석, 또는 고품질의 복제품, 그리고/아니면 단층촬영 원본에 접근할 수 있어야 한다. 그러나 이런 일들은 허락되지 않았다.

대신, 사헬란트로푸스의 발견 후 20년이 꽉 차게 지나서야, 몇 안 되는 브뤼네의 측근 팀원에게만 투마이, 또는 연구용 품질의 복제품을 보는 것이 허용되었다. 심지어 단층촬영 원본도 접근 금지였다.

한편으로는, 유골의 발견 당일 아후타가 사헬란트로푸스의 두개골과 턱, 치아 몇 점 외에 다른 것을 발견했다는 사실이 드러났다. 아후타는 대퇴골을 발견했다.[28]

대퇴골의 말단부는 부러져 있었으나, 몸통 부분은 사헬란트로푸스가 두 다리로 걸었는지의 여부를 알려 줄 단서를 가지고 있을 것이 분명했다. 대퇴골을 설명하는 원고가 곧 출간될 것이라고는 하지만, 유출된 몇 장의 사진으로 얻어 낸 얼마 안 되는 정보 외에 유골의 해부학적 구조에 대해서는 알려진 바가 거의 없다.

나와 같은 고인류학자들은 이 화석에 대한 더 많은 세부사항을 알고 싶어 안달이지만, 79세의 브뤼네에게 이에 대해 물으니 그는 머리를 앞뒤로 흔들고는 책상에서 내 쪽으로 몸을 기울였다.

"저는 고생물학자이지 고인류학자가 아닙니다. 우리는 차드에서 100가지가 넘는 종에 대한 수천 점의 화석을 발견했습니다. 그러나 사람들이 궁금해하는 건 이 더러운 대퇴골이네요. 투마이는 이족보행을 했습니다. 맞지요? 만일 그 대퇴골이 두발동물의 것이라면, 그건 투마이의 것이겠지요. 맞지요? 두발동물의 뼈가 아니라면, 그건 투마이의 것이 아닌 겁니다."

우리가 이야기를 하는 동안, 투마이 두개골의 연구용 품질의 모형 두 개가 우리 둘 사이의 책상 위에 놓여 있었다.

"제가 사진을 좀 찍고 수치를 재 봐도 될까요?"

"안 됩니다."

브뤼네에 따르면, 사헬란트로푸스는 이족보행을 했고, 거기서 이야기는 끝났다. 추가적 연구와 앞으로 발견될 화석들의 생김새와는 무관하게, 그의 생각은 바뀌지 않을 것이다.

화석을 발굴하고 연구하는 일은 시간과 돈이 들어가는 일임이 분명하다. 브뤼네에게 있어, 이는 1989년 카메룬에서 같이 발굴을 하던 도중 말라리아에 걸려 사망한 가까운 친구에 대한 상실을 의미하기도 했다. 내가 왜 사헬란트로푸스를 연구를 위해 이용할 수 있게 하거나, 복제품을 과학 교육을 위해 사용도록 허가하지 않는지 물어보자, 그는 또다시 머리를 앞뒤로 흔들었다.

"저는 이것을 찾으려고 너무 많은 대가를 치렀습니다. 너무 많이

요. 누구도 내게 이래라 저래라 할 수 없어요. 기다리세요."

호미닌 화석이라고 칭했던 초기의 화석들은 해석하기가 쉽지 않다. 조각나서 모양이 일그러진 상태였기 때문이다. 인류 가계도의 밑동 근처, 침팬지와 고릴라의 공통조상과 가까이 자리 잡은 이 초기 화석들은 당연히 인간과 유인원 구조가 섞여 있는 흥미롭고도 혼란스러운 형태를 하고 있다. 그들의 비밀을 파헤치려면 과학 공동체 전체의 집합적인 지식이 필요하다. 화석을 살피는 숙련된 눈이 많으면 많을수록 좋을 것이다.

과학이 공격을 받고 인류 진화에 대한 오해가 만연한 지금, 우리는 인류의 보잘것없는 시작에 대한 물적 증거를 지체 없이 이 세상에 보여 주어야 한다. 1938년, 로버트 브룸Robert Broom은 특히 오스트랄로피테쿠스의 대퇴골을 다음과 같이 묘사한 논문을 발표했다.

> 인류의 조상과 명백히 관련된 유인원의 구조에 대한 추가적 실마리를 던져 주는 모든 새로운 증거를 가능한 빨리 세상에 알리는 것에 대한 사죄는 필요 없다.[29]

나는 인류혈통의 첫걸음에 대한 증거인 초기 호미닌의 화석들이 복제되어, 모든 대학과 주요 박물관, 그리고 전 세계의 유치원부터 고등학교까지의 교육기관에 교육 자료로서 제공될 날을 고대한다.[30]

우리는 인류혈통의 기원을 500만 년에서 700만 년 전 사이의 아프리카로 추적할 수 있다. 그때 거기에서, 아직 우리가 완전히 이해할 수 없는 이유로 우리의 유인원 같은 조상들은 그들의 첫걸음을 디뎠다. 그러나 21세기의 시작에 발표된, 고대 유인원이 이족보행을 했다는 물적 증거는 채드에서 발굴된 찌그러진 두개골과 케냐에서 발견된 부러진 대퇴골, 그리고 에티오피아에서 나온 작은 발가락뼈 한 점으로 이루어져 있다. 어떤 연구원이 표현한 것처럼, 직립보행 기원의 모든 증거를 모두 쇼핑백에 던져 넣어도 다른 식료품을 담을 공간이 아직 많이 남아 있다.[31]

우리에겐 더 많은 화석이 필요하다. 다행스럽게도, 화석들이 오고 있는 중이다.

05

아르디Ardi 그리고 강의 신

라미두스ramidus가 현생의 그 어떤 생명체와도
다른 보행 형태를 지니고 있다고 하자 …
라미두스처럼 걷는 생명체를 찾고 싶으면,
영화 스타워즈의 술집에서 찾아봐야 할 것이다.[1]

×

고인류학자 팀 화이트(Tim White), 1997

1994년 9월, 캘리포니아 주립대학 버클리 캠퍼스의 과학자 팀 화이트Tim White와 그의 제자였던 젠 수와Gen Suwa, 버헤인 애스퍼Berhane Asfaw는, 에티오피아 아파르 지역의 아라미스Aramis에서 라미두스ramidus라 부르는 4천 400만 년 된 오스트랄로피테쿠스의 새로운 종의 유골을 발견했다고 발표했다.[2] 라미드는 아파르 언어로 '뿌리'라는 뜻으로, 화이트는 이 새로운 종이 바로 인류 가계도의 뿌리이며, 지금까지 알려진 모든 오스트랄로피테쿠스 가운데 가장 원시적이고 유인원과 유사한 신체 구조를 지니고 있다고 주장했다.

그런데 이로부터 6개월 후, 화이트와 수와, 애스퍼는 반 페이지 분량의 수정 사항을 발표했다.[3] 에티오피아 저지대의 건조한 불모지에서 발굴된 화석은 오스트랄로피테쿠스에서 유래된 것이 아니라, 화이트가 아르디피테쿠스Ardipithecus라 명명한 완전히 새로운 속屬에서 발생한 것이라고 설명했다. 화이트가 우연히 선사시대 출생증명서를 발견했기 때문에 이런 오류 정정을 한 것이 아니다. 부분 골격을 비롯한 화석들이 추가로 발굴되었고, 이를 통해 이 호미닌은 루시보다 훨씬 더 유인원에 가깝다는 것을 알게 되었다. 따라서 아르디피테쿠스 라미두스라 명명한 새로운 종種과 속屬이 필요하게 된 것이다.

그러나 화이트는 상세한 내용을 공개하지 않았다.

아르디피테쿠스란 이름이 지어진 그해, 나는 코넬 대학의 여드름투성이 신입생이었다. 나는 데이브 매튜스 밴드David Matthews Band 음악을 즐겨 듣고 야식으로 라면을 몇 그릇씩 먹곤 했다. 나의 관심은 천문학과 칼 세이건Carl Sagan에 관련된 것들이었다. 내가 아르디피테쿠스나 팀 화이트에 대해 알게 된 것은 그로부터 몇 년이 지난 후였다. 고인류학에 대해서 알게 되었을 때, 나는 아르디피테쿠스 라미두스에 완전히 사로잡혔다. 아르디피테쿠스는 루시의 조상, 그리고 직립보행의 기원으로 통하는 잠재적 창이었으며, 화이트는 사헬란트로푸스Sahelanthropus나 오로린Orrorin, 아르디피테쿠스 카다바Kadabba와 관련해 발견된 유골들보다 훨씬 더 많은 뼈를 보유하고 있었다.

그러나 화석 연구를 위해 화이트가 모집한 대규모 국제 발굴단은 침묵을 지켰다. 그들이 부서지기 쉬운 화석들을 꼼꼼하게 발굴해서 세척하고, 붙이고, 재구성하고, 모델을 만들고, 틀을 만들고, 연구를 하는 동안, 세계의 고인류학자들은 기다렸다. 혹자들은 이를 과학계의 맨해튼 프로젝트라고 부르기도 했다.[4] 무언가 엄청난 것이 발견되었다는 것은 모두 알고 있었지만, 흘러나오는 정보는 거의 없었다.

나는 2003년에 대학원에 입학했고, 이 골격에 대한 소문 정도만 듣고 있었다. 2008년 대학원을 졸업할 즈음에도, 역시 소문만 들려왔다. 이 장을 시작하는 『스타워즈』 술집 장면에 대한 화이트의 인용문을 재발견한 후에, 나는 1997년 명작인 이 영화를 어리석지만 즐겁게 다시 보면서, 아르디피테쿠스에 대한 정보를 찾고자 했다. 술집 장면에는, 루크와 C-3PO, 스톰 투루퍼스 몇 명, 그리고 그리도Greedo가 걸어가는 장면이 있었는데, 모두들 현대인처럼 걸어 다녔다. 아르디피테쿠스 라미두스가 연기한 배역이 없었으니 이는 당연한 일이었다.

마침내 2009년, 15년 동안의 발굴과 분석이 끝나고, 화이트의 발굴팀은 미국과학진흥회의 대표 저널인 〈사이언스Science〉에 논문을 연재하며 아르디피테쿠스를 세상에 자세히 알렸다. 그들이 제안한 것은 이족보행 기원에 대한 완벽한 사고의 전환이었다.

수백 점의 아르디피테쿠스 라미두스 화석이 발견되었으나, 수집된 화석들 가운데 보석은 '아르디Ardi'란 별명을 얻은 부분 골격이었다. 상대적으로 작은 송곳니로 볼 때, 아르디는 필시 성인 여성이었을 것이다. 아르디는 438만 5천 년과 448만 7천 년 사이의 약 10만 년이라는 기간 사이에 살다가 죽음을 맞이했다. 에티오피아 출신 지질학자 기데이 월드가브리엘Giday WoldeGabriel이 아르디의 뼈를 아래

위로 누르고 있는 화산재 층을 분석해서 나이를 측정했다.

이는 아르디가 루시보다 100만 년도 더 앞선 시대에 살았다는 것을 의미한다.

그 시기의 아프리카에는 목초지가 확장되면서 숲이 줄어들고 있었다. 그러나 놀랍게도 아르디의 유골은 숲에 사는 동물과 삼림수 및 산림 식물의 씨앗과 함께 발견되었다. 탄소와 산소 동위원소로부터 밝혀낸 증거는 아르디가 나무가 무성한 환경에서 살다가 죽었음을 나타냈다.[5]

화이트와 그 동료들은 아르디 유골의 연구를 통해 아르디가 적어도 간헐적인 이족보행을 했다는 결론을 내렸다. 이는 이족보행의 기원이 높이 자란 풀 너머로 보기 위해 두 발로 선 것이라는 이론에서부터, 몸을 시원하게 유지하기 위해 직립보행을 했다는 이론까지, 목초지에서 시작되었다고 하는 모든 가설이 틀리다는 것을 의미한다고 주장했다. 화이트 연구팀은 아르디가 우리에게 직립보행은 숲에서 시작되었음을 보여 주고 있다고 결론지었다.

그런데 아르디가 두 다리로 걸었다는 것을 어떻게 확신할 수 있는가? 아니, 아르디가 인류 가계도에서 차지하는 위치는 어디인지 정도는 확신할 수 있는가?

440만 살인 아르디는 약 600만 년 전으로 거슬러 올라가는 인간 혈통의 기원을 밝히기에는 시간상 너무 늦은 시기에 살았는지도 모른다. 더욱이, 조나단 킹돈이 그의 저서 《로울리 오리진Lowly Origin》에 쓴 것처럼, "아르디피테쿠스를 오래된 종류의 마지막이라고 봐야 하는지, 아니면 새로운 종류의 시작이라고 해야 하는지, 둘 중 어느 것이 더 유용하고 진실에 가까운지조차 우리는 알 수 없다."

아르디의 유골은 그녀가 나무 위에서 편하게 생활했음을 보여준다. 아르디는 긴 팔과 길고 굽은 손가락을 가졌고, 원숭이 같은 엄지발가락이 움켜잡기 편한 엄지손가락처럼 발에서 튀어나와 있었다. 그러나 지상에 내려와 있을 때는 침팬지나 고릴라처럼 손가락 관절을 이용해 걷지는 않았다. 아르디의 손과 손목뼈는 손가락 관절을 이용해 걷는 유인원에서 발견되는 특징들을 전혀 가지고 있지 않았다. 게다가, 인간과 루시처럼 아르디의 골반은 두 다리로 돌아다녀도 균형을 유지할 수 있는 모양을 하고 있었다.

나는 2017년에 아르디의 발을 보려고 에티오피아로 떠났다. 아르디의 뼈는 옅은 복숭아색이었다. 뼈는 연약했고, 루시의 화석화된 뼈처럼 촘촘하지 않았다.[6] 화이트의 팀은 부서지기 쉬운 뼈가 고대 에티오피아 산비탈에서 침식된 것처럼, 분필같이 부스러지지 않게 하려고 발굴 현장에서 접착제를 주입했다.

나는 미들 아와시Middle Awash 프로젝트에서 화이트와 공동 관리자였던 에티오피아인 고인류학자 버헤인 애스퍼Berhane Asfaw의 주의 깊은 감시하에 아르디의 발뼈를 각각 관찰했다.[7] 미들 아와시 프로젝트팀은 1981년부터 에티오피아에서 중대한 고고학적, 고생물학적 업적을 남기고 있다. 다트머스 대학 대학원생인 엘리 맥넛Ellie McNutt과 발 전문가인 남아프리카인 친구 베른하트 지펠Bernhard Zipfel도 나와 함께 와 있었다. 우리는 함께 아르디의 발뼈를 하나씩 주의 깊게 관찰하고 그녀가 이족보행을 했다는 화이트의 주장을 검토했다.

아르디 유골의 사진과 3D 표면 스캔은 접근 금지였다. 이는 화이트의 팀이 화석에 대한 그들의 연구를 아직 마무리 짓지 않았기 때문이기도 하다. 그러나 그 뼈들에서 나는 화이트와 그의 동료들이 발견한 것을 보았다. 아르디는 이족보행을 위해 인간이 지니는 주요 해부학적 구조를 일부 가지고 있다. 그러나 그녀는 분명 우리가 걷는 모습처럼 걷지는 않았다.

아르디의 발목은 유인원의 발목과 상당히 유사하다. 그녀의 발은 인간의 발처럼 자연스럽게 땅에 편평하게 내려앉지 않았을 것이다. 그녀의 발은 움직임이 자유로워서 다리를 들어 올리면 나무 기둥을 움켜잡을 수 있었을 것이다. 발의 안쪽은 강력하고 움켜잡기 편한 엄지발가락이 달려 있어 침팬지와 닮았으나, 바깥쪽은 인간의 발처럼 보인다. 그녀의 뼈는, 두 다리로 이곳저곳을 이동할 때 땅을 딛고 밀어내기에 유용한 뻣뻣하고 단단한 기반을 형성할 수 있게 짜 맞춰져 있었을 것이다.

아르디피테쿠스 라미두스의 뼈는 우리의 발에 대한 놀라운 이야기를 들려준다. 우리 발은 밖에서부터 안으로 진화했다. 인간의 발은 수백만 년에 걸쳐 짜 맞춰진 신비한 구조의 모자이크 작품이다. 발의 바깥쪽은 진화 역사의 초기인 아르디피테쿠스의 시대나, 그보다 더 이른 시기에 인간과 같은 형태를 갖춰서 아주 오래되었다. 그러나 안쪽은 그보다 최근인 루시의 시대에 변형되었다. 우리의 발가락은 아마도 가장 최근에 발생한 진화적 변화를 보여 주고 있을 텐데, 지난 200만 년 사이에 길이가 짧아지고 곧게 펴졌다.

아르디의 발뼈는 최초의 이족보행 호미닌이 두 다리로 걸으면서 발의 바깥쪽으로 땅을 밀어냈음을 시사하고 있다. 그들은 오늘날의 우리들과는 달리 엄지발가락에 체중을 싣지 않았다. 이는 엄지발가락이 엄지손가락처럼 옆으로 튀어나와 있어 나뭇가지를 잡을 준비가 되어 있었기 때문이다. 이런 발로 이족보행을 하는 것은 아마 효율적이지 않았을 것이다. 그러나 아르디피테쿠스에게는 충분히 좋았다. 이는 나무를 오르며 많은 시간을 소비하지만 땅에 내려와서는 먹이가 있는 곳으로 두 발로 걸어서 이동하는 동물의 절충안이었다.[8]

직립보행과 나무 타기를 병행했던 초기 두발동물을 찾는 것은 놀라운 일이 아니다. 우리는 이미 그런 동물들에 대한 증거를 오로린의 600만 년 된 화석과 아르디피테쿠스의 다른 형태인 카다바에서 찾은 바 있다. 정말 놀라운 것은 화이트와 그의 오랜 동료인 오웬 러브조이Owen Lovejoy가 아르디피테쿠스를 이용해서 이족보행의 기원에 대한 새로운 사고방식을 만들어 냈다는 것이다. 이는 가히 혁명적이었다.

어릴 적 내가 가장 좋아하던 책 가운데 하나가 《공룡과 다른 선사시대 파충류에 대한 자이언트 골든 북Giant Golden Book of Dinosaurs and Other Prehistoric Reptiles》이다. 마지막으로 책장을 넘겨 본 것이 수십 년 전이지만, 나는 아직도 그 장면들을 생생하게 기억한다. 나는 늪에 있는 거대한 브론토사우루스가 입에 가득 나뭇잎을 물고 있는 모습을 떠올릴 수 있다. 알로사우루스에게 공격을 받는, 목이 긴 공룡의 모습에 겁도 났고 동시에 매료되기도 했었다.

사람들의 시선을 사로잡는 이 그림은, 예일 대학의 피바디 자연사 박물관의 33m나 되는 벽화인 《파충류 시대Age of Reptiles》로 잘 알려진 러시아 출신 화가 루돌프 잘링거Rudolph Zallinger가 그렸다. 이 벽화는 골든 북에 있는 삽화의 기초가 되었다. 1965년에, 타임 라이프Time Life는 25권으로 이루어진 과학 도서 세트를 출간했다. 거기에는 행성과 해양, 곤충, 우주, 그리고 각각의 대륙에 대한 책들이 있었다. 책의 삽화도 매우 아름다웠는데, 이 중에서 특히 고대인Early Man에 대한 책은 잘링거에게 그림 작업을 의뢰했다.

그는 당시 알려진 유인원과 초기 인류 조상에 대한 예술적 해석을 넉 장에 걸친 펼쳐 볼 수 있는 삽입지에 솜씨 좋게 구성했다. 몸을 웅크린 우리의 선인들이 책장의 왼쪽에서 오른쪽으로 가로지르면서 서서히 그리고 틀림없이 몸을 일으켜 세우고 있다. 처음에는 우리 조상들이 웅크린 자세를 유지하고 있었기 때문에 이런 전환이 확연히 보이지 않는다. 그러나 크로마뇽인의 시대에 가서는 결국 인간의 완전한 직립자세를 취하게 된다. '인류의 발전March of Progress'이라 불리는 이 그림은 결과적으로 커피 컵과 티셔츠, 자동차 범퍼 스티커에도 등장하는, 익숙하지만 잘못된 사실을 오도하는 아이콘으로 채택되어 버렸다.[9]

구글Google에서 '인류 진화'를 검색해 보면 침팬지가 서서히 인간으로 변해 가는 그림을 끊임없이 볼 수 있을 것이다. 그림자로만 표현된 그림도 있다. 어두운 색의 침팬지가 서서히 하얀 피부를 지닌, 척 노리스Chuck Norris와 놀랍도록 닮은 남성으로 변해 가는 그림도 있다. 인종차별과 성차별이 가득한 그림이다. 어떤 그림은 이 배열에 빨간 줄을 그어서, 천지창조론자의 항의를 표현하기도 한다.

아이콘이 되어 버린 이 그림은 '인류 진화'라는 말을 들은 사람들이 주로 떠올리는 모습이다. 이는 우리 인간이 손가락 관절을 이용해 걷는 침팬지에서부터 순차적인 방식으로 진화했다는 것을 단순하고 명백하게 전달하고 있다. 그러나 한 가지 문제는, 이것이 틀리다는 것이다. 우리가 알고 있듯이, 침팬지는 우리의 사촌이지 조상이 아니다. 침팬지들이 600만 년 동안이나 변화 없이 머물러 있었을 가능성은 매우 낮다. 게다가, 이 그림은 인간이 진화하면서 직립자세와 뇌의 확장, 체모 상실이 모두 같은 속도로 이루어졌다고 암시하고 있다. 그러나 진화는 그런 방식으로 이루어지지 않았다. 인간이 진화하면서 생긴 변화들은 각기 다른 속도로 이루어졌으며, 어떤 변화들은 다른 것들보다 먼저 발생하기도 했다.

잘링거의 변론을 하자면, 그가 그린 인류의 발전에 침팬지는 등장도 하지 않으며, 그는 인류가 침팬지로부터 직접 진화했다는 암시도 하지 않았다. 그러나 그의 작품은, 인류 조상이 손가락 관절로 걷는 시기를 거쳤으며, 두 발로 걸었던 초기 인류는 두 발로 선 침팬지처럼 웅크린 자세였다는 가설을 내포하고 있다. 이는 합리적이며 과학적으로 증명 가능한 생각이다. 인간은 손가락 관절로 걸어 다니는 침팬지와 보노보, 고릴라와 가장 밀접히 연관되어 있기 때문에, 우리의 공통조상도 역시 손가락 관절로 걸어 다녔을 것이라 생각하는 것은 이해할 수 있다.

만일 최후의 공통조상이 손가락 관절로 걷지 않았다면, 침팬지와 고릴라는 이런 형태의 이동 능력을 독립적으로 발전시킨 것이 분명하다. 많은 전문가들이 그러한 가능성을 낮게 보고 있지만, 오웬 러브조이와 팀 화이트의 생각은 달랐다. 그들은 아르디피테쿠스의 골격은 우리 조상들이 절대로 손가락 관절로 걷지 않았다는 명백한 증거라고 주장했다.[10] 그들의 관점에서 보면, 이 인간의 골격은 우리의 생각보다 훨씬 원시적이며, 고등 유인원은 훨씬 진화된 상태였다.

러브조이와 화이트의 이러한 생각은 인류 진화에 대한 설명을 완전히 뒤집어 놓았다. 그들은 현존하는 유인원의 신체는 지나치게 특화되어 있어서 이족보행에 대한 근본 자료가 될 수 없다고 주장했다. 어떻게 하면 유인원으로부터 인간으로 갈 수 있을까? 뉴잉글랜드 북부에서 흔히 말하듯이, "여기서는 거기로 못 갑니다."

그런데 두 발로 걷는 호미닌이 침팬지처럼 손가락 관절로 걷는 개체에서 발생하지 않았다면, 우리는 무엇으로부터 진화한 것일까? 러브조이와 화이트는 아프리카 유인원과 호미닌이 크고 꼬리가 없는 원숭이 같은 개체로부터 각각 독립적으로 분화했다고 주장했다. 그들 견해의 주요핵심은 원숭이와 인간과 같은 많은 원시 유인원들은 허리가 길어서 상체를 엉덩이 위로 끌어 올려 마치 사람이 원숭이 분장을 한 것처럼 곧게 설 수 있었다는 것이다. 반대로, 현존하는 대형 유인원들의 허리는 짧고 뻣뻣해서, 나무를 높이 오르는 데는 효과적이나 무릎이나 고관절을 굽히지 않고서 바르게 서는 것이 힘들다. 러브조이와 화이트는 아르디피테쿠스가 이족보행을 위해 두 다리로 섰을 때 웅크린 자세가 아니었을 것이라고 주장했다. 구부러진 엄지발가락 때문에 현재의 우리가 걷는 것처럼 움직이지는 못했을 것이지만, 우리처럼 바르게 섰을 것이라고 했다.

그들의 주장이 맞는다면, 우리 조상들이 손가락 관절로 걷거나 웅크린 자세로 서 있었던 적은 단 한 순간도 없었던 것이다.

그런데 아르디피테쿠스는 450만 년 전에 살았으며, 이는 우리가 침팬지와 공유하는 공통조상이 나타난 200만 년 후이다. 아르디Ardi를 좀 더 오래된 것과 같이 묶어 볼 수는 없을까? 700만 년에서 1,200만 년 전 사이에 살았던 무엇인가와? 이를 위해서 우리는 중신세로 돌아가야 한다. 그리고 놀랍게도, 아프리카를 떠나야 한다.

유인원은 2천만 년 전에 아프리카에서 진화했다. 유전자적 증거가 현존하는 유인원의 최종 공통조상을 그 시기로 지정하고 있으며 케냐와 우간다의 발굴 현장에서 나온 가장 오래된 화석들도 그 시기의 것들이기 때문에 알 수 있다. 현재는 유인원의 수가 많지 않지만 과거의 환경에서는 그 수가 상당했다. 유인원은 여러 다른 종류로 다변화하여, 고생물학자들은 카모야피테쿠스Kamoyapithecus, 모로토피테쿠스Morotopithecus,[11] 아프로피테쿠스Afropithecus, 프로콘술Proconsul, 에켐보Ekembo, 나콜라피테쿠스Nacholapithecus, 에쿠아토리우스Equatorius, 케냐피테쿠스Kenyapithecus, 그리고 그 외 다수의 이름을 붙여 주었다. 그들은 어떤 면에서는 현생 유인원과 유사했다. 예를 들어 그들에겐 꼬리가 없었으며, 과일을 먹었고 유년기가 길었다는 증거를 치아에서 찾을 수 있다. 하지만 그들 대부분은 현생 유인원처럼 팔로 나뭇가지 밑에 매달릴 수 없어서 커다란 꼬리 없는 원숭이들처럼 네 발로 돌아다녔다.

그러나 1,500만 년 전 즈음부터, 유인원이 아프리카에서 점차 사라졌다. 대신 그 시기의 유인원 화석이 사우디아라비아와 터키, 헝가리, 독일, 그리스, 이탈리아, 프랑스, 그리고 최종적으로 스페인에서 발견되었다. 적도 아프리카의 거대한 삼림지대가 북으로 이동하다가 지중해에 안착했다. 그곳에 인간을 비롯한 현생 거대 유인원의 과일을 먹는 조상들을 위한 풍요로운 환경이 조성된 것이다. 유럽의 고대 유인원은 다변화하였고, 다시 한번 긴 목록의 이름이 붙여졌다. 드라이오피테쿠스Dryopithecus, 피에로라피테쿠스Pierolapithecus, 아노이아피테쿠스Anoiapithecus, 루다피테쿠스Rudapithecus, 히스파노피테쿠스Hispanopithecus, 오우라노피테쿠스Ouranopithecus, 그리고 우리 모두가 좋아하는 쿠키 유인원인 오레오피테쿠스Oreopithecus가 있다.

유럽에 있는 유인원을 생각하면 낯설다. 지구 역사상 그 시기의 유럽은 더 따뜻하고 습기가 많은 곳이었으나, 기울어진 지구의 축 때문에 북부의 숲은 계절성을 띠게 되었다. 겨울의 암흑기 동안에는 과일이 많지 않아, 과일에 의존하는 유인원들에게는 혹독한 상황이었다. 그렇다면 그들은 어떻게 생존했을까? 체내의 화학작용에 대한 간단한 교육이 더해진 유전학에서 그 해답을 찾을 수 있을 것 같다.

요산은 신진대사의 일반적인 부산물로, 우리의 세포가 특정 화합물을 분해할 때 생성된다. 우리가 소변을 보면 우리의 몸에서 빠져나간다. 영장류를 비롯한 대부분의 동물들도 요산이 혈중에 축적되면 요산분해효소를 만들어 요산을 분해해서 제거한다. 그러나 인간은 다르다. 인간도 요산분해효소를 만드는 유전자를 지니고 있었으나, 그것이 망가져 버렸다. 즉, 변이가 발생해 요산분해효소를 만들지 못하게 되었다. 이는 침팬지와 보노보, 고릴라, 오랑우탄에서도 마찬가지다. 이 사실 덕분에 분자 유전학자들은 이 유전자 변이의 발생을 우리가 이 대형 유인원들과 공통조상을 공유했던 1,500만 년 전으로 시간 계산을 할 수 있었다.

이 유전자 변이가 우리의 선조들에게 아무런 이득을 주지 못했을 가능성도 있다. 이 설명의 문제는, 요산분해효소를 생성하지 못하면 엄지발가락 뿌리 부분에 통증이 심한 관절염을 야기하는 통풍이 생기기 쉽다는 것이다. 따라서 이 유전자 변이가 어떤 방식으로든 이득이 되지 않는 이상, 계속해서 유지되었을 가능성은 희박하다.

어떤 이득이 있었을까? 요산은 과일에 존재하는 당인 과당을 지방으로 전환하는 것을 도와준다.[12] 지방을 저장하는 것은 계절림에 사는 유인원들에게 유용했을 것이다. 겨울철에 빛의 양이 줄어들면 굶주림의 시기가 찾아올 수 있기 때문이다. 적도 아프리카의 열대우림에는 그런 문제가 존재하지 않으니, 이를 해결하기 위한 진화적 변화는 유럽 남부의 온대림 지역에서만 발생했을 것이다.

비축된 지방이 있다 하더라도, 굶주린 유인원들은 겨울에는 먹을 수 있는 것은 무엇이든 먹으려고 필사적이었을 것이다. 오늘날의 오랑우탄들은 동남아시아 삼림지역의 힘든 시기를 지내기 위해 나무껍질이나 설익은 과일에 의지하고 있다. 이와는 반대로, 우리의 조상들은 농익은 과일, 발효된 과일에 맛을 들였다는 유전적 증거들이 있다.

전 세계적으로 가장 많이 소비되는 음료 세 가지는 물과 차, 그리고 맥주이다. 앞의 두 음료와는 달리, 맥주는 칼로리가 매우 높다. 내가 가장 좋아하는 맥주인 로손Lawson의 햇살 한 모금Sip of Sunshine 한 캔의 칼로리는 맥도날드 햄버거 한 개의 칼로리와 같다. 발효된 과일 역시 칼로리가 높지만, 이는 신체가 에탄올을 에너지로 전환할 경우에만 그러하다. 그렇게 하지 않으면 이것은 독이 된다. 대부분의 사람들은 에틸알코올을 분해하는 데 필수적인 효소를 생성하는 유전자를 가지고 있다. 침팬지와 보노보, 고릴라도 가지고 있으나, 오랑우탄에게는 없다. 마다가스카르의 독특한 다람쥐원숭이를 제외한 다른 영장류들도 가지고 있지 않다. 아프리카 유인원과 인간에 존재하는 이 유전자는, 우리의 최종 공통조상이 힘든 시기의 칼로리 섭취를 위해서 삼림 바닥에서 수집한 오래되고 발효된 과일에 의지했다는 것을 말해 준다.[13]

중신세 후기에 지구의 기온이 떨어지고 건조해지자, 지중해 근처의 온대림에서는 더 이상 유인원이 생존할 수 없어 결과적으로 멸종하게 되었다. 그러나 멸종 전에 인간과 아프리카 유인원의 최종 공통조상을 탄생시켰다. 삼림 지역의 가장자리는 아프리카를 향해 남쪽으로 후퇴했고, 삼림의 이동과 함께 침팬지와 고릴라, 그리고 인간의 조상도 도래했다.

이 고대 유인원은 어떻게 생겼을까? 그리고 어떻게 이동했을까? 이를 이해하기 위해서, 나는 독일로 가서 튀빙겐 대학교의 고인류학자인 마델라이네 뵈메Madelaine Böhme를 만났다.

어린 소녀 시절 불가리아 플로브디프에서 자란 뵈메는, 고생물학 유적지로 몰래 숨어들어 폐기물 더미에서 청동기 시대의 유물을 찾아내곤 했다. 10대 후반이 되었을 때, 그녀는 불가리아의 산비탈에서 귀한 코끼리 턱 화석을 발굴했다. 뵈메의 아버지는 큰 정원을 소유하고 있었고 뵈메에게 땅 파는 기술은 가족 부지에서만 발휘해 달라고 애원했으나, 뵈메는 채소보다는 유골과 유물에 관심이 있었다.

뵈메는 지질학자와 고인류학자가 되고자 교육을 받았으며 중부 유럽의 중신세에 대한 전문지식을 습득했다. 1,000만 년에서 1,500만 년 전 사이, 늪지대과 삼림, 강의 하도는 고대 거북이와 도마뱀, 수달, 비버, 코끼리, 코뿔소로 바글거렸다. 무시무시한 고양잇과 동물과 하이에나도 이 땅을 거닐었다. 우리가 이런 사실을 알 수 있는 것은 뵈메가 발견한 1,162만 년 전의 화석 덕분이기도 하다. 뵈메는 이 화석을 독일 남부 바바리안 지역의 알프스와 근접한 작은 마을인 포르젠 외곽의 해머슈미데 점토 채굴장에서 발견했다.

“해머슈미데에서 발견되는 80퍼센트의 화석은 거북입니다. 그러나 모든 화석이 중요합니다.”

내가 뵈메의 연구실에 방문했을 때 그녀는 주변 사람들까지 물들이는 열정으로 이렇게 말했다.

“저는 전부 수집해요.”

화석 수집에 대한 뵈메의 방식은 일반적인 고인류학적 관행과 대조적이다. 일반적으로는, 중요해 보이지 않는 조각들이나 식별 불가능한 부분들은 땅 속에 두거나 폐기물 더미로 분류된다. 뵈메는 고인류학 청소기이다. 그럴 수밖에 없다. 해머슈미데는 현재 운영 중인 점토 채굴장이다. 토지 소유자들은 뵈메에게 그곳에서의 수집을 허가했으나, 그들은 또한 채굴 대기업과도 협약을 맺어 화석이 포함되어 있는 모래층을 아래위로 누르고 있는 두꺼운 점토 퇴적물을 추출하고 있기도 하다. 굴착기는 화석과 점토를 차별하지 않으므로,

거뭇거뭇한 중신세 뼈 부스러기가 해머슈미데에서 생산된 네모난 점토 벽돌 안에 분명히 박혀 있을 것이다. 노스캐롤라이나 채텀 카운티에서 내가 캐롤라이나 도살자를 접한 상황과 크게 다르지 않다.

2016년 5월 17일, 뵈메의 학생인 야켄 퍼스Jochen Fuss가 한 유인원의 위턱과 얼굴 일부의 화석을 발굴한 것으로 뵈메의 모든 것이 바뀌었다. 채굴 회사가 그 지역에서 점토를 추출할 것을 알고 있었던 뵈메는 재빨리 암석 망치로 주변의 퇴적물을 수직으로 깎아 냈다. 그러자 위턱과 완벽하게 맞는 아래턱이 나타났다.

그 후 곧바로 뵈메는 작고 둥근 거무스름한 뼈를 발견하고는 그것이 거북의 한 조각이라고 생각했다. 그러나 모든 화석이 소중했으므로, 그녀는 수집했다. 약간의 접착제를 주입한 후에 나머지도 발굴하기 시작했다.

점토와 모래를 떨어내자, 산기슭에 아직 일부가 묻혀 있는 뼈가 보였는데 이는 거북에서 나올 수 있는 것이 아니었다. 다음으로 이것이 발굽 달린 포유류인 미오트라고케루스Miotragocerus의 두개골 조각에 붙은 뿔의 일부가 아닐까 하는 생각이 들었다. 미오트라고케루스는 중신세 유럽에서 흔한 동물로, 현존하는 친척은 인도 토종인 '푸른황소'라고 불리는 동물이다. 뵈메는 퍼스에게 도구를 넘기고 발굴을 마무리하게 했다. 그러나 뼈의 끝까지 도달하자, 예상했던 대로 끝이 뾰족하게 가늘어지지 않고 바깥쪽으로 벌어져 있었다.

"이건 불가능한 일이야."

뵈메가 말했다.

영양의 뿔이라면 불가능한 일이겠지만, 그것은 뿔이 아니었다.

그들이 발굴한 것은 유인원의 아래팔뼈인 척골이었다. 그 뼈는 나뭇가지에 매달리는 오늘날의 유인원 팔과 비교하면 길이가 매우 길었다. 추가로 발견된 거무스름한 뼈 덩어리는, 실험실에서의 준비 과정과 연구를 위해 접착제를 삽입하고 석고에 싸여 보관되었다.

"여기가 우리가 그것을 발견한 곳입니다."

뵈메는 2019년 11월의 바람이 거센 어느 날 나에게 말했다.

해머슈미데는 화석 유적지라기보다는 자갈 채취장처럼 보였다. 채굴장은 원형극장 같은 형태로, 중앙부가 낮고 상부 퇴적물이 완전히 제거된 상태였다. 우리를 둘러싸고 두꺼운 잿빛의 점토층이 솟아올라와 있고, 채석장의 테두리에는 상록수가 줄지어 있었다. 뵈메는 화석들이 보존되어 있는 렌즈 형태의 모래층을 가리켰으나, 나는 금방이라도 작업을 시작할 것 같은 굴착기와 불도저에 정신이 산만했다.

2주 전에, 뵈메의 팀은 이 채석장에서 발굴된 유인원 뼈 화석에 대한 분석 자료를 발표하면서, 그곳에서 1,100만 년 전의 과거에 살았던 중신세 유인원을 새로운 종으로 규정하고 다누비우스 구겐모시Danuvius guggenmosi라 이름 지었다. 다누비우스는 켈트-로마 시대의 강의 신으로 근처 다뉴브강의 이름의 어원이기도 하다.

그러나 나는 독일에서 새로운 유인원 화석이 발견되어서 그곳에 간 것이 아니었다. 뵈메가 다누비우스가 두 발로 걸었다고 주장했기 때문에 간 것이다.

2017년, 다누비우스의 얼굴과 치아가 지금까지 알려진 다른 유럽의 중신세 유인원과는 다르다는 사실이 분명해진 후, 뵈메는 자신의 사무실에서 이미 다누비우스 구겐모시를 설명하는 원고를 작성하는 중이었다. 옆방의 연구실에서는, 튀빙겐 대학에서 지질학과 고생태학 박사 과정에 있는 토마스 레흐너Thomas Lechner가 바로 전 해에 채석장에서 서둘러 수집된 화석에서 점토와 모래를 조심스레 제거하고 있었다. 화석들 가운데 유적지에서 '포유류 긴-뼈'라는 총칭으로 구분되었던 뼈 한 점이 유인원의 경골, 혹은 정강이뼈로 판명되었다.

나는 이 뼈를 보기 위해 거의 6,400km나 되는 거리를 여행해 왔다.

뵈메의 사무실은 튀빙겐 대학 고생물학 박물관의 2층에 자리 잡고 있었다. 복도의 한 방향에는 근처 홀츠마덴 마을의 쥐라기 혈암 채석장에서 발견된 익티오사우루스와 암모나이트, 갯나리의 화석이 멋지게 보존되어 있었다. 다른 방향으로는 화석 공룡과 포유류의 털 달린 파충류 조상인 테랍시드의 화석이 있었다.

나는 화석으로 가득한 캐비닛 근처의 둥근 책상에 앉아서, 그 화석들을 직접 보거나 치수를 재 볼 수 있을까 하는 확신 없는 기대를 하고 있었다. 나는 뵈메를 몰랐고, 그녀도 나를 몰랐다. 고대 인류와 유인원 화석 발견자들 중에는 과학을 하는 자세에 어울리지 않는 기이한 대가를 요구하는 이들도 있었다. 그러면서 그들은 소수의 사람들에게만 그 접근을 허용했다. 나는 그런 사실을 때로는 어려운 방법으로 배웠다. 나는 내 박사학위 논문 주제인 정강이뼈에 대한 내 지식 외에는 뵈메에게 제공할 수 있는 것이 아무것도 없었다.

그러나 나는 몇 분 만에, 해머슈미데의 화석들에 둘러싸여 있었다. 뵈메는 열성적으로 내 앞에 다누비우스의 척골에 이어 발가락뼈, 손가락뼈, 대퇴골, 마지막으로 경골을 내려놓았다. 여기에, 새끼코끼리의 골반뼈, 불가리아의 오래되지 않는 유적지에서 나온 원숭이 화석, 파키스탄과 스페인, 케냐의 유인원 화석의 복제품들도 내주었다. 뵈메는 나만큼이나 화석을 좋아했고, 이 유골들을 감춰서는 안 되며 함께 공유하고 연구해야 한다는 과학에 대한 나의 견해에 동의하고 있었다.

나는 내 캘리퍼스(캘리퍼스: 물체의 외경, 내경 두께 등을 측정하는 기구_역주)와 카메라를 꺼내 들고 작업을 시작했다.

다누비우스의 경골은 완전한 상태여서, 이 고대 유인원의 무릎과 발목 두 관절의 기능에 대한 이해를 하는 데 도움을 주었다. 모든 동물들의 무릎 관절이 굽혀졌다 펴지는 방법은 대퇴부의 둥근 말단부가 경골 위에서 어떻게 구르느냐에 따라 달라진다. 유인원의 경우, 경골의 윗부분이 둥글게 생겼다. 덕분에 침팬지와 고릴라, 오랑우탄은 인간보다 무릎의 운동성이 훨씬 좋다. 놀랍게도, 다누비우스의 무릎은 우리처럼 납작하게 생겼으므로 다리를 펴서 더욱 곧게 설 수 있도록 해 주었을 것이다.

그러나 나를 가장 놀라게 한 것은 발목 관절이었다.

인간을 제외한 모든 영장류는, 다리가 발과 만나는 지점인 경골 밑바닥이 기울어져 있다. 이 기울어짐 때문에 발이 안쪽으로 틀어져서 움켜잡기 편한 발이 된다. 이로 인해 경골도 기울어져, 유인원은 무릎이 서로 멀어지는 O자 형 다리를 갖게 된다. 하지만, 인간의 발목 관절은 납작해서 두 무릎이 나란히 있으며 발과 일직선상에 위치하게 된다.

다누비우스의 발목은 우리와, 아니 루시의 발목과 닮았다. 게다가 해머슈미데에서 발견된 두 점의 척추뼈는 뵈메에게 다누비우스가 인류와 인류의 이족보행 조상의 직립 자세에 대한 중요한 구조적 특징인 척추의 S자 만곡을 가지고 있었다는 확신을 주었다. 뵈메와 그녀의 팀은 1,100만 년 전에 다누비우스가 두 발로 서서 땅이 아닌 나무 위를 걸어 다녔을 것이라고 결론지었다.[14] 만일 뵈메가 맞는다면, 이족보행은 지상으로부터 위쪽으로 발생한 것이 아니라, 나무로부터 아래로 발생한 것이었다. 화석을 살펴본 나의 관찰로는 이 발견 사실을 반박할 만한 이유를 찾지 못했으나, 이 가설에는 논란의 여지가 많아서 여러 이론이 제기되고 있다.[15]

알고 보니, 뵈메의 가설에는 100년 전에 이미 어두운 그림자가 드리워져 있었다.

유전적 증거가 인간을 유인원 가계도 안에서 손가락 관절로 걷는 침팬지 및 보노보와 나란히 배치하기 훨씬 이전인 1924년, 컬럼비아 대학의 외과 의사이자 발 전문가인 더들리 J. 모튼Dudley J. Morton은 유인원과 유사한 다누비우스를 예측한 바 있다. 모튼의 전문 분야는 발병학이었지만 그는 진화에도 관심이 있었다. 그는 인간의 이족보행 진화를 이해하기 위한 최적의 모델은 유인원 가운데 이족보행을 가장 활발히 하는 긴팔원숭이라고 했다.[16]

오늘날의 긴팔원숭이는 매달리기 전문가로, 우스꽝스럽게 긴 팔과 손을 이용해 나뭇가지에 매달려 그네를 타듯 재빠르게 흔들며 동남아시아 열대림 사이를 이동한다. 그들은 팔이 너무 길어서 서 있을 때 몸을 굽히지 않고도 손바닥이 바닥에 닿을 정도이다. 그런데 문제는, 그 팔이 너무 길고 가늘어서 골절의 위험을 무릅쓰지 않고는 체중을 많이 실을 수 없다는 것이다. 그렇다면 긴팔원숭이는 지상에서는 어떻게 할까? 하늘을 향해 팔을 올리고 두 다리로 달린다.[17] 나무에서도 때로는 외줄타기 하듯 팔로 중심을 잡아 가며 가지 위를 걸어 다닌다.

화석도, 분자 유전학적인 지식도 없이 모튼은 자신이 가지고 있는 지식만으로 여러 종류의 유인원들의 뼈와 행동을 비교했다. 그는 인류의 조상은 크기는 더 크지만, 팔은 더 짧은 긴팔원숭이와 유사한 생김새일 것이라는 결론을 내렸다. 모튼은 인류의 조상이 물건을 움켜잡기 편한 힘센 손과 발을 지녔고, 나무 위에서 두 발로 걸어 다녔을 것이라고 생각했다.

그의 생각은 20세기 중반까지도 영향력을 유지했으나 1960년대 후반에 들어서 선호도에서 밀려났다. 최초의 단백질 비교와 당시의 DNA 연구가 모든 유인원들 가운데 긴팔원숭이가 인류와의 관련성이 가장 적다는 것을 보여 주었다. 우리가 침팬지 및 고릴라와 더욱 밀접하게 연관되어 있었기 때문에, 우리의 조상을 손가락 관절을 이용해서 지상을 걸어 다니는 커다란 유인원으로 생각하기 쉬웠다.

문제는 그 성가신 화석들이다.

인간과 침팬지, 그리고 고릴라가 공통조상에서 분화되었을 때 살았던, 손가락 관절을 이용해 걸어 다니는 커다란 유인원의 화석은 단 한 점도 발견되지 않았다. 이 시기에서 나온 얼마 안 되는 화석들은, 팔로 나뭇가지에 매달릴 수 있고 직립 자세가 가능한 유연한 등을 가진 작은 유인원들의 화석이다.

뵈메가 다누비우스를 세상에 소개하기 겨우 몇 주 전, 미주리 대학 고인류학자인 캐롤 워드Carol Ward는 헝가리 루다바냐의 늪지 퇴적물에서 발견된 1천만 년 전의 화석 유인원인 루다피테쿠스 헝가리쿠스Rudapithecus hungaricus의 골반에 대한 연구를 발표했다. 루다피테쿠스의 두개골과 치아는 이 동물을 대형 유인원 혈통의 근간에 위치하게 하지만, 골반은 대형 유인원의 것과 전혀 닮지 않았다. 그것은 많은 점에서 긴팔원숭이 종 중 가장 큰 큰긴팔원숭이와 유사했다. 그 골반은 워드와 그녀의 동료들에게 루다피테쿠스가 그 어떤 현생 대형 유인원보다 직립보행을 효과적으로 했음을 보여 주었다. 결과적으로 다누비우스가 나무 위에서 걷는 유일한 유인원이 아니었는지도 모른다.[18]

"왜 인간이 네 발에서 두 발로 일어섰는가 하는 질문은 잘못된 것입니다."

2018년 다트머스 대학을 방문한 워드가 나의 인류 진화 수업에서 말했다.

"어쩌면 우리는 왜 우리 조상이 애초부터 네 발로 바닥에 엎드리지 않았는지를 질문해야 할지도 모릅니다."

다시 해머슈미데를 방문했던 때로 돌아가, 나는 제자리에 서서 천천히 몸을 한 바퀴 돌려 가며 채석장 전경을 살펴보았다. 3년 전에 커다란 남성 다누비우스 골격이 발견된 장소는 굴착기에 의해 깨끗이 채굴되어 사라졌다. 너무나 많은 땅이 사라졌고, 너무나 많은 잠재적 다누비우스가 벽돌이 되었다.

"바로 여기서 여성 다누비우스를 발견했습니다."

뵈메는 그녀의 팀이 치아 몇 점과 작은 대퇴골을 발견한 렌즈 형태의 모래층을 아래위로 누르고 있는 점토 벽을 가리켰다. 항상 긍정적인 그녀는 웃으며 말했다.

"저기에 그녀의 화석이 더 있을 거라고 확신합니다. 우리가 내년에 찾을 겁니다."

다누비우스는 우리의 과학을 훌륭하게 분열시켰다. 게다가, 다누비우스는 논란이 되고 있는 다른 화석의 수수께끼를 푸는 데 도움을 줄 수도 있다.

700만 년 전에 살다 죽은 사헬란트로푸스 투마이를 떠올려 보자. 일부 분자유전학자들은 인간과 침팬지의 혈통이 분화된 것이 700만 년보다도 더 오래전이며, 따라서 이족보행을 하는 사헬란트로푸스는 간신히 호미닌에 가까워졌다고 주장했다.[19] 어떤 학자들은 최종 공통조상이 살았던 시기는 더욱 최근이며 사헬란트로푸스는 이족보행 호미닌으로 잘못 해석된 것이라고 주장한다.

다누비우스가 이 딜레마의 해결책을 제시해 줄 수 있을 것 같다.

제3장에서 만났던 문신을 한 분자고생물학자인 우리의 친구 토드 디소텔은 최종 공통조상이 나타난 것을 600만 년 전에서 50만 년을 전후의 한 시기로 지정했다. 그가 맞는다면, 이족보행의 가능성이 높은 직립 유인원인 투마이는 최종 공통조상의 시기보다 앞선다. 투마이는 호미닌이 발생하기 전, 그러니까 인류 혈통이 만들어

지기도 전에 존재했을 수도 있다는 의미이다. 직립보행이 인간만의 고유한 것이라면 이는 사실일 수가 없다. 그러나 만일, 인간과 아프리카 대형 유인원의 최종 공통조상이 오늘날의 침팬지와 고릴라보다 확실한 이족보행을 했다면 말이 된다.[20]

여기에 다누비우스가 등장한다.

다누비우스는 우리의 고대 유인원 조상들이 익은 과일을 따려고 좁은 나뭇가지를 따라 움직이며, 손으로 머리 위의 가지들을 잡고 나무 위에서 두 발로 걸어 다녔다는 것을 말해 주려는 것인지도 모른다. 오늘날의 오랑우탄은 가끔 이런 식으로 움직인다.[21] 긴팔원숭이와 거미원숭이도 마찬가지다.

이러한 조상으로부터 고릴라의 전임자, 그리고 곧이어 침팬지가 분화되었으며, 나무에서 떨어지면 더욱 치명적이었을 커다란 신체를 발전시켰는지도 모른다. 그들은 숲 바닥으로 떨어지는 치명적인 낙상을 방지하고자 긴 팔과 넓은 손바닥, 뻣뻣한 허리를 진화시켰을 것이다.

그러나 아프리카 삼림지역에는, 과실수가 듬성듬성 있고 수목의 임관(林冠: 숲의 우거진 윗부분의 전체적인 생김새_역주)은 쉽사리 연결될 수 없었다. 그 때문에, 팔이 길고 몸집이 큰 유인원들은 다른 먹이 장소로 이동하기 위해 지상으로 내려와 움직여야 했을 것이다. 두 다리로 움직일 수 있었을까? 아니다. 그들의 짧고 뻣뻣한 허리가 몸을 웅크리게 해서, 두 다리로 걷는 것은 그들을 지치게 했을 것이다. 그들은 네 발로 움직여야 했을 것이나, 손가락이 너무 길고 굽어 있어서 바닥에 납작하게 닿지 않았을 것이다. 손가락을 손가락 관절 밑으로 말아 넣었을 것이다. 이 시나리오가 맞는다면, 침팬지와 고릴라는 손가락 관절을 이용한 보행 형태를 각자 독립적으로 발전시켰으나, 그 이유는 같다고 볼 수 있겠다.

그렇다면 우리의 조상들은 어땠을까? 그들은 이미 직립 자세에 적응해서, 약간의 신체 구조적인 변경으로 지상에서의 이족보행을 나무 위에서처럼 간단히 할 수 있었을 것이다.

다누비우스에 대한 이러한 해석이 받아들여진다면, 우리는 손가락 관절을 이용한 걸음에서 왜 이족보행이 진화되었는지에 대한 설명을 더 이상 생각해 내지 않아도 된다. 왜냐하면 그렇게 진행되지 않았기 때문이다. 이족보행은 새로운 보행 형태가 아니라, 새로운 환경 속에서의, 기존의 보행 형태였다. 다른 말로 하자면, 인류의 발전 그림은 거꾸로 된 것일 수도 있다. 우리는 손가락 관절로 걷는 조상으로부터 이족보행을 진화시키지 않았다. 반대로, 적어도 가끔씩은 두 발로 걷는 유인원으로부터 손가락 관절로 걷는 개체들이 진화된 것이다.

이 퍼즐의 또 하나 흥미로운 조각은 우리 조상의 발과 다리가 아닌 손에서 나온다.

침팬지는 상대적으로 짧은 엄지손가락과 긴 갈고리 같은 손가락을 가지고 있다. 이와는 반대로, 인간은 짧은 손가락과 길고 튼튼한 엄지손가락을 가진다. 우리는 엄지손가락 안쪽으로 다른 손가락들의 안쪽을 만질 수 있는, —종종 칭송되기도 하는— 마주 보는 엄지를 가지고 있다. 100년 동안, 과학자들은 마주 보는 엄지가 어떻게 침팬지 같은 손에서 진화되었는지 알아내려 했다. 뉴욕의 미국 자연사 박물관의 고인류학자인 세르지오 알메시하Sergio Almécija 역시 반대로 발생했다고 생각했다.

600만 년 된 오로린 투게넨시스의 엄지손가락에 대한 그의 2010년 분석을 보면, 이 엄지손가락은 놀라울 정도로 인간과 유사하다. 5년 후에 그는 화석 유인원과 화석 인류의 손뼈 비율을 분석했고, 인간의 손은 지난 600만 년 동안 거의 변화하지 않았다고 결론지었다. 그러나 알메시하는 침팬지와 다른 유인원들은 나무에서 떨어지지 않기 위해서 긴 손발가락을 진화시켰다고 주장했다.

이것이 이족보행과 무슨 관련이 있을까?

나뭇가지 위에서 두 발로 걷는 것은 균형의 문제를 일으킨다. 물론 잡기 좋게 구부러진 엄지발가락은 나뭇가지를 잡고 있는 데 도움이 되지만, 이러한 초기의 이족보행 유인원들에게는 움켜잡기 좋은 힘센 손도 필요하지 않았을까? 그렇지 않다는 것이 영국의 버밍햄 대학의 수자나 토프Susannah Thorpe와 그녀의 동료들의 생각이다. 그들은 손끝으로 가볍게 만지는 것만으로도 중심을 잡는 데 도움이 되며, 근육 활동을 30퍼센트나 줄여 준다는 것을 알아냈다.[22]

인류의 발전March of Progress 순서를 뒤집는다는 참신함이 매력적이기는 하지만, 우리가 이것을 지나치게 생각하고 있을 수도 있다. 우리가 손가락 관절로 걷는 개체에서 진화했다는 가설을 살릴 수는 없을까?[23] 물론 할 수 있다. 동아프리카의 고인류학자들이 1,000년에서 1,400년 전 사이의 퇴적물에서 손가락 관절로 걷는 유인원의 골격을 발견한다면, 손가락 관절로 걷는 조상으로부터 인류 혈통이 발생했다는 가설이 다시 떠오를 수 있다. 다누비우스와 루다피테쿠스를 비롯한 유럽의 유인원들이, 우리가 길을 잃고 헤매게 만드는 멸종된 사촌들로 판명될 수도 있다.

하지만, 과학에서는 그러한 동물의 증거는 아직 발견되지 않았다. 아직은 이 문제를 알아냈다고 생각하는 것은 어리석은 일이다. 더 많은 화석이 발견되어서 더 많은 인류의 이야기가 쓰여야 한다.

그러나 당분간은, 우리가 가지고 있는 화석들이 흥미로운 이야기를 들려준다. 대강 400에서 700만 년 전 사이, 즉 인간족 진화 역사 중 첫 3분의 1이 조금 더 지났을 무렵, 나무 위의 생활에 잘 적응된 유인원들이 유럽의 줄어드는 숲을 따라 이동하다가 중앙 및 동아프리카의 듬성듬성한 삼림지대 전체로 흩어지게 되었다.[24] 다누비우스의 선조들처럼 그 유인원은 나무 위를 두 발로 걸어 다녔고 땅에서도 가끔 이족보행을 했다. 인간과 같이 다리와 고관절이 곧게 뻗어 있었고 안쪽으로 향해 있는 움켜잡기 편한 엄지발가락이 아직 남아 있어서 발의 바깥쪽으로 바닥을 딛고 걸었다. 여러 종류들이 진화했다. 사헬란트로푸스, 오로린, 아르디피테쿠스, 그리고 우리가 아직 발견하지 못한 많은 종류들이 있었을 것이다.

수백만 년 동안, 그들은 과일을 먹고 나무에서 잠을 자며, 줄어드는 아프리카 삼림지역의 주변에서 환경적 틈새를 채워 왔다. 나무는 그들의 삶이었으나, 한 수목지에서 다른 수목지로 옮겨 가기 위해서는 위험한 환경을 조심스럽고 신중하게 두 다리로 가로질러 이동할 수밖에 없었다.

그러나 진화는 멈춰 서 있지 않는다. 오스트랄로피테쿠스의 시대가 시작되려 하고 있었다.

2

부

인간이 되다

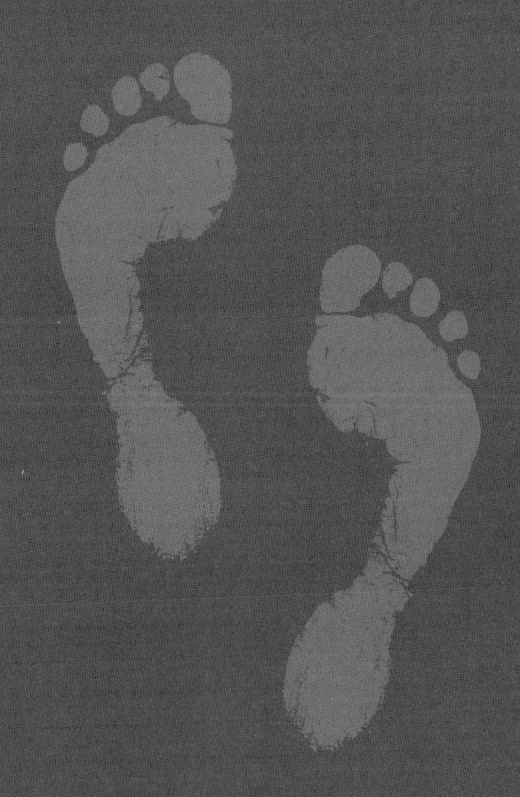

직립보행이 어떻게 기술 발전과 언어, 우리가 먹는 음식,
그리고 우리가 자녀를 양육하는 방식으로
이어졌는지에 대하여.

BECOMING HUMAN

호모 사피엔스는 이족보행을 발명하지 않았다.[1]
오히려 그 반대이다.

걷기: 한 번에 한 걸음씩(Walking: One Step at a Time, 2019), 탐험가 엘링 카게(Erling Kagge)

— 06 —

고대 발자국

적막한 평야에 천천히 발을 딛는 것은 매력적이다.[1]

×

번스 컨트리에 다녀온 후 하이랜드에서 적은 가사(1818)',

존 키츠(John Keats)

탄자니아 북쪽의 응고롱고로 분화구 서북부는 라에톨리Laetoli라 불리는, 아름답지만 삭막한 풍경을 지닌다.[2] 라에톨리라는 이름은 붉은 꽃을 피우는 섬세한 식물에서 유래했는데, 탄자니아의 이 지역에서만 발견된다. 라에톨리 꽃은 가까이 하고 싶지 않은 식물들에 둘러싸여 있다.

그 지역에서 서식하는 아카시아의 다섯 종 가운데 두 종류가 라에톨리 풍경을 지배하고 있다. 하나는, 모든 아프리카 자연 다큐멘터리에 석양을 등진 채 윤곽으로 등장하는 전형적인 아프리카 우산가시나무이다. 단단한 가시가 먹이를 찾는 기린의 입술로부터 잎을 보호한다. 다른 하나는, 벅스 버니 만화에 나오는 폭탄처럼 생긴 둥글고 검은 알뿌리에서 길이 2인치의 가시가 자라나는 키 작은 관목 형태의 아카시아다. 이 알뿌리는 속이 비어 있어서 바람이 그 사이로 지날 때 고음의 소리가 난다. 덕분에 이 아카시아에게 '휘파람 부는 가시'라는 별명이 붙었다. 이 알뿌리는 또한 달콤한 과즙을 생산해서 개미 군집에게 먹이를 제공하기도 한다. 알뿌리를 살짝 스치기라도 하면 과즙을 먹고 에너지를 충전한 개미 떼가 입을 벌리고 쏟아져 나온다.

마사이족 소녀의 발에 깊숙이 박힌 것이 바로 휘파람 부는 아카시아의 가시였다.

우리의 텐트 캠프가 있는 엔둘렌 마을에서 라에톨리까지 가는 아침 운전 길에 천 마리도 더 되는 얼룩말 무리를 지나쳤다. 젖먹이 새끼 얼룩말이 갈색과 흰색 줄무늬 솜털을 뽐냈다. 성체 얼룩말은 쇠파리의 겹눈을 혼란시키기 위해 생겨났다는 가설을 지닌 검은색과 흰색의 익숙한 줄무늬를 하고 있다. 이곳의 풍경은 얼룩말의 무늬와 어울린다. 아프리카 대지구대Great Rift Valley의 동쪽 가장자리를 따라 수백 년 동안 간헐적으로 발생한 화산 분화의 퇴적물이 풍화되어 만들어진 흙길은 석탄 같은 색이다. 길 양쪽으로는, 얼룩말과 누, 가젤, 그리고 목축민인 마사이족 소유 가축들의 먹이가 되는 밀색을 띤 풀들이 몇 마일이나 이어져 있다.

계절성 강우가 풍경을 침식시켜, 고대 암석을 드러내는 깊은 배수로와 계곡이 만들어졌다. 덴버에 있는 콜로라도 대학의 웅장하고 깊은 목소리의 소유자, 고인류학자 찰스 무시바Charles Musiba는 이곳에서 몇십 년이나 화석을 찾고 있다.

탄자니아 빅토리아 호수 지역에서 자란 고등학생이었던 무시바는, 메리 리키Mary Leakey의 강연회에서 고인류학에 대한 애정을 발견하였다. 올두바이 협곡Olduvai Gorge에서의 발견에 대한 이야기를 듣고서, 무시바는 리키를 찾아가 어떻게 하면 발굴에 참여할 수 있는지 물었다. 리키는 무시바에게 어떤 기술이 있는지 물었다. 무시바는 "글쎄요, 그림은 그릴 줄 압니다."라고 답했다. 과학 삽화가로 일을 시작했던 리키는 그 소년에게 기회를 주었다. 석기 스케치를 몇 개 그리고 나서, 무시바는 리키 팀의 일원이 되었다.

2019년 6월, 무시바와 나는 콜로라도 대학과 다트머스 대학 학생들을 라에톨리에 데리고 갔다. 무시바의 팀이 몇 년 전에 그곳에서 호미닌의 턱뼈를 발견했고, 우리는 더 찾을 수 있을까 해서 같은 장소로 갔다. 한 시간가량 천천히 땅을 뒤지고 있는데, 여섯 명의 마사이족 아이들이 다섯 살도 채 안 돼 보이는 여자아이를 데리고 나타났다. 소녀는 다리를 심하게 절뚝거리며 울고 있었다. 발목 윗부분까지 부어 있었고, 그 연약하고 작은 맨발바닥의 아치에는 검은 딱지가 앉아 있었다. 나의 어린 딸이 고맙게도 내가 탄자니아로 떠나오기 전에 구급상자를 챙겨 준 덕분에 나는 마사이족 현장 조수인 조세팟 그루투Josephat Grutu에게 핀셋과 소독용 솜을 넘겨주었다.

그루투가 통증의 원인을 찾고자 살펴보는 사이, 아이는 흐느끼며 언니의 어깨에 얼굴을 파묻었다. 그루투는 곧바로 지붕에 쓰이는 못만큼이나 기다란 아카시아 가시를 뽑아냈다. 가시를 뽑아낸 부위에서 상상도 못 할 많은 양의 고름이 흘러내렸다. 가시가 꽤 오랫동안 박혀 있었던 탓에 아이의 발은 심각하게 감염된 상태였다. 그루투는 상처를 닦아 내고 구급상자에서 꺼낸 항생제 크림을 바르고는 살균 거즈와 의료 테이프로 상처를 감싸 주었다. 아이의 언니는 마사이족 언어인 마Maa로 우리에게 감사 인사를 했다. 곧 어린 소녀는 다른 아이들과 함께 절뚝거리며 떠났다.

그날 나머지 오전 시간을 화석을 찾으며 보냈지만, 계속해서 어린 소녀 생각이 났다. 얼룩말과 기린은 각질화된 발굽으로 걷는다. 코끼리에게는 두껍고 폭신한 발이 있다. 이족보행을 하는 아이의 연약한 맨발은 이 가혹한 환경에 취약하다.[3]

그러나 우리 조상들은 신발도 신지 않고 350만 년 동안이나 라에톨리를 걸어왔다. 그 사실에 대한 증거는 바로 우리 주변에 있었다.

메리 리키는 1976년에 라에톨리에서 화석을 발굴할 팀을 구성했다. 리키와 그녀의 남편 루이스Louis는 40년 전 이곳을 방문해 화석을 몇 개 발견했으나, 그들의 작업은 탄자니아의 다른 발굴 현장인 올두바이 협곡으로 옮겨졌고, 그곳에서 전력을 다 했다. 남편 루이스가 세상을 뜨자, 메리는 다시 라에톨리로 눈을 돌렸다. 지질학적 연구에 의하면 라에톨리는 올두바이보다 훨씬 오래된 지역이었고, 메리의 팀은 350만 년 된 화산 퇴적물이 침식되어 드러난 호미닌의 화석을 찾는 데 성공했다. 그러나 메리조차도 라에톨리가 고대 암석층에 숨겨 놓은 놀라운 선물을 예상하지는 못했다.

그 놀라운 선물을 발견하는 데 필요한 것은 코끼리 똥 싸움이었다.

1976년 7월 24일, 메리 리키는 그곳을 방문 중인 학자들인 케이 베렌스마이어Kay Behrensmeyer, 도로시 (도티) 데천트Dorothy (Doty) Dechant, 앤드류 힐Andrew Hill, 데이비드 (조나) 웨스턴David (Jonah) Western을 초대했다. 리키의 아들 필립이 그들에게 발굴현장을 안내했지만, 후에 케냐 와일드라이프 서비스Kenyan Wildlife Service의 책임자가 된 생태학자이자 보전생물학자인 웨스턴은 금세 지루해졌다. 웨스턴은 마른 코끼리 똥 덩어리를 집어 들어 프리스비 원반을 날리듯이 다른 사람들에게 던졌다. 케냐 국립 박물관의 고생물학자이자, 후에 존경받는 예일 대학의 교수가 된 힐이 반격했다. 이 싸움은 현재 스미소니언박물관 고생물학과 큐레이터인 베렌스마이어와 힐이 배수로에 숨을 때까지 계속되었다. 던질 물건을 찾던 중, 비탈 부분이 침식되어 드러난 굳은 화산재 층에 남겨진 이상하게 생긴 자국이 그들의 눈에 띄었다.

"코끼리 발자국 화석인가?"

힐은 소리를 내어 질문했다. 똥 싸움에 휴전이 선언되었고, 다른 사람들도 무엇이 발견된 것인지 보려고 몰려들었다.

배수로 전체와 그 너머에까지 영양과 얼룩말, 기린, 심지어 새의 발자국도 있었다. 거기에는 잿빛 화산 표층에 남겨진 작고 이상하게 파인 자국들도 있었다.[4] 힐은 이렇게 생긴 자국들을 1830년에서 1833년 사이에 걸쳐 출간된 찰스 라이엘Charles Lyell의 세 권짜리 저서 《지질학 원리Principles of Geology》에서 본 적이 있었다. 그중 한 권에 라이엘이 직접 그린 노바 스코티아의 펀디 만Bay of Fundy 진흙에 생긴, 갓 만들어진 빗방울 자국이 포함되어 있었다. 라이엘은 암석에서 발견된 이와 유사한 굳은 자국이 아주 오래전에 빗방울 때문에 생긴 것이라고 주장했다. 라이엘은 오늘날 지구 표면에 영향을 주는 과정들과 과거의 풍경을 만들었던 과정들이 동일하다고 믿었다. 균일설이라 부르는 이 이론은 지금은 현대 과학의 기반이 되었다. 그리고 여기 라에톨리의 화산재 속에서, 힐은 교과서에 실릴 만한 전형적인 예를 발견했던 것이다.

그 후 몇 주 동안, 리키의 팀은 A-유적지로 알려지게 된 지역에서 발굴 작업을 했다. 위에 덮인 퇴적층을 제거하자 굳은 화산재 안에서 수천 개의 발자국이 드러났다. 화석은 한 유기체의 삶에 대한 대략의 이야기를 전달한다. 그리고 화석 발자국은 한 개체의 인생에 대한 스냅사진이다.

지질학자 딕 헤이Dick Hay는 이 모든 일들이 어떻게 발생했는지 알아내고자 연구에 착수했다. 그는 결과적으로 화산 분화가 주변을 두꺼운 화산재 층으로 덮었다고 결론지었다. 비가 내려, 화산재가 검은 진흙 같은 흑니黑泥가 되었다. 그곳을 동물들이 며칠에 걸쳐 걸어 다녔고, 해가 나와서 땅이 건조해지고 시멘트처럼 단단해져, 366만 년 전의 이 순간이 보존된 것이다.[5] 뒤이은 화산 분화로 인한 더 많은 화산재가 발자국 층을 담요처럼 덮었다.

지역의 마사이족인 사이먼 마탈로Simon Matalo는 발자국을 그 누구보다도 잘 구분했다. 그는 고대 코끼리와 코뿔소, 얼룩말, 영양, 대형 고양잇과 동물, 개코원숭이, 새, 심지어는 노래기가 남긴 발자국까지도 알려 주었다. 대부분은 작은 영양과 토끼의 발자국이었다.

메리 리키는 발굴팀에게 이족보행 발자국이 있는지 찾아보라고 일렀다. 행운이 따라 줄 수도 있다. 9월, 그들에게 운이 따랐다.[6]

네 발이 아닌 두 발로 움직인 무엇인가에 의해 만들어진 다섯 개의 연속된 발자국을 찾았을 때, 보존 생물학자인 피터 존스Peter Jones는 필립 리키와 함께 있었다. 그런데 이 이족보행 발자국은 이상했다. 발자국이 작았으며 발을 교차해서 걸은 듯이 보였다. 마치 런웨이를 걷는 모델처럼 왼쪽 발을 오른쪽 발 너머로 옮겨 걸었다는 의미이다.

발자국의 석고 모형이 만들어졌고, 메리 리키는 이것을 런던과 워싱턴 D. C.의 발자국 전문가들에게 가져갔다. 이 발자국이 인류 조상에 의해 만들어진 것이 아니라고 의심하는 사람들도 있었다. 어쩌면 멸종된 이족보행 곰의 발자국일 수도 있다는 의견도 있었다.

메리는 실망했지만, 그리 오래가지 않았다.

발자국이 발견되고 2년 후, 로드아일랜드 대학의 학자이자 지구화학의 전문지식을 지닌 폴 아벨Paul Abell이 현재는 G-유적지로 알려진 이웃 지역을 거닐다가 인간의 발뒤꿈치 자국처럼 보이는 것을 발견했다. 발굴 캠프로 돌아와 이 사실을 메리 리키에게 알렸다. 그러나 당시 그녀는 발목이 부러져 회복하는 중이었고 힘겹게 걸어 나갔다가 또다시 실망하고 싶지 않았다. 메리는 리키 부부와 올두바이에서도 함께 일했던 엔디보 엠부이카Ndibo Mbuika를 보내 조사해서 보고하라고 일렀다.[7]

과거 1962년에 호모 하빌리스Homo habilis의 첫 치아를 발견했던 엠부이카는, 깊이 파 보기도 전에 그 발자국이 호미닌의 것이라는 것을 알았다. 더욱 다행인 것은, 다른 발자국으로 이어져 있었다는 사실이다. 결국, 두 평행한 발길을 따라 생성된 총 54개의 고대 호미닌 발자국이 발견되었다.

이 발자국들은 우리 과학의 역사상 가장 훌륭한 발견들 가운데 하나이다. 발자국을 보면 세 명, 어쩌면 네 명이 함께 북쪽을 향해 걸어가고 있었던 것으로 보인다.[8] 한 사람은 왼쪽, 더 큰 사람이 오른쪽에 있었다. 세 번째 사람은 (그리고 어쩌면 네 번째 사람도) 가장 큰 발자국을 바로 겹쳐 걸었다.

과학자들은 수십 년간 이 발자국들을 분석해 왔다. 대부분은 오스트랄로피테쿠스 아파렌시스(루시의 종)의 유골에서 알게 된 사실들과 일치한다는 것을 발견했다. 발뒤꿈치가 먼저 바닥에 닿는 모습이 현저하게 나타났으며 엄지발가락은 다른 발가락들과 나란히 있었다. 또한 발바닥 아치가 막 생겨나기 시작한 듯 보였다. 즉, 오스트랄로피테쿠스는 우리의 발과 매우 유사한 발을 가지고 있었으며 미세한 차이는 있으나 걷는 법도 우리와 같았다.

오늘날의 인간은 걸을 때 엄지발가락에 체중을 실어서 주로 엄지발가락으로 바닥을 밀어내며 발을 뗀다. 라에톨리의 발자국은, 엄지발가락으로 바닥을 밀어내지만 발의 바깥쪽에도 어느 정도 체중을 싣는 개체에 의해 만들어진 것이다. 라에톨리의 발자국은 라에톨리 호미닌이 현생인류의 기준으로는 평발을 하고 있었음을 보여 주고 있으며, 이는 또한 이 호미닌이 남긴 유골에서도 유추할 수 있는 사실이다. 라에톨리 발자국은 발자국을 만든 개체가 바닥을 밀어낼 때 오늘날의 인간처럼 발에 힘을 많이 싣지 않았다는 것도 보여 주었다.[9] 그 이유는 질퍽하고 두꺼운 화산재를 헤치고 걸었기 때문일 수도 있다.

인류의 발전 그림을 보고 예측할 수 있는 것들과는 달리, 오스트랄로피테쿠스는 침팬지처럼 웅크리고 걷지 않았다. 고릴라 루이스처럼 토마토를 우리의 이쪽에서 저쪽으로 운반하면서 앞뒤로 뒤뚱거리며 걷지도 않았다. 오스트랄로피테쿠스는 곧게 편 다리와 고관절로 반듯하게 걸었다. 우리들처럼 말이다.

라에톨리의 발자국은 인류의 멸종된 친척의 인생에서 한 순간을 포착했다. 그 발자국들은 가깝게 붙어 있었으며 동시에 움직인 것으로 보여, 그들이 무리를 이루어 천천히 걸어가고 있었음을 짐작할 수 있다. 그들은 물과 몸을 숨길 나무가 있는 올두바이 분지를 향해 북쪽으로 이동하고 있었다. 발의 크기와 신장이 대체로 상관관계에 있기 때문에, 우리는 왼쪽에 있는 작은 개체의 키가 루시와 비슷한 121cm를 넘지 않는 정도라고 추정할 수 있다. 오른쪽의 큰 개체는 152cm 안쪽이었다. 작은 개체의 오른발이 이상한 각도로 바닥을 디뎠는데, 이는 이 호미닌이 부상을 당했을 가능성을 시사하고 있다. 발자취의 끝부분으로 향하면, 이 개체들의 무리가 몸을 돌려 방향을 바꾸면서 발자국들이 엉키고 조금 깊어진다. 잠시 멈춘 후에 다시 북쪽으로 향했던 것이다.

라에톨리의 발자국은 과학과 상상이 교차하는 우아한 본보기이다. 우리가 확실하게 알고 있는 것들이 있다. 예를 들어 그 발자국들이 두발동물의 것이라는 사실. 그런데 그들이 손을 잡고 걸었을까? 그들이 뉴욕의 미국 자연사 박물관에 전시된 라에톨리 모형으로 형상화된 것처럼 서로 어깨동무를 하고 있었을까? 이러한 질문들이 나를 사로잡아 뇌리에서 떠나질 않는다.

상상해 보라:

우리는 북쪽으로 가야 한다. 거기에는 물도 있고 다른 사람들도 있을 것이다. 어제는 지옥 같았다. 공기도 탁했다. 하늘이 검게 변하고 화산재가 내렸다. 땅도 흔들렸다. 세상이 포식자처럼 울부짖었다. 오늘은 좀 낫지만, 나는 무섭고 배도 고프다. 아직 하늘엔 구름이 잔뜩 끼어 있고, 번쩍거리며 우르릉거리는 소리도 난다. 그렇지만 적어도 화산재가 아니라 물이 떨어진다. 먹을 게 하나도 없다. 풀이 화산재에 덮여 사라졌다. 우리는 북쪽으로 가야 한다. 물이 있는 곳으로. 거기 가면 먹을 것도 있고 다른 사람들도 있을 것이다. 화산재가 다 덮어 버리지 않았다면. 화산재가 우리의 나뭇가지에 들러붙는다. 우리는 조심스럽게 주변을 살피고 나무에서 내려와 질척거리는 표면을 걷는다. 앞 사람의 발자국을 밟으며 한 줄로 걸으면서 우리의 숫자를 감춘다. 바닥이 미끄러워서 우리는 천천히 걸어야 한다. 게다가, 어머니가 아직 아프다. 어머니는 우리의 왼편에서 조심스레 걷는다. 어머니의 발바닥에 가시가 깊게 박혔다. 가시를 뺄 수가 없다. 얼룩말 발자국이 우리의 발자취를 가로지른다. 먹이를 찾는 한 무리의 뿔닭과 딕딕 몇 마리가 보인다. 코끼리 한 마리가 우리를 주의 깊게 쳐다본다. 땅이 다시 흔들리자 엄마가 멈추더니 서쪽으로 몸을 튼다. 아무것도 없다. 두꺼운 화산재를 천천히 헤치며 다시 북쪽으로 향한다. 북쪽으로, 물이 있는 곳으로.

라에톨리의 발자국은 우리를 조금 혼란스럽게 할 수도 있으니 설명을 하겠다. 내가 묘사한 이 유명한 54개의 발자국으로 이루어진 평행한 발자취는 G-유적지에서 발견되었다. 그런데 라에톨리에서 가장 처음 발견된 이족보행 발자국의 생김새가 이상했다는 점을 상기해 보라. 그 발자국은 A-유적지에서 발견되었으며 런웨이를 걷는 모델이 만든 발자국처럼 생겼다. 어떤 연구원들은 멸종된 곰의 한 종에 의해 만들어진 것이라고 생각했다. 나는 이 이상한 이족보행 발자국의 수수께끼를 풀고자 하는 마음이 간절했다. 그러나 먼저, 그 발자국을 찾아야 한다.

나는 어지러웠다. 우리는 A-유적지에서 오전 내내 발굴 작업을 하고 있었다. 이제 강렬한 태양이 바로 우리의 머리 위에 떠 있다. 나에게는 마실 것이 충분지 않았다. 내 수통에는 미지근한 물이 반 정도 남아 있었다. 내 결혼반지 바로 아래로 물집이 생겨나 커져 갔다. 발자국이 생성된 층의 단단한 표토를 몇 시간 동안 긁어내다 보면 물집이 터져 버렸다. 나는 메리 리키의 낡은 지도를 사용하여 그 신비스러운 이족보행 발자국이 있어야 할 정확한 장소를 측정했다. 아이다호 대학의 정골의학과 해부학 교수인 블레인 말리Blaine Maley와 다트머스 대학원생인 루크 패닌Luke Fannin은 메리의 지도에 나오는 코끼리 새끼의 발자국이 모여 있는 장소를 발견하고는 조심스레 다시 파헤쳤다. 서쪽으로 4m만 더 가면 A-발자국이 나와야 하는데, 거기에는 딕딕과 뿔닭의 침식된 발자국밖에 없었다. 애초에 이족보행 발자국을 드러내 주었던 침식작용이 지난 40년 사이에 발자국을 전부 쓸어가 버린 것인가?

나는 내 학생들 몇 명과 나파벨리 대학의 교수인 셜리 루빈Shirley Rubin을 따라 유일한 그늘이 되어 주는 우산아카시아 나무 밑에 모였다. 근처 나무에 성난 벌떼가 매달려 있어, 마음을 심란하게 하는 윙윙거리는 소리가 공기 중에 가득했다. A-발자국을 포기해야 하는 것일까? 그 발자국들이 40년 동안의 계절성 강우에 살아남았을까?

앞서 만난 적이 있는 나의 다트머스 대학 고인류학 실험실의 대학원 학생인 엘리 맥넛Ellie McNutt은, 최근 박사 논문 심사를 통과해 로스앤젤레스에 있는 서던 캘리포니아 대학 의과대학에서 해부학 강의를 시작했다. 아이오와주 토박이인 그녀는, 미국 중서부식 분별력으로 과학에 접근하여 라에톨리의 A-발자국이 고대 곰에 의한 것이라는 일반적으로 용인된 지식에 회의적이었다. 라에톨리에서는 화석 곰이 발견된 적이 없으며, A-발자국은 너무 작아서 서커스에서 묘기를 하듯 걸어 다니는 새끼 곰이 아니면 만들어 낼 수 없는 것이었다. 미국 흑곰 전문가인 벤 킬햄Ben Kilham이 그의 연구지인 뉴햄프셔 라임에서 촬영한 수십 개의 영상을 공부하고 난 후, 맥넛은 곰은 근처에 사람이 없으면 두 발로 걷는 경우가 별로 없다는 사실을 알게 되었다. 영상 50시간에 한 번꼴로 곰 한 마리가 두 발로 서서 다섯 발자국을 연속으로 걸었다. A-발자국을 재현하려면 최소한 다섯 발자국은 필요했다.

맥넛은 심층 조사를 위해서, 야생으로 돌려보내기 위해 킬햄이 치료 중에 있던 어린 흑곰의 머리 위에 메이플 시럽이 흘러나오는 주사기를 매달아 축축한 진흙을 두 발로 서서 걷도록 유도했다. 그녀는 곰의 발자국을 측정하고 A-발자취의 사진 및 공개된 수치와 비교했다. 일치하지 않았다. 곰은 우리들처럼 엉덩이에서 중심을 잡지 못한다. 좌우로 뒤뚱거리며 넓게 벌어진 발자국을 만들어 냈다. 그러나 A-발자국은 간격이 좁고, 심지어는 교차된 형태였다. 메리 리키도 인정했듯이, A-발자국은 완전하게 발굴되지 못했다. 우리가 그것을 다시 찾지 못하면, 그 발자국이 호미닌에 의한 것이라는 주장은 받아들여지기 힘들 것이다.

나는 수통에 남은 물을 다 마시고 모자를 다시 눌러쓰고 유적지로 돌아갔다. 현장 조수인 칼리스티 파비안Kallisti Fabian이 끝이 납작한 손삽으로 단단한 흙을 여전히 긁어내고 있었다.

"음투."

그가 말했다.

"뭐라고요?"

"음투!"

파비안이 드디어 화산재 층에 도달했다. 거기에서 그는 작게 파인 자국을 발견했다. 발자국이었다.

"음투?"

스와힐리어로 '사람'이란 뜻의 단어를 반복하며 내가 물었다.

"엔디요."

파비안은 긍정으로 대답했다.

나는 바닥에 배를 대고 엎드려서 치과 도구를 꺼냈다. 그런 후 발자국 위를 덮고 있는 단단한 토양층을 조심스레 당기기 시작했다. 토양층이 마치 쿠키 부스러기처럼 고대 화산재에서 벗겨지더니 아름답게 보존된 작은 호미닌의 발자국이 드러났다. 나는 발뒤꿈치가 만들어 낸 자국을 손으로 만져 보고 내 엄지손가락으로 발자국의 엄지발가락 테두리를 어루만져 보았다.

이것은 곰이 아니었다.

나는 내 이력의 대부분을 직립보행의 진화를 연구하는 데 바쳐 왔으나, 오스트랄로피테쿠스의 발자국을 실제로 내 눈으로 보거나 만져 본 적이 없었다.

그때까지는 말이다. 한기가 내 등줄기를 타고 흘러 내렸다.

"이거야! 여기가 A-발자취야!"

나는 너무 신이 났다. 다트머스 대학의 대학원생인 케이트 밀러Kate Miller와 학부생인 안잘리 프럽핫Anjali Prabhat이 내 쪽으로 와서 추가적인 발자국을 찾는 발굴을 도와주었다. 나는 원래의 A-발자국은 씻겨 내려가고 없을 것이라 생각하고 모든 것을 포기하고 있었다. 그런데 여기 있었다. 40년이 넘는 세월의 침식작용은 이 발자국들을 파괴하지 않았다. 그것을 덮어 주고 보존해 주었다.

요세팟 그루투Josephat Gurtu가 걸어오더니 미소를 지었다.

"음투?"

내가 물었다. 그가 고개를 끄덕였다.

"무토토."

그가 말했다. '어린이'라는 뜻이다. 이것이 A-발자국이 왜 보통과 달라 보였는지, 왜 작은지, 그리고 왜 발을 교차시켜 걸었는지의 답이 될 수 있을 것이다. 이 발자국들은 오스트랄로피테쿠스 어린이가 만든 것일지도 모른다.[10]

A-발자국은 네 살 난 현생인류 아이의 발과 비슷한 크기로 15cm

가 조금 넘었다. 엄지발가락이 단단해진 화산재에 뚜렷한 자국을 남겼으며, 발뒤꿈치가 먼저 착지한 흔적도 분명했다.

그날 오후 우리는 유적지로 돌아가 발자취의 나머지 부분을 발굴했고 다섯 개의 이어진 발자국을 발견했다. 우리는 발자국을 3D 레이저로 스캔해서 차후 연구와 후세를 위한 디지털 복사본을 만들었다. 뒤와 옆으로도 발굴을 확장해 봤으나 더 이상은 찾을 수 없었다. 이 호미닌이 이곳을 가로질러 걸어갔을 때는 질척한 화산재 층이 굳어 가고 있어서 마치 유령처럼 더는 흔적을 남기지 않은 것이다. 그러나 이곳, 이 한 부분만큼은 화산재가 아직 젖은 상태여서(아마도 나무 그늘 아래였을 것이다) 다섯 개의 발자국이 기록을 남긴 것이다.

학생들은 발자국들을 깨끗이 정리하면서 핸드폰으로 브루스 스프링스틴, 예스, 돈 헨리, 홀&오츠 등의 1980년대 음악을 들었다.[11] 오후 늦게 마사이족 아이들이 다시 돌아왔다. 발이 감염되었던 작은 소녀는, 아직도 우리를 경계하느라 언니들 뒤에 숨어 있었지만, 전보다 더 건강하고 행복해 보였다. 그 소녀는 엔둘렌의 병원에 가서 제대로 된 치료를 받았는지 발은 붕대에 감겨 있었고 마사이족이 타이어로 만든 샌들을 신고 있었다. 소녀의 발은 A-발자국을 만든 발과 비슷한 크기였다. 작은 오스트랄로피테쿠스가 366만 년 전에 바로 이 지점을 걸어갔다.

나는 핸드폰의 나침반 앱을 열어서 발자취가 난 방향의 방위를 재 봤다. 화산재가 하늘에서 떨어진 이후로는 그 어린 호미닌도 다른 이들과 마찬가지로 북쪽으로 걸어갔다.

사헬란트로푸스, 오로린, 그리고 아르디피테쿠스 같은 초기 호미닌의 이족보행은 논란의 여지가 많다. 400만 년에서 700만 년 전 사이에 살았던 인류 혈통의 이 초기 일원들은 여전히 나무 위에서의 생활에 익숙했다. 화석 증거들은 이족보행에 대한 감질나는 암시를 포함하고 있으나, 지상에서 그들이 어느 정도로 이족보행을 했는지에 대해서는 추가적 화석이 발견되고 그 고대 유골들을 연구하는 새로운 방법이 개발되기 전까지는 논란이 계속될 것이다.

루시가 직립보행의 시작을 318만 년 전으로 확인해 주었으나, 그녀의 오래된 유골을 해석하는 일은 그리 쉽지 않았다. 그러나 라에톨리의 발자국에는 의심의 여지가 없다. 360만 년도 더 전에 살았던 오스트랄로피테쿠스 속屬의 초기 일원들은 오늘날의 우리들과 다름없이 두 다리로 걸었다. 화석 증거는 오스트랄로피테쿠스가 능숙하게 나무를 탔다는 것을 말해 주고 있으며, 이 또한 이해할 수 있다. 모여 앉을 모닥불도 없고 잠을 잘 구조물도 없는 상태에서, 밤에 안전하게 머물 수 있는 곳은 나무밖에 없었다. 낮 동안, 오스트랄로피테쿠스는 생존을 위해 지상에서 두 다리로 걸어 다니며 먹이를 찾아다녔다.

이족보행은 한 장소에서 다른 장소로 이동하는 것 이상의 의미를 지닌다. 이족보행은 우리를 현재의 우리로 만들어 줄 중대한 다른 변화로 가는 관문 역할을 했다.

라에톨리에서 발자국을 발견하기 전에, 메리와 루이스 리키 부부는 '올두바이 문화Oldowan'라 부르는 하나의 문화로 함께 분류된 수백 점의 석기를 수집하며 올두바이 협곡에서 수십 년을 보냈다.

올두바이의 방사능연대측정으로 그곳에서 발견된 석기들이 180만 년 전에 만들어진 것을 알게 되었다. 1964년, 리키 부부는 좀처럼 찾기 힘들었던 그 도구들을 만든 종을 찾아냈다. 그것은 인간과 유사한 손과, 오스트랄로피테쿠스보다 조금 더 큰 뇌, 그리고 조금 더 작은 어금니를 가진 호미닌이었다. 리키 부부는 그들이 찾은 화석을 새로운 종으로 지정하고, '손재주가 좋은 사람'으로 해석되는 호모 하빌리스Homo habilis라 명명했다.[12]

그로부터 10년 뒤, 돈 요한슨이 루시를 발견했으며 몇 년 후에, 메리 리키의 팀이 라에톨리의 발자국을 발견함으로써, 이족보행의 시작을 최소 360만 년 전으로 밀어냈다. 이족보행은 가장 오래된 석기보다 두 배는 더 오래된 것으로 보인다.

따라서 다윈이 틀렸다는 주장이 제기되었다. 인간의 유래The Descent of Man에서, 다윈은 이족보행과 석기 제작이 함께 진화되었다고 가정했다. 직립보행으로 손이 자유로워져 도구를 창조했으며, 이로 인해 큰 송곳니가 불필요해지고 뇌의 성장에도 시동을 걸었다는 가설이었다. 하지만, 루시와 라에톨리 발자국을 근거로 하면, 직립보행은 석기 개발보다 훨씬 앞서 시작되었던 것으로 보인다.

그런데 최근의 발견들로, 우리는 과학의 쓰레기통에서 다윈의 가설을 다시 꺼내어 되살리게 되었다.

2011년, 뉴욕 스토니브룩 대학의 고생물학과 부교수인 소냐 하만드Sonya Harmand는 케냐의 투르카나 호수 서편을 따라 고고학 조사를 진행하고 있었다. 그녀는 첫 고생물학 가족의 또 다른 일원인 미브 리키Meave Leakey가 이끄는 팀이 1999년에 350만 년 전의 호미닌 두개골을 발견하고 케냔트로푸스 플라티옵스Kenyanthropus platyops라 명명한 새로운 종을 찾은 퇴적층 근방의 로미콰이Lomekwi라 불리는 지역으로 향하고 있었다. 하만드와 그녀의 팀은 길을 잘못 들어, 새로운 노출 광맥에 이르렀다. 하만드는 차에서 내려서 팀원들에게 이 새로운 지역을 탐사할 것을 지시했다. 발굴 한 시간 후, 침식된 퇴적층에서 이상하게 생긴 석기가 드러나 발견되었다.

그들은 석기가 발견된 곳을 지도에 표시했으며, 그다음 해에 하만드의 팀은 호미닌의 손으로 창조된 석기를 150점 발굴했다. 도구를 만드는 데 사용된 돌은 올두바이 협곡에서 발견된 것들보다 더 크고 훨씬 단순했다. 로미콰이에서 이 도구를 만든 호미닌은, 큰 돌을 몇 개 집어 들어 원시적인 두드리는 기술을 사용하여 돌을 서로 부딪쳐서, 떨어져 나온 날카로운 부분을 집어 들어 사용한 것으로 보인다. 단순하다는 것은 때로는 오래되었다는 의미이기도 하다. 아니나 다를까, 이 도구들은 330만 년 전 퇴적된 화산 응회암(응회암: 화산방출물이 퇴적되어 만들어진 암석_역주) 사이에 끼어 있었다.[13]

올두바이에서 진행된 리키의 작업 이후, 260만 년 전에 만들어진 더 오래된 올두바이 문화 도구들이 에티오피아에서 발견되었다. 하만드의 발견으로 석기 기술이 75만 년이나 추가적으로 뒤로 물러나게 되어, 석기는 호모 하빌리스의 손에서 빠져나와 오스트랄로피테쿠스의 손에 쥐어지게 되었다.

한편, 루시가 발견된 아와시강의 반대편에서는 시카고 대학의 지레이 알렘세지드Zeray Alemseged가 디키카라고 부르는 지역에서 작업을 하고 있었다. 그곳에서 그는 걸음마를 배우는 아기 오스트랄로피테쿠스의 보기 드문 부분 골격을 발견했다.[14] 미디어에서는 이 유골을 '루시의 아기'라고 불렀다. 2009년, 알렘세지드는 이 귀한 유골의 발을 연구하기 위해 나를 초청했고, 우리는 2018년에 연구 결과를 발표했다. 그 발은 사람의 것과 매우 유사했으며, 이는 디키카 아이가 이미 두 다리로 걷고 있었음을 시사했다. 발에는 움직임이 자유로운 엄지발가락의 증거 또한 보존되어 있었다. 엄지발가락의 움직임이 자유로워서 오늘날의 인간의 아이보다는 나무에 오르거나 엄마에게 매달리기 수월했을 것이다. 그럴 법한 일이다. 초등학교 옆을 차로 지나가다 보면, 아이들이 무언가에 기어오르고 있는 모습을 쉽게 볼 수 있다. 수백만 년 전의 아이들도 마찬가지였을 것이다.

340만 년 된 이 퇴적물 안에서 알렘세지드는 날카로운 돌에 의해 고의적으로 절단된 화석 영양의 뼈도 몇 점 발견했다.[15] 우리의 왜소한 오스트랄로피테쿠스 조상들에게는 그 정도로 큰 것을 사냥할 능력이 없었으나, 이 절단된 흔적으로 보아 그들이 소니아 하만드가 로미콰이에서 발견한 도구들처럼 날카로운 돌을 사용할 줄 알았으며 죽은 동물의 고기를 먹었음을 알 수 있다.

도구는 판의 흐름을 완전히 뒤집어 놓는다. 뿌리와 덩이줄기를 파내고 죽은 사자의 시체에서 고기를 떼어 내려 300만 년 전에 시작된 오스트랄로피테쿠스의 방식이, 아이폰과 항생제, 탄도 미사일, 그리고 뉴 호라이즌 우주탐사 로켓으로 절정을 이루게 되었다. 우리 인류 종의 역사상 가장 위대한 업적 가운데 한 가지를 통해, 우리는 '한 인간에게는 작은 한 걸음이지만 인류에게 있어서는 위대한 도약'이라는 말로 다른 세상에서의 직립보행을 찬양한 바 있다.

모든 인간의 문화에서는 도구를 사용한다. 우리의 신체는 오로지 기술로 가능해진 식습관과 삶의 방식에 생물학적으로 적응해 왔다. 이러한 변화는 최초의 상습적 두발동물이자 석기 기술의 최초 사용자인 오스트랄로피테쿠스와 함께 시작됐다. 이족보행은 보행의 필수요건으로부터 손을 해방시켰다. 자유로운 손은 돌을 서로 부딪쳐서 날카로운 모서리를 만들어 낼 수 있었다. 날카로운 모서리 덕분에 호미닌은 전에는 근접할 수 없었던 먹이를 손에 넣을 수 있게 되었다. 더 좋은 식습관으로 증가된 에너지는 결국 인류 혈통을 태양계의 저 끝까지 진출시켰다.

침팬지도 역시 도구를 만든다는 것은 분명하다. 침팬지가 키 큰 풀의 껍질을 벗겨서 흰개미 둔덕에서 개미들을 꺼내 먹는 도구로 사용했다는 제인 구달의 유명한 보고서로 인해서 과학자들은 도구 제작이 인간 고유의 행위라는 오랜 신념을 재고해야만 했다. 루이스 리키가 쓴 유명한 문구처럼, "이 정의를 고수하는 과학자들은 세 가지 선택에 직면해 있는 것 같다.[16] 정의에 따라, 침팬지를 인간으로 받아들이거나, 인간에 대한 정의를 재정립하거나, 아니면 도구에 대한 정의를 재정립해야 할 것이다."

그 이후로, 원숭이와 까마귀, 족제비, 비다오리, 어류의 몇 종류, 심지어는 문어까지도 도구를 사용하는 것이 관찰되었다. 그러나 그 어떤 종도 인간처럼 도구에 의지하지 않으며, 도구에 대한 의존은 두 다리로 걸으면서 손이 자유로워진 직후부터 시작되었다.

지상에서의 이족보행과 석기의 발명이 시간적으로 얼마나 가깝게 연결되어 있는지는 확실치 않다. 라에톨리의 발자국은 오스트랄로피테쿠스의 석기 사용에 대한 가장 오래된 증거보다 25만 년 정도 더 오래됐다. 케냐의 카나포이에서 나온 420만 년 전의 정강이뼈는 아나멘시스anamensis라 불리는 최초의 오스트랄로피테쿠스의 것으로, 인간의 뼈와 매우 유사하며, 이족보행과 석기 사이의 간격을 적어도 80만 년은 떨어뜨려 놓았다. 그러나 당시의 오스트랄로피테쿠스가 자유로운 손을 사용해 땅을 파는 나무 막대나 아기를 메는 띠를 덩굴과 야자나무 잎을 사용해 만들었을 가능성은 있다. 다만 그러한 식물성 재료는 고생물학적 기록으로 남아 있지 않다.

이족보행과 석기 사용이 같은 시기에 발생했다는 다윈의 생각이 전적으로 옳지는 않지만, 우리가 한때 생각했던 것보다는 진실에 가까웠는지도 모르겠다.

그런데 자유로운 손으로 운반할 수 있는 것은 도구만이 아니었다. 알고 보니, 직립보행의 진화로 우리가 아이들을 양육하는 기본적인 방법도 달라졌다.

2010년, 나의 아내는 쌍둥이를 출산했다. 너무나도 기쁘고 고단했던 첫 몇 주 동안, 나는 두 가지 사실(내가 슈퍼 영웅과 결혼했다는 사실 말고)을 깨달았다. 우리에게는 도움이 절실했으며, 사람들은 우리들을 기꺼이 도와주려 했다는 것이다. 루시는 훨씬 적대적인 환경에서 신생아를 데리고 어떻게 했었을까 하는 궁금증이 생겨났다.

무력한 신생아들을 안고서, 나는 내가 루시라는 상상을 가끔 하곤 했다. 300만 년 전에 살았던 오스트랄로피테쿠스 여성인 나 자신을 그려 봤다. 내 주변엔 집도, 던킨 도넛의 커피도, 길도, 다람

쥐도 없다. 넓게 펼쳐진 목초지의 광활함과 강, 그리고 포식자들만 이 있다. 현대의 사자보다도 큰 검치호랑이의 일종인 호모테리움 Homotherium 같은 대형 포식자도 있었다. 루시인 나는 두 다리로 걷는다. 나는 그 주변에서 가장 느린 동물이다. 낮 시간의 대부분은 지상에서 흰개미와 과일 뿌리, 덩이줄기를 찾는 데 보낸다. 나는 거의 항상 배가 고프다. 나무는 어느 정도 잘 오를 수 있지만, 침팬지처럼 능숙하지는 않다. 내 팔은 무릎에 닿을 정도로 길다. 그러나 유인원의 팔처럼 길고 강력하지는 않다. 루시의 생활은 힘들었다. 항상 그랬다. 게다가 지금은 팔에 아기를 안고 있으니 더욱 힘들어졌다.

침팬지가 숲속을 손가락 관절로 돌아다닐 때, 침팬지의 새끼는 엄마의 등에 매달려 있다. 엄마가 나무를 오를 때, 새끼는 힘센 손과 움켜잡기 편한 엄지발가락으로 엄마의 털에 매달린다. 루시의 아기는 그렇게 할 수 없다. 오스트랄로피테쿠스인 루시는 두 다리로 선다. 아기를 등에 올려놓으면 아기는 바로 미끄러져 떨어질 것이다. 또한 오스트랄로피테쿠스 신생아의 발가락은 엄마가 나무를 오를 때 매달릴 수 있을 만큼 힘이 세지 않다.

인간에 기생하는 세 종류의 이(머리 이, 치골 이, 의류 이)의 유전학적 증거를 보면, 우리 호미닌 조상들은 루시의 시대 즈음에 체모가 사라지기 시작했으므로 어차피 아이가 매달릴 만한 털도 거의 남아 있지 않았을 것이다.[17] 그러니 루시는 무력한 신생아를 팔로 안아서 데리고 다녀야 했을 것이다.

루시는 매일 아침 나무에서 내려와, 그녀와 신생아가 생존할 수 있을 만큼의 먹이를 찾아 목초지를 돌아다녔다. 아기가 보챌 때는 아기를 조용히 시키려고 젖을 먹여야 했을 것이다. 작은 울음소리에도 가까이에 있는 검치호랑이의 귀가 반응할 수 있다. 그녀 무리의 일원들은 모두 연약했으므로 포식자를 찾으려고 지속적으로 지평선을 살폈다. 밤에는 야행성 포식자들이 잠에서 깨어나기 때문에 루시는 다시 나무로 올라가 밤을 보냈다. 그런데 아이를 한 팔에 안은 상태로 나머지 팔 한쪽만으로 나무를 오른다는 것은 어려운, 어쩌면 불가능한 일이었을지도 모른다. 루시는 어떻게 했을까? 이족보행이 진화되면서, 우리 조상들은 새로운 해결책이 요구되는 새로운 과제에 직면하게 되었다.

루시의 이야기는 잠시 후에 돌아오기로 하겠다. 지금은 침팬지의 생후 첫 몇 개월을 살펴보도록 하자. 침팬지는 주로 밤에 홀로 새끼를 낳는다. 새끼는 태어난 직후부터 어미의 털에 매달릴 수 있다. 그리고 어미 침팬지는 산후 6개월 동안은 어디든 새끼를 데리고 다니며, 무리의 다른 침팬지가 새끼를 만지는 것을 거의 허용하지 않는다.

인간의 출생 후 6개월 동안의 모습은 이와는 매우 다르다. 출산은 일반적으로 사회적 행사로, 여성 조력자나 산파의 도움을 받는다. 신생아는 무력하기 때문에, 산모는 아기를 먹이고, 응석을 받아주며, 아기에게 웃어 주고, 안전하게 지켜 주는 것을 도와주는 다른 사람들로부터 보호를 받는다. 속담에도 있듯이, 아이 한 명을 키우려면 마을 전체의 도움이 필요하다.

어떻게 그런 일이 발생했을까? 어떻게 우리 인간은 아이들을 키우는 것을 도와주는 조력자들을 모집하는 종이 되었을까?

우리는 루시를 나무 밑에 두고, 한 손에 무력한 아기를 안고 다른 한 손으로 어떻게 나무를 오를 것인지 궁금해하던 참이었다. 가장 당연한 해결책은 아이를 무리의 다른 일원에게 건네는 것이다. 어쩌면 먹이를 구하는 중에도 이렇게 했을지 모른다. 나이가 많은 아이가 아기를 안았을지도 모른다.[18] 루시의 여자 형제, 즉 아기의 이모였을 수도 있다. 심지어는 혈연관계가 아닌 여성 친구일 가능성도 있다. 어쩌면 아기의 아빠가, 엄마가 먹이를 구하고 잠을 자는 동안 아기를 안고 있었는지도 모른다. 이러한 다른 사람들에 의한 소소한 육아의 행위는 신뢰와 협력, 그리고 보답을 필요로 한다.[19]

이것은 오늘날의 사회에 기반이 되는 자질이다. 그러나 이 자질들은 오스트랄로피테쿠스가 네 발이 아닌 두 다리로 이동했기 때문에 직면한 문제들의 해결책에 그 뿌리를 두고 있다. 우리가 현재 집단으로 아이들을 키우는 이 방식은 루시와 그녀의 종에게까지 거슬러 올라간다.[20]

사파리 의상을 입은 사람들이 동이 트기 전에 손님들을 깨워 차로 그들을 아침 사냥에 데리고 나간다. 그들은 오후 늦게 다시 사냥 공원으로 향한다. 심지어는 조명을 이용해 아프리카의 다양한 야생동물의 빛나는 눈을 포착하는 밤 사냥도 제공한다. 정오의 사냥 주행에는 야생동물이 전혀 나타나지 않았다. 그 시간에 밖에 돌아다니는 동물이라곤 사람밖에 없다. 이것이 우리에게 시사하는 바가 있다.

이족보행으로의 전환은 인간을 포식자에 비해 느리고 약하게 만들었다. 그런데 이 시기의 아프리카의 화석 기록은 인간을 먹고자 하는 거대한 동물들로 넘쳐난다. 두 종류의 거대한 검치호랑이(호모테리움과 메간테레온)와 커다란 표범만 한 크기의 또 다른 동물(디노펠리스)의 화석이 오스트랄로피테쿠스가 발굴된 장소들에서 발견되었다. 고생물학자들은 현대의 사자와 비슷한 크기에 뼈를 부술 정도의 강력한 주둥이와 치아를 가진 하이에나(파키크로쿠타)의 화석도 수집했다. 거대 악어의 화석 역시 일반적이다. 호미닌 화석에서 이따금 발견되는 이빨 자국에서 우리는 이 거대한 포식자들이 우리 조상들에게 변함없는 위협이었으나 포식자에게 잡혀가는 것이 빈번하게 발생하지는 않았다는 것을 알 수 있다.

비슷한 위협에 직면하고 있는 오늘날의 영장류들은 대규모 무리를 지어 결집한다. 표범 한 마리가 개코원숭이 무리에 몰래 접근하면, 개코원숭이 한 마리가 포식자를 발견하고 위험을 알릴 것이다. 이는 경계를 하는 개코원숭이의 수가 충분할 경우에만 가능하다. 아침식사를 찾는 데 집중하고 있는 두세 마리의 개코원숭이는 그들에게 슬그머니 다가오는 거대한 유령 고양이를 보지 못하고 그들 스스로가 아침 식사가 되고 말 것이다. 대규모 무리에서 생활하는 것은, 포식자가 특정 개코원숭이 한 마리를 겨냥하여 성공적으로 잡아갈 확률도 줄여 준다. 두 마리의 무리에서는 확률이 50퍼센트이지만, 50마리의 무리에서는 2퍼센트에 그친다. 개코원숭이는 달리기도 빠르고 나무를 오르는 것도 민첩하다. 하지만 오스트랄로피테쿠스는 그렇지 못하다. 이 거대한 고양잇과 동물과 하이에나의 정기적인 식사가 되는 것을 우리는 어떻게 피할 수 있었을까?

태양이 머리 위로 떠오르고 기온이 올라가면, 오늘날의 사자와 표범, 치타, 하이에나는 그늘을 찾아 잠을 잔다. 영양과 얼룩말을 비롯한 모든 사냥감들은 키가 큰 풀 속에 앉아 서늘함을 유지한다. 생존을 위한 우리 조상들의 선택은 포식자가 활동하는 해 질 무렵과 밤, 새벽에는 지상에 머물지 않는 것이었다.

오스트랄로피테쿠스는 나처럼, 낮 동안 활동했을 것이다. 고양잇과 동물과 하이에나가 배를 채우고 그늘에서 쉬면서 소화를 시킨 후에야, 오스트랄로피테쿠스는 나무에서 내려와 먹을 것을 찾는 것이다. 손에 넣을 수 있는 발효된 과일, 견과류, 씨앗, 덩이줄기, 뿌리, 곤충, 어린 잎사귀 등 무엇이든 먹었을 것이며, 가끔은 간밤에 디노펠리스가 사냥한 동물의 버려진 사체에 붙어 있는 고기도 긁어 먹었을 것이다.[21]

오늘날, 세계 각지의 인간은 전체적으로 모든 것을 먹는다. 만일 DNA가 있다면, 그것도 먹어 보려 했을 것이다. 일반화된 식습관으로의 움직임은 인류 진화의 초기에 시작된 것으로 보인다.[22] 지상에서 두 발로 걷는 것은 인간을 취약하게 만들었다. 우리는 음식을 가려 먹을 만한 여유가 없었다.

오스트랄로피테쿠스는 대규모 무리를 지어 이동하면서, 눈은 지속적으로 키가 큰 풀 속의 미세한 움직임을 살폈다. 만일 포식자와 맞닥뜨렸다면, 시속 32km로 도망가는 행위는 치명적이었을 것이다. 검치호랑이에게는, 무리 중 한 명에게 달려들어 잡아먹기 전에, 호미닌을 비웃으며 입맛을 다시고도 남을 충분한 시간이 있었을 것이다. 오늘날, 개코원숭이와 침팬지는 다른 선택의 여지가 없을 때는, 두 다리로 우뚝 서서 날카로운 울음소리를 내고, 때로는 돌이나 나무 가지를 던져서 포식자가 되고자 하는 대상을 집단 공격해 쫓아낸다.[23] 오스트랄로피테쿠스도 이와 동일하게, 공동의 적에 대항하여 서로 협력을 통해 대응했음이 확실해 보인다.

적도 아프리카를 정오에 돌아다니는 것은 다른 문제점들을 야기한다. 그중 한 가지는, 매우 덥다는 것이다. 만일 우리 조상들이 숲에 머물렀다면, 이는 큰 문제가 되지 않았을 것이다. 그러나 오스트랄로피테쿠스의 치아에 포함된 탄소 동위원소는 먹이의 상당한 비율이 목초지에서 나온 것이라는 증거를 보여 주고 있다. 그들은 어떻게 더위를 피했을까?

우리 몸의 체모가 오스트랄로피테쿠스를 기점으로 적어지고 가늘어졌다는 사실을 기억하라. 어쩌면 오스트랄로피테쿠스의 피부가 공기에 노출되면서 땀샘의 밀도가 증가하여 몸을 식힐 수 있었는지도 모른다. 그러나 우리는 땀샘의 진화에 대해서는 제대로 이해하지 못하고 있다. 낮에 함께 식량을 찾은 후, 우리의 오스트랄로피테쿠스 조상들은 나무로 다시 돌아가 몸을 다듬고, 서로 보듬고, 잠이 들었을 것이다.

1871년, 다윈은 우리 조상의 뇌 크기의 증가는 우리 혈통의 초기 일원들에게 발생한 일련의 변화, 즉 이족보행과 도구의 사용, 송곳니 축소의 결과라고 주장했다. 그러나 이는 시기적으로 맞지 않는 것 같다. 최초의 두발동물은 현생 침팬지의 뇌와 비슷한 크기의 뇌를 지녔었다. 그렇게 정교한 근골격 기계의 균형을 잡고 움직임을 조정하기 위해서는, 두 다리로 걸을 때 큰 뇌가 필요하다고 주장하는 연구원들도 있다. 뇌의 크기가 아몬드 한 알만 한 닭에게 그런 얘기를 해 보라.

이족보행과 뇌의 크기는 분명 밀접하게 연관된 것 같지는 않다. 그러나 인간의 경우에는 연관성이 있다. 어떻게 그렇게 되었을까?

최초의 호미닌인 사헬란트로푸스와 아르디피테쿠스의 뇌는 침팬지 뇌의 평균 크기인 375cc, 혹은 탄산음료 한 캔의 양보다 조금 더 많은 정도의 용량이었다. 최근에, 고인류학자인 요하네스 하일리-셀라시Yohannes Haile-Selassie가 380만 년 된 오스트랄로피테쿠스 아나멘시스의 멋진 두개골을 발견했다.[24] 이것 역시 비슷한 크기의 뇌를 지녔다. 50만 년 후인 루시의 시대에 가서는 뇌의 크기가 평균 450cc로 증가했다. 그래도 아직은 현생 인류의 평균 뇌 크기의 3분의 1밖에 되지 않지만, 375cc에서 450cc로의 도약은 용량이 20퍼센트나 증가한 것인데, 뇌는 그리 쉽게 커지지 않는다.[25]

뇌는 체중의 2퍼센트밖에 되지 않지만, 우리가 섭취하는 에너지의 20퍼센트를 소비한다.[26] 이는 매번 다섯 번째 쉬는 숨과 먹는 음식의 다섯 번째 입은 뇌의 배고픈 세포를 위해 할당된다는 의미이다. 그렇다면 오스트랄로피테쿠스는 어떻게 뇌 크기의 증가를 감당할 수 있었을까?

러닝머신 연구를 통해 침팬지는 움직일 때 사람의 2배의 에너지를 사용한다는 것을 알게 되었다. 유인원 또한 무언가를 기어오를 때 많은 에너지를 사용하며, 이런 동작을 자주 한다. 이렇게 돌아다니는 것만으로도 많은 에너지가 필요하기 때문에, 두뇌 확장에 바쳐질 잉여 에너지가 없었던 것이다.

어쩌면, 이것이 오스트랄로피테쿠스에서는 달라졌는지도 모른다.

어쩌면, 우리 조상들은 두 다리로 이동하고 나무를 덜 올랐기 때문에 잉여 에너지가 생겼는지도 모른다. 어쩌면 조금 더 큰 뇌를 지닌 사람들 가운데, 그 잉여 에너지를 좋은 곳에 사용해서 자신이 속한 무리의 복잡한 상황을 효과적으로 처리했던 이들이 있었는지도 모른다. 새롭게 개발한 석기 기술로 먹이를 구하는 문제를 해결했는지도 모른다. 이것이 결국, 먹이를 찾는 능력을 높여서, 뇌 성장에 쓰일 수 있는 더 많은 에너지를 생성할 수 있었을 것이다.

이 생각에서 바뀐 것은, 잉여 에너지가 있었다는 점이 아니라, 이족보행의 효율성이 우리 조상들로 하여금 더 넓은 수색 반경 안에서 먹이를 찾을 수 있게 해 주었다는 사실이다. 목초지라는 환경에서는 먹을 것이 더 멀리 떨어져 있었을 것이며, 일반적인 유인원보다 효율적으로 움직이는 호미닌만이 접근 가능했을 것이다.[27]

이것이 왜 뇌가 커졌는가에 대한 진화적 설명들이다. 그렇다면 우리는 조금 더 기본적인 질문을 해 볼 수 있다. 오스트랄로피테쿠스는 어떻게 그들의 전임자보다 뇌가 커졌을까?

인간은 두 가지 이유에서 침팬지보다 큰 뇌를 지닌다. 첫째, 인간의 뇌 성장속도가 더 빠르다. 우리는 성장하면서 해마다 더 많은 뇌 조직을 추가한다. 둘째, 우리는 더 오랜 기간 동안 뇌를 성장시킨다. 침팬지의 뇌는 서너 살이면 완전한 용량으로 성장하지만, 인간은 일고여덟 살이 되어야 완전하게 성장한다.

오스트랄로피테쿠스에게 무슨 일이 일어난 것인가? 어린 아이의 두개골이 이에 대한 답을 알려 준다.

2000년에 지레이 알렘세지드Zeray Alemseged가 발견한 디키카 아이Dikika Child는 잘 보전된 두개골을 가지고 있었으며 사암에 뇌의 자국이 남아 있었다. 프랑스 그르노블의 거대한 입자 가속기로 두개골의 고해상도 스캔이 진행되었다. 입자 가속기는 화석화된 두개골을 관통하는 매우 강력한 X-레이를 생성해서 뇌의 상세한 부분과 아직 솟아나지 않은 아이의 치아마저도 볼 수 있다.

호주의 그리피스 대학 인류진화생물학자인 타냐 스미스Tanya Smith는 고해상도 스캔을 이용해서 마치 나무의 나이테를 재듯이 디키카 아이 치아의 성장 증가량을 측정했다. 그녀의 기발한 분석은 이 여자 아이가 생후 2년 5개월 만에 사망했음을 보여 주었다. 아이는 이 연령에 뇌 용량이 275cc 정도로 성장한 상태였으며, 이는 성인 오스트랄로피테쿠스 아파렌시스 뇌의 약 70퍼센트 수준의 크기이다.[28] 이와는 대조적으로, 같은 연령의 침팬지는 완전히 성장한 뇌의 90퍼센트에 가까운 뇌 크기를 지닌다. 인간은 뇌가 천천히 자라며, 디키카 아이의 화석은 루시의 종도 역시 그러했음을 시사하고 있다. 인간의 경우도 그러하듯이, 어린 오스트랄로피테쿠스의 성장하는 뇌는, 무엇을 먹고, 피해야 할 위협은 무엇인지 배우고, 무리 구성원간의 관계형성 방법 및 생존에 필요한 다른 기술들을 연마하면서 연관성을 형성했다.

잡아먹힌다는 두려움에 대한 과도한 압력을 받는 동물들에 대해, 자연선택은 급진적 성장을 선호한다. 살아 있는 동안 빠르게 성장해서 빠르게 번식한다는 생각이다. 코끼리와 고래, 현생인류와 같이 잡아먹힐 일이 거의 없는 동물들만이 느긋한 성장과 긴 유년기를 누릴 수 있다. 오스트랄로피테쿠스의 느린 뇌 성장은 우리의 호미닌 조상들이 포식에 대항한 완충장치, 아마도 사회적인 완충장치를 만들어 냈으리라는 것을 알려 주고 있다. 인간은 서로를 지켜 준다.

물론 우리는 이따금 파키크로쿠타(파키크로쿠타: 고대 하이에나_역주)에게 식구들을 잃곤 했지만, 일반적으로는 이러한 위험을 충분히 완화할 수 있었기 때문에 두뇌 성장도 느려졌으며, 따라서 어린 오스트랄로피테쿠스들에게 배움을 강조한 것이 자연선택이 선호한 결과가 되었다.

그러나 아직은 이것이 순환고리로 발전한 것은 아니었다. 오스트랄로피테쿠스의 뇌는 450cc에서 정점을 찍었으나, 그 후 100만 년 이상이나 변화가 없었다. 이족보행은 다윈이 생각했던 것처럼, 석기 기술이나 뇌 크기의 향상과 맞물려 발생하지 않았다. 그러나 이족보행은 이 새로운 가능성으로 향하는 문을 열어 주었다.

그런데 새로운 발견으로 인해 이 이야기가 복잡해졌다. 이제는 누군가 나에게 오스트랄로피테쿠스의 이족보행에 대해 묻는다면, 나는 다음과 같이 질문한다.

“어떤 오스트랄로피테쿠스 말씀이죠?”

— 07 —

1마일(1.6km)을 걷는 다양한 방법

이족보행하는 고양이의 가죽을 벗기는 방법은 한 가지 이상이다.[1]

×

고인유학자 브루스 라티머(Bruce Latimer),
케이스 웨스턴 리저브 대학, 2011

나는 2009년 여름에 남아프리카 요하네스버그의 위트와테르스란트 대학 해부학과의 화석 보관실에서 작업을 하고 있었다. 미국으로 돌아가는 항공기는 몇 시간 후에 출발할 예정이었고, 3D 레이저 스캔을 해야 하는 오스트랄로피테쿠스의 발뼈가 아직 몇 개 남아 있었다.

남아프리카 고인류학자인 리 버거Lee Berger가 정신이 나간 듯한 표정으로 갑자기 방으로 뛰어 들어왔다.

나는 전에 그를 만난 적은 없지만, 그와 그의 일에 대해서는 알고 있었다. 그는 내 연구 분야에서 유명한 인물이었다. 버거가 그 방에 있던 나나 다른 젊은 연구원이자 현재는 뉴욕 바사 대학의 교수인 자크 코프란Zach Cofran을 찾으러 온 것이 아니라는 점은 분명했다. 버거는 코프란과 나, 탁자 위에 펼쳐진 호미닌 화석들을 무시하고는 방 안을 살펴보았다. 그러고는 나와 눈이 마주쳤다. 버거는 물었다.

"뭐 멋진 거 보고 싶어요?"

그의 제안에 코프란의 눈은 반짝였지만, 나는 긴장했다. 일을 끝마칠 시간도 없는데, '뭐 멋진 거'에 낭비할 시간은 더욱 없다는 생각에 당황스러웠다. 그러나 어차피 스캔을 새로 시작해야 하고, 회전판에 화석을 올려놓으면 시리얼 상자만 한 스캐너가 200만 년 된 발뼈를 내 컴퓨터에 저장될 디지털 복사본으로 서서히 전환해 줄 것이었다. 스캔이 진행되는 동안에는, 몇 분 정도 신경을 쓰지 않아도 되었다.

"보고 싶어요?"

버그가 물었다. 이번에는 장난스러운 미소를 지어 보였다. 버그는 무언가를 공유한다는 사실에 흥분한 나머지, 알지도 못하는 두 젊은 연구원들로도 충분했던 것이다.

"좋지요."

코프란과 나는 동시에 답했다.

조지아에서 자랐지만 지난 30년간 남아프리카에서 살아온 버거는, 우리를 복도로 이끌더니 검은 벨벳 천으로 덮인 커다란 탁자가 있는 연구실로 데려갔다. 그 검은 천 밑에 있는 것이, 내가 직립보행에 대해 알고 있다고 믿었던 모든 것을 바꾸어 놓았다.

우리의 과학 분야에는 화석을 찾는 현장 과학자와 그것을 분석하는 연구실 과학자가 있다. 대부분은 두 가지를 다 하게 되지만, 그 사이의 완벽한 균형을 찾기는 힘들기 때문에, 결국엔 모종삽 아니면 컴퓨터를 주로 다루는 사람으로서 명성을 높이게 된다. 버거는 현장 과학자, 즉 탐험가로서 고인류학 분야의 인디애나 존스 같은 인물이었다.[2] 그러나 2000년대 초부터, 현장 작업보다는 화석을 분석하는 새로운 디지털 분야로 연구 자금이 이동하면서, 이러한 구분이 모호해지고 있다.

중요한 인류 화석들은 이미 다 발굴된 것이 아니냐며 반문하는 학자들도 있었다. 버거는 그렇게 생각하지 않았다. 버거는 남아프리카 인류의 요람Cradle of Humankind 지역에서도 가장 화석이 많은 장소로 알려진 글라디스베일Gladysvale 동굴에서 20년 가까이 발굴 작업을 지속해 왔다. 고대 얼룩말과 영양, 흑멧돼지, 코끼리, 가젤, 기린, 개코원숭이의 뼈가 동굴 벽에서 쏟아져 나왔다. 버거와 그의 소규모 팀은 그곳에서 수천 점의 뼈를 수거했지만, 호미닌과 관련된 것은 오스트랄로피테쿠스의 치아 두 점이 전부였다.

글라디스베일에 밀집된 화석들은 사이렌처럼 유혹적이지만, 영양과 얼룩말 뼈 말고는 발견되지 않는다는 것은 버거와 같은 고인류학자에게는 치명적인 일이었다. 버거는 결국에는 그도 그만의 루시를 찾을 것이라 생각했다. 그것이 사실 이상의 것이 되긴 했지만, 글라디스베일에서 이루어진 것은 아니었다.

언제나 탐험가였던 버거는 21세기의 첫 몇 년 동안, 연구 범위를 글라디스베일 너머로 확장하고자 미국 군대에서 촬영한 고가의 고화질 영상까지 이용해 요하네스버그 일대의 동굴을 찾았다. 그러나 2008년이 되자, 이런 작업이 훨씬 쉬워졌다. 리 버거는 구글 어스Google Earth를 다운받은 것이다.[3]

몇 주 동안이나 컴퓨터 스크린을 들여다보면서, 20년 동안이나 탐사했던 동일한 메마른 풍경의 위성사진을 살피며 지상에서는 볼 수 없는 패턴을 분석했다. 버거는 야생 올리브와 흰 취목이 군집을 이루어 자라나고 있는 것을 발견했다. 물에 의존하는 이 식물 종들이 어디서 물을 찾은 것일까? 지질학자 폴 더크스Paul Dirks와 버거가 이 수수께끼를 풀었다.

동굴의 수직 통로 아래 빗물이 고이고, 거기에 올리브와 취목의 씨가 날아와 싹이 트고 뿌리를 내렸던 것이다. 햇빛에 닿기 위해 그 나무들은 땅의 표면까지 자라 올라왔고, 동굴의 위치를 드러내 주었다. 버거는 나무 군집의 GPS 위치를 기록해서 인류의 요람 근처를 몇 달이나 돌아다니며 그의 생각을 확인했다. 그 전까지는 기록에도 없던 동굴이 600개를 넘을 정도로 많았다. 그렇다면 동굴에 화석도 있을까?

2008년 8월, 버거는 아홉 살 난 아들 매튜와 그들의 개 로디시안 리지백 타우, 그리고 당시 박사 후 연구원이었던 현 케냐 국립 박물관 고생물학 큐레이터인 잡 키비Job Kibii와 함께 동굴 하나를 탐험했다. 그 동굴은 현재 말라파Malapa라고 부르는데, 그 지역 소토Sotho 언어로 '가정'이라는 뜻이다.

"가서 화석 좀 찾아봐, 매튜."

버거는 아들을 부추겼다. 몇 분 후, 매튜는 개를 따라가다 커다란 돌덩어리에 걸려 넘어졌다. 매튜는 그 돌덩어리를 집어 들어 말했다.

"아빠, 나 화석 찾았어요."

이 지역에서 화석은 흔하게 발견되지만, 버거가 글라디스베일에서 발견한 수천 개의 화석들처럼, 대부분은 영양이나 얼룩말, 또는 흑멧돼지의 유골이다. 그러나 버거가 가까이 다가가 보니, 돌덩어리에 튀어나와 있는 그것은 영양이나 얼룩말의 것이 아니었다. 그것은 초기 호미닌의 쇄골이었다. 돌을 뒤집어 보니, 의심할 나위 없는 호미닌의 작고 뭉툭한 송곳니가 달린 아래턱뼈의 일부가 보였다. 말라파에 도착한 지 10분도 채 되지 않아, 버거의 아홉 살 아들은 리Lee가 글라디스베일에서 20년 동안 발견한 것과 맞먹는 호미닌 화석을 발견한 것이다.

이 유골들만으로도 과학에 중대한 공헌을 한 것인데, 말라파는 아직 내줄 것이 많았다. 이 수개월 동안, 버거의 팀은 계속해서 호미닌 화석을 발견했다. 불그스름하게 콘크리트처럼 굳어 화석화된 자갈인 각력암角礫岩에 갇힌 유골들은 위트와테르스란트 대학 실험실로 운반되었다. 그곳에서 숙련된 기술자들이 소형 공기드릴처럼 생긴 도구를 사용해 몇 달에 걸쳐 서서히 화석을 감싸고 있는 암석을 한 알 한 알 제거하여 화석을 분리해 냈다. 작업을 마치자, 두 구의 부분 골격이 모습을 드러냈다.

고대 호미닌을 둘이나! 그것이 바로 버거가 마법사처럼 검은 벨벳 천 아래에서 드러낸 것이었다.

골격 한 점은 어린 남성의 것이었다. 그의 뼈는 성장판이 열려 있었고, 약 만 8세 정도였으며, 사망 당시 아직 성장하는 중이었던 것으로 보였다. 두개골은 흠잡을 데 없이 보존되어 있었다. 사랑니는 아직 나오지 않고, 매몰되어 있는 상태였다. 말라파 호미닌 1(MH1)로 불리는 그 골격에 지역 학생들이 '답'이라는 뜻의 카라보Karabo라는 별명을 붙였다.

또 한 점의 골격인 말라파 호미닌 2(MH2)는 뼈의 구조로 볼 때 여성의 것으로 보이며, 마모된 사랑니가 그녀가 성인이었음을 알려 준다. 골격의 팔과 어깨, 턱, 두개골에 다수의 들쭉날쭉한 균열이 있는데, 이는 뼈가 아직 살아 있을 때 발생한 것으로 보인다. 이런 단서들로 우리는 그럴듯한 사망 원인을 밝혀낼 수 있다.[4] 그녀는 15m 깊이의 동굴 통로로 떨어져서 충격으로 사망했으며, 시체를 먹는 동물의 뼈까지 부수는 주둥이에 의해 분해되어 사라졌다.

이 골격들은 우라늄이 풍부한 석회암층 사이에 끼어 있었다. 우라늄은 방사성 물질이며 일정한 속도로 납과 토륨으로 부식하기 때문에 연대측정이 가능하다. 케이프타운 대학 지질학자인 로빈 피커링Robyn Pickering은 대단히 놀라운 정확성으로 MH1과 MH2의 연령을 측정했다. 그녀는 이 호미닌들이 197만 7천 년 전에서 앞뒤로 3천 년 정도의 기간 안에 사망했다고 밝혔다.[5]

내가 이 화석들을 살짝 엿본 6개월 뒤, 버거와 대여섯 명의 공동 저자들이 세상에 새로운 종의 오스트랄로피테쿠스를 발견했음을 발표했다. 그들은 새로운 종을 세디바sediba로 명명하고, 이것이 오래 찾아 헤매던 우리의 속인 호모Homo의 오스트랄로피테쿠스 직계 조상일 수도 있다고 주장했다.[6]

그리고 며칠 후, 버거와 발 전문가인 베른하트 지펠이 이 새로운 호미닌의 발과 다리뼈 연구에 나를 초대했다. 만일 내가 버거의 "멋진 거 볼래요?"의 초대를 거절했더라면, 함께 연구하자는 제안은 다른 사람에게로 갔을 것이다.

초대를 받기 2년 전에, 나는 화석 유인원과 호미닌의 발과 발목에 대한 박사 논문을 마무리했다. 나는 오스트랄로피테쿠스의 발과 다리에 관해 잘 알고 있었고 이 새로운 종의 연구에 초대를 받게 되어 너무나 설렜다. 최근에 고인류학 박사학위를 취득한 모든 사람들은 이러한 제안이 오기를 꿈꿀 것이다. 그리고 그 검은 벨벳 천 아래에서 본 것이 내 호기심을 자극했다.

교통체증을 피하려고 서둘러 문을 막 나서는데, 남아프리카에서 보낸 소포가 보스턴 대학의 내 사무실에 도착했다. 나는 소포를 겨드랑이에 끼고, 내 작은 빨간색 토요타 매트릭스에 뛰어 올라, 커먼웰스 거리를 내달렸다. 그리고 매사추세츠 고속도로로 꺾어 들어오자 교통정체가 시작됐다. 수천 대의 차들이 서쪽으로 시속 8km로 기어가고 있는 상황에서, 나는 안전하게 운전대에서 손을 떼고 위트와테르스란트 대학에서 온 소포 상자를 개봉했다.

버거와 지펠은 오스트랄로피테쿠스 세디바의 발뼈를 완벽하게 복제한 플라스틱 모형을 나에게 보냈다.[7] 아내가 임신 6개월이어서 나는 그다음 해까지는 화석 원본을 연구하고자 다시 요하네스버그로 갈 수 없는 상황이었다. 그러나 이 모형은 200만 년 전의 호미닌 발에 대해 어떤 이야기를 할 수 있을지에 대한 좋은 아이디어를 줄 것이었다.

나는 상자에 손을 넣고 더듬거리다가 작은 완충 비닐 포장재 뭉치들을 꺼냈다. 그리고 하나를 찢어서 펼쳤다. 안에는 정강이뼈와 함께 발목 관절을 형성하는 발의 가장 위쪽에 있는 뼈인 작은 목말뼈가 들어 있었다. 나는 한쪽 눈으로는 앞 차의 정지등을 주시하며, 다른 한 눈으로 뼈를 살폈다. 첫눈에는 루시의 목말뼈와 여러 면에서 유사했지만, 또 여러 면으로는 다른, 사람의 뼈처럼 보였다. 하지만 그것만으로는 단정적으로 말할 수 없었다. 목말뼈는 변수가 많기로 악명 높은 뼈이다. 매사추세츠 고속도로에 나와 같이 발이 묶인 모든 보스턴 사람들의 목말뼈는 루시와 세디바의 뼈가 다른 만큼이나 각기 다르다.

웨스턴 교차로에는 요금소가 두 곳만 열려 있었는데, 이곳은 매사추세츠 고속도로와 I-95가 합류되는 곳으로 동부 해안선에서 가장 교통체증이 심각한 도로이다. 나는 그곳에서 오랜 시간 꼼짝 못할 것이라는 것을 알고 있었기 때문에, 포장지 뭉치를 하나 더 열어서 정강이뼈의 작은 말단부를 꺼내 들고는 이리 저리 돌려 보았다. 안쪽복사라 불리는 뼈 덩어리를 제외하면 인간과 루시의 뼈 둘 다와 닮아 있었다. 안쪽복사는 발목 안쪽에 둥글게 튀어나온 부분을 말한다. 그 튀어나온 부분이 인간이나 루시의 것보다 훨씬 컸다. 유인원들만이 그 정도로 큰 안쪽복사를 가지고 있다.

무엇인가 잘못됐다. 어쩌면 모형을 만들 때 실수가 있었거나, 질병 혹은 부상의 결과로 인한 병리학적 문제일 수도 있다. 내 뒤의 차가 경적을 울린다. 나는 요금소로 조금 더 가까이 기어갔다.

나는 또 다른 뭉치를 개봉하고는 완전한 모양의 종골을 넋을 잃고 바라봤다. 종골은 우리가 걸을 때 가장 먼저 바닥을 치는 발뒤꿈치뼈다. 사람에게는 종골이 가장 큰 발뼈로, 작은 감자 정도의 크기이다. 루시의 종인 오스트랄로피테쿠스 아파렌시스의 경우 역시, 발뒤꿈치가 큰 덩어리로 되어 있어서 두 다리로 걸을 때 힘을 흡수하기 좋게 적응되어 있다. 심지어는 라에톨리의 발자국도, 발자국을 만든 사람이 큰 발뒤꿈치를 가지고 있음을 보여 준다. 그런데 내 손에 들고 있는 작고 귀여운 발뒤꿈치는 침팬지의 것과 닮았다. 두 다리로 걸어 다녔던 개체에서 나온 것으로 보이지 않았다.

버거와 지펠이 나에게 침팬지의 종골을 보낸 것일까? 장난으로 보낸 것인가? 내가 이 일에 적합한 사람인지 보려는 시험 같은 것인가? 나는 발뒤꿈치뼈를 다시 쳐다보며 손 안에서 돌려 보았고, 침팬지 같은 발뒤꿈치가 뼈의 아래쪽으로 내려갈수록 사람의 것과 같은 특징이 섞여 있는 것을 알 수 있었다.

나는 이렇게 생긴 발뒤꿈치뼈를 본 적이 없었다. 나는 혼란스러우면서도 그 뼈에 매료되었다. 내 뒤의 차 운전자가 경적을 울렸다. 요금소를 지나자 차량들이 속력을 올렸고, 집에 도착하기 전까지 다시는 뼈를 쳐다볼 수 없었다. 무슨 일이 벌어지고 있는지 파악하는 데는 그날의 나머지 시간, 그리고 남아프리카로의 몇 차례의 여행을 포함한 3년이라는 시간이 더 걸렸다.

케냐의 호숫가 퇴적물과 에티오피아의 삼림지대 흙에서 발견된 가장 오래된 오스트랄로피테쿠스 화석은 420만 년 전의 것들이다. 남아프리카의 동굴에서 발견된 가장 최근의 화석들은 대략 100만 년 전의 것이다. 그 300만 년이란 기간 동안에 오스트랄로피테쿠스는 여러 종류로 다양하게 진화했다. 사실, 과학자들이 이름을 붙인 것들이 열두어 개가 넘는다.

레이몬드 다트가 타웅 아이를 위해 이름 붙인 원조 오스트랄로피테쿠스는 아프리카누스이다. 루시의 종은 아파렌시스이다. 지금까지 알려진 가장 오래된 오스트랄로피테쿠스는 아나멘시스이다. 소수의 화석을 기반으로 알려진 플라티옵스platyops, 가르히garhi, 바렐가잘리bahrelghazali 같은 종은 논란의 대상이 되고 있다. 로부스트Robust(튼튼하다_역주)라 불리는 큰 치아를 지닌 오스트랄로피테쿠스도 있다. 로부스트는 때로는 그들만의 속屬의 이름인 파란트로푸스Paranthropus로도 불리며, 세 가지 형태인 에티오피쿠스aethiopicus, 로부스투스robustus, 보이세이boisei로 구분된다.

버거는 새로운 오스트랄로피테쿠스인 세디바의 발견을 발표했다.

많은 오스트랄로피테쿠스의 종들이 각기 차이점을 지니고 있지만, 한 가지 특성만은 모두에게 적용된다. 그들 모두 두 다리로 걸었다는 점이다. 그런데 이것이 생각보다 훨씬 복잡하다는 것을 알게 되었다.

1970년대 초, 로버트 브룸(다이너마이트로 화석을 발굴했던 사람) 밑에서 교육을 받던 J. T. 로빈슨Robinson은 남아프리카 동굴에서 발견한 두 종류의 오스트랄로피테쿠스인, 큰 치아를 지닌 로부스투스와 치아가 작은 아프리카누스가 걷는 법이 다르다고 주장했다. 그 두 종의 골반과 고관절의 차이에 주목한 그는, 로부스투스는 발을 끌듯이 걸었으며 아프리카누스가 인간의 걸음에 더 가깝게 움직였다고 주장했다.[8] 그러나 골반은 매우 얇은 뼈로, 화석화되는 과정에서 쉽게 손상되거나 모양이 일그러질 수 있다. 로빈슨이 지적한 골격의 차이가 그 두 호미닌이 생존했던 시기에도 존재했던 것인지 확신하기 어렵다.

그로부터 30년 뒤, 미국 자연사 박물관 고인류학자인 윌 할코트-스미스Will Harcourt-Smith는 아프리카누스와 루시의 종(오스트랄로피테쿠스 아파렌시스)의 발뼈를 연구하여 이와 유사한 내용을 발표했다.[9] 그는 기하학적 형태분석이라 불리는 방법을 사용해 발뼈의 복잡한 3D 형태를 포착하여 수치화했다. 루시와 그녀의 종족은 인간과 같은 발목 관절을 가지고 있지만, 발의 다른 부분은 유인원에 가깝다는 결론이 내려졌다. 그리고 남아프리카의 오스트랄로피테쿠스 아프리카누스는 반대로 유인원의 발목에 인간과 같은 발을 하고 있다고 그는 주장했다.

나는 의구심이 들었다. 결국 우리가 가지고 있는 것은 각 종에서 유래한 몇 안 되는 뼛조각들이다. 할코트-스미스가 발견한 차이점들이 현생인류의 발뼈에 나타나는 정상적인 변형보다 중요한 의미를 지니고 있는 것일까? 나는, 오스트랄로피테쿠스는 인간 같은 보행 능력을 진화시켰으며, 종들 간의, 혹은 아프리카 화석 유적지 간의 모든 변형들은 생물학적으로 무의미한 잡음에 불과하다고 생각했다.

내 생각이 틀렸다. 그러나 내 마음을 바꾸는 데는 세디바가 필요했다.

루시와 그녀의 종족보다 100만 년이나 어리지만, 오스트랄로피테쿠스 세디바의 발뼈는 거의 모든 부분에서 인간의 것과 유사성이 적었다. 무릎과 골반, 허리는 오스트랄로피테쿠스 세디바가 이족보행을 했다는 확실한 증거였으나, 현재의 우리처럼 걷지는 않았으며, 다른 오스트랄로피테쿠스 종들과도 분명히 구분되었다.

2011년, 세디바 유골의 철저한 연구를 마친 후, 지펠과 나는 이 화석에 대해 우리가 발견한 사실들을 발표했다.[10] 우리는 유인원과 유사한 발뒤꿈치와 발목, 발바닥의 특이한 구조에 대해 자세히 기술했다. 그러나 우리가 알아낼 수 없었던 것은 세디바가 어떻게 걸었는가에 대한 실질적인 의미였다. 뼈 하나하나가 세디바는 다른 오스트랄로피테쿠스의 종들, 혹은 현생인류와 다르다는 것을 보여 주었다. 걷는 방법도 달랐음이 틀림없다. 그런데 어떻게 달랐는지 알 수 없었다.

다수의 고인류학자들이 골격의 특정 부분에 대한 전문가가 되기 위해 교육을 받는다. 우리들 중에는 두개골, 치아, 팔꿈치, 어깨, 무릎, 엉덩이 구조에 대한 전문가들이 있다. 나의 전문분야는 발, 그중에서도 발목이다. 우리가 이렇게 교육을 받는 이유는, 고인류학이 파편의 과학이기 때문이기도 하다. 어떤 유적지에서 발굴 시작 6주 만에, 호미닌의 치아 몇 점을 찾을지도 모른다. 운이 좋으면 그 부근에서 팔꿈치 한 점, 또 그 어딘가에서 발뼈 한 점을 찾을 수도 있다. 이 뼛조각들을 이해하기 위해서 우리는 한 조각의 뼈가 여러 동물들에서는 어떻게 다른지, 그 차이점이 동물의 삶의 방식에 어떤 영향을 주었는지, 그리고 그 뼈가 유인원과 인류의 진화를 통해 어떻게 변형되어 왔는지에 대한 모든 것을 배운다. 이렇게 해서 우리는, 우리가 찾은 귀중한 호미닌 파편들로부터 가능한 모든 정보를 짜낼 수 있는 것이다.

우리가 거의 완전한 모습의 골격을 찾아내기 전까지는 그렇다. 그런데 세디바의 경우는 그런 골격이 두 개나 있다.

우리는 분리된 화석 조각을 해석하는 데 익숙해져서, 완전한 모습의 골격이 제시되면, 조각들의 무더기로 취급하기 쉽다. 그러나 골격은 연결되지 않은 구조들의 집합이 아니다. 그것은 살아 있을 때 응집력 있게 운영되던 한 개체의 시스템이 뼈로 남겨진 유해이다. 그 기이한 말라파 골격을 해석하기 위해서는, 우리의 신체가 전체적으로 어떻게 작동하는지, 관절 하나의 변화가 어떻게 다른 부분들에 영향을 주는지 매일같이 생각하는 사람의 조언이 필요했다.

우리에게는 물리치료사가 필요했다.

"그 무릎은 어떻게 생겼습니까?"

보스턴 대학의 생물공학자이자 물리치료사인 켄 홀트Ken Holt가 그의 그룹을 대상으로 한 말라파 화석에 대한 나의 발표가 끝난 후 물었다. 홀트는 교직에서 은퇴하고 물리치료사 일을 유지하면서, 뇌졸중 환자들이 다시 정상적으로 걸을 수 있도록 돕는 토니 스타크의 아이언맨 같은 의복을 개발하는 데 헌신하고 있다.

"무릎이요? 그게 이상해요."

내가 그에게 말했다.

"대부분은 인간과 유사한데, 이제껏 이렇게 높은 외융기lateral lip를 가진 무릎은 본 적이 없어요."

외융기는 무릎뼈(슬개골)를 제자리에 고정시켜 지탱해 주는 옹벽 같은 역할을 하는 부분이다. 유인원의 무릎은 이러한 형태적 구조를 가지고 있지 않다. 이는 이족보행을 하는 호미닌에게서만 찾을 수 있는 특징이다. 그런데 세디바의 외융기는 너무 커서 마치 초인의 것처럼 보였는데, 발의 해부학적 구조가 유인원과 유사하다는 점에서 이는 혼란스러운 것이었다.

"이해가 되네요."

홀트가 대답했다.

"이해가 된다고요?"

내가 물었다. 나는 이해가 되지 않았다.

질의응답 시간 후에 우리는 다시 만났고, 물리치료사인 그가 뼈를 보고 발견한 것들을 설명해 주었다. 그는 오스트랄로피테쿠스 세디바가 과내회전(과내회전: 안쪽으로 과도하게 회전되는 현상_역주)을 한 것으로 보인다고 말했다.

그렇게 작고, 침팬지 같은 발뒤꿈치를 가진 세디바는 오늘날의 인간, 또는 루시의 종이 그랬던 것처럼 확실하게 발뒤꿈치를 먼저 바닥에 딛는 형태의 걸음걸이가 불가능했을 것이다. 세디바는 편평한 발바닥으로 좁은 보폭의 걸음을 걸으며, 발의 바깥 가장자리가 먼저 바닥에 닿는 유인원 같은 모습으로 걸었다. 모든 행동에는 그에 상응하는 작용과 반작용이 적용된다. 그래서 세디바가 발의 바깥 가장자리로 바닥을 디디면, 바닥은 이를 되받아 발을 엄지발가락 방향으로 재빨리 회전시킨다. 이런 과정에서 정강이뼈가 안쪽으로 틀어지면서 무릎도 함께 돌아가게 된다.

현대인들 중에서도 이런 식으로 걷는 경우가 있으며, 이를 과내회전hyperpronation이라고 한다. 이렇게 걷는 사람들은 신발 밑창의 바깥 모서리, 특히 발뒤꿈치 부근이 다른 부분보다 빨리 마모된다. 과내회전을 하는 사람들은 무릎이 안쪽으로 비틀어지기 때문에, 무릎뼈 탈구의 위험이 있으며, 이는 해마다 약 2만 명의 미국인들에게 발생하는 부상이기도 하다. 무릎뼈가 탈구되어도 걸을 수는 있다. 통증이 심하고 완전히 회복하는 데 6주 정도 걸릴 수 있으나, 다시 제자리로 돌아오기도 한다.

무릎뼈 탈구의 가능성이 높은 방식으로 걷는다는 것은 오스트랄로피테쿠스에게 분명 불리해 보인다. 사실, 이는 검치호랑이의 요리책에 나오는 요리법의 첫 단계 같다. 그러나 세디바는 슬개골 탈구를 막는 예외적으로 큰 옹벽을 진화시켰다. 다시 말해, 이 종들은 오늘날 과내회전의 문제를 가진 사람들에게 구조적 해결책을 제시하고 있는 것이다. 그들은 이런 방식으로 움직이는 데 적응되어 있었다.

나와 홀트는 세디바가 세상을 어떻게 걸어 다녔는지에 대한 역학적 문제를 몇 달에 걸쳐 연구했다. 우리는 남아프리카에 있는 지펠과도 정기적으로 연락을 주고받았다. 지펠은 인간의 발이 어떻게 움직이는지에 대해 내가 만난 그 누구보다도 잘 이해하고 있는 사람이다. 그 기간 동안, 나는 200만 살 된 나의 친척을 이해하고자 하는 노력의 일환으로 내 몸을 이용하여 세디바처럼 과내회전을 하면서 보스턴 대학 캠퍼스를 돌아다녔다. 때로는 통증이 느껴졌다. 그리고 나는 보스턴 대학 학생들 사이에서 '그 남자'로 통용되었다. 그러나 이런 방식으로 걸으면서 분명해진 생각은, 내가 이족보행을 하고는 있지만, 세디바는 아니라는 것이었다.

홀트와 지펠, 그리고 나는 우리의 가설을 시험했으며 세디바의 골격 전체를 통해 일관된 증거를 발견했다.[11] 예를 들어, 세디바 발의 중간에 있는 제4중족골이라 부르는 뼈의 아랫부분에 유인원과 유사한 알 수 없는 만곡이 있다는 것을 발견했다. 이 만곡 덕분에 발이 더욱 유연했을 것이다. 우리는 40인의 MRI를 촬영했고, 소수의 사람들에게서 이와 동일한 뼈 형태를 발견했는데, 공교롭게도 그들은 모두 과내회전을 하고 있는 사람들이었다.[12]

예술과 과학의 교차 분야에 관심이 많은 다트머스 학생 에이미 Y. 장Amey Y. Zhang이 오스트랄로피테쿠스 세디바 유골의 3D 레이저 스캔을 하고, 동영상 소프트웨어를 이용해 관절을 조작하여 세디바가 걷는 것처럼 만들었다.[13] 이 동영상은 반복적으로 전달되고 재전달되어서, 결국에는 진화 생물학자인 샐리 르 파지Sally Le Page가 여기에 음악을 삽입하기에 이르렀다. 역설적이게도 이 멸종된 호미닌은 비지스Bee Gees의 〈스테잉 얼라이브Stayin' Alive(살아 있다_역주)〉에 맞춰 걷고 있었다.

나의 동료들은 세디바가 독특한 신체 구조를 지니고 있으며, 따라서 다른 오스트랄로피테쿠스 종들과는 다르게 걸었다는 데 대체적으로 동의한다. 그러나 그들이 나를 믿을 필요는 없다. 과학은 믿음의 영역이 아니다. 세디바 화석의 3D 표면 스캔은 무료 웹사이트 www.morphosource.org에 게재되어 있으며, 나의 동료들은 세계 곳곳에서 이 자료들을 접하고 우리의 가설을 스스로 검증해 볼 수 있다.

버거는 오스트랄로피테쿠스 세디바의 발견 바로 첫날부터 이런 공개적인 접근방식을 취해 왔다. 과학은 가설이 검증될 수 있을 때에만 진전될 수 있으며, 이는 과학 공동체 전체가 화석에 접근 가능할 때에 비로소 실현될 수 있다.

일부에서는 우리의 과내회전 가설을 받아들였지만, 모두가 그런 것은 아니었다. 애리조나 주립대학 고인류학자인 빌 킴벨Bill Kimbel은 에티오피아 하다르의 발굴 허가증을 보유하고 있는 학자로 다음과 같이 기술했다.

「가설에서 제안된 발의 '과내회전'과 다리와 허벅지의 과도한 안쪽 회전은, 몬티 파이튼Monty Python의 그림인 '이상한 걸음부Ministry of Silly Walks'에나 등장할법한 볼품없는 이족보행 걸음걸이를 제시하고 있다.」[14]

그는 후에, 이런 방식으로 걷는 것은 분명한 선택적 장점이 없으므로, 이는 '병리학적 장애가 있는' 걸음걸이라고 주장했다.

그렇기 때문에 한 구 이상의 세디바가 발견된 것이 매우 중요했다. 골격 한 구로는 언제든 병리학적인 이유로 일축될 수 있다. 그러나 우리에게는 두 구의 골격이 있었고 심지어 제3의 개체에서 나온 뼈도 다수 있었다. 우리의 보행 가설은 성인 여성 유골(MH2)을 기반으로 세워진 것이지만, 말라파에서 발견된 다른 개체들에서 나온 단서들도 있었다. 여성 유골의 작은 발뒤꿈치를 병에 의한 것이라고 할 수 있을까? 그렇지 않을 것이다. 우리가 찾은 젊은 남성 유골(MH1)의 발뒤꿈치 역시 거의 동일했기 때문이다. 여성 유골의 발목 관절도 병적인 것일까? 아닐 것이다. 우리는 제3의 개체의 발목을 발견했으며, 이 역시 여성의 발목과 동일한 독특한 형태를 하고 있었다. 어린 소년의 제4중족골의 특이한 구조도 우리가 발견한 성인 여성의 다른 뼈와 일치했다.

다른 말로 하자면, 나는 그들 모두가 이런 방식으로 걸었다고 생각한다.

킴벨이 세디바의 걸음걸이가 볼품없다고 한 것은 옳은 말이다. 왜 그들은 과내회전을 했을까? 나는 모든 것이 나무에 의존하는 생활과 관계가 있다고 생각한다.

세디바는 말라파 동굴의 깊숙한 곳에서 발견된 유일한 화석이 아니었다. 버거와 그의 고생물학자 팀은 다른 동물들의 화석화된 유골과 심지어는 분석, 즉 화석 똥도 발견했다. 그것은 희끄무레한 색이었고 얇은 뼛조각들이 포함되어 있었다. 위트와테르스란트 대학의 진화학 연구소 소장인 마리온 뱀포드Marion Bamford와 화석목과 고대 생태계의 전문가 한 사람이 분석을 염산에 녹여서, 미량의 고대 식물 일부와 현대의 차갑고 습한 고지대 숲에서 자라는 나무와 일치하는 미세 꽃가루도 발견했다.[15] 200만 년 전에, 세디바는 숲속을 걸어 다녔다.

긴 팔과 솟아오른 어깨를 가진 세디바는 나무 오르기 선수였지만, 이는 반드시 안전을 위한 것만은 아니었다.[16] 카라보(MH1)의 두개골은 매우 잘 보존된 상태여서 치아 사이에 낀 음식이 아직도 남아 있을 정도였다. 현재는 네덜란드의 라이덴 대학에 있는 아만다 헨리Amanda Henry가 MH1의 치아에서 치석을 긁어내어 식물석을 찾아냈다. 식물석은 식물 세포의 미세한 규산염 잔해로 카라보의 마지막 식사였을 과일과 나뭇잎, 그리고 나무껍질로부터 나온 것이었다. 카라보는 나무 위에서 먹이를 먹었다. 게다가, 작은 치아 조각의 동위원소 분석은, 오스트랄로피테쿠스의 다른 종들과는 달리, 세디바는 목초지에서 식사를 하지 않았다는 것을 보여 주었다. 세디바는, 아르디피테쿠스가 수백만 년 앞서 그랬던 것처럼, 오히려 숲에서 나온 먹이에 크게 의존했다.[17]

세디바가 루시보다도 나무 위에서의 생활에 더욱 잘 적응했다고 한다면, 먹이를 찾아 여러 숲 사이를 이동하기 위한 지상에서의 걷는 방법은 절충된, 아니면 적어도 수정된 것이라고 나는 생각했다.

한편, 200만 년 전의 화석들이 계속해서 말라파에서 발견되었고, 우리에게 더 많은 이야기를 들려주었다.

위트와테르스란트 대학에는, 바위만 한 각력암(각력암: 모가 닳지 않고 그대로 퇴적된 암석_역주) 덩어리들이 철재 선반에 나열되어, 준비 과정을 거칠 차례를 기다리고 있다. 호미닌 화석이 튀어나와 있는 돌덩이들이 앞줄에 서고, 얼룩말과 영양은 후방으로 밀려나 있다. 따라서 영양의 다리가 아름답게 보존되어 있는 커다란 돌덩이는, 과학자인 저스틴 무칸쿠Justin Mukanku가 이를 뒤집어서 호미닌 치아 한 점이 반짝이는 것을 발견할 때까지 차례를 기다리고 있었다. CT 스캔으로 보니, 그 돌덩이 안에 어린 남성인 카라보의 아래턱과 척추, 골반의 일부, 늑골, 다리, 발을 포함한 나머지 누락된 부분들이 포함되어 있는 것이 보였다. 이 화석들이 암석에서 분리되면, 이 오스트랄로피테쿠스가 어떻게 걸었는지에 대한 이해를 도와줄 수 있을 것이다.

아홉 살 난 매튜 버거가 말라파 동굴에서 돌덩이에 걸려 넘어져 세디바를 발견한 몇 달 후, 독일 라이프치히의 막스플랑크 진화인류학 연구소의 고인류학자인 스테파니 메릴로Stephanie Melillo는 워란소-밀Woranso-Mille이라 부르는 320만 년에서 380만 년 된 새로운 화석 유적지를 탐사하고 있었다. 이 유적지는 루시가 발견된 하다르에서 북서쪽인 에티오피아에 위치해 있다. 메릴로는 클리브랜드 자연사 박물관의 고인류학 큐레이터인 요하네스 하일리-셀라시Yohannes Haile-Selassie가 이끄는 팀의 일원으로, 하일리-셀라시는 그 유적지를 처음 발견하고 이미 화석을 발굴하여 루시의 종과 같은 것으로 결론지은 바 있다.

하일리-셀라시는 그의 고문인 팀 화이트가 전에 그랬듯이, 320만 년에서 380만 년 전의 그 환경에서 유일한 호미닌은 오스트랄로피테쿠스 아파렌시스뿐이라고 그 당시는 생각했다. 이는 매우 편리한 생각이었다. 그곳에서 발견되는 호미닌의 위팔뼈와 발뼈, 혹은 두개골 파편들 모두가 아파렌시스의 것일 수밖에 없다는 의미이기 때문이다.

그러나 메릴로가 2009년 2월 15일에 발견한 것은, 루시는 혼자가 아니었다는 충격적인 깨달음이었다.

낮게 뜬 해가 풍경을 가로질러 그림자를 드리우고, 혈류에는 카페인이 흐르고, 눈이 밝은 이른 아침 시간에 화석이 많이 발견된다. 강렬한 태양이 고대의 표면에 반사되기 시작하고 점심을 기다리는 배곯는 소리가 들려오는 늦은 아침 무렵이면, 거의 예외 없이 작업은 소강상태에 들어간다. 버틀Burtele이라 불리는 지역에 있는 워란소-밀의 불모지에 흩어져 있었던 메릴로와 10여 명의 동료들에게는 그날도 평소와 다를 바 없었다.

고인류학자에게 가장 좋은 발굴 도구는, 퇴적물을 씻어 내어 땅에 묻힌 유골을 조심스럽게 드러내 주는 지난 계절의 비다. 메릴로는 미립자 모래의 퇴적물이 불그스름한 사암으로 굳은, 물이 깎아 만든 배수로를 천천히 걷고 있었다. 그러다 종이 클립 크기만 한 뼛조각을 발견했다.

"걸어도 걸어도 흙밖에는 안 보이다가, 갑자기 화석을 발견하는 것은 너무나 신나는 일입니다."

메릴로는 화상통화를 하면서 나에게 말했다.

"화석을 알아본 그 순간, 눈에 확 들어오는 게 너무 놀라워요."

그녀는 화석의 위치를 표시하고자 땅에 오렌지색 깃발을 꽂고 나서 그 화석을 조심스레 들어 올렸다. 그 화석이 발의 중간에 위치하는 뼈들 가운데 하나인 제4중족골의 밑부분이라는 것을 알 수 있었으나, 형태가 완전치 못해서 우리와 같은 영장류의 것인지, 아니면 육식동물의 것인지 알 수 없었다. 메릴로는 걸으면서 모든 각도에서 뼈를 살펴보며 하일리-셀라시에게로 천천히 다가갔다. 하일리-셀라시는 이 걸음걸이를 알고 있었다. 이는 메릴로가 호미닌의 가능성이 있는 화석을 검토받기 위해서 가져오고 있다는 뜻이었다.

하일리-셀라시는 자석처럼 화석을 끌어당기는 사람이다. 1994년 대학원 학생이었던 그는, 440만 년 된 아르디피테쿠스 라미두스 유골을 처음 발견했다. 아르디가 마치 고인류학자가 잡아 주길 기대하며 손을 뻗고 있었던 것처럼, 두 손바닥뼈가 고대 산비탈에 튀어나와 있었다. 몇 년 뒤에는 가르히garhi라 부르는 새로운 오스트랄로피테쿠스 종의 250만 년 된 두개골을 발견했으며, 그 몇 주 뒤에는 그가 스스로 새로운 종의 이름을 붙이는 데 사용될 화석들을 발견했다. 550만 년 된 아르디피테쿠스 카다바Ardipithecus Kadabba였다.

하일리-셀라시와 그의 팀은 워란소-밀 유적지에서 루시 종의 360만 년 된 부분 골격을 발견하고 카다누무Kadanuumuu라는 별칭을 붙여 주었다. 이는 아파르 언어로 '큰 사람'이란 뜻이다. 그 이후로도 하일리-셀라시는 데이레메다deyiremeda로 명명된 새로운 오스트랄로피테쿠스 종을 발견했고, 2019년에는 가장 오래된 오스트랄로피테쿠스 두개골인, 380만 년 된 아나멘시스anamensis 종의 놀라운 두개골을 발견했다.[18]

"하일리-셀라시는 어디에 화석이 있는지 그리고 언제 계속 파야 하는지에 대한 직감이 있습니다."

메릴로가 말했다.

땅의 표면에서 오스트랄로피테쿠스 턱뼈의 절반을 발견한 후, 그의 팀은 그 주변의 흙을 긁어서 체로 거르는 작업을 일주일이나 계속했다고 메릴로는 기억하고 있었다. 흙을 긁어서 체로 거르는 일은 매우 힘들고, 단조롭고, 고통스러울 만큼 더뎠다. 모든 자갈과 흙덩이를 면밀히 조사해야 했다.

"저는 하악골 나머지 반은 못 찾을 거라고 요하네스와 내기했습니다."

메릴로가 회상했다.

"제가 졌지요."

하일리-셀라시는 어느 날 발굴 현장에서 화석화된 기다란 골간

(골간: 사지에 있는 뼈인 장골의 중앙을 차지하는 부분_역주)을 집어 들었다. 기다란 골간은 흔하지만 구별하기가 힘들다. 호미닌에서 영양에 이르는 수십 종의 동물에서 나온 팔 혹은 다리뼈의 조각일 수 있다.

"이것 좀 보세요!"

그는 흥분해서 말했지만, 메릴로는 놀라지 않았다. 그 몇 주 뒤에, 아디스아바바 국립박물관의 호미닌 보관실 안에서, 그는 10년 전에 발견된 호미닌 상완골의 부러진 표면에 그 조각을 맞춰 넣었다. 하일리-셀라시가 땅에서 이 화석을 집어 들었을 때, 그는 그 부러진 표면이 10년 동안 보지 못한 팔뼈 조각에 완벽하게 맞아 들어갈 것이라는 것을 알고 있었다.

버틀 유적지에서 메릴로가 그에게 건넨 발뼈에 대해 하일리-셀라시가 가장 먼저 주목한 것은, 뼈의 깨진 부위가 깨끗했다는 점이었다. 이는 그 화석이 최근에 부러진 것이며 다른 반쪽이 근처에 있을 것이라는 의미였다.

"나머지 반쪽은 어디에 있습니까?"

그가 메릴로에게 물었다.

얼마 지나지 않아 팀의 일원인 캄피로 케이란토Kampiro Kayranto가 나머지 반쪽을 찾아냈다. 새로 찾은 조각에는 육식동물의 발뼈에서 볼 수 있는 독특하게 솟아나온 부분이 보이지 않았다. 이것은 호미닌의 뼈였다. 그 시기의 것으로는 세 번째로 발견된 온전한 제4중족골이었다.

이제 기어가는 작업이 막 시작될 것이라는 의미였다.

15인 정도로 구성된 팀이 수로 밑바닥에 모여서 어깨를 맞춰 나란히 선 다음, 손과 무릎을 땅에 대고 엎드려 단단한 바닥을 기어가면서, 찾을 수 있는 모든 작은 뼛조각들을 주워 담았다. 첫 번째로는 호미닌의 발가락뼈 두어 점을 발견했다. 불그스름한 사암층에 도달하자, 그들은 고대 토양을 뚫고 나온 엄지발가락과 두 번째 발가락뼈를 발견했다.

이것은 단순한 개별적인 뼈가 아니었다. 뼛조각들을 맞춰 보니 발의 부분 뼈대가 완성되었다. 불그스름한 사암을 아래위로 누르고 있는 화산재의 연도측정을 한 결과, 그들은 그 화석이 약 340만 년 전의 것이라고 확정했다.

루시의 종인 오스트랄로피테쿠스 아파렌시스가 그 시기에 이 지역에 살았다는 것은 수십 년 동안 알려진 사실이었다. 그러나 이것은 아파렌시스의 발이 아니었다.

엄지발가락과 두 번째 발가락이 인간의 엄지와 검지가 그렇듯이 서로 마주 보고 있는 형태로, 아르디피테쿠스와 유사했다. 버틀에서 발견된 발은 유인원에 가까운 호미닌의 것이었다. 이들은 나무에 오르는 일이 잦고 두 다리로 걷지만, 루시와는 걷는 모습이 달랐다.

클리브랜드 자연사 박물관의 실험실에 돌아간 하일리-셀라시는, 그 뼈를 발 전문가인 브루스 라티머Bruce Latimer에게 보여 주었다. 브루스 라티머는 1980년대 초에는 루시를, 그리고 2000년대에는 아르디를 해석하는 팀의 일원이었다.

"또 다른 아르디를 찾아냈군요!"[19]

라티머는 화석을 처음 봤을 때, 440만 년 된 호미닌의 발임을 확신하며 했던 말을 회상했다.

"훌륭합니다."

"아닙니다."

하일리-셀라시는 그에게 말했다. 그 뼈들은 100만 년이나 더 어린 퇴적물에서 발견된 것이었다.

"그럴 리가 없어요."

라티머가 놀라며 대답했다.

버틀에서 발견된 발은 위로 굽혀지는 발가락과 경직된 발의 외부 등 이족보행을 위한 주요 구조를 가지고 있었으나, 라에톨리의 G-발자국을 남긴 발과는 분명히 달랐다. 버틀의 발은, 나무를 오르는 유인원의 것처럼 옆으로 튀어나와 있는 움켜잡기 편한 짧은 엄지발가락을 가지고 있었다. 아니면 아르디피테쿠스의 발처럼. 신데렐라 이야기의 선사시대 편에서는, 버틀의 발은 라에톨리 슬리퍼에 맞지 않을 것이다.

뒤이어 발견된 턱과 치아는 새로운 종의 존재를 확인시켜 주었다. 하일리-셀라시의 팀은 새로운 종을 오스트랄로피테쿠스 데이레메다Australopithecus deyiremeda로 명명했다. 루시의 종과는 다른 방식으로 걸었던 또 다른 호미닌이 그녀와 그녀의 종족들과 공존했던 것이다.[20]

우리는 인류 진화를 통해, 오직 한 가지의 걷는 법이 존재한다고 생각해 왔었다. 그러나 지금은 그렇지 않다는 것을 알고 있다. 수백만 년 전에, 모습은 다르지만 혈연관계에 있는 직립보행을 하는 오스트랄로피테쿠스들이 각기 다른 환경에 살면서 조금씩 다른 방법으로 걸었던 것이다. 그들은 아프리카의 대부분을 걸어 다니며 북부-중앙 초원에서부터, 동아프리카 대지구대, 그리고 그 아래로는 에티오피아에서 남아프리카에 이르는, 거의 6,400km에 달하는 거리의 방대한 범위를 확립했다.

약 200만 년 전, 우리의 속인 호모의 일원들이 진화하기 시작했다. 우리의 오스트랄로피테쿠스 조상들에 비해, 이 새로운 호미닌은 약간 더 작은 치아와 약간 더 큰 뇌를 지녔으며 석기를 사용하는 성향이 매우 높았다. 수수께끼로 남아 있는 것은, 이 많은 오스트랄로피테쿠스 종들 가운데 어떤 것이 호모로 진화했느냐 하는 것이다. 아직 우리가 찾아내지 못한 종일 수도 있다.

200만 년 전, 이족보행은 장엄한 진화적 실험이 되었다. 길 위에서 이제 막 펼쳐질 구경거리가 된 것이다.

— 08 —

이동하는 호미닌

갈 곳이 없지만 어디든 갈 수 있으니,
별 아래서 계속해서 갈 길을 가라.[1]

×

길 위에서(On the Road, 1957), 잭 케루악(Jack Kerouac)

1983년, 고고학자들은 당시 소련 연방의 일부였던 조지아의 드마니시Dmanisi 중세 유적지에서 발굴 작업을 하고 있었다. 이 고고학팀은 동전을 비롯한 기타 중세 유물을 발굴하다가 치아를 한 점 발견한다. 실크 로드를 여행하다 드마니시에서 멈춘 상인들에게 잡아먹힌 동물의 치아라고 생각하고, 노련한 고생물학자인 아베살롬 베쿠아Abesalom Vekua에게 치아를 가져갔다. 베쿠아는 그것이 소나 돼지의 것이 아니라는 것을 바로 알았다. 그 치아는 코뿔소의 것이었다.

서남아시아 산악 지역의 중세 곡물 구덩이에서 코뿔소는 무엇을 하고 있었던 것일까?[2] 베쿠아와 동료인 레오 가부니아Leo Gabunia는 어울리지 않는 장소에 있었던 코뿔소의 출처를 조사하기로 했다.

한 가지 단서는 그 치아가 근대의 것이 아니라는 점이었다. 홍적세洪績世에 멸종된 디세로히너스 에트러스쿠스Dicerorhinus etruscus의 치아였다. 그다음 해, 베쿠아와 가부니아는 드마니시 유적지에서 메리와 루이스 리키가 탄자니아 올두바이 협곡에서 발견한 올두바이 문화의 단순 석기와 유사한 석기를 발견했다. 코뿔소 치아의 수수께끼가 풀리기 시작했다. 알고 보니, 드마니시 성채가 홍적세 퇴적물 위에 세워졌던 것이다. 중세 유적을 찾아 흙을 파던 고고학자들이, 디세로히너스가 풍경 속을 거닐던 먼 옛날의 오래된 지층을 뚫고 들어갔던 것이다.

이 시기는 또한, 호미닌이 그들의 영역을 아프리카 국경 너머로는 확장하지 못했던 것으로 추정했던 시기였다. 그러나 발견된 석기들은 인류가 그렇게 했음을 말해 주고 있었다.

베쿠아와 가부니아는 계속해서 발굴을 했고, 1991년에 호미닌 턱뼈를 발견했다.[3] 그로부터 10년 후에는 180만 년 된 용암층 퇴적물에서 잠자고 있던 두개골 두 점을 발굴했다. 두개골은 커다란 얼굴을 지녔으나, 뇌의 크기는 현재 인간의 절반 정도에 지나지 않았다. 이 두개골은 호모 에렉투스의 초기 형태에서 유래한 것으로 확인되었는데, 이는 19세기 후반, 유진 뒤부아의 발견으로 과학계에 알려진 종이었다. 그로부터 20년이 지난 후, 이 놀라운 유적지에서 두개골 석 점과 두 구의 부분 골격이 발굴되었다. 드마니시 호미닌은 아프리카 대륙 밖에서 발견된 가장 오래된 인류이다.

그러나 실크 로드의 반대편 종착지인 중국 중부의 샹첸에서 발견된 증거는 호미닌이 그보다 더 일찍 이동을 시작했음을 알려 주고 있다.

중국과학원 산하 광저우 지구화학연구소의 자우위 저Zhaoyu Zhu는 2018년에 210만 년 전 고대 인류의 손으로 만들어진 단순 석기를 발견했다고 발표했다.[4] 오스트랄로피테쿠스 세디바가 남아프리카 주변을 활발히 돌아다니고 있을 무렵, 인류 가계도의 또 다른 가지가 동쪽으로 14,484km 떨어진 곳으로 뻗어 나가고 있었다. 유골이 발견된 것이 아니어서 누가 이 도구를 만들었는지는 모르지만, 대부분의 고인류학자들은 초기 호모 에렉투스, 혹은 인간 속屬을 대표하는 더욱 오래된 종일 것으로 추측하고 있다.

언뜻 보기에는 고대 인류가 세계 전역으로 퍼져 나간 것이 갑작스러워 보인다. 호미닌은 아프리카 동부와 남부에 수백만 년 동안 살아 왔으나, 지금은 눈 깜짝할 사이에 중국에 와 있다. 그러나 이는 보이는 것처럼 갑작스럽게 이루어진 것이 아니다. 호모Homo 속屬의 초기 인류가 220만 년 전에 시작해서 10년에 1.6km의 속도로 동쪽으로 이동했다면, 210만 년 전에 중국에 도달했을 것이며, 이는 그들이 석기를 샹첸에 남기고 가기에 충분한 시간이다.

드마니시와 샹첸에서의 발견은, 250만 년 전에 아프리카에서 호모가 진화한 이후 바로 그들의 영역이 확장되어서 아프리카 북쪽과 동쪽의 유라시아 지역까지 퍼져 나갔음을 보여 준다. 「아시아에 오신 걸 환영합니다」라는 문구가 그들을 반기지는 않았다. 그들은 200만 년 후에 후손들을 놀라게 하고 혼란스럽게 할 지역으로 이동해 왔다는 것을 몰랐다. 그러나 여기서 의문점이 발생한다.

왜 호미닌은 이 시기에 탐험가가 되었을까? 그리고 그들은 어떻게 그들 조상인 오스트랄로피테쿠스가 살아 본 적 없는 영역으로 이주할 수 있었을까?

그 해답의 단서를 한 소년의 골격에서 찾을 수 있다.

나는 2007년에 해발 1,800m에 위치한 인구 밀집 도시인 케냐의 나이로비로 떠났다. 8월의 2주 동안 기후는 놀라울 만큼 서늘했고 흐렸다. 비가 오지는 않았으나, 공기는 묵직하고 정체되어 있었다. 길가에는 신선한 과일과 견과류를 파는 상점들이 늘어서 있었다. 염소가 돌아다니며 길가에 버려진 쓰레기를 먹고 있었다. 쓰레기 더미에서 피어오르는 연기가 디젤 연료의 냄새에 불쾌한 악취를 더했다. 나이로비에 도착한 날, 코감기가 시작되었고 일주일 동안이나 코가 꽉 막혀 있었다.

나이로비는 인구 300만의 도시이며, 도시 주변 인구를 포함시키면 600만이 넘는다. 여기에는 아프리카의 최대 빈민지인 키베라가 포함되는데, 거의 100만 정도의 인구가 하루 평균 1달러도 채 안 되는 수입으로 살고 있다. 키베라에서 북쪽으로 몇 킬로미터를 가면, 웨스트랜드 구역의 뮤지엄 힐Museum Hill 위에 나이로비 국립 박물관이 서 있다. 그곳에는 작은 커피숍 크기 정도의 보관실에 인간이 발견한 가장 귀중한 화석들이 보관되어 있다.

박물관 밖에는 루이스 리키와 거대한 오렌지색의 공룡 조각상이 서 있다. 나는 일반 전시실을 지나 중정을 거쳐 연구 자료실로 가서, 종종 가운데 이름인 키알로Kyalo로 불리는 케냐인 고생물학자 프레드릭 만티Fredrick Manthi를 만났다.

만티의 아버지는 1970년대에 메리 리키 원정대에서 일을 했으며, 어린 키알로는 일찍부터 호미닌에 대한 매력에 사로잡혔다. 케이프타운 대학에서 박사 학위를 취득한 후에 케냐로 돌아와 국립 박물관의 고생물학 및 고인류학 분야를 이끌며 케냐의 모든 선사시대 연구를 관장하고 있다. 내가 그를 만나고 3년 후, 키알로는 투르카나 호수 동편의 일레렛Ileret 마을 근처에서 150만 년 된 호모 에렉투스의 아름다운 두개골을 발견했다.[5]

나는 고대 유인원 프로콘술Proconsul의 2천만 년 전 발뼈에서부터 고생 호모 사피엔스의 화석 대퇴골에 이르는, 내가 연구하고자 하는 화석의 목록을 만티에게 주었다. 첫날에는 세상 사람들에게 별로 주목받지 못하는 발뼈 조각이 담긴 상자를 만티가 가져다줄 것으로 생각했다. 나는 당시 겨우 학생이었고, 감기약에 취해 정신이 없는 상태였다.

그런데 만티는 나리오코토메 호모 에렉투스Nariokotome Home erectus 골격이 담긴 나무 상자를 들고 보관실의 두꺼운 철문 뒤에서 나타났다. 이는 마치 루브르 박물관의 큐레이터에게 연구하고자 하는 르네상스 회화 작품의 목록을 주었더니, 모나리자를 건네받는 것과 같은 일이었다. 나는 팔에 힘이 빠졌고 손이 떨렸다. 내가 입을 벌리고 유골을 탐내듯 바라보는 모습을 만티도 알아챘을 것이다. 만티는 나에게 상자를 건네지 않고 내가 작업할 곳으로 가져가 조심스럽게 귀중한 화석들을 작업대에 내려놓았다.

나는 화석을 사랑한다. 나는 인류 과거의 파편들인 그 섬세한 화석들을 보고, 치수를 재고, 사진을 찍고, 3D 스캔을 하고자 먼 거리를 여행한다. 그러나 매번 새로운 화석을 마주하는 첫 몇 분 동안 나의 캘리퍼스와 카메라, 스캐너는 움직임이 없다. 나는 그저 혼자, 나의 조상들의 유골과 함께 앉아 있다. 나는 모든 조각들의 색상과 질감, 굴곡을 감상한다. 유골의 종에 대한 것뿐만 아니라, 죽음과 보존을 통해 인생의 이야기에서 차지하는 우리의 자리를 이해할 수 있게 해 준 그 개체에 대해서도 알고 싶다. 나는 감동받고자 한다. 나는 감정적이고자 한다. 이런 의식의 절차는 2007년 8월, 나이로비 국립박물관에서 나리오코토메 골격과 함께 홀로 앉아 있던 때부터 시작되었다.

그런 다음에, 나는 일을 시작한다.

나리오코토메 화석은 두말할 것 없이 역사상 가장 생산적인 호미닌 발견자인 카모야 키메우Kamoya Kimeu가 1984년에 발견했다. 그는 1960년대와 1970년대에 동아프리카에서의 발견으로 탄자니아와 케냐, 최종적으로 에티오피아 지역에 고인류학 탐사의 봇물을 튼 리키 가족의 그 유명한 '호미닌 일당'의 일원이었다. 키메우의 발견은 매우 중대한 것으로, 두 개의 화석 종인 중신세 유인원 카모야피테쿠스Kamoyapithecus와 홍적세 초기 원숭이 세르코피테코이데스 키메우이Cercopithecoides kimeui가 키메우의 이름을 따서 명명되었다.

고인류학자 앨런 워커Alan Walker와 펫 쉬프먼Pat Shipman의 저서 《뼈의 지혜The Wisdom of the Bones》에서는 화석 사냥에 대한 키메우의 접근방식을 「걷고, 걷고, 또 걷고, 그러면서 본다.」라고 묘사했다.[6]

1984년 8월 22일, 키메우는 투르카나 호수의 서편에서 바로 그렇게 하고 있었다. 말라 버린 나리오코토메 강둑을 따라 걷다가, 그는 주변의 침전물과 같은 어두운 색으로 위장하고 있는 두개골의 작은 조각을 발견했다.

「어떻게 그것을 봤는지는 하느님만이 아실 것이다.」[7]

워커와 쉬프먼은 그렇게 썼다.

키메우는 나이로비에 있던 리차드 리키와 앨런 워커에게 전화를 했고, 발굴팀 인솔자인 그들은 바로 다음 날 도착했다. 그 후 5년 동안, 발굴팀은 1,500m^3의 땅을 파냈다. 그곳에 숨겨져 있었던 화석들은 대부분이 149만 년 전에 죽은 청소년기의 호모 에렉투스의 골격이었다.

나리오코토메 소년으로 알려진 그 유골은, 현재까지 발견된 것들 가운데 가장 완벽하고 중요한 골격이다. 그 소년은 초기 호모가 아프리카 국경 너머로 범위를 확장하기 위해 취한 신체의 모습을 드러내 주었다.

완전한 크기로 성장한 그의 뇌는 현생인류의 뇌 용량의 3분의 2에 지나지 않았다. 아직 솟아나지 않은 사랑니와 닫히지 않은 팔다리의 성장판은 그가 어린 나이에 사망했음을 알려 준다. 치아의 정밀 분석에 따르면 겨우 만 아홉 살이었을 것으로 추정된다. 그러나 그의 다리뼈는 그가 이미 152cm가 넘는 신장에 체중은 45kg에 가까웠다는 사실을 보여 준다. 매우 큰 아이다. 나의 아들은 같은 나이에, 30cm 더 작고 18kg 덜 나갔다.

과학자들은 나리오코토메 아이가 살아서 성인이 되었으면 180cm 가까이 자랐을 것으로 계산했다.[8] 그 소년이 어린 나이에 그 정도의 크기였다는 것은, 그의 종은 현대인들처럼 사춘기의 급성장이 없었다는 것을 말해 준다. 왜 그럴까? 노스웨스턴 대학의 인류학자인 크리스 쿠자와Chris Kuzawa는 유년기의 뇌와 신체 사이의 에너지 분배에 상충관계가 있다는 것을 발견했다.[9] 어린이들은 10대 초반에는 뇌가 너무나 많은 에너지를 소비해서 신체의 성장이 느려진다. 사춘기에는 신체가 이를 따라잡으면서 신장이 급격히 커지는 급성장을 보인다. 호모 에렉투스의 뇌는 현대인의 겨우 3분의 2 정도의 크기였기 때문에, 그들은 뇌와 성장하는 신체 사이에서 여전히 에너지를 나누어서 사용할 수 있었을 것이다.

이 종에 관한 추가적 정보는 표본 이름 KNM-ER 1808의 160만 년 된 성인 호모 에렉투스의 부분 골격에서 얻을 수 있다. 이 성인 유골은 1973년에, 마찬가지로 카모야 키메우가 발견했다. 커다란 오른쪽 대퇴골은 180cm에 살짝 못 미치는 현대인의 넙다리뼈의 크기이다.[10] 사람들은 흔히 현대인의 크기는 근래에 들어 달성된 것으로 생각하지만, 이는 옳지 않다. 호모 에렉투스는 현대인의 크기 범주 안에 충분히 들어올 정도였다.

나는 나리오코토메 골격이 담긴 트레이로 돌아가, 청록색의 발포 보관대에서 왼쪽 대퇴골을 집어 들었다. 대퇴골은 어두운 회색으로 검은색과 갈색의 얼룩이 있었다. 나는 그 길이에 놀랐다. 그 소년은 위팔뼈(상완골) 또한 커서, 루시의 상완골보다 34퍼센트나 더 길었다. 루시보다 큰 개체였으니 당연하지만, 그렇다면 대퇴골 역시 루시보다 34퍼센트 더 길 것으로 예상할 수 있을 것이다. 그런데 그렇지 않았다. 무려 54퍼센트나 더 길었다.

호모 에렉투스는 확대된 오스트랄로피테쿠스가 아니었다. 다리가 더 길어졌다.

"개미에서 코끼리에 이르기까지, 어떤 동물이 한 장소에서 다른 장소로 이동하는 데 소요하는 에너지양을 설명하는 변수는 다리 길이에 있다."

듀크 대학의 인류학 교수인 허먼 폰처Herman Pontzer가 내게 말했다. 폰처 교수의 방대한 연구는, 다리가 길어질수록 이동하는 것이 일반적으로 쉬워짐을 보여 준다.

긴 다리를 지닌 우리의 호모 에렉투스 조상들은 루시의 종족보다 더 넓은 범위를 이동할 수 있었다. 그런데 이것이 전부가 아니다. 호모 에렉투스는 현대인과 같은 완전한 발바닥 아치를 형성했다는 것이 밝혀졌다.

2009년, 나이로비 국립 박물관과 조지 워싱턴 대학의 연구팀이 일레렛 부근에서 거의 100개에 달하는 화석 발자국을 발견했다.[11] 그 발자국은 150만 년 전에 20명의 호모 에렉투스들이 질척이는 강변을 따라 걸으며 만든 것이었다. 크기는 현대인의 발자국 정도였으며 눈에 띄는 발바닥 아치가 특징적이었다. 아치는 특히 뛰어갈 때 발걸음에 탄력을 준다.[12]

오스트랄로피테쿠스 종들도 발바닥 아치가 있었으나, 현대인의 기준으로 봤을 때 낮은 편이었다. 호모 에렉투스는 완전한 현대인의 아치를 가지고 있었고 다리도 길었으므로, 우리 조상들은 마침내 더욱 넓은 범위를 돌아다니며 먹을 것을 채집할 수 있는 구조를 갖추게 되었다.

전 세계의 생태계에서, 육식동물은 평균적으로 초식동물보다 행동권이 넓다.[13] 식물은 무리를 이루어 군생하는 경우가 많아서, 초식동물들은 먹이를 찾으러 매일같이 먼 거리를 돌아다닐 필요가 없다. 그러나 육식동물은 한 끼 식사를 사냥하기 위해 멀고 넓은 지역을 찾아다녀야 한다. 따라서 호모 에렉투스의 화석 유적지에 수렵과 죽은 고기를 먹는 행위에 의해 도살된 동물 뼈가 다량 발견되는 것은 우연이 아니다.

석기는 330만 년 전의 것이고, 영양의 뼈에 남겨진 절단 자국은 호모 에렉투스를 앞서는 340만 년 전의 것이다. 따라서 오스트랄로피테쿠스와 심지어는 초기 호모까지도 죽은 고기를 먹는 기회적인 행위를 통해 육식에 발을 담그게 되었던 것으로 보인다. 그러나 그들은 사냥꾼은 아니었다. 호모 에렉투스에게는 죽은 고기를 먹는 일이 더욱 흔했으며, 고의적으로 조직된 사냥의 증거들마저 있다. 식물도 여전히 식습관의 일부로 남아 있었기 때문에, 현재의 우리들처럼 그들은 잡식동물이 되었다. 물론, 현재에는 선택적으로 육식을 하지 않는 사람들도 있지만, 육고기와 골수가 인류 혈통이 홍적세를 살아남도록 도와준 중요한 자원이었다는 증거가 충분히 있다.

긴 다리와 발바닥 아치, 그리고 확장된 행동권으로 호모 에렉투스는 아프리카의 국경을 넘어 유라시아로 진출했다.

조지아의 드마니시에서 발견된 호모 에렉투스 골격은 나리오코토메 소년처럼 크지 않다. 그 골격은 152cm를 넘지 않는다. 그러나 긴 다리를 가지고 있으며 현생인류와 같은 신체 비율을 보인다. 드마니시 호미닌의 걸음걸이는 효율성이 높았으며 사냥감을 쫓아 중동과 현재의 터키를 거쳐 코카서스까지 이동했다. 멀리는 중국에까지 조기 이주가 이루어지기도 했다. 드마니시 호미닌들이 아시아의 고원을 가로질러 본토를 따라갔는지, 아니면 인도와 동남아시아를 통하는 해안선을 따라 이동했는지는 확실하지 않다. 어떤 길이었든, 그들은 210만 년 전에 지구상에서 가장 넓은 대륙을 횡단했다.[14]

인류 이주에 대한 이야기는 종종 지나치게 단순하고 단일한 방향으로만 제시되는 경향이 있으나, 이러한 영토적 확장이 오직 한 번, 한 방향으로만 발생했을 확률은 극히 낮다. 호모 에렉투스가 직립보행을 하는 호미닌이 거주한 적 없는 영역에 발을 들여놓으면서, 확장되는 행동 범위의 가장자리를 서서히 탐험하며 아프리카 대륙을 드나들었다는 것은 거의 확실하다. 적어도 150만 년 전, 호모 에렉투스는 자신들의 발을 적시지 않고 걸어갈 수 있는 한 머나먼 동남쪽으로 확장을 강행했다.

지난 100만 년 동안 주기적으로 적어도 여덟 차례 발생한 빙하기 기간에는, 충분한 물이 양극과 산악 빙하에 갇히면서 해수면이 낮아져서 동남아시아에서 인도네시아 군도의 자바섬까지 걸어갈 수 있었다.[15] 그러나 그 이상은 불가능하다. 그곳에서 호모 에렉투스는 폭 32km, 깊이 8km의 해협을 마주하게 될 것이기 때문이다. 월리스선Wallace's Line이라 불리는 이 경계선은 19세기 동식물연구가인 알프레드 러셀 월리스Alfred Russel Wallace의 이름을 땄으며, 월리스는 찰스 다윈의 자연선택설의 공동발견자이기도 하다. 월리스선의 서쪽으로는 아시아에서 발견되는 식물과 동물이 서식하고, 동쪽으로는 이와는 놀라울 정도로 다른 호주의 동식물이 서식하고 있다. 이 생태계적 경계선은 보트 없이는 건너가는 것이 불가능하다.

호모 에렉투스가 자바섬에 도착했을 무렵, 호미닌들 또한 서유라시아로 퍼져 나가고 있었다. 2013년에 스페인의 고인류학자가 스페인 동남부에 위치한 오르세의 한 마을 동굴에서 호미닌의 치아 한 점과 석기들을 발견했다. 그것들은 140만 년 된 퇴적물에 묻혀 있었다. 그 몇 년 전에는, 에우달드 까르보넬Eudald Carbonell이 스페인 북부의 아타푸에르카 지역에서 조금 더 완전한 형태의 120만 년 된 아래턱뼈를 '코끼리 구덩이'라는 의미의 시마 델 엘레판떼Sima del Elefante 동굴에서 발견했다. 학자들은 이 화석을 '개척자'라는 뜻의 호모 안테세소르Homo antecessor라 불렀다.[16]

호모 에렉투스와 그의 사촌들은 남아프리카의 끝단에서부터 서쪽으로는 스페인, 동쪽으로는 인도네시아에 이르는 범위를 아우르는 범세계적 유인원이 되었다. 마차도, 비행기도, 기차도, 자동차도 없었다. 타고 다닐 길들여진 말도 없었다. 그들은 걸었다.

한편, 그 시기에 이상하고도 놀라운 일이 발생했다. 뇌가 점점 커지고 있었던 것이다. 아주 많이. 두 가지의 상호관련 없는 독단적 가설이 왜 이런 일이 발생했는지에 대해 설명하고 있다. 그리고 두 가설 모두 음식과 관계가 있다.

첫 번째, 인류학자인 레슬리 아이엘로Leslie Aiello와 피터 휠러Peter Wheeler가 1995년 수립한 이 가설은 에너지 과소비-조직 가설expensive-tissue hypothesis이라 불린다.[17] 아이엘로와 휠러는 영장류의 장기 중량에 대한 데이터를 수집하고, 인간은 특이하게 큰 뇌를 소유하고 있으나(이는 모두가 아는 사실이다) 지나치게 짧은 소화관을 가지고 있다고(이는 모두가 몰랐던 사실이다) 발표했다. 소화관은 지속적으로 오래된 조직을 벗어 내고 새로운 조직을 재생하는, 에너지적으로 소비가 많은 기관이다. 이 호미닌들은 짧은 소화기관을 진화시킴으로써, 실질적으로 에너지를 절약하여 뇌 성장에 재분배될 수 있게 했다는 것이다. 이는 완전한 초식동물에서는 불가능한 일이다. 식물을 먹는 개체들은 식물의 질긴 셀룰로오스 섬유질을 소화하기 위한 긴 후장後腸이 필요하다. 육식동물은 반대로, 몇 미터나 되는 긴 창자 없이도 짧은 후장에서 육고기와 골수의 영양분을 흡수한다. 아이엘로와 휠러는 우리 조상들이 더 많은 동물들을 소비함으로써 짧은 소화관과 큰 뇌를 지닌 개체들이 번창하여 번식했다고 주장했다. 200만 년 전과 100만 년 전 사이의 기간에, 평균적인 호미닌의 뇌 용량은 약 두 배로 증가했다.

근래에는, 하버드 대학의 인류진화생물학자인 리처드 랭햄Richard Wrangham이 이 가설에 '불'이라는 또 다른 변수를 도입했다.[18]

케냐의 투르카나 호수 동편과 남아프리카 스와르트크란스 동굴에서 나온 감질나는 증거는 150만 년 전에 호모 에렉투스가 불을 조절하는 법을 배웠다고 알려 주고 있다. 남아프리카의 100만 년 된 본데르베르크 동굴은 반박의 여지가 없는 불의 사용 증거를 보여 주고 있다. 우리 조상들은 불을 가지고 음식을 익혀서 소화하기 더 편하게 만들었을 것이다. 랭햄은 이것이 더 큰 뇌를 진화시키는 데 필요한 에너지를 제공했다고 설명한다. 불은 또한 이전에는 너무 추워서 거주하기 힘들었던 영역에까지 우리 조상들이 퍼져 나갈 수 있도록 해 주었을 것이다. 그리고 불은 포식자를 억제하는 역할을 해 주었으므로 밤에 안전을 위해서 나무로 피신할 필요도 없어졌다.[19] 호모 에렉투스의 다리가 길어져서 더 잘 걸을 수 있게 되었으나, 나무를 오르는 것은 어려워졌다. 불이 있어서, 나무에 오르지 못해도 생존해서 번식할 수 있게 되었다.

그리고 우리 조상들은 걷게 되면서 말도 하기 시작했다.

"말만 하지 말고, 직접 걸어라."

속담에도 있듯이, 걷기와 말하기는 정말로 연관되어 있었던 것이다.

네 발로 걷는 동물들은 어깨와 가슴, 심지어는 복부의 근육마저도 앞다리가 바닥에 닿을 때의 충격을 흡수해 준다. 이는, 네 발로 움직이는 동물들은 한 걸음에 한 호흡으로 호흡과 보행을 조절해야 한다는 뜻이다. 동물들이 전속력으로 달리는 동시에 헐떡거리지 못하는 이유가 바로 이것이다. 걸음마다 소화기관들이 횡격막을 치고 올라오면 그렇게 짧고 빠른 숨을 쉬는 것이 불가능하다. 숨을 헐떡이지 못하기 때문에, 달리는 동물들 대부분은 몸의 열을 식히지 못한다. 따라서 단거리 질주 후에는 멈춰 선 다음 그늘에서 휴식을 취해야 한다. 그러나 인간은 걸으면서 빠르게 숨을 쉴 수 있다. 네 발로 걷는 다수의 동물들과는 달리, 사람은 땀도 흘린다. 그렇기 때문에 달리면서 몸의 열을 식힐 수 있다. 우리는 느리기는 하지만, 먼 거리를 갈 수 있다.

그런데 이것이 언어와 무슨 관계가 있을까?

무거운 것을 들고 걸으면서 네발짐승의 가슴과 팔 근육의 역할을 흉내 내 볼 수 있다. 한 걸음을 걸을 때마다 가슴 근육이 경직되고 숨을 들이쉰다. 가끔씩 새어 나오는 앓는 소리를 제외하고는 소리를 내기가 힘들 것이다. 네 발로 걷는 동물들이 바로 그렇다. 그러나 두 발로 걷는 동물은 호흡을 더욱 미세하게 조정할 수 있어서 여러 소리를 낼 수 있는 유연성이 생긴다.[20]

에티오피아 산악지대에 서식하는 육생 원숭이인 겔라다 개코원숭이는, 등을 펴고 바르게 앉아서 씨앗을 뜯어먹는다. 그들은 앉은 자세로, 일련의 복잡한 발성을 통해 의사소통을 한다.[21] 두발동물인 인간은, 호흡에 대한 근육의 미세조정을 통해 생성된 소리들을 무한한 조합과 의미로 만들어 냄으로써 언어를 진화시켰다. 우리의 아이들에게도 걷기와 말하기의 시작은 밀접한 관계가 있다.[22]

인류 언어의 기원은 알 수 없으며 논란의 여지 또한 많다. 호흡의 유연성 이외의 많은 요인들이 우리가 소리를 만드는 것을 도와준다. 우리 두개골의 밑 부분과 목구멍 뒤쪽의 발성기관이 유인원에게는 없는 공명실을 형성한다. 인류 화석 기록에서는 거의 찾아볼 수 없는 뼈인 설골(설골: 말발굽 모양의 작은 뼈로 혀의 운동, 음식물을 먹는 것, 소리를 내는 데 관여한다_역주)은 우리가 말을 할 때 사용되는 근육과 인대를 지탱할 만큼 두껍다. 브로카 영역과 베르니케 영역 같은 뇌의 영역들이 언어 생성과 이해에 매우 중요한 역할을 한다. 우리의 귓속뼈들은 인간의 목소리 주파수에 맞게 미세하게 조정되어 있다.

언어 발달 단계의 초기에는, 수신호도 음성 언어와 마찬가지로 중요했을 것이다. 음성과 의미 간의 관계는, 의미하는 것과 같은 소리를 내는 단어인 의성어로 시작되었을 것이다. 새는 짹짹. 벌은 윙윙. 손바닥은 짝짝. 그러나 의성어로 모든 것을 표현할 수는 없다.

사냥이나 일출은 어떤 소리가 나는가? 그래서 상징적으로 의미를 나타내는 음성이 필요하게 되었다. 인간은 상징적 유인원이 되어야 했다. 결과적으로, 노래와 음악 또한 생각을 널리 알리고 추억을 간직하도록 도와주는 역할을 했다. 이러한 단편들이 한 번에 생겨난 것은 아니지만, 우리는 화석 기록을 찾아서 우리 조상들에게 첫 언어가 발생한 시점을 재구성해 볼 수는 있다.

이족보행을 함으로써 오스트랄로피테쿠스는 침팬지보다 다양한 소리를 만드는 데 필요한 미세하게 조정된 호흡이 가능해졌을 것이며, 손이 자유로워져서 손짓으로 의사소통도 할 수 있었을 것이다. 그러나 그들이 실제로 말을 했다는 증거는 거의 없다.

340만 년 된 디키카 아이의 설골은 유인원의 것과 유사하다. 화석화된 뇌 자국과 화석 두개골 내부의 CT 스캔은 초기 오스트랄로피테쿠스 뇌의 주름과 열구가 유인원의 것과 매우 유사하다는 것을 보여 주었다. 그런데 일부의 오스트랄로피테쿠스에서 브로카 영역의 비대칭이 나타난 것은, 그들의 뇌가 언어를 생성하고 이해할 준비가 되었다는 것을 시사한다.[23] 물론, 이것은 200만 년 전의 초기 호모의 뇌에 해당하는 것이었다.

스페인에서 발견된 50만 년 된 화석은, 인간과 같은 설골과 목소리 대역폭의 소리를 감지하고 처리할 수 있도록 미세하게 조정된 속귀를 보여 주었다.[24] 또한, 유전적 증거도 이 시기에 언어가 존재했음을 시사하고 있다. 유럽과 아시아의 화석 호미닌에서 추출된 DNA는 정확히 어떻게 그런 작용을 하는지는 알 수 없으나, 언어에 영향을 주는 유전자가 적어도 100만 년 전에 현재의 형태로 진화했음을 보여 주고 있다.

언어에 대한 모든 주요 구성요소는 50만 년 전에 자리를 잡았던 것으로 보인다. 이 진화적 사건들의 가장 첫 단계는 직립보행이며, 이것이 방대한 음성 목록 작성에 필요한 호흡의 미세조정을 가능하게 했다.

호모 에렉투스는 걸었다. 그리고 세상에 널리 퍼지면서, 그들은 말도 했다.

홍적세를 거치며 되풀이된 빙하기에 호미닌은 전에는 접근 불가능했던 지역으로 진출하기도 했으나 이동한 곳에 갇혀서 고립되기도 했다. 예를 들어, 현재의 자바섬에 거주했던 호모 에렉투스들은, 빙하기가 최고조에 이르렀던 시기에 동남아시아 전체를 돌아다니다 날이 풀려 해수면이 상승하자 수만 년 동안 그 섬에 고립되었다. 서유럽의 호미닌들은 빙하기에 영국까지도 도달할 수 있었다. 이는 그들이 영국에 남긴 발자국을 통해 알 수 있다.

약 80만 년 전, 호모 하이델베르겐시스Homo heidelbergensis라는 종의 이름으로 불리기도 하는 한 무리의 호미닌들이 오늘날 영국의 헤이즈버러 근방의 진흙 해안을 따라 거닐면서 현재의 우리들과 거의 동일한 형태의 발자국을 남겼다.[25] 그러나 그 해안가는 빠르게 침식되고 있다. 연구원들이 발자국의 사진을 찍고 치수를 재고 나자, 바로 바닷물에 씻겨 사라져 버렸다. 발자국을 만든 홍적세의 인구 역시 지나쳐 가는 중이었으며, 남쪽으로 향하던 도중 북쪽에서부터 빙하가 진행되어 내려오자 지중해를 따라 생성된 작은 땅에 결국 고립된 것이다.

이러한 기후 변동들 탓에 홍적세 호모 인구들 간의 간헐적 유전자 격리가 일어났다. 유럽과 서아시아의 땅에서 초기에 고립된 무리들 중 하나가 진화하여 네안데르탈인이 되었다. 그들의 유골은 상당히 많아서 19세기 중반 무렵부터 과학계에 알려지기 시작했다. 빙하가 일단 후퇴하자, 그들은 포르투갈에서 우크라이나까지 영역을 확장했다. 스물네 점의 완전한 두개골이 발굴되었다.

2019년, 파리의 국립 자연사 박물관의 과학자들이 프랑스 노르망디의 모래언덕에 8만 년 전에 남겨진 257개의 놀라운 네안데르탈인 발자국을 발견했다고 발표했다.[26] 열두 명의 아이들이 한 명 혹은 두 명의 어른과 함께 걸으며, 홍적세 보육 서비스의 하루를 영원히 기록으로 남긴 것이다. 나는 어른들이 위험신호를 찾으며 지평선을 살피는 동안, 네안데르탈인 아이들이 웃으면서 노는 모습을 상상한다.

이 시기에 아시아의 일부에는 데니소바인Denisovan이 거주하고 있었다. 데니소바인은 얼마 되지 않는 귀한 화석의 해부학적 구조와 시베리아와 중국 중부의 동굴에서 발견된 뼛조각에서 추출한 DNA로 밝혀진 호미닌 집단이다.[27]

호모 에렉투스와 그 사촌들은 긴 다리와 커진 뇌, 불의 사용으로 무장하여 아프리카와 아시아, 유럽 전역에 퍼져 나갔다. 우리 여정의 마지막 단계인 호모 사피엔스에 걸맞은 무대가 이제 세워진 것이다.

그러나 최근의 발견들은 이러한 이야기를 혼란스럽게 하고 있으며, 인류 진화와 호미닌의 범세계적 이주가 그 누가 생각했던 것보다 훨씬 복잡하고 흥미롭다는 것을 암시하고 있다.

J. R. R. 톨킨은 예외일지도 모르겠다.

— 09 —

중간계로의 이주

방황하는 모든 이들이 길을 잃은 것은 아니다.[1]

×

반지의 제왕: 반지 원정대(1954), J. R. R. 톨킨

가을이 되면, 단풍잎 애호가들은 태양 고도가 낮아지고, 사탕단풍과 자작나무, 참나무가 엽록소 생산을 멈추면 어떤 일이 발생하는지를 보려고 뉴잉글랜드 북부로 모여든다. 낮이 짧아지고 공기가 상쾌해지면, 선명한 붉은색과 오렌지색, 노란색이 언덕을 물들인다.

이 자연의 팔레트를 가장 잘 볼 수 있는 장소 중 하나가 뉴햄프셔 제퍼슨에 있는 애플브룩 베드 앤드 브랙퍼스트Applebrook Bed & Breakfast이다. 제퍼슨은 화이트 산맥을 관통하는 길목의 입구에 위치하고 있는데, 북쪽으로는 와움벡과 캐봇산이, 남쪽으로는 프레지덴셜 산맥의 애덤스산, 제퍼슨산, 워싱턴산이 자리 잡고 있다.

"뉴잉글랜드 북부에서는 서쪽에서 동쪽으로 가는 것이 어렵습

니다."

버몬트에서 제퍼슨으로 향하는 2번 국도를 타고 그 방향으로 달리는 차 안에서 다트머스 대학 고고학자 나타니엘 키첼Nathaniel Kitchel이 말했다. 버몬트와 뉴햄프셔 사이의 산맥이 남북으로 벽을 형성하고 있어서, 눈이 많이 내리는 동-서 방향 산길은 겨울과 봄에 몇 달 동안이나 차단되곤 한다.

동-서를 잇는 이곳의 포장도로들은, 시초에는 홍적세 매머드와 마스토돈(마스토돈: 태고의 코끼리 비슷하게 생긴 동물_역주)의 육중한 발자국이 다져 놓은, 말이 다니던 길, 오솔길, 그리고 사냥꾼이 다니던 흙길을 덮고 그 위에 만들어진 것들도 있다.

"이 지역 최초의 주민들도 이와 똑같은 길을 따라다녔을 겁니다."

키첼이 말했다.

고고학자들은 이 길을 '2번 팔레오 길'이라고 부른다. 이 길을 따라 12,800년 전의 인류가 사람이 살지 않는 땅으로 이동하기 시작했다.

그 시기에는 높이 1,916m의 워싱턴산을 덮을 만큼 두꺼웠던 로렌타이드Lsurentide 빙상이 후퇴하면서 제가 지나간 자리에 계곡을 만들고 거대한 빙하 바위들을 남겼다.[2] 빙상의 가장자리가 녹으면서 제퍼슨에 있는 너비 800m의 호수를 비롯한 수천 개의 호수를 만들었고, 그 나머지는 현재의 잔잔한 이스라엘강이 되었다. 거대한 북미산 순록 떼가 털북숭이 매머드, 세인트 버나드만 한 크기의 비버와 함께 풍경을 이루었다. 단풍나무, 자작나무, 참나무는 아직 북으로 이동하기 전이라 언덕은 화강암 그대로였다.

나무가 없는 뉴잉글랜드는 상상하기 힘든 장면이다. 그러나 그 옛날에도 역시 애플우드 베드 앤드 브랙퍼스트가 세워진 곳은 마을에서 가장 전망 좋은 장소였다.

키첼과 나는 추운 12월 어느 날 뉴잉글랜드로 떠났다. 붓질한 듯한 깃털 모양의 권운이 가끔씩 보이는 하늘은 눈부시게 푸르렀다. 정오인데도 겨울 해가 하늘에 낮게 떠 있어서 실제보다 더 늦은 시간처럼 느껴졌다. 산꼭대기는 눈과 얼음으로 하얗게 덮여 있었다. 인류가 처음으로 이곳을 지나쳤던 영거 드라이아스Younger Dryas라 부르는 홍적세 후기의 춥고 나무도 없는 장면을 상상하기에 좋은 시기였다. 언덕에는 나무가 없는 것처럼 보였다. 눈을 가늘게 뜨면, 나무가 전혀 없는 것처럼 상상할 수 있었다. 전경의 골프 코스가 도움이 되었다.

1995년, 폭풍이 불어와 애플우드 B&B 뒤편의 나무 한 그루가 쓰러졌다. 어떤 면에서건 전혀 드문 일은 아니지만, "고고학자들은 항상 땅을 내려다본다." 키첼이 나에게 상기시켜 주었다. 지역 주민이자 아마추어 고고학자인 폴 복Paul Bock은 뿌리가 뽑힌 나무의 밑동을 살펴보았고 석기 한 점을 발견했다. 그 석기는 칼날에 홈이 나 있었는데, 이는 아메리카 대륙의 첫 인류가 만든 독특한 형태의 도구이다. 뉴햄프셔의 주 지정 고고학자인 딕 보이스버트Dick Boisvert는 학생팀을 이끌고 그 지역을 20년간 조사했고, 13,000년 전부터 인류가 그 장소에서 일상적으로 캠프를 했다는 증거를 발견했다.

시야를 가리는 나무도 없는 제퍼슨의 이 좋은 위치에서, 이곳에 도착한 첫 인류는 계곡 너머까지 한눈에 볼 수 있었다. 아마 그들은 북미산 순록 떼나 서성거리는 배고픈 늑대, 또는 이웃의 모닥불 연기까지도 찾아낼 수 있었을 것이다. 다른 인간들이 지나가기도 했지만 위협이 되지는 않았다. 북미산 순록과 애기부들, 습지 덩이줄기 등, 먹을 것은 충분했던 덕분에 적개심을 가질 필요도 없었을 테고, 그렇게 했다는 고고학적 증거도 존재하지 않는다. 날씨가 추웠지만, 이들은 몇천 년 전에 시베리아에서 아메리카로 이주해 온 인류의 후손들이었다. 뼈로 만든 바늘을 발명해, 사냥한 동물의 가죽을 이용해서 따뜻한 옷과 방수가 되는 신발을 만들 수 있었다.

뉴잉글랜드라고 하면 메이플 시럽이나 'r' 발음을 안 하는 습관, 그리고 슈퍼볼(슈퍼볼: 미국 프로 미식축구 경기_역주) 우승반지를 떠올리지만, 고고학을 떠올리지는 않는다. 그것이 버몬트 북부에서 자란 키첼을 단념시킬 수는 없었다.

키첼은 말한다.

"뉴잉글랜드에 발을 디딘 첫 인류는 여러 면에서, 걸어서 이동하여 인간이 살지 않는 땅에 정착한 인류의 마지막 움직임을 보여 주었으며, 이는 아프리카에서 천 년 전에 시작된 과정이 정점에 도달했음을 의미합니다."

키첼이 옳다. 그러나 인류가 결과적으로 어떻게 그 먼 제퍼슨까지 퍼져 나갔는지 이해하려면 30만 년 전의 아프리카로 거슬러 올라가야 한다.

인류 종의 기원에 대한 특정 시간과 장소를 지정하는 단순한 이야기들은 매력적이긴 하지만 옳지는 않다. 예를 들어, 수준을 좀 높였으면 하는 한 학술지가 모든 현생인류는 아프리카 남부 보츠와나의 북쪽 가장자리 지역으로부터 기원한 것이라는 대담한 연구 결과를 2019년에 발표했다.[3] 이러한 주장은 아주 당연한 사실을 무시하고 있다. 인간은 이동하며, 항상 그렇게 해 왔다는 사실이다.

호모 사피엔스의 가장 초기 화석 기록도 이런 사실을 보여 준다. 인간 종에서 기인한 가장 오래된 석 점의 화석 두개골은 모로코, 남아프리카, 에티오피아에서 발견되었는데, 이 세 나라는 거대한 삼각형 모양의 아프리카 대륙에서 지리적으로 가장자리에 위치해 있다. 인류는 하나의 특정한 장소에서 특정한 시간에 진화한 것이 아니다. 오히려 인간 종은 아프리카 전역을 이동하고 생존에 유리한 유전자를 교환하면서, 서서히 호미닌 인구로 진화했다.

과거와 현재의 인간 게놈 전체를 살피는 최근의 연구들은 호모 사피엔스의 범아프리카적 진화의 시기를 26만에서 35만 년 전으로 보고 있다.[4] 이는 인간 종의 기원이 그 기간 중의 한 특정한 순간에 발생했다는 말이 아니다. 오히려 인간 종은 아프리카 전역을 걸어 다니며 전 기간에 걸쳐 서서히 진화되었음을 뜻한다.

케냐의 올로지사일리Olorgesailie 유적지는 무슨 일이 발생했는지 이해하는 데 도움을 준다. 올로지사일리는 고인류학 학생이었던 내가 2005년 첫 경험을 했던 장소이다. 올로지사일리산의 그늘에 가려진 불모지는 강변의 퇴적물과 고대 토양, 화산재 층의 띠가 번갈아 가며 나타나는 특색 있는 곳이다. 고대 코끼리와 코뿔소, 작은 고릴라 크기의 멸종된 개코원숭이의 화석들이 척박한 산기슭이 침식된 부분에 튀어나와 있다. 어느 곳을 돌아봐도 석기가 눈에 들어온다. 인류 조상들은 확실히 이곳에 존재했다. 그런데 이상하게도 그곳에서 수집된 7만여 점의 화석들 가운데 두개골 파편과 턱뼈 단 두 점만이 호미닌의 것이다. 초기 인류는 올로지사일리에 거주했지만, 그곳에서 죽음을 맞이하지는 않았다.

스미소니언 박물관의 과학자 앨리슨 브룩스Alison Brooks와 릭 포츠Rick Potts는 올로지사일리 유적지에서 수십 년 동안 작업을 해 왔으며, 2018년 30만 년 된 퇴적물에 묻혀 있던 흑요석 석기들을 발견했다.[5] 그 흑요석은 유적지 부근에서 나온 것이 아니었다. 흑요석의 화학적 성분이 95km 떨어진 곳에 위치한 채석장의 암석과 일치했다. 그들은 또한 검은 망간과 철 함량이 높은 붉은 암석도 발견했는데, 이 암석들을 가루로 만들어 지방과 섞어 바디 페인트로 사용했을 것이다.

호모 사피엔스의 시대가 시작될 무렵, 올로지사일리에서 우리 조상들은 상징적으로 사고하며 장거리에 걸친 아이디어 및 물물교환을 했다. 우리는 탐험가들이다. 우리는 여행자들이다. 우리는 걷는다. 그리고 그 걸음들이 새로운 땅으로 우리를 인도했다.

2019년 튀빙겐 대학의 카터리나 하바티Katerina Harvati가 그리스의 동굴에서 화석 두 점을 발견했다고 발표했다.[6] 첫 번째는 17만 년 된 네안데르탈인의 두개골로, 이는 예상했던 것이다. 두 번째는 예상치 못했던 것이었다. 그녀는 호모 사피엔스와 똑같은 형태를 한 21만 년 된 두개골의 후두부를 발견했다. 그 1년 전에는, 학생들이 이스라엘의 카멜산 근처 동굴에서 첫 고고학 발굴 작업을 하던 중 19만 년 된 호모 사피엔스의 윗턱을 발견했다고 과학자들이 발표한 바 있다.

당시에는 인간 종이 이전의 생각보다 일찍이 중동과 유라시아로 영역을 확장했으나, 아마도 그 지역의 거주자인 네안데르탈인에 의해 다시 뒤로 밀려났던 것으로 생각되었다. 이런 과정은, 지도에 화살표로는 포착할 수 없는 활발한 형태로 반복적으로 발생했을 가능성이 높다. 그러나 7만 년 즈음이 되자, 마침내 물꼬가 터지고, 호모 사피엔스들이 유럽과 아시아로 몰려들었다.

기적적으로 보존되어 있는 DNA를 막스플랑크 진화인류학 연구소의 스반테 페보Svante Pääbo가 철저하게 배열한 결과, 호모 사피엔스가 네안데르탈인 및 데니소바인과 교배하여 그들의 유전자 풀(유전자 풀: 유전 정보의 총량_역주)을 우리의 것으로 흡수했다는 사실을 알게 되었다.[7] 이 두 멸종된 인구의 흔적을 오늘날 우리의 DNA에서 찾아볼 수 있다.

우리는 동남쪽 방향으로 최대한 걸어서, 인도네시아 군도의 끝단까지 이동했다. 그곳에 멈춰 서서, 호모 에렉투스 조상들이 이전에 그러했듯이, 수 킬로미터의 바다 너머를 바라보았다. 어쩌면 멀리 자연적인 관목화재에서 가느다란 필라멘트처럼 발생하는 연기가 수평선에서 피어오르는 것을 지켜봤는지도 모른다. 저곳에도 우리와 같은 사람들이 있을까 궁금해했을 것이다. 뒤돌아 가지 않은 일부는, 보트를 만들어 미지의 세계로 떠났다.

6만 5천 년 전경에는 인류가 호주 본토에 도착했다.[8] 2만 년 전경에는, 대륙을 횡단하여 동남쪽 지역으로 계속 걸어가며, 윌랜드라 호수 주변의 진흙 퇴적물에 수십 개의 발자국을 남기고 갔다.[9]

일부는 북쪽을 향해 걸어갔다. 따뜻하고 방수가 되는 옷을 입고 불을 다룰 줄 아는 이들은, 눈과 얼음을 밟고 북극의 툰드라를 거쳐, 당시에는 아시아를 북아메리카 대륙과 연결하고 있던 방대한 땅덩어리에 정착했다. 이 인구들은 번창했으며 지속적으로 동쪽으로 향해, 결과적으로 아메리카 대륙으로 진출했다.

이 야생의 냉랭한 지역을 횡단하기 위해서는 중요한 기술적 혁신, 즉 신발이 반드시 필요했을 것이다.

미국의 태평양 북서쪽에는 해발 3,000m에서 4,000m 사이에 우뚝 솟아 있는 레이니어산, 세인트 헬렌산, 후드산을 포함한 활화산이 줄지어 있다. 그들의 자매인 해발 3,600m의 마자마산은 7,700년 전까지는 오레곤 남부의 풍경을 장악하고 있었으나, 격렬하게 분출되면서 무너져 내려, 깊이 1,200m에 너비 9,600m에 이르는 칼데라(칼데라: 화산 꼭대기에 거대하게 파인 부분_역주)를 형성했다. 그곳에 비와 빙하가 녹은 물이 서서히 차올라 현재는 미국에서 가장 깊고, 선명하고, 깨끗한 호수가 되었다. 그 지역의 클라마스족은 이 칼데라를 기와스Giiwas라고 부르지만, 미국 국립공원 서비스의 명칭은 크레이터 호수이다.

그곳에서 북동쪽으로 80km 떨어진 곳에 포트 록이 있다. 포드 록은 아메리카 대륙의 첫 번째 사람들에 대한 장대한 기록의 역사를 지닌 동굴이다. 한동안 마가렛 미드Margaret Mead와 혼인 상태였던 인류학자 루터 크레스만Luther Cressman이 1938년 포트 록을 발굴했다. 마자마 분화로 퇴적된 두꺼운 화산재 층 아래에서 그는 75개의 샌들

잔해라는 놀라운 발견을 했다. 샌들은 산쑥 껍질을 벗겨서 꼬아 만든 것으로, 납작한 왕골 바구니의 패턴과 비슷하게 짜여 있었다. 발 앞부분을 샌들의 앞쪽으로 집어넣고, 뒤쪽에서 끈으로 고정하는 형태였다.

5만 년 이내의 유기물질에 사용되는 탄소를 이용한 연대측정법을 통해 이 샌들이 약 9천 년 전에 만들어졌다는 것을 알 수 있었다.

포트 록 동굴의 샌들은 이제까지 발견된 가장 오래된 신발이지만, 산쑥 껍질과 같은 부패성 물질이 고고학적 기록으로 보전된 경우는 매우 드물다.[10] 인간은 마자마산이 분출되기 훨씬 이전부터 신발을 신었다. 우리 조상들이 언제 처음으로 신발을 신었는지 조사하려면 다른 여러 방면의 증거에 의존해야 한다.

세인트루이스 소재 워싱턴 대학교의 에릭 트링커스Erik Trinkaus는 홍적세 후기 인류 진화의 전문가로, 100만 년 인류 혈통 역사의 마지막 25만 년에 특히 집중하고 있다.[11] 2005년, 그는 인간이 한때는 더 굵은 발가락뼈를 가지고 있었다는 사실을 밝혀냈다. 왜 우리의 발가락이 더 가늘고 약해졌는지에 대한 설명으로 그는 우리가 신발을 신기 시작했다는 점을 이유로 들었다. 발가락 보호를 위해 발을 가리기 시작하니, 성인으로 성장해도 발가락의 뼈는 굵어지지 않는다는 것이다.

가늘게 성장한 발가락을 지닌 인간 골격을 보존하고 있는 가장 오래된 화석 유적지는, 중국 베이징 외곽에 위치한 톈위안 동굴이다. 그 유골은 4만 년 전의 것이다.

규칙적으로 신발을 신는 발과 일치하는 발뼈는, 러시아의 모스

크바에서 동쪽으로 160km 떨어진 3만 4천 년 된 성기르Sunghir 유적지에서도 발견되었다. 그곳에서 과학자들은 수천 개의 매머드 상아 구슬로 장식된, 의도적으로 매장된 골격을 몇 구 발굴했다. 이 매장지는 북위 56도에 위치해 있는데, 이는 동상을 방지하기 위해 신발을 신는 것이 필수적인 매우 추운 지역인 스웨덴, 알라스카, 허드슨베이, 캐나다와 평행한 위치이다.

1만 3천 년 전, 아시아에서 아메리카로 통하는 육교陸橋를 건너간 사람들 가운데 몇몇 후손들이 캐나다 브리티시 콜롬비아의 칼버트 제도 해안가를 따라 걸으면서 29개의 발자국을 남겼다.[12] 아메리카 대륙의 첫 번째 사람들은 계속해서 남쪽으로 이동하여, 1만 2천 년 전 즈음에는 칠레에 도착했다. 그 무렵에 모카신을 신고 동쪽으로 걸어가던 사람들은 현재의 뉴잉글랜드에 도달했고, 뉴햄프셔 제퍼슨의 아름다운 계곡이 내려다보이는 산등성이에서 칼날에 홈이 난 석기를 잃어버리거나 버리는 사람도 있었으리라.

7만 년에서 10만 년 전 사이에, 호모 사피엔스는 지구 전체에 인간이 거주하게 될 때까지 걸었다. 그런데 그렇게 걸어가는 길에서, 우리는 혼자가 아니라는 사실을 알아차렸다.

2003년, 호주와 인도네시아 과학자들로 이루어진 팀이 인도네시아 동부의 플로레스 섬에 있는 리양 바우 동굴에서 발굴 작업을 하고 있었다. 수년 동안 그들은 호모 사피엔스가 만든 것으로 추정되는 석기들을 발견해 왔다. 어찌 되었건, 그들은 월리스선의 동편에 있었고, 퇴적물은 불과 5만 년 전의 것이었다.

9월 2일의 아침, 베냐민 터러스Benyamin Tarus가 거의 6m나 되는 구덩이를 타고 내려와 지층을 한 겹씩 발굴하는 작업을 재개했다.[13] 그의 아버지가 30년 전에 시작했던 작업을 이어 가고 있었다. 진흙층을 파 내려가던 그는 두개골의 윗부분을 발견했다. 인도네시아 고고학자인 와휴 삽토모Wahyu Saptomo와 로커스 듀 아웨Rokus Due Awe는 이 두개골이 인간의 것이나, 작은 크기로 봐서 어린이 유골의 일부일 것이라는 데 동의했다.

치아를 덮고 있는 진흙과 먼지를 제거하자, 그들은 충격을 받았다. 사랑니가 나와서 마모된 상태였기 때문이었다. 그것은 침팬지보다 크지 않은 뇌를 지닌 완전히 자란 성인의 두개골이었다.

그들은 계속해서 땅을 팠다. 퇴적물을 층층이 걷어 내면서, 그들은 신장이 106cm를 넘지 않는 개체의 부분 골격을 발견했다. 이 골격의 팔과 다리뼈는 루시의 크기와 거의 일치했지만, 루시의 종인 오스트랄로피테쿠스 아파렌시스는 300만 년도 더 먼저 아프리카에 살고 있었다.

곧 이어 더 많은 뼈들이 발견되었다. 겨우 5만 년 전에 사망한, 11명으로 추정되는 작은 개체들의 유골이었다. 학자들은 이를 새로운 종이라 선언하고 호모 플로레시엔시스Homo floresiensis라고 명명했다.[14] 방송 매체에서는 이를 '호빗(호빗: 영국 작가 J. R. R. 톨킨이 만들어 낸 소인족_역주)'이라고 불렀다.

고인류학 공동체는 충격에 휩싸였다. 그 유골들은 질병이나 선천적 결함으로 인한 결과라며, 사실을 완전히 부정하는 사람들도 있었다. 호모 플로레시엔시스는 호모 에렉투스의 왜소인 버전이라고 주장하기도 했다.

재미있는 일이 섬에서 벌어졌다. 일반적으로, 큰 것들은 작아지고 작은 것들은 커진다. 플로레스는 한때 길이 60cm의 쥐와, 키가 180cm나 되는 황새, 조랑말 크기만 한 코끼리의 고향이었다. 현재에도 플로레스는 세상에서 가장 큰 도마뱀인 코모도왕도마뱀의 서식지이다. 그래서 어쩌면 플로레스 자체가 소위 호빗이라 불리는 이 개체들을 창조했는지도 모른다. 어쩌면 자원이 제한된 섬에 고립된 상황에서 작은 개체의 생존이 자연선택의 결정이었는지도 모른다. 유전적 격리에 의한 근친교배가 하나의 요인이 되어, 조상인 호모 에렉투스 인구를 바로 최근까지 살았던 잔종생물(잔종생물: 환경의 변화로 한정된 지역에 살아남은 생물_역주) 종으로 변화시켰을 수도 있다.

그런데 다른 사람들에게는, 이 화석들이 더욱 놀라운 이야기를 제시하고 있다.

호모 플로레시엔시스의 뇌는 호모 에렉투스의 뇌보다 작다. 사실, 호모 플로레시엔시스는 오스트랄로피테쿠스의 범위 안에 충분히 들어간다. 오스트랄로피테쿠스와 신장도 같고 팔다리의 비율도 같다.[15] 골반도 오스트랄로피테쿠스와 같은 형태를 하고 있다. 손과 발의 구조 역시 오스트랄로피테쿠스와 동일하다. 어쩌면, 아프리카 너머로 확장했던 첫 호미닌은 우리의 호모 속屬의 일원이 아닌, 우리의 선인先人이었는지도 모른다.

중국 학자들이 210만 년 전의 석기 유적지 샹첸에서 땅을 파다가 뼈를 발견한다면, 그들도 어쩌면 리앙 바우 동굴에서 터러스가 발견한 유골들과 같은, 작은 뇌에 짧은 다리와 큰 발을 가진 호미닌을 찾아낼지도 모른다. 우리는 어쩌면 호모 속의 긴 다리가 아프리카를 벗어나 길을 떠나는 데 필수적이었다고 너무 빨리 단정 지었는지도 모른다. 어찌 되었건, 다리가 짧은 오스트랄로피테쿠스의 행동권은 차드에서 3,200km 떨어진 에티오피아까지, 그곳에서 남쪽으로 6,400km 떨어진 남아프리카까지 뻗어 있었다.

에티오피아에서 남아프리카 인류의 요람 동굴까지의 도보 거리와 에티오피아에서 아시아의 코카서스까지의 도보 거리는 거의 같다. 긴 다리를 진화시킨 덕분에 호모 에렉투스는 지구 전체로 확장하는 데 있어 분명한 에너지적 장점을 가지게 되었다. 그러나 호모 플로레시엔시스는 우리에게 다리가 짧은 오스트랄로피테쿠스가 먼저 여정을 시작했다고 말해 주고 있는지도 모른다.

만일 그러하다면, 그 첫 탐험가들의 후손은 호빗만 있는 것이 아닐 수도 있다.

2019년, 필리핀 루손 지역의 동굴에서 작업 중이던 과학자들이 상대적으로 최근까지 생존했던 또 다른 작은 호미닌을 발견했다. 치아 몇 점과 대퇴골 한 점, 손발 뼈 몇 점으로 이루어진 겨우 열세 조각의 화석이 지금까지 발견되었다. 그런데 그 유골들의 형태는 플로레스의 호빗을 비롯한, 지금까지 과학계에 알려진 그 어떤 것과도 달랐다.

발견자들은 이 새로운 종에 호모 루조넨시스Homo luzonensis라는 이름을 붙였다.[16] 이 종 역시 겨우 5만 년 전에 생존했던 호미닌이었다. 그런데 플로레스와 루손의 양 지역에서 발견된 석기는 호미닌들이 그 섬에서 100만 년 가까이 거주했음을 보여 주고 있다. 우리는 필리핀과 인도네시아에 도착한 첫 호모 사피엔스들이 작은 뇌를 지닌 이 왜소한 이족보행 호미닌들을 어떻게 생각했을지 상상에 맡길 수밖에 없다.

호모 사피엔스가 아프리카에서 진화하는 동안, 네안데르탈인은 유럽에서 사냥감을 쫓고, 데니소바인은 아시아 본토에서 도구를 제작하고 있었으며, 적어도 두 종의 왜소한 호미닌들이 동남아시아의 섬에 거주하고 있었다. 세상은 톨킨의 소설에 나오는 중간계Middle Earth와는 전혀 닮지 않은 것 같다.

그럼에도 불구하고, 인류 진화에 대한 이야기는 또 한 번의 놀라운 반전을 맞이하고 있었다.

"어떤가요?"

2014년 1월, 위트와테르스란트 대학의 지하 보관실에서 올라온 나에게 리 버거가 물었다.

나는 내 평생 보리라 예상했던 것보다 훨씬 더 많은 호미닌 화석들과 함께, 하루 종일 지하 보관실에 내려가 있었다. 그곳에는 창문이 없었고, 나는 시간 가는 줄도 모르고 있었다. 나는 먹지도 않았다. 장시간 뼈들을 뚫어지게 쳐다보느라 눈이 피로했고 부어올라 있었다. 그렇지만, 입이 귀에 걸리도록 웃고 있는 버거의 얼굴은 볼 수 있었다.

"제 생각엔 호모 하빌리스보다 더 좋은 호모 하빌리스인 것 같아요."

내가 대답했다. 리가 웃었다.

"멋지지 않아요?"

"엄청나네요."

내가 생각해 낼 수 있는 말은 그뿐이었으며, 그 말로는 충분하지 않았다.

이 일이 있기 5개월 전, 보스턴 대학의 내 책상에서 작업 중이던 나는 새로운 이메일의 도착을 알리는, 너무나 익숙한 '띵' 하는 소리를 들었다. 버거에게 온 이메일이었다. 제목은 「이것 좀 보세요.」였고 파일이 한 개 첨부되어 있었다. 「이것 좀 보세요.」라는 문구로 나를 초대하는, 사진이 첨부된 이메일을 삭제하는 내 규칙을 어길까 말까 고민하던 중에 전화벨이 울렸다. 버거였다.

"제레미, 이메일 받았어요? 어떻게 생각해요?"

"음… 잠시만 기다려요."

나는 마우스를 더듬거리며, 아래턱뼈와 흔들리는 치아 몇 점, 두개골의 옆면, 대퇴골 한 점, 어깨뼈 한 점, 그리고 다수의 팔다리뼈 골간으로 이루어진 부분 골격의 사진을 클릭했다. 그 유골들은 암석에 박혀 있거나 땅에 묻힌 것이 아니었다. 동굴 바닥에 놓여 있었다. 이것은 할리우드 영화에서 생각하는 발굴 현장이지, 우리가 발견하는 정상적인 모습이 아니었다.

"어떻게 생각해요?"

버거가 물었다.

"잠시만요."

나는 시간을 벌어야 했다. 처음 떠오르는 생각은 아마추어 동굴 탐험가의 시체였다. 경찰에 알려야 하나? 그런데 아니야. 저 치아를 좀 봐! 어떤 사람도 사랑니가 저렇게 크지는 않다. 초기 호미닌만이 그러한 치아를 가지고 있다.

"세상에, 리."

"그렇죠?"

그는 리 버거 특유의 크고 경쾌한 웃음소리를 냈다.

그는 다른 동료들과도 이 소식을 공유하느라 분주했기 때문에, 우리의 대화는 짧게 끝났다. 나는 컴퓨터 화면을 뚫어지게 쳐다보았고 그제야 실감이 났다. 12,638km 떨어진 곳에 호미닌의 부분 골격 한 구가 위험에 노출된 채 동굴에 놓여 있다.

2013년 9월 13일, 아마추어 동굴탐험가 릭 헌터Rick Hunter와 스티브 터커Steve Tucker가 라이징 스타Rising Star 동굴계를 탐험하고 있었다. 유명한 호미닌 화석 동굴인 스와르트크란스와 인류의 요람 지역의 스테르크폰테인에서 1.6km도 채 떨어져 있지 않지만, 그곳에서는 호미닌 화석이 발견된 적이 없었다. 헌터와 터커가 좁은 틈새 한 곳을 비집고 들어가 수직 통로를 통해 아래로 내려가니 방 같은 공간이 나타났다.

뼈가 사방에 있었다.

그 소식이 버거에게 전해지자, 그는 화석을 회수하기 위한 원정대를 계획하기 시작했다.[17] 이번 작업에는 보통 때와는 다른 특기가 있는 사람들이 필요했다. 원정대 일원은 발굴 경험과 동굴 탐험 노하우, 상대적인 해부학 지식도 물론 필요했지만, 가장 좁은 곳의 폭이 겨우 17cm가 넘는 라이징 스타 동굴의 통로를 비집고 들어갈 수 있는 마른 체격의 소유자여야 했다. 나는 제외다.

버거의 해결책은 아래와 같은 메시지를 페이스북에 있는 과학 공동체에게 보내는 것이었다.

> 단기 프로젝트에 참여할 뛰어난 고고학/고생물학 지식과 발굴 기술이 있는 사람이 서너 명 필요합니다. 프로젝트는 빠르면 2013년 11월 1일부터 시작해서, 계획대로 진행되면 한 달 정도 소요될 것으로 보입니다. 한 가지 문제가 있습니다. 프로젝트에 참여하려면 매우 마르고 작은 체형이어야 합니다. 좁은 곳을 무서워해서는 안 되며, 건강해야 하고, 동굴 탐험의 경험이 반드시 필요합니다. 등반 경험이 있으면 더욱 좋습니다.

버거의 메시지는 금세 퍼져 나갔고, 팀원들을 빠르게 찾을 수 있었다. 마리나 엘리엇Marina Elliott, 엘렌 포어리걸Elen Feuerriegel, 알리아 그루토프Alia Gurtov, 린제이 헌터Lindsay Hunter, 해나 모리스Hannah Morris, 베카 페이쇼토Becca Peixotto. 여성 여섯 명으로 이루어진 팀이었다. '지하 우주비행사'란 별명이 붙은 이들은, 동굴 방에서 호미닌의 부분 골격으로 생각되는 유골을 회수해 달라는 요청을 받았다. 그들이 발견한 것은 그 이상이었다.

여성으로만 이루어진 이 팀은 12개 이상의 각기 다른 개체에서 나온 1,500점의 호미닌 화석을 회수했다. 아프리카 전역의 모든 유적지 가운데 호미닌 화석의 발견으로는 최대 규모였다. 그로부터 두 달 후, 나는 그 동굴의 깊숙한 곳에서 가져온 것들이 무엇인지 밝히는 데 도움을 주고자 요하네스버그에 와 있었다.

뇌 크기는 호모 하빌리스와 견줄 만한 정도의 작은 두개골이었다. 치아의 크기도 상대적으로 작았는데, 오스트랄로피테쿠스나 초기 호모와 마찬가지로 사랑니가 어금니들 가운데 가장 컸다. 어깨는 루시처럼 위로 솟아 있었지만, 팔은 더 짧았다. 손뼈는 손가락이 살짝 굽어 있다는 점을 제외하면 인간의 뼈와 매우 유사했다. 골반과 고관절은 루시와 닮아 있었다. 다리는 호모처럼 길었지만, 관절들이 상대적으로 작았다. 발은 우리의 발과 많이 닮았지만, 현생인류의 기준으로 보면 편평한 편이었고 발가락도 살짝 굽어 있었다.

모든 것을 종합해 보면, 오스트랄로피테쿠스보다는 인간에 가까우나, 호모 에렉투스보다는 덜 인간다운 모습이었다.

이 호미닌은 오스트랄로피테쿠스와 호모 에렉투스를 이어 주는 연결고리로, 인류혈통에 포함될 후보자가 되었다. 그런데 정말 그럴까? 호모 하빌리스가 이미 그 역할에 대한 권리를 주장하고 있다. 해부학적 구조의 이러한 조합으로 봐서, 나는 이 새로운 화석이 200만 년 전의 것이라고 예상했다.

그런데 이 유골에 대해 조금 신경 쓰이는 점이 있었다. 화석은 돌처럼 무겁기도 한데, 이 뼈들의 무게는 너무 가벼웠다. 남아프리카의 동굴에서 발굴된 다른 화석들 중에도 만졌을 때 가벼운 것들이 있었는데, 이는 산성 지하수에 의해 자연적으로 석회질이 빠져나갔기 때문이다. 나는 라이징 스타의 유골에도 같은 일이 발생했을 것이라 추측했다.

일곱 명의 과학자들로 이루어진 국제적인 팀이 1년을 연구하고 난 뒤, 우리는 2015년 9월에 이 화석들이 우리 속의 새로운 종을 나타내고 있다고 세상에 공표했다. 우리는 새로운 종을 호모 날레디

Homo naledi라고 명명했다.[18]

그로부터 1년이 지난 후에야 우리의 지질학자 팀은 언제 호모 날레디가 생존했었는지 알아낼 수 있었다. 지질학자팀은 두 가지 방법을 사용했다. 첫 번째는, 주변 석회암의 방사성 붕괴 속도를 측정해서 얼마나 오래전에 그 유골들이 동굴 방 안으로 떨어졌는지 계산했다. 추가적으로, 전자스핀 공명법을 사용해 호모 날레디의 치아에서 채취한 법랑질 조각의 연대를 측정했다. 이 기술은 방사성 입자와 충돌하여 결정 구조에 갇힌 전자의 수를 세는 방법이다. 땅에 오래 묻혀 있을수록 갇힌 전자의 수가 증가한다.

두 가지 방법의 결과는 일치했으며, 매우 충격적이었다.

그 유골들은 겨우 26만 년 전의 것이었다.[19] 바꿔 말하면, 호모 날레디는 우리 종의 초기 일원들과 동시대에 생존했었다는 말이다. 이것이 화석들의 무게가 가벼웠던 이유였다. 돌로 변할 만큼 동굴에 오래 있지 않았기 때문이었다.

지질 시대 기준으로는 눈 깜짝할 시간 전에, 초기 인류가 호모 날레디와 네안데르탈인, 데니소바인, 그리고 섬의 호빗과 함께 지구를 공유했었다. 게다가 그들이 만났으며, 경우에 따라 상호교배가 이루어졌다는 사실에는 의문의 여지가 없다.

물론 그들 모두 두 다리로 걸었으나, 걷는 모습은 서로 조금씩 달랐다.

짧은 다리와 기다란 발을 지닌 호모 플로레시엔시스는 눈신발을 신은 것처럼 무릎을 높이 들고 좁은 보폭으로 걸었다. 자신의 발에 걸려 넘어지지 않기 위해 다리를 높이 들고 걸어야 했을 것이며 뛰는 것은 힘들었을 것이다.

호모 루조넨시스에 대해서는 아는 것이 많지 않지만, 발뼈 화석 한 점이 시사하고 있는 것은 우리의 종보다 발의 중간부분의 움직임이 좋았을 것이라는 점이다. 이것이 바닥을 밀어 올리는 능력을 저하시켜, 마치 헐렁한 슬리퍼를 신은 것처럼 움직이게 했을 것이다. 그러나 그들이 먹이 또는 안전을 위해서 나무에 올라가야 했을 때, 혹은 올라가야 한다면, 이런 점이 우리들보다 나무를 더 잘 오를 수 있도록 해 주었을 것이다.

데니소바인이 어떻게 걷는지에 대해서는 아는 것이 전혀 없다. 우리가 가지고 있는 뼈가 충분하지 않기 때문이다. 그러나 네안데르탈인은 이와 다르다. 그들의 다리와 발은 우리와 거의 동일하지만, 미묘한 차이가 그들이 거친 지형에서의 단거리 질주와 좌우로의 움직임에 잘 맞는다는 것을 보여 주고 있다.

호모 날레디? 그들의 유골은 그들이 인간과 유사하게 걸었다는 것을 보여 주고 있다. 그러나 그들의 발이 편평하며 충격을 흡수할 만한 큰 관절이 부족했기 때문에, 우리와 같은 지구력은 없었을 것이다. 결과적으로, 그들의 생존권은 좁았을 것이다.

가장 최근으로 보자면 5만 년 전에, 다양한 호미닌 종들이 자신들의 환경을 각자 조금씩 다른 방식으로 이용하면서 이 지구를 걸어 다녔다. 그러나 중간계의 시대는 지속되지 않았다.

곧, 우리만 남게 되었다.

우리는 왜 현존하는 직립 호미닌이 우리밖에 없는지 알 수 없다.[20] 우리가 아는 것은 우리가 네안데르탈인과 데니소바인을 제거하지 않았다는 것이다. 우리는 그들과 아기를 낳았고 우리의 유전자 풀에 그들을 흡수했다. 하지만 호모 날레디와 섬의 호빗의 운명은 수수께끼로 남아 있다.

3
부

일생의 걸음

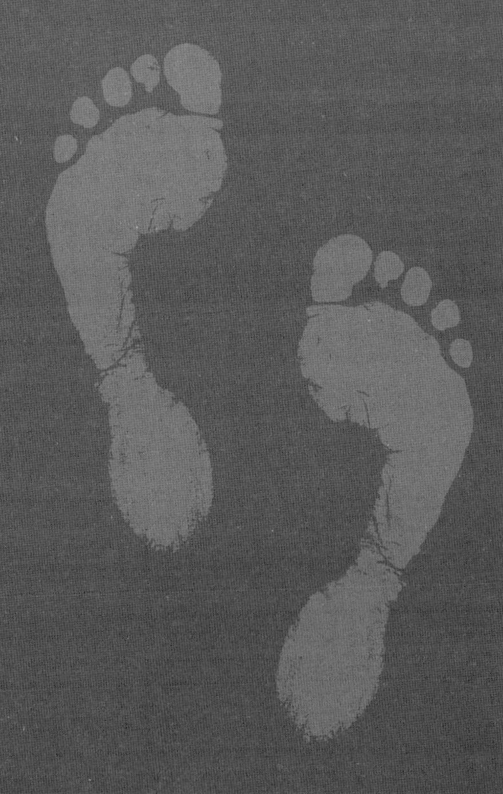

첫 걸음부터 마지막 걸음까지
직립보행이 어떻게
지금의 우리를 만들었는지에 대하여

WALK OF LIFE

두 발로 마음 가벼이 나는 열린 길로 나선다,
건강하고 자유롭게, 세상을 앞에 두니,
어딜 가든 긴 갈색 길이 내 앞에 뻗어 있다.[1]

<열린 길의 노래>(1860), 월트 휘트먼(Walt Whitman)

— 10 —

걸음마

천 리 길도 한 걸음부터 시작된다.

×

도덕경(BC 6세기), 노자

19세기 중반 무렵, 프랑스 예술가 장 프랑수아 밀레는 검은 분필과 파스텔로 아이가 걸음마를 배우는 그림을 몇 장이나 그렸다. 밀레는 그 그림들을 〈Les Premiers Pas〉, 또는 〈첫 발걸음〉이라고 불렀다. 그 후 1889년, 네덜란드의 거장 빈센트 반 고흐는 스스로 프랑스 생레미의 정신병원에 입원해서, 밀레 그림의 사진에 균일한 격자 선을 조심스럽게 그린 다음 새로운 캔버스 위에 자신만의 그림을 그리기 시작했다.

물결치는 잔디와 무성하게 넘실대는 잎이 달린 나무들은 반 고흐의 그림임을 알아볼 수 있는 초현실적 전경을 선사한다. 농부는 갈색 모자와 신발을 제외하곤 파란색이다. 농부의 삽은 오른편에 무심히 던져 놓았고, 건초를 실은 손수레는 왼쪽에 두었다. 농부의 눈은 보이지 않지만, 그는 분명 딸을 바라보고 있다. 농부는 팔을 앞으로 쭉 뻗어 손을 벌리고는 이렇게 얘기하는 것 같다.

"아빠한테 걸어와."

농부의 아내 역시 파란색이다. 그녀는 허리를 굽혀, 그 소중한 첫 걸음을 떼려고 몸을 앞으로 숙이고 있는 딸을 부축하고 있다. 소녀는 장난스럽게 미소 짓는다. 눈이 반짝인다. 나는 아이가 걸음마를 하면서 까르르 웃는 소리가 들리는 상상을 한다.

1890년 1월에 그림이 완성되자, 빈센트는 그 그림을 그의 동생인 테오에게 보냈다. 당시 테오의 아내인 요한나는 첫 아이를 임신 중이었다. 그로부터 6개월 후에 스스로 목숨을 끊은 고뇌하는 천재가 보내는 사려 깊은 선물이었다.

현재 뉴욕의 메트로폴리탄 미술관에 있는 이 그림은 우리에게 노래를 부른다. 이 그림이 전 세계 모든 문화에 있는, 그리고 천년 동안 그래 왔던 일상을 펼쳐 보이는 순간을 포착했기 때문이다. 장면의 보편성은 그것이 주는 기쁨을 그리고 아이를 돌보는 사람에게 그 일상이 얼마나 순간적인가를 느끼게 하는 감정을 약화시키지 않는다.

그런데 아이들은 어떻게 걷는 법을 배울까? 또 아이들이 그 방법을 알아내는 데 왜 그렇게 오랜 시간이 걸리는 것일까?

아기는 긴 임신 기간 후에 태어날 준비를 한다. 산모는 여성 친척들에 둘러싸여 도움을 받으면서, 어떤 때는 며칠에 걸려 아기를 낳는다. 난산의 경우 중력의 도움을 받기 위해, 분만 중의 여성은 쭈그리거나 무릎을 꿇고 앉는다. 인간의 출산을 설명하는 것일 수도 있으나, 계속 읽어 보면 알 것이다. 출생 후 한 시간 안에, 아기는 다리를 펴고 비틀거리며 첫 걸음을 걷는다. 태어난 첫날이 가기 전에, 아기는 엄마와 무리의 다른 이들을 따라잡을 정도로 뛸 수 있다. 아기는 엄마의 코에 안겨 모유를 마신다. 코끼리 떼가 다시 움직인다. 한 마리가 늘었다.

코끼리를 비롯한 많은 포유류는 거의 태어나자마자 자신의 환경 안에서 움직이기 시작하는 새끼를 낳는다. 새끼 물개와 돌고래는 수영을 하면서 자궁에서 나온다. 새끼 기린과 영양은 태어난 지 24시간 안에 서고 걷고 달린다. 이는 생존에 반드시 필요하다. 많은 포식자들이 사냥 중이기 때문이다.

그러나 태어났을 때 무력한 동물들도 있다. 새끼 흑곰은 사람의 엄지손가락만 한 크기이다. 털도 거의 없고 눈도 감긴 채로 천천히 기어서 엄마의 젖꼭지를 찾아 젖을 먹고, 봄이 오기 전까지 안전한 동굴 속에서 자라난다. 새들도 마찬가지로 몇 주 동안은 둥지 안에 머물러야 하는 무력한 새끼를 낳는다.

대부분의 영장류, 특히 유인원은 극과 극인 코끼리와 곰의 중간 정도에 해당한다. 유인원은 털도 있고 눈도 뜬 상태에서 어느 정도는 움직일 수 있게 태어난다. 태어나고 바로 엄마에게 매달릴 수 있으나, 엄마에게서 떨어질 일은 거의 없다.

그러나 인간은 다르다.[1]

첫 몇 주 동안, 인간의 아기는 짐이다. 그들은 새끼 코끼리처럼 걷거나 새끼 침팬지처럼 매달릴 수는 없지만, 곰이나 새 정도로 미

발달 상태로 태어나는 것 또한 아니다. 태어나자마자 눈을 뜨는 신생아는 자신의 주변을 알아볼 수 있다. 익숙한 소리에 끌리고, 얼굴 표정을 흉내 내기도 하며, 방 전체의 분위기를 사회적으로 조정할 수도 있다.[2] 그러나 출생에서 독립적으로 움직이기 시작하기까지의 시간적 차이 때문에 처음 몇 년 동안은 위협에 대한 완충장치가 필요한 것이며, 이는 우리의 조상들도 마찬가지였을 것이다.

인간의 신생아는 혼자서 걸을 수는 없지만, 움직이는 동작들을 연습한다.

2017년 5월, 브라질의 산타크루즈 병원에서 출생 직후 찍힌 한 아기의 비디오가 빠르게 퍼져 나갔다.[3] 걷고 있는 신생아 여아를 보여 주는 것 같았다. 아기의 상체는 간호사의 팔에 매달려 있고, 다리는 아래로 쭉 뻗었으며, 발이 탁자 위를 딛고 있었다. 아기는 왼쪽 다리를 들더니 한 발자국을 떼었다. 그러더니 오른쪽 다리로도 똑같이 했다. 왼쪽 그리고 오른쪽, 다리를 들어서 발을 떼는 두 동작이다. 물론 부축을 받긴 했지만, 그 아이는 몇 분 전에 태어났음에도 실제로 걷고 있었다.

"자비로우신 아버지. 저는 아기를 씻기려 했는데 아기가 자꾸 서서 걷는 거예요."

간호사가 포르투갈 언어로 말했다.

"세상에. 사람들한테 이런 일을 얘기하면, 직접 보지 않고서는 아무도 믿지 않을 겁니다."

포스팅 후 48시간 안에 8천만 명이 시청한 이 비디오는 귀엽지만, 특별한 것은 없다. 신생아가 걷는 동작을 실행하는 것은 그렇게 드문 일도 아니다. 독일 소아과전문의인 알브레흐트 파이퍼Albrecht Peiper는 생후 6주 동안 아기가 다리를 번갈아 움직이는 장면을 찍었다.[4] 파이퍼는 이런 동작을 '원시 걷기'라고 불렀다. 다른 학자들은 이것을 '직립 발차기', '누워서 하는 걸음', 또는 '걸음 반사'라고도 불렀다. 정말 반사작용처럼 보이기는 한다. 포유류의 신체 계획에 깊게 새겨져 있는 반사 말이다.

수정이 되고 7에서 8주 정도가 되면, 태아는 자궁 안에서 발길질을 시작한다. 밀라노 대학에서 초음파를 이용해 태아 발달을 연구하는 알레산드라 피온텔리Alessandra Piontelli는 이를 '자궁 안에서 걷기'라고 부른다.[5] 태아에게 두 다리로 동시에 단단한 자궁벽을 차는 것보다는 이것이 힘이 덜 드는 동작이라고 말하는 학자들도 있다. 그런데 이런 동작이 걷는 것과 관련이 있는 것일까?

암스테르담 자유대학교의 신경과학자 나디아 도미니치Nadia Dominici는 처음에는 그렇지 않다고 생각했다.[6] 자궁 안에서 그리고 생후 직후의 이러한 걷는 동작은, 결국에는 걸음마를 배우는 아이의 새롭고 더욱 정교한 계획으로 다시 쓰인다고 생각했다. 그러나 놀랍게도, 나디아의 신경근 회로 발달 과정에 대한 연구는 이런 첫 걸음이 본질적인 것임을 보여 주었다. 원형으로서의 이런 첫 걸음은 몇 달 후에 아이가 걷는 법을 배우는 과정에서 개선되며 결국엔 완성된다는 것이다.

걸음 반사를 컴퓨터에 두 개의 명령을 프로그래밍하는 것이라고 생각해 보자. 다리를 곧게 펴고 왼쪽 오른쪽을 번갈아 하라는 두 가지 명령이다. 도미니치의 연구는 이러한 명령이 인간의 신경회로뿐 아니라 쥐를 포함한 다른 포유류에서도 발견된다고 보고하고 있다. 다리를 번갈아 가며 움직이는 것은 우리의 모든 포유류 사촌들과 공유하는 오래된 특성인 것으로 보인다.

신생아의 걸음 반사가 걸음마를 배우는 아이에게 기반을 제공해 주었다면, 전자를 강화하는 것이 후자에도 영향을 미칠 수 있을까? 약 50년 전, 맥길 대학의 심리학자인 필립 로만 젤라초Philip Roman Zelazo와 그의 동료들은 사실을 알아내고자 24명의 신생아를 연구했다.[7]

생의 첫 8주 동안, 이 아기들 가운데 8명은 부모님들이 부축하는 가운데 평평한 바닥 위에서 그들의 작고 통통한 다리를 번갈아 움직이며 걸음 반사를 연습하고 강화하는 훈련을 매일 진행했다.[8] 나머지 12명의 아기들은 연습을 하지 않았다. 평균적으로, 걸음 반사를 연습한 아기들은 약 10개월에 그들의 첫 걸음을 걸었으며, 이는 다른 아기들보다 두 달이 빠른 것이었다. 젤라초는 아이의 내제된 능력보다는 생후 양육이 걸음의 시작에 더욱 중요하다는 결론을 내렸다. 이것은 비록 소규모의 연구였지만, 젤라초는 대단한 것을 알아냈다.

아기는 사용설명서를 가지고 태어나지 않는다. 그러나 부모들은 자신의 아이가 제때에 발달하고 있는지 알고 싶어 한다. 아이를 키워 본 친구들과 가족들에게 조언을 구한다. 나는 내 누이에게서 물려받은, 낡고 닳아서 페이지 끝이 너덜너덜한 육아서인 시어스Sears의 베이비 북Baby Book을 넘겨 보면서 수많은 밤을 보냈다. 그러나 대부분의 경험 없는 현대의 부모들은 궁금한 것이 있을 때 구글 검색을 한다. '아기의 첫 걸음'을 구글 검색하면, 미국 질병 통제 방지 센터의 웹사이트로 안내가 되어서, 방문자들은 「아이의 연령을 체크하면 발달이정표를 확인할 수 있습니다.」라는 문구로 초대된다. 그곳에서 부모들은 12개월이면 아기들이 첫 걸음을 걷는다는 사실을 배우게 된다. 세계 보건기구도 역시 아이가 도움을 받지 않고 걸을 수 있는 연령이 12개월이라고 보고하고 있다.[9] 그렇다면 아이가 9개월에 걷기 시작한다거나, 16개월에 되어도 아직 첫 발을 떼지 못했다면 어떻게 될까? 무슨 문제가 있는 것일까? 대부분의 경우에는 그렇지 않다.

평균적인 미국의 아이들은 생후 1년 전후에 첫 걸음을 걷지만, 사람들이 잘 모르고 있는 사실이 있다. 정상 범위가 8개월에서 18개월이라는 점이다. 건강한 아이들의 절반이 첫 생일 즈음에 걷기 시작한다면, 나머지 절반의 아이들은 그러지 않는다는 의미이다.

한편, 생후 1년에 첫걸음을 걷는다는 발달이정표는 시간이 흐르면서 변화해 왔다. 이는 또한 문화에 따라 다르게 나타난다.

20세기 초에 예일 대학의 소아과전문의이자 심리학자였던 아놀드 게젤Arnold Gesell은 아동 발달 연구의 선구자였다. 게젤은 아이들은 각자 자신에게 맞는 속도로 성장한다고 주장하긴 했지만, 아동발달이정표라는 개념의 대변자였다. 그는 1920년대에 충분한 정보 수집을 통해서 평균적인 미국 아이들이 생후 13개월에서 15개월 사이에 첫 걸음을 뗀다는 사실을 알아냈다.[10]

1950년대와 1960년대에는, 이러한 발달이정표가 소아과에서 의사들이 일반적으로 행하는 선별검사의 일부가 되었다. 선별검사들 가운데는 베일리 영유아 발달검사Bayley Scales of Infant, 영유아 발달 Toddler Development, 덴버 발육 선별검사Denver Developmental Screening가 있다. 이 도구들은 소아과전문의들이 아이의 발달 문제를 진단하는 데 도움을 주었지만, 도움이 되지 않는 일들도 두 가지 발생했다. 첫째, 많은 부모들이 '평균'을 '정상'으로 오해했다. 둘째, '조기'가 '더 좋은'으로 오인되었다. 아이들이 일찍 걸을 수 있도록 적극적으로 장려한 부모들 덕분에 미국 아이들이 첫 걸음을 떼는 평균 연령이 12개월로 줄었다.

1992년, 증가하는 SIDS(유아돌연사 증후군) 사망률에 대한 대책으로 '등 대고 재우기' 운동이 시작되면서 상황은 또다시 바뀌었다.[11] 연구원들은 배를 대고 자는 아기들이 SIDS로 사망할 확률이 높다는 것을 발견했고, 소아과전문의들은 아기들의 등을 대고 재우도록 권고했다. 그러나 배를 대고 누워 있는 아기들은 수면 시간 동안 신체를 조정하는 방법 때문에 더 단단한 코어 근육을 발달시킨다. 그 결과, 그런 아기들이 더 빨리 서고 더 빨리 첫 걸음을 뗄 수 있다는 것이다. 혼자 서고 걷는 것이 조금 지연되는 것이 SIDS 사망률을 감소시키기 위해 지불해야 하는 대가이다. 그래도 아기의 코어 근육을 강화하기 위한 '배를 대고 눕는 시간'이 현재는 일상의 일부로 권고되고 있다.

아이가 언제 처음 일어서서 걷게 되는가는 여러 가지 요인에 따라 달라질 수 있다는 것이 분명하다. 그런데 정상범위를 결정하는 연구들은 온전히 'WEIRD' 인구들만을 대상으로 해왔다. WEIRD는 서양의Western, 교육을 받은 사람으로Educated, 산업화되고Industrialized,

부유한Rich, 민주국가에Democratic 사는 인구를 의미한다. 인류학자인 케이트 클랜시Kate Clancy와 제니 데이비스Jenny Davis는 말했다.[12]

"WEIRD는 백인이다."

이런 연구들이 무엇이 '정상'인가에 대한 기준치를 정하는 데 그릇되게 사용되어 왔다. 전 세계를 통틀어 걸음마의 시작을 검토해 보면, 더욱 많은 차이가 발견될 수 있다.

파라과이 동부의 숲에 거주하는 유목민 아셰ACHÉ는 먹을 것을 구하기 위해 전통적인 수렵과 채집에 의존한다. 약 50명 정도의 무리를 이루어 생활하며, 야자 녹말, 꿀, 원숭이, 아르마딜로, 맥 등, 구할 수 있는 것들을 먹는다.

그들이 사는 숲은 위험하며, 아이들에게는 특히 그렇다. 재규어가 소리 없이 숲 바닥을 어슬렁거린다. 산호뱀과 살무사, 코브라, 그리고 공포스러운 큰삼각머리독사를 포함하는 맹독성 파충류들이 넘쳐난다. 인류학자 킴 힐Kim Hill과 A. 막달레나 우르타도A. Magdalena Hurtado는 그들의 저서 《아셰의 삶의 역사ACHÉ Life History》에 사람을 무는 개미와 벼룩, 각다귀, 진드기, 거미, 심지어는 애벌레에 대해 기술하고 있다. 이 숲에서 말벌에 쏘이면 구토를 일으키며, 딱정벌레의 한 종은 피부를 태우고 일시적 실명을 야기할 수 있는 산성 액체를 만들어 낸다. 쇠파리가 사람의 피부 밑에 유충을 심어서, '놀랄 만한 크기의 벌레가 들어 있는, 점점 커져 가는 고통스러운 상처'를 만든다고 힐과 우르타도는 설명했다.[13] 맨눈으로 보이지 않는 것은 더욱 위험하다. 말라리아, 샤가스병, 리슈만편모충증은 각각 모기, 키싱버그(키싱버그: 침노린재류의 흡혈곤충_역주), 모래파리에 물려서 생기는 기생충질환이다.

"영유아 혹은 어린 아이들은 숲 바닥에 보호자 없이 방치되면 오래 생존하지 못할 것이다."[14]

힐과 우르타도는 기술했다.

"숲에서 캠핑을 하다 보면 피해야 할 곤충에 대해 호되게 배우는 아이들의 울음소리로 계속해서 방해를 받는다."

이런 환경에서 부모가 만 한 살이 된 아셰의 아이에게 걸음마를 시킨다는 것은 위험한 일일 것이다. 그래서 그렇게 하지 않는다. 아이들은 생후 2년까지는 엄마에게 꼭 붙어서 지낸다. 인류학자인 힐랄드 케플란Hillard Kaplan과 헤더 도브Heather Dove는 아셰 아이들이 스스로 걷기 시작하는 평균 연령이 만 2세라고 보고했다.[15] 이는 현재 미국의 평균 나이의 두 배이다. 이 차이는 완전히 생물학적인 것이 아닌, 문화적인 것이다. 만일 나의 아이들이 아셰의 숲에서 길러진다면, 그 아이들도 아마 만 두 살이 되기 전까지는 걷지 못할 것이다.

중국의 북부 지역에서는, 어른들이 농사일을 하는 동안 아이 혼자 남겨 두기 위해서 하루에 16시간에서 20시간 동안 고운 모래가 들어 있는 오자미 같은 주머니를 아이에게 매어 둔다.[16] 75퍼센트의 미국 아이들이 걷기 시작하는 연령인 13개월이 되면, 이 중국 아이들 가운데 겨우 13퍼센트가 첫 걸음을 걷는다. 타지키스탄의 일부 지역에서는 아이들이 주로 안겨 있어서 다리를 별로 움직이지 않는다. 그 때문에 생후 1년의 나이에 아이 스스로 걷는다는 것은 있을 수 없는 일이다.

미국 아이들보다 늦게 첫 걸음을 떼는 문화도 많이 있지만, 더 일찍 걷기 시작하는 문화도 있다. 예를 들어, 케냐와 우간다 일부 지역에서는 아기가 9개월에 스스로 걷는 것이 놀라운 일이 아니다. 수년 동안, 이러한 차이는 '아프리카인들이 유럽 혈통의 사람들과 생물학적으로 다르다(해석: 열등함)'라는 인종차별적인 생각을 지지하는 데 언급되어 왔다. 학자들은 아프리카의 아이들이 일찍 걷기 시작하는 이유가 그들의 유전자와는 아무런 관계가 없다는 것을 알고 있다. 아기들의 엄마와 할머니가 매일 아기를 씻기면서 열성적으로 아기의 다리를 마사지하는데, 이런 자극이 신체를 움직이는 힘과 조정력을 향상시킨다. 이웃나라인 자메이카의 유사한 관습 또한 유사한 결과를 보여 주고 있다. 자메이카의 아이들은 평균적으로 10개월에 걷기 시작한다.

현재에도 걷기 시작하는 것에 대해 구글 검색을 하면, 여전히 잘못된 정보들을 잔뜩 보여 준다.

"늦게 걷는 아이가 자연적으로 더 영리하다."

한 웹사이트는 자랑스럽게 말한다.

"아기가 더 오래 기어 다닐수록 더 영리해진다."

어떤 웹사이트에서는 이렇게 주장한다. 또 다른 웹사이트는 이에 반하는 의문을 제기한다.

"일찍 걷고 말하기 시작하는 아이들은 천재가 되나요?"

발달 심리학자들이 이 질문에 대한 연구를 했으나, 그 결과는 분명하지 않다. 220명의 아이들을 대상으로 스위스에서 진행된 연구는 다음과 같은 결과를 보여 주었다.[17] 일찍 걷기 시작한 아이들이

만 18세가 되었을 때 몸의 균형을 조금 더 잘 잡는 것으로 보이나, IQ 테스트나 신체 운동 기능 시험에서는 더 좋지도 나쁘지도 않은 점수를 보였다. 5천 명 이상의 사람들을 대상으로 영국에서 진행된 대규모의 장기 연구가 2007년에 완성되었는데, 아이들이 언제 첫 걸음을 떼었는가와 그들이 각각 8세, 23세, 그리고 53세일 때의 IQ와는 아무런 연관성이 없음이 밝혀졌다.

IQ가 조금 더 높은 아이들은 걸음마도 빨리 시작했다는 결과를 보여 주는 연구들이 아주 가끔 발표되고는 있다.[18] 이런 연구들의 한 가지 문제는 IQ라는 것이 해당 시험을 치르는 기술 외에 실제로 측정하는 것이 무엇인지 불분명하다는 사실이다. 게다가, IQ가 미치는 영향이 사실이라 하더라도 그 결과가 너무 보잘것없어서 첫 걸음의 시작과 지능과는 관계가 없는 것으로 보인다. 영향이 있다고 한다면, 그 인과관계의 화살은 반대방향으로 향하고 있다. 걷는다는 행위 자체가 걸음마를 배우는 아이에게 세상을 보는 새로운 관점을 제시하고 새로운 학습 기회로의 문을 열어 준다고 주장하는 연구들이 있었다.[19]

그런데 영국에서 2천 명 이상의 아이들을 대상으로 2015년에 진행된 연구에서는, 생후 18개월에 더욱 활발했던 아이들이 거의 20년 후에 정강이와 고관절 뼈의 골밀도가 더 높은 것으로 밝혀졌다.[20] 신체적 활동은 뼈 성장을 촉진한다. 이는 핀란드에서 9천 명 이상의 아이들을 대상으로 한 연구에서 더 빨리 걷기 시작한 아이들이 10대에 스포츠를 할 가능성이 높다는 결과가 나온 이유를 설명해 주고 있다.

그러나 첫 걸음의 시작과 운동능력과의 관련성은 여전히 빈약해서 예측을 하는 데는 사용될 수 없다.

무하마드 알리Muhammad Ali가 아기 캐시어스 클레이 주니어Cassius Clay Jr.였을 때, 그는 생후 10개월에 이미 서서 걷기 시작했으며, 아마 주먹도 날리고 있었을 것이다.[21] 사상 최고의 센터필드였던 윌리 메이스Willie Mays는 만 1세에 첫 걸음을 뗐다. 전직 프로 풋볼 스타이자 대학 풋볼 명예의 전당에 이름을 남긴 리로이 키이스Leroy Keyes는 세 살이 되어서야 걷기 시작했다. 칼린 베넷Kalin Bennett은 만 1세가 되기도 전에 자폐아 판정을 받았고 3세 전까지는 걷지 못했다. 그러나 초등학교 3학년 때 농구를 시작했고, 고등학교 졸업반 무렵에는 알칸사스주에서 16명의 최고의 농구 유망주 가운데 한 사람이 되었다. 그는 현재 켄트 주립대학에서 대학 농구 선수로 활약하고 있다.

세 살은 매우 심각한 경우이며, 생후 18개월까지도 혼자서 걷지 못하는 아이는 전문의의 진찰을 받을 것을 강력하게 권고하고 있다. 그러나 요점은 이것이다. 일반적으로 예상되는 8개월에서 18개월이라는 범위 안에 들어간다면, 걷기 시작하는 나이는 전혀 중요하지 않다는 것이다.

아이들이 언제 걷기 시작하느냐에는 상당한 차이가 발견될 수 있으며, 이는 어떻게 걷기 시작하느냐 하는 문제에도 마찬가지이다. "걷기 전에 기어야 한다."라는 옛말은 전혀 사실이 아니다.

전 세계의 다양한 문화 속에 살고 있는 많은 아이들이 기는 단계를 거치지 않으며, 그 단계를 건너뛰었다고 해서 걷는 법을 배우는 능력에 영향을 끼치지도 않는다.[22] 자메이카의 영유아에 대한 연구는 거의 30퍼센트의 아이들이 기지 않는다는 사실을 밝혀냈다. 영국에서는 다섯 명 가운데 한 명꼴로 기지 않는다. 20세기 초 미국의 중산층 영유아의 40퍼센트는 기지 않았는데, 이는 대부분의 아기들이 긴 치마 같은 옷을 입고 있어서 기려고 하면 무릎에 옷이 걸려 얼굴을 바닥에 찧게 되기 때문이었다.

기는 과정을 거치는 영유아들도 같은 방법으로 기지는 않는다. 그들은 곰같이 기거나, 게, 군인, 또는 거미같이, 배를 대고, 무릎으로, 자벌레처럼, 통나무 굴리듯이, 혹은 엉덩이를 끌며 기어 다닌다. 그리고 결국에는, 첫 걸음을 시작하게 된다.

「각각의 영유아들은 그들만의 길을 만들어 냅니다.」[23]

뉴욕 대학의 발달심리학자인 캐런 아돌프Karen Adolph가 기술했다.

「그리고 표현의 배열은 바뀔 수 있습니다.」

다른 말로 하자면, 이족보행 동물이 되기 위한 옳은 길이 단 하나만 있는 것은 아니라는 것이다.

아이들이 왜 그리고 어떻게 두 발로 서서 걷는 것을 배우는지 더 잘 이해하기 위해서, 나는 그리니치빌리지의 뉴욕 대학에 있는 아돌프 박사의 연구실을 방문했다. 아돌프 박사는 에모리 대학에서 발달심리학 석사 준비를 시작하기 전에 6년 동안 유치원 선생님이었다. 그녀는 그 이후로 유아기 발달 연구에 대한 보조금을 40차례 이상 지원받았으며, 100편 이상의 과학 논문을 발표하여, 그녀의 동료들이 논문의 내용을 9천 번 이상 인용했다. 아이가 어떻게 걷는 법을 배우는지에 대해 아돌프 박사보다 정통한 사람은 없다.

"네 발로 움직이는 것은 다른 동물들에게는 괜찮은 방법이고 영유아들에게도 적절한 방법으로 보입니다. 그렇다면 왜 아이들은 두 발로 서서 걷는 걸까요?"

내가 물었다. 아돌프 박사는 미소를 짓더니 꿰뚫어 보는 듯한 파란 눈으로 나를 응시했다.

"왜 걷느냐고요? 왜 안 되는데요?"

아돌프 박사의 연구실에서는 두 다리로 움직이면 아기들이 더 멀리 빠르게 이동할 수 있다는 것을 보여 주는 충분한 데이터를 수집했다. 걸음마를 배우는 아이에게 카메라를 장착해서 그들의 관점에서 세상을 포착함으로써, 아돌프 박사는 두 다리로 움직이는 것이 아이가 주변을 더 많이 볼 수 있게 해 준다는 것도 입증했다. 안토니아 말칙Antoia Malchik이 그녀의 저서 《걷는 삶A Walking Life》에서 기술했다.[24]

「영유아들은 흥미로운 장소에 가고 싶을 때 걸을 동기가 생긴다.」

아돌프 박사의 팀은 걷는 아기들은 시간당 43번 물건을 옮긴다는 것 또한 발견했는데, 이는 기어 다니는 아기보다 7배나 높은 수치이다.[25] 내가 덧붙였다.

"그건 이해가 갑니다. 걸으면 손이 자유로워서 물건을 집을 수 있지요."

아돌프 박사는 재빨리 내 말을 정정했다.

"그런데 그건 아기들이 걷는 이유가 아닙니다. 우리가 수집한 데이터를 보면 아기들은 목표지향적이 아닙니다."

아기들은 목적 없이 방 안을 돌아다니며 그러는 과정에서 모든 종류의 에너지를 낭비한다고 그녀가 설명했다.[26] 아기들이 결국에는 장난감을 집거나 흥미로운 목적지에 도달하는가? 물론이다. 그러나 그렇게 하는 데 시간이 걸린다.

"왜 그럴까요?"

내가 묻자 그녀가 답했다.

"아기들은 움직이는 게 즐거워서 움직입니다."

나는 내 아들 벤이 처음으로 걸었던 때를 생각했다. (감사하게도 우리는 벤의 첫 걸음마를 비디오로 담아 놓았다. 그러지 않았으면, 수면 부족인 내 뇌가 그 순간을 떠올릴 확률은 거의 없다.) 때는 따듯한 8월의 한 오후였고, 나와 내 아내는 매사추세츠 우스터의 작은 우리 집에서 시원하게 지내려 하고 있었다. 우리 쌍둥이들은 몇 개월 동안 기어 다니다가 몸을 일으켜 세워서 소파나 책장을 잡고 발을 끌며 걸어 다니고 있었다. 내 아들은 걷고자 하는 의지가 있어 보였다. 벤은 다리를 곧게 뻗어서 힘들게 한두 걸음을 걷다가 통통한 허벅지가 무릎을 내리눌러 엉덩방아를 찧곤 했다. 그의 쌍둥이 누이는 즐겁게 바라보고 있었으나, 스스로 걷고자 하지는 않았다.

아이들이 어떻게 자라는지 연구하는 과학자들은 도움 없이 넘어지지 않고 다섯 걸음을 걷는 것을 첫 걸음이라고 정의한다.

벤은 진한 파란색의 레드삭스 유아복을 입고 있었으며, 머리칼 없는 아이의 커다란 머리가 뒤뚱거리는 몸 위에 위태롭게 얹혀 있어서 마치 찰리 브라운의 아기 모습 같았다. 내 아내는 벤의 머리 위로 손을 잡은 다음 천천히 손을 뗐고, 벤은 팔을 벌리고 있는 나를 향해 비틀거리며 걸어왔다. 다리를 한 번씩 들어 올릴 때마다 벤은 가까워졌고, 가까이 다가올수록 아이는 더 크게 웃었다. 다섯 발자국 후에 벤은 활짝 미소를 지으며 득의양양하고 지친 상태로 내 품에 안겼다.

그렇다, 아기들은 움직이는 것이 즐거워서 움직인다.

물론 그 순간 이후, 벤은 모든 곳을 걸어 다니지는 않았다. 벤은 계속해서 기고, 엉덩이로 끌고, 잡고 걸었다. 걷는 것은 벤의 운동 도구상자 안의 도구 중 하나였지만, 오래가지 않아 지배적인 도구가 되었다. 내 딸 조시는 벤을 면밀히 관찰했고, 뒤처지지 않기 위해서 곧 벤을 뒤따랐다. 다른 사람들을 관찰하고 흉내 낼 수 있다는 것은 아이들이 어떻게 걷는 법을 배우는가와 많은 관계가 있는 것 같다. 이는 왜 시력 장애가 있는 아이들이 첫 걸음을 걷는 데 평균의 두 배에 가까운 시간이 걸리는지 설명해 주고 있는지도 모른다.[27]

악기를 숙달하는 것이든 스포츠를 하는 것이든, 어떤 것에 전문가가 되려면 1만 시간을 투자해야 한다는 말이 있다. 걷는 법을 배우는 것도 크게 다르지 않다.

「걷는 법을 어떻게 배우는가?」[28]

아돌프 박사는 이렇게 썼다.

「매일 수천 걸음을 걷고 수십 번을 넘어져야 배운다.」

아돌프 박사는 연구생활의 초반에 아이들은 일직선으로 곧게 걷지 않는데, 걸음을 측정하는 데 사용하는 러닝머신과 걸음걸이 카펫 등의 실험 도구는 항상 직선이라는 것을 인식했다. 원하는 데이터를 얻기 위해서, 그녀는 실험실 공간 전체를 이용해서 처음 걸음을 걷는 아이들의 모든 걸음을 기록했다. 그녀와 그녀의 학생 조교들이 발견한 사실은 놀라웠다.

걸음마를 배우는 평균적인 아이는 시간당 2,368보를 걸었는데, 이는 풋볼 경기장 8개의 길이와 맞먹는 거리이다.[29] 그렇다면 평범한 하루 동안, 걸음마를 배우는 아이는 약 1만 4천 보를 걷는 것이며, 이는 46번의 터치다운을 기록하거나 4.8km 가까이 걷기에 충분한 정도이다. 아기들이 매일 적어도 12시간은 잠을 자야 할 필요가 있는 것이 당연하다.

걸음마를 배우는 아이는 작은 어른처럼 걷는 것이 아니다. 미니어처 유인원처럼 고관절과 무릎이 살짝 굽은 채, 고르지 못한 걸음걸이로 좌우로 비틀거리며 걷는다. 아기들의 발바닥은 편평하고, 바닥을 효율적으로 밀어내지도 못한다. 아돌프 박사의 팀은 아기들이 시간당 평균 17번을 넘어지는데, 매일 몇천 보씩 걷는 것이 이를 개선하는 데 도움을 준다는 사실을 발견했다. 그렇다 하더라도, 만 5세에서 7세가 되기 전까지는 어른처럼 걷지 못한다.[30] 그 과정에서 아기들의 골격이 변화한다.

뼈는 살아 있다.

과학 시간에 보는 뼈 표본은 단단하고 잘 부스러지며 유연하지도 않다. 일반적으로 옅은 황백색을 띤다. 그러나 우리 몸속의 뼈는 더욱 유연하고 역동적이다. 뼈는 숨을 쉬며, 다른 신체 부위로부터 메시지를 받기 위해 호르몬에 의지하는 살아 있는 세포로 일부 이루어져 있다. 살아 있는 뼈는 혈액이 공급되기 때문에 아주 옅은 분홍

색을 띤다.

본능적으로 우리는 뼈가 살아 있다는 것을 알고 있다. 아주 작은 아기였을 때는 몸속에서 자라며 결과적으로 현재의 골격을 형성하게 된다. 뼈가 부러지면, 스스로 치유된다는 것도 알고 있다.

인간은 침팬지와 같은 수, 같은 종류의 뼈를 가지고 있다. 뼈의 개수는 얼마나 많은 부주상골(부주상골: 부수적인 뼈_역주)이 형성되는가에 따라 다소 차이는 있으나, 보통 206개이다. 그러나 아이들은 어른들보다 더 많은 '뼈'를 가지고 있다. 대퇴골을 예로 들어 보자. 어른의 경우, 대퇴골은 신체에서 가장 큰 뼈인데 하나로 이루어져 있다. 그러나 아이들의 대퇴골은 몸통 부분과 네 개의 뼈로 된 돌기로 이루어져 있는데, 고관절 부분에 세 개, 무릎 쪽 끝부분에 한 개가 있다. 그 돌기들은 성장판에 의해서 몸통 부분과 분리되어 있다. 성장판은 한 개체가 자라나면서 확장되는 연골 부위이다. 이 모든 것은 아프리카 유인원에게도 동일하게 적용된다.

그렇다면 무엇이 인간의 골격은 직립보행에 적당하고, 침팬지의 골격은 그렇지 못하게 만드는 것일까?

유전자가 그 이야기의 일부를 설명해 준다. 인간이건 혹은 침팬지이건, 자라나는 태아의 어느 곳에 그리고 얼마나 많은 연골 세포담체(세포담체: 세포가 원하는 조직으로 증식, 분화될 수 있도록 미세공간을 제공하고 외부 균의 침입을 억제하는 세포의 집과 같은 지지체_역주)를 생성할 것인지를 결정하는 유전암호가 신생아 골격의 구조를 결정짓는 데 도움을 준다. 우리 골격의 특정 구조들은 어떤 면에서, 우리를 걸을 준비가 된 상태로 태어나게 해 준다.

예를 들어, 인간의 신생아는 직립보행의 고단함에 대비한 두툼한 발뒤꿈치를 가지고 태어난다.[31] 태어날 때부터, 우리의 골반은 짧고 둥그스름하며, 신체의 측면에 위치해 있어서 두 다리로 걸을 때 균형을 잡을 수 있도록 고관절 주변의 근육을 단단히 고정해 준다. 신생아는 직립보행의 충격을 전달하도록 조정된 골반의 내부에 해면골의 거미줄 같은 망을 가지고 있다. 이 특징들은 태어나서 1년 정도는 필요하지 않지만, 아기들은 이런 특징들을 가지고 태어난다. 따라서 이것이야말로 이족보행을 위한 진정한 유전적 적응인 것이다.

그러나 뼈가 살아 있다는 것을 기억하라. 뼈의 세포들은 우리가 성장하면서 부여하는 힘에 반응한다. 어떤 면에서 뼈세포는 우리가 움직인 시점과 어떻게 움직였는지를 모두 기억하고 있다. 아이들이 성장하면 뼈는 단순히 크기만 커지는 것이 아니다. 아이들이 부과하는 매일의 압박에 반응하면서 뼈의 형태도 바뀐다.[32]

무릎을 예로 들어 보자.

벤이 첫 걸음을 떼었을 때, 좌우로 뒤뚱거린 이유는 벤의 무릎 사이가 멀리 떨어져 있었기 때문이기도 하다.[33] 그러나 나이가 많은 아이들과 성인들은 무릎이 사실상 붙어 있어서 발이 고관절 아래에 위치하게 해 줌으로써 신체 균형을 잡는 것을 도와준다. 이것은 우리의 대퇴골이 안쪽으로 기울어져 있기 때문에 가능한 것이다. 제4장에서 이미 언급된 대로 루시와 그녀의 종족 역시 대퇴골에 이러한 두융기각이 있었다. 그런데 이것은 우리가 타고나는 것이 아니며, 루시 또한 그러했다. 출생 시 우리의 대퇴골은 침팬지의 대퇴골처럼 곧다. 걸음마를 배우기 시작하면서 우리 무릎의 연골이 고르지 못한 압력을 받아 점차 비스듬해져서, 무릎이 기울어지는 결과를 초래한다. 하반신 마비로 평생 걸어 보지 못한 사람들은 두융기각이 생기지 않는다.[34]

그런데 진화에는 항상 주고받는 것이 있기 마련이다. 두융기각은 신체의 균형을 유지하는 데 도움이 되지만, 문제를 일으키기도 한다. 우리의 대퇴골이 기울어 있기 때문에, 대퇴골의 앞쪽에 부착된 대퇴사두근 역시 우리가 움직일 때 비스듬히 수축한다. 그 결과, 측면에서 작용하는 힘이 무릎뼈를 바깥쪽으로 살짝 잡아당기게 된다. 심각한 경우에는 무릎뼈가 이탈되는, 의학 용어로 '슬개골 탈골 patellar subluxation'이 발생하기도 한다.

무릎의 물리적 작용을 생각해 보면, 무릎뼈 탈구는 실제보다(미국에서 연간 2만 건 발생) 더욱 자주 발생해야 할 것처럼 보인다. 탈골이 자주 발생하지 않는 것은 슬개골 외융기lateral patellar lip라 부르는 커다란 뼈의 융기가 옹벽 역할을 해서 무릎뼈를 제자리에 머무르게 하기 때문이다. 보통 이상으로 커다란 외융기를 지닌 오스트랄로피테쿠스 세디바도 동일한 구조를 지니고 있다. 무릎을 굽힌 채로 앉아서 무릎의 바깥쪽 상부를 만져 보면 외융기가 만져진다.

슬개골 외융기의 놀라운 점은 골반 내부의 해면골과 마찬가지로, 걷기 시작하기 전까지는 필요하지 않은데도 불구하고 타고나는 특성이라는 것이다.[35] 슬개골 외융기를 위한 연골 세포담체가 출생 시 아기의 무릎에 이미 형성되어 있어서, 영유아에게는 아직 발생하지도 않은 문제의 해결책을 마련해 주고 있다.

이는 인간의 신체가 유전적으로 암호화된 특성과 우리 스스로의 행동에 의해 만들어진 구조의 조합이라는 훌륭한 예시이다. 우리의 골격은 선천적, 후천적 요인이 함께 작용하여 인간의 형태라는 결과물을 도출한 매우 복잡한 과정의 산물이다.

다시 연구실로 돌아가서, 아돌프 박사는 지면보다 높은 보행로 위를 따라 기어 다니는 아이들의 영상을 내게 보여 주었다. 아이들의 눈은 아이들을 유인하기 위해 사용된 봉제인형에 고정되어 있었다. 아이들이 알아채지 못하고 있는 것은 길 위에 30cm 정도의 틈이 있다는 사실이었다. 감시자가 없다면, 그대로 길 위에서 아래로 떨어지는 상황이다. 아돌프 박사와 그녀의 팀은 경사나 다른 장애물을 추가하면서 기어 다니는 아이들에게 다양한 도전 과제를 주었다. 그 결과는 항상 동일했다.[36] 생애 처음으로 세상 탐험에 나선 영유아들은 겁이 없었으며 한계에 대한 감각이 없었다. 그러나 곧 그들은 실수에서 교훈을 얻고, 그들 주변의 함정들을 인식하고 주의를 기울여 기어 다니기 시작했다.

걷기 시작하기 전까지는 그랬다. 손과 발로 기어 다닐 때는 능숙하게 장애물 사이를 돌아다니던 아이가 두 발로 걷게 되자 실험용 보행로에서 우스꽝스럽게 뒤뚱거리다 떨어지는 영상을 보면서 나는 놀라지 않을 수 없었다.

"세상에, 아기들이 배운 것을 다 잊어버렸군요."

"아닙니다."

아돌프 박사가 대답했다.

"아기들은 기어 다니며 장애물 사이를 돌아다니는 법을 배웠지만, 걷게 되면서 세상을 바라보는 새로운 시점이 생긴 겁니다. 세상에 대한 우리의 시점은 우리가 움직이는 방법에 따라 달라집니다. 아기들은 오로지 특정한 형태의 움직임이라는 맥락 안에서 배운 것만을 아는 것입니다."

나는 아이들이 차례차례 높은 나락의 끝자락을 밟고 넘어서 보행로 위의 틈새 사이로 빠져, 급경사의 경사면으로 떨어져 내려가는 영상을 보면서, 이 용감무쌍한 새로운 이족보행자들을 잡아 주는 감시자의 손이 항상 존재한다는 것에 감사했다.

걷는 것을 배우는 일은 힘들고 그리고 위험하기까지 하다. 누군가 잡아 줄 사람이 없다면 말이다.

— 11 —

출산과 이족보행

이 엉덩이는 튼튼한 엉덩이[1]
이 엉덩이는 마술 엉덩이

×

내 엉덩이에 대한 경의(1980), 루실 크리프톤(Lucille Clifton)

그녀가 일어섰다. 출산의 고통으로 주먹을 움켜쥐자 경직된 팔 근육이 피부 밑으로 뚜렷이 나타난다. 다른 두 여성의 부축을 받으며 가끔 쭈그리고 앉다 바로 앉다 한다. 그녀가 숨을 내쉬며 다음 번 자궁 수축을 대비하는 동안, 그녀 뒤에 자리 잡은 여성은 가슴 밑으로 팔을 둘러서 그녀를 받쳐 준다. 그녀에게 격려하는 말을 속삭이며 아기가 거의 나왔다고 말해 준다. 전에도 해 본 일이기 때문에 알 수 있다.

그녀가 마지막으로 힘을 주자, 아직 탯줄로 그녀와 연결된 아기가 차갑고 위험한 세상으로 나왔다. 그녀의 자매들이 신생아를 싸맸고, 지친 산모는 젖을 먹이려고 아기를 가슴으로 데려왔다.

이는 현재에도 일어날 수 있는 일이나, 위에 묘사된 장면은 1만 5천 년도 전에 일어난 일이다. 누군가 석판 위에 고고학 기록상 가장 오래된 이 출산 장면을 새겨 놓은 덕분에 알 수 있었다. 이 장면 외에 고대의 일상생활이 새겨진 석판들이, 본Bonn의 남쪽에 위치하며 라인 강에서 서쪽으로 몇 마일 떨어진 마을인 현재 독일의 괴네르스도르프에 남겨져 있었다.

1만 5천 년 전에, 우리의 행성은 가장 최근의 빙하기에서 빠져나오는 중이었다. 스칸디나비아와 영국 섬은 여전히 두께가 1.6km나 되는 북극 얼음으로 뒤덮여 있었다. 현재 독일의 미개발 지역은 숲으로 뒤덮여 있지만, 홍적세 말기에는 수 킬로미터 안에 나무 한 그루 없었다. 오늘날의 시베리아와 유사한 툰드라 지역이었다. 그 지역에는 북미산 순록과 북극여우, 사향소를 포함한, 현재의 북극 초원에서 발견되는 동물들이 살고 있었다. 매머드와 털북숭이 코뿔소, 동굴사자와 같이 오늘날 멸종된 동물들도 있었다. 사람들은 도구와 불을 만들었다. 사냥도 하고 요리도 했다. 아이를 낳았고 예술품을 창조했다.

이 마지막 두 가지 활동이 우리가 59번 소형판Plaquette 59이라 부르는 석판 조각에 하나의 놀라운 사건으로 융합되어 새겨져 있다.[2] 산고 중인 여성의 긴장된 삼각근을 포착하고 꽉 움켜쥔 손가락을 보여 주는 것이 조각가에게는 중요했다. 그러나 여기에는 추상적인 개념도 있다. 신생아의 눈은 엄마와 구불구불한 선으로 연결된 단순한 타원형으로 묘사되어 있다. 이 문화와 함께 그 의미도 사라져 버린 두 개의 말 머리가 이 장면을 지켜보고 있다.

출산은 항상 인류 생활의 일부였고, 이는 친숙하면서도 복잡한 방식으로 직립보행, 특히 여성이 걷는 모습과 연결되어 있다.

출산을 해 본 여성은 독특한 경험을 가진다. 모든 출산은 태아의 머리 크기, 어깨 넓이, 골반 크기, 임신 기간, 인대 완화, 두개골 주형, 스트레스 호르몬, 출산 자세, 사회적 지지, 참여하는 산파나 산부인과 전문의의 접근방식, 그리고 기타 다른 변수들이 복잡하게 혼합된 과정이다. 하지만 이런 변수들의 홍수 속에도, 특히 인간의 출산을 우리와 가장 가까운 친척인 유인원과 비교해 보면 공통점이 존재한다.

인간은 유인원과 마찬가지로 임신 9개월 즈음에는 아기의 머리가 자궁 아래로 내려가고 얼굴은 앞을(산모의 배꼽 방향) 향하게 된다. 유인원의 암컷은 나무 위에서 혼자, 그리고 거의 항상 밤에 새끼를 낳기 때문에 야생 유인원의 출산에 대해서는 아는 것이 많지 않다.[3] 그러나 감금된 상태에서는 그러한 출산 과정을 면밀히 관찰할 수 있다.

암컷 유인원의 분만 시간은 짧아서 보통 두 시간 정도이다. 새끼 유인원은 골산도를 막힘없이 통과해서 보통은 얼굴을 앞으로 향하고 태어난다.[4] 자세만 바르다면, 엄마 유인원은 질에서 새끼를 밀어낼 때 새끼의 얼굴을 볼 수도 있다. 엄마 유인원은 아래로 몸을 굽혀 자신의 손으로 새끼가 산도에서 나오는 것을 도와준다. 갓 태어난 새끼의 얼굴을 핥아서 깨끗이 하고는 기도를 뚫어 준다. 그런 후 곧 젖을 먹인다.

인간의 출산은 이렇게 간단하지 않다. 인간의 아기도 일반적으로 유인원 아기처럼 시작한다. 머리가 아래로, 얼굴은 앞으로. 평균적으로 인간의 분만은 14시간 정도이나, 40시간 이상 걸리는 여성들도 없는 것은 아니다.[5] 분만 시간이 오래 걸리는 것은, 질과 자궁 사이의 경계점인 자궁 경관이 확장되는 속도가 느리기 때문이기도 하다. 자궁 경관이 확장되어야 인간 신생아 크기의 머리가 통과할 수 있다.

우리 어머니께서 나를 낳으려고 진통하는 중에 내 머리가 엄마 골반의 뼈둘레에 닿았을 때, 나는 나의 첫 시련과 맞닥뜨렸다. 골반은 우리 몸에서 앞으로 살짝 기울어져 있어서 산도의 뼈둘레도 기울어져 있다. 골반의 크기는 상부에서 하부까지 너무나 제한적이기 때문에 인간의 아기는 다른 유인원들처럼 태어날 수 없다. 나와 다른 모든 아기들이 찾아낸 해결 방법은 턱을 가슴에 붙이고 머리를 옆으로 돌려서 머리의 가장 긴 부분(앞뒤)이 우리 엄마 골반의 가장 넓은 부분(좌우)과 맞춰지게 하는 것이었다.[6]

1951년에 펜실베이니아 대학 인류학자인 윌튼 크로그만Wilton Krogman은 영향력 있는 잡지인 〈사이언티픽 아메리칸Scientific American〉에 '인류 진화의 흉터'라는 제목의 기사를 썼다.[7] 그 기사에서 그는 허리 통증에서부터 비뚤어진 치아에 이르는 많은 인간의 결함이 진화 때문이라고 주장했다.

「H. 사피엔스 부인의 수많은 분만 관련 문제들이 인간 종의 더 좁아진 골반과 더 커진 머리 크기의 결합 때문임은 의심할 여지가 없다. 그 비율이 균형을 찾는 데 얼마나 걸릴지는 아무도 모른다. 인간의 머리 크기가 실질적으로 줄어들지는 않을 것이므로 크기의 수정은 골반에서 이루어져야 할 것으로 추측하는 것이 합리적이다. 따라서 진화는 여성에게 폭이 넓고 널찍한 골반으로 은혜를 베풀어야 할 것이다.」

그러나 문제는, 인간 여성의 골반은 좁지 않다는 것이다. 좌우의 크기로 보면 충분히 널찍하다. 진짜 문제는 인간의 골반이 위에서 아래로 눌려 있어서, 일반적인 영장류가 탄생하는 통로가 인간에게는 소용이 없다는 것이다.

왜 그럴까?

왜냐하면 인간은 두 다리로 걷기 때문이다.

유인원은, 대부분의 다른 네 발로 걷는 포유류의 골반 모양과 유사한 아래위로 긴 골반을 가지고 있다. 고관절이 척추와 골반을 이어 주는 천장관절(천장관절: 엉치뼈(천골)와 엉덩이뼈(장골)가 만나는 부위_역주)과 멀리 떨어져 있기 때문에, 아기의 머리가 쉽게 통과할 수 있는 산도가 형성되는 것이다. 그러나 이러한 구조 때문에 유인원 몸의 상부가 무거워져서 두 다리로 섰을 때 휘청거리고 불안정해진다.

인류의 조상들이 이족보행에 더 많이 의지하게 되면서 골반의 모양도 변화했다. 사실, 골반은 우리 몸의 어느 뼈보다도 많이 변화했는데, 길고 납작한 골반에서 짧고 둥근 모양으로 변했다. 천장관절과 고관절 사이의 길이가 짧아지면서 이족보행 조상들의 무게중심도 낮아져, 직립보행을 하기에 더욱 안정적이고 효율적이 되었다. 하지만, 허리와 엉덩이의 간격도 짧아져, 산도의 크기가 줄어들었다. 이런 이유로 아기들은 분만 과정에서 머리를 좌우로 움직이고 몸을 돌려야 했다.

이러한 탄생 메커니즘이 300만 년도 더 전부터 시작되었음을 루시의 골반 모양을 보고 알 수 있다.[8]

1976년 4월 7일 아침, 어머니의 자궁이 수축하면서 산도를 통해 나를 지속적으로 밀어냈다. 중간면이라 부르는 지점까지 도달하자, 나는 두 번째 장애물을 만났다. 좌골극이라 불리는 양옆의 돌출부위 때문에 중간면에서 산도가 양측으로부터 좁아 든다. 사실, 산도는 측면 길이가 가장 넓게 시작되어 계속해서 좁아지는 구조로 되어 있다. 대부분 여성의 골반에서는 이 부분이 아기가 직면하는 가장 좁은 지점이다.[9] 이 길을 뚫고 나오는 유일한 방법은 계속해서 몸을 돌리는 것이다.

"산도를 찾아 나오는 것은 아마도 우리 중 대부분이 살면서 할 수 있는 가장 힘든 곡예일 겁니다."[10]

인류학자인 캐런 로젠버그Karen Rosenberg가 말한 바 있다.

우리 어머니의 산도의 크기가 이렇듯 변화했기 때문에 나는 몸을 나선형으로 돌려가며 중간면을 빠져나와 골반 출구로 향했다. 산도에서 몸을 이리저리 틀었던 탓에 나는 이제 엄마의 등을 향하고 있었다. 쭈그려 앉은 자세였던 나의 어머니가 이 시점에서 아래를 내려다보니 아기 머리 윗부분의 뒷면이 보였다. 이를 '후두전위' 출산이라 부르는데, 아기 머리 꼭대기의 뒷부분이 앞을 향하고 있는 경우를 의미한다. 그런데 가끔은 아기가 앞서 묘사한 것처럼 몸을 돌리지 않아서 얼굴을 앞으로 하고 머리 뒷부분이 엄마의 척추 하부를 압박하며 태어나는 경우가 있다. 이를 '써니 사이드 업sunny-side-up', 즉 '후두후위' 출산이라고 하며, 전체의 5퍼센트에 해당한다.

후두전위 출산은 인간이 태어나는 가장 보편적인 방법으로 합병증을 가장 적게 동반한다. 그러나 여기에도 단점은 있다. 만일 나의 어머니가 유인원 어미들처럼, 아래로 손을 뻗어 후두전위의 아기가 산도에서 나오는 것을 도와주려 했다면, 나의 목이 뒤로 당겨져 심각한 상해를 입는 위험을 감수해야 했을 것이다.

내 출산의 현 시점에서 내 머리 꼭대기는 산도를 나왔지만, 나는 아직 완전히 태어난 것이 아니었다. 어깨가 빠져 나와야 했다. 루이스 캐롤Lewis Carroll의 《이상한 나라의 앨리스》에서 작은 문에 맞닥뜨린 앨리스가 말했다.

"내 머리가 통과한다고 해도, 내 어깨가 빠져 나오지 못하면 아무 소용 없을 거야."[11]

이 시점에서 합병증이 발생하는 것은 드문 일이 아니다. 머리와 수직을 이루고 있는 아기의 넓은 어깨가 골반뼈에 걸릴 수 있기 때문이다. 여기에서 필요한 요령은 아기가 어깨를 한 번에 한 쪽씩 살짝 내려뜨려 엄마 골반의 앞쪽 하부로 집어넣어서 밖으로 나오는 것이다. 물론, 산파나 산과전문의가 이 움직임을 거들어 줄 수 있다. 내 어깨가 빠져나오자 나머지 신체 부분은 쉽게 따라 나왔고, 내 인생이 시작되었다.

우리의 호미닌 조상들도 우리와 매우 유사한 골반 형태를 지녔기 때문에, 그들 또한 출산에 도움이 필요했을 것이다. 실제로 현재 델라웨어 대학의 교수인 로젠버그와, 산파로서 수백 건의 출산을 거든 경험이 있는 뉴멕시코 대학의 인류학자 웬다 트레바탄Wenda Trevathan은 아기의 몸이 회전하는 호미닌의 출산은 도움의 손길이 필수적이었을 것이라고 주장했다. 오늘날의 모든 문화에서와 마찬가지로, 호미닌들에게도 출산은 사회적인 행사였을 것이다.[12]

인간의 출산은, 산과전문의나 산파의 도움이 있다 하더라도 여전히 위험해질 수 있다.

「출산은 아름다워요. 그렇지만 보기 좋지는 않지요. 끔찍하지만 삶의 긍정이 느껴지고, 영광스럽지만 치명적입니다.」[13]

《페미니스트, 엄마가 되다Like a Mother: A Feminist Journey Through the Science and Culture of Pregnancy》의 저자인 앤절라 가브스Angela Garbes가 썼다.

전 세계적으로 30만 명에 가까운 여성들과 100만 명에 달하는 아기들이 해마다 출산과정에서 사망한다.[14] 산모들의 경우는 과다출혈과 감염이 주된 원인이다. 사망률이 높은 이러한 나라들은 대체로 빈곤하거나 생식에 대한 여성의 권리가 거의 없는 나라들이다.

미성년을 신부로 맞이하는 관습이 일반적이어서 소녀들의 신체가 성장을 마치기도 전에 출산을 하는 나라에서 산모 사망률이 특히 높게 나타난다. UN인권위원회의 2019년 보고서에 따르면, 이런 관행이 개발도상국에 거주하는 15세에서 19세 사이의 소녀들의 주된 사망원이라고 한다.[15] 여성들의 평균 혼인연령이 20세 이상인 나라들의 경우에는, 평균 산모사망률이 1,500건의 출산당 1건이다.[16] 그러나 평균 혼인연령이 20세 미만인 나라들에서는 평균 산모사망률이 정상출산 200건당 1건이라는 놀라운 수치를 보인다. 이는 7.5배나 높은 사망률이다.

미국에서는 연간 약 700명의 여성이 출산 중에 사망한다.[17] 이는 출산 5천 건당 1건에 해당한다. 현대 사회에서 이는 자랑할 만한 수치는 아니어서, 미국은 여성이 출산하기에 세계에서 46번째로 위험한 나라에 순위를 올렸다. 카타르보다 조금 낫고, 우루과이보다 조금 못하다. 게다가 상황은 점차 악화되고 있다.

현재의 미국 여성은 출산 중 사망할 확률이 그들의 어머니 때보다 50퍼센트나 더 높다. 산부인과 전문의들은 치솟는 의료비와 감당할 만한 건강보험 취득의 어려움, 낙태에 대한 논란으로 인한 여성건강 클리닉의 폐쇄 때문에 생식보건에 대한 의료 서비스를 제대로 받지 못하고 있는 것이 그 이유가 될 수 있다고 말한다. 이러한 상황의 많은 부분에서 발생하는 제도적 인종차별로 인해 유색인 여성들은 백인 여성들보다 출산 중 사망할 확률이 서너 배나 더 높다. 모든 사망 상황에는 산모의 생명을 구하기 위한 긴급수술과 수혈을 필요로 하는 100번의 위급한 순간들이 발생한다.

이렇게 높은 사망률을 보면, 왜 진화가 이 문제를 해결하지 못했는지 궁금해진다. 그에 대한 답은 복잡하고 불분명하지만, '산부인과의 딜레마obstetrical dilemma'라고 알려진 생각으로부터 출발한다.

나는 셜우드 워시번Sherwood Washburn에 대해 알기 전에, 그의 형제인 브래드 워시번Brad Washburn을 먼저 알게 된 유일한 인류학자일 것이다.

브래드 워시번은 뉴잉글랜드 화이트산맥의 지도를 제작하고 에베레스트산과 다른 히말라야 봉우리들의 지도 제작을 도왔던 지도 제작자이다. 그의 부인인 바바라 또한 브래드 못지않은 탐험가인데,

그녀는 알라스카 데날리(이전의 맥킨리산)의 정상 등반에 성공한 첫 여성이다. 사실 나에게 더욱 중요한 것은 브래드가 보스턴 과학박물관의 설립자라는 사실이다. 나는 1998년부터 2003년까지 그곳에서 과학교육학자로 근무했다. 내가 아내를 만난 곳이기도 하고, 과학에 대한 사랑을 재발견하고 고인류학에 대한 열정을 찾은 곳이기도 하다.

2001년 어느 날 점심을 먹는 자리에서, 브래드와 바바라 부부가 나에게 올빼미 스푹Spook에서부터 세상에서 가장 큰 반데그라프 발전기(반데그라프 발전기: 실험실에서 고압을 만드는 데 사용되는 실험장치_역주)를 어떻게 박물관의 주차장에 설치하게 되었는지까지, 박물관의 초기시절 이야기를 들려주었다. 그러더니 바바라가 나에게 관심사가 무엇이냐 물었고, 나는 인류 화석에 대해 새롭게 발견한 나의 열정에 대해 이야기하기 시작했다.

"있잖아요. 내 형제인 셰리Sherry가 인류학자였어요."

브래드가 말했다.

당시에는 전혀 모르고 있었는데, 브래드의 형제인 셜우드(셰리) 워시번은 그 분야의 전설이었다. 셜우드의 박사 과정 지도교수였던 하버드 대학의 어네스트 후톤Earnest Hooton은 인구들 간의 차이점을 파악하고 사람들을 인종적 카테고리로 분류하는 연구를 하는 데 경력을 바친 사람이었다. 그러나 셜우드 워시번은 그 데이터에서 전혀 다른 사실을 발견했다. 그는 인간의 변이는 카테고리로 구분되는 것이 아니라 지속적이며 경계가 없다고 보았다. 그가 1951년 출간한 고전인 《신 자연인류학The New Physical Anthropology》에서 밝힌 그의 새

로운 인류학적 접근법은 인류학 분야를 영원히, 그리고 더 발전적으로 변화시켰다.[18]

셰리 워시번은 또한 현존하는 영장류의 연구를 통해 우리 호미닌 조상들의 행동에 대한 이해도 가능할 것이라고 주장했다. 분자 연구가 인류와 가장 가깝게 연관된 동물이 침팬지라는 사실을 밝히자, 그는 손가락관절을 이용한 보행이 이족보행으로의 연결통로라는 이론을 공식적으로 지지했다. 그는 석기와 화석 오스트랄로피테쿠스, 개코원숭이에 대한 저서를 남겼다. 그러나 그가 가장 많은 관심을 보인 것은 초기 인류의 행동에 대한 분야였다.

1960년, 셰리 워시번은 잡지 〈사이언티픽 아메리칸Scientific American〉에 실릴 기사를 작성했다.[19] 글의 초점은 고대 인류의 기술과 사회적 행동이었지만, 인간의 출산에 대한 그의 서술은 인류학 분야를 60년 동안이나 사로잡았다. 그는 다음과 같이 썼다.

> 인간이 이족보행에 적응하면서 골산도의 크기가 감소했으며, 동시에 더 커진 두뇌를 위한 도구 사용이 긴박하게 되었다. 이러한 산부인과의 딜레마는 태아를 발달단계의 초기에 분만하는 것으로 해결되었다. 이러한 해결책은, 산모가 이미 이족보행을 함으로써 손의 보행 부담이 사라져 무력하고 미성숙한 신생아를 안아 줄 수 있기 때문에 가능한 것이었다.

몇 문장 뒤에 워시번은, '움직임이 느린 어머니'라며, 팔에 아기를 안고 있어서 수렵이 불가능한 여성을 언급했다.

이렇게 해서 '산부인과의 딜레마'라는 문구가 등장한 것이며, 이는 고전적인 진화의 줄다리기를 간단명료하게 설명해 주고 있다. 여성의 골반은 신생아를 분만할 수 있을 만큼 커야 하는데, 지나치게 크면 보행능력에 지장을 줄 것이다. 진화의 해결 방법은, 때로는 난산을 야기하긴 하지만 분만이 가능한 만큼의, 그러나 여성이 걷지 못할 정도로 크지는 않은 골반이었다. 분만을 조금이나마 쉽게 하기 위해서 아기는 조기에 몸집이 작고 더욱 무력한 상태로 태어나는 것으로 생각된다.

역사학자 유발 노아 하라리Yuval Noah Harari는 영향력 있는 그의 저서 《사피엔스Sapiens》에서 워시번의 가설을 더욱 자세히 설명했다.[20] 그는 이렇게 서술했다.

「이족보행으로 산도가 위축될 수밖에 없었다. 여기에 아기의 머리는 점점 커져 갔다. 분만 중 사망은 인간 여성들에게 주된 위험요소가 되어 버렸다. 영아의 뇌와 머리가 상대적으로 작고 유연한 시기에 조기 분만을 했던 여성들은 출산을 더 잘 견뎌 내고 살아남아 더 많은 자녀를 둘 수 있었다.」

워시번의 산부인과의 딜레마는 우아한 진화론적 가설이지만, 그렇다고 옳다는 것은 아니다. 현재, 신세대 연구원들이 이 가설에 도전장을 내밀고 있다.

인간이 위축된 산도를 통과할 수 있도록 조기에 태어난다는 가정을 검증하기 위해서 로드아일랜드 대학의 인류학자 홀리 던스워스Holly Dunsworth와 그녀의 동료들은 다양한 영장류 종의 임신 기간을 비교해 보았다. 고릴라의 임신 기간은 36주이며, 침팬지와 보노보는

31주에서 35주 사이, 오랑우탄은 34주에서 37주 사이이다. 한편, 인간의 임신 기간은 일반적으로 38주에서 40주로, 이는 인간 크기의 영장류에 대해 예측할 수 있는 기간보다 한 달 이상이나 더 길다.

인간의 여성은 우리의 영장류 동료들에 비해 조기출산을 하지 않는다. 오히려 더 늦게 출산한다. 연장된 임신 후기 동안, 태아는 피하지방이 두꺼워지고 뇌가 커지며, 어머니로부터 더욱 많은 에너지를 요구하게 된다. 던스워스와 동료들은 그들의 2021년 연구에서, 성장하는 태아가 요구하는 에너지가 어머니의 신진대사량을 초과하면 출산이 촉발된다는 가설을 세웠다.[21]

출산이 다가와도, 태아의 뇌는 작기만 하다. 인간 신생아의 평균 뇌 용량은 370cm^{3}으로, 성체 침팬지의 뇌와 동일한 크기이다.[22] 그렇다. 우리의 신생아는 상대적으로 무력하게 태어나지만, 이는 조기출산 때문이 아니다.

그렇다면 왜 인간 여성은 출산에 용이하고 안전한 넉넉한 크기의 골반을 진화시키지 못한 것일까? 조금 더 긴 골반환(골반환: 골반의 테두리_역주)과 조금 더 넓은 좌골극처럼, 각 장애물들에 몇 센티미터씩만 여유가 생기면 되는데 말이다.[23]

증거는 많지 않으나 오랫동안 인정되었던 설명은, 여성의 신체는 출산에 맞게 적응되어 있어서 남성들처럼 걷기에 능숙하지 않다는 가정이었다. 이것이 큰 뇌와 신체를 지닌 신생아를 출산하기 위한 진화적 타협이라고 생각했다. 여성의 골반이 확대되면, 지금처럼 걷는 것이 힘들어질 것이라고 믿었다. 최근에 들어서야 이 가정이 시험대에 올랐으며, 역시 결함이 있는 것으로 드러났다.

"처음에는, 그 가설을 완전히 받아들였습니다."

여성의 걸음걸이가 출산으로 인해 타협된 것이라는 가정에 대해 처음부터 회의적이었냐는 나의 질문에, 덴버의 콜로라도 대학 인류학자인 애나 워레너Anna Warrener가 말했다.

"그러나 그 가정을 검증하기 위해 아무도 데이터 수집을 하지 않았어요."

세인트루이스 소재 워싱턴 대학의 대학원생이었던 그녀는 현재 듀크 대학교 교수인 허먼 폰처Herman Pontzer와 팀을 이루어 데이터를 수집했다. 워레너는 인류학자이자 발레 무용수로서, 사람들의 움직임에서 미묘한 차이를 예리하게 인식하는 기술의 소유자이다. 그녀는 남성과 여성 참가자를 러닝머신 위에 세우고, 그들이 걸으면서 얼마나 많은 이산화탄소를 내쉬는지 측정했다. 내쉬는 이산화탄소 양이 많을수록 에너지 사용도 더 많다는 뜻이다. 그녀는 또한 실험 참가자들의 MRI 촬영을 통해 골반 치수도 측정했다. 워시번의 산부인과의 딜레마에 따르면, 골반이 넓을수록 더 많은 에너지를 소비한다고 한다.

그런데 결과는 그렇지 않았다. 2015년, 워레너는 골반 너비와 에너지 효율성 사이의 관계가 우리가 예측했던 대로 나타나지 않았다고 보고했다.[24]

무슨 일이 벌어지고 있는 것인지 이해하고자, 나는 2월의 어느 얼음처럼 차가운 아침에 시애틀 퍼시픽 대학에 가서 인류학자인 카라 월-셰플러Cara Wall-Scheffler를 만났다. 밤새 시애틀에는 5cm 정도의 눈이 내려 도시 전체가 마비된 상태였다. 뉴잉글랜드 출신인 나는 이 정도 날씨쯤이야 하며 그녀의 사무실까지 걸어갔다. 그녀의 사무실은 책과 서류 더미들, 호미닌 화석 모형, 그리고 아이들의 레고LEGO 장난감으로 넘쳐났다. 그녀의 책상 위에는 소형 플라스틱 골반 모형이 놓여 있었다. 옆방 실험실에서 진행되는 보행실험에 대한 상황보고를 하느라, 대학원 연구생들이 계속해서 사무실 문으로 머리를 들이밀었다.

캠브리지 대학의 대학원생이었던 월-셰플러는 네안데르탈인에 대한 관심을 갖게 되었는데, 그 가운데서도 특히 이스라엘의 케바라 동굴에서 발견된 인상적인 네안데르탈인 골격에 관심이 많았다. 케바라 네안데르탈인은 약 6만 년 전에 사망했으며 그 집단의 일원들이 의도적으로 매장한 것이었다. 이 연약한 부분골격은 설골과 늑골, 그리고 거의 완전한 형태의 골반으로 이루어져 있었다.

월-셰플러는 처음 이 골반을 살펴보고는 혼란스러웠다.

"이것이 바로 그 골반입니다. 거대하고 널찍한 남성 네안데르탈인의 골반이죠."

그녀가 내게 말했다.

"네안데르탈인이 넓은 골반 때문에 보행능력이 저하되었다는 사실에 이론을 제기하는 사람은 없었습니다. 저는 바로 그 점이 마음에 걸렸고, 특히나 여성들의 보행능력이 저하되어 걷는 것이 더욱 취약했다는 것을 받아들이기 어려웠습니다. 저는 그것이 옳지 않다는 생각이 들었어요. 여성은 진화적 병목과도 같습니다. 여성들, 특히 임신한 여성들은 자연선택의 단위 개체입니다. 어째서 진화 과정에서 보행능력이 저하되었을까요? 왜 효율성이 떨어지게 되었을까요? 진화적 관점에서 이는 말이 안 됩니다."

게다가 수렵과 채집 공동체에 대한 연구는 워시번의 '움직임이 느린 어머니'가 잘못된 생각이라는 것을 보여 주었다. 탄자니아 하드자족에서부터 베네수엘라 푸메족에 이르기까지 여성들은 평균적으로 매일 96km에 가까운 거리를 걸었다.[25] 그렇게 먼 거리를 걷는 여성들이 보행능력의 효율성이 떨어지는 신체 구조를 진화시켰다는 것은 이해하기 힘들다.

사실, 학자들은 자연선택을 통해 여성의 골격이 포유류 고유의 도전과제인 임신 가능한 두발동물로서 미세조정되었다는 증거를 찾고 있었다.

2007년, 하버드 대학 인류진화생물학과의 캐서린 휘트컴Katherine Whitcome과 다니엘 리버만Daniel Lieberman, 오스틴 소재 텍사스 대학의 인류학자인 리자 샤피로Liza Shapiro는 임신 기간 동안 여성의 걸음걸이와 자세 변화에 대한 연구를 시행했다.[26] 임신 후기에 가까워지면 상당히 큰 태아와 태반, 양수가 몸의 앞부분에 축적되면서 무게중심이 신체 전방으로 당겨진다. 네 발로 움직이는 포유류는 임신 기간 동안의 체중 증가로 인한 무게중심의 변화가 없기 때문에 이 같은 문제가 발생하지 않는다.

처음에는 어리석어 보이나 결국 중요한 사실로 밝혀지는 연구에 대한 수상을 하는 이그노벨 위원회Ig Nobel Committee는, 이러한 시도를 우습게 보고 휘트컴의 논문을 '임신한 여성이 뒤집어지지 않는 이유'에 대한 연구라고 칭했다. 사실 이것은 훌륭한 질문이다. 여성은 임신 기간 동안의 무게중심 변화에 어떻게 적응하는가? 알고 보니 그 질문의 답은 허리에 있었다.

남성과 여성은 둘 다 다섯 개의 요추(허리뼈)를 가지고 있다. 남성의 경우, 하부의 두 개가 쐐기처럼 생겨서 척추에 만곡을 만들고 엉덩이 위에 상체가 올라간 형태를 이룬다. 그런데 여성의 경우는, 아래쪽 세 개의 뼈가 쐐기처럼 생겨서 남성보다 깊은 만곡이 만들어진다. 휘트컴은 바로 이 만곡이, 임신한 여성이 변화된 무게중심을 다시 고관절 위로 되돌려, 걸을 때 균형을 유지할 수 있도록 도와준다는 것을 발견했다.

세 번째에서 마지막 요추까지의 형태에 성별적 차이가 생긴 것은 인류 진화 역사의 초기였다. 휘트컴은 오스트랄로피테쿠스가 이미 200만 년 전에 이런 차이를 가지고 있었다는 것을 발견했다.

한편, 월-셰플러는 여성도 남성과 마찬가지로 효율적으로 걷는다는 사실을 거듭 확인했다.[27] 또한 상황에 따라서는 여성이 남성보다 더욱 효율적인 보행을 한다는 것도 발견했다.

그녀는 진화인류학자로서 자신의 연구를 러닝머신 위의 사람들로만 국한시키고 싶지 않았다. 우리는 일직선으로 곧게 뻗은 편평한 지면만을 걸어 다니지 않는다. 우리의 조상들 또한 그랬을 것이다. 또한 항상 빈손으로 걷지도 않는다. 우리의 조상들 역시 마찬가지였다. 이족보행으로 손이 자유로워져서 음식과 물, 도구, 그리고 아기도 안고 다녔다. 월-셰플러는 물건을 들고 걸을 때 소비되는 에너지양을 측정했다. 그 결과는 여성의 골반과 산부인과의 딜레마에 대해 우리가 가지고 있던 생각을 근본적으로 바꿔 놓았다.

월-쉐플러는 인간의 신생아와 비슷한 크기의 물건을 들고 걸으면 소모되는 에너지의 양이 거의 20퍼센트나 증가한다는 사실을 발견했다.[28] 그런데 좌우로 넓은 엉덩이를 가진, 즉 여성들에게서 쉽게 찾아볼 수 있는 그런 형태의 엉덩이를 가진 사람들은 추가적으로 요구되는 이 에너지양이 현저하게 줄어든다.

윌 셰플러가 나에게 말했다.

"여성들은 모든 면에서 남성들보다 탁월한 운반자들입니다."

다른 말로 하자면, 넓은 골반은 출산에 관한 것이 아니라는 말이다. 아이를 데리고 다니는 일에 관한 것이다. 그런데 이것이 전부가 아니다.

인간은 걸을 때, 자신에게 가장 효율적인 속도를 유지하면서 지나친 에너지 소비 없이 장거리를 걸어갈 수 있다. 무리를 지어 걷는다는 것, 특히 아이들과 함께하는 경우는 종종 속도가 느려지고, 멈춰 서고, 다시 속도를 올리는 것을 의미한다. 남성은 속도를 바꾸게 되면 더욱 많은 에너지를 소비한다. 그러나 여성들의 넓은 골반은 이를 훨씬 수월하게 해 준다는 사실을 윌-셰플러는 발견했다.

나의 아내는 엉덩이를 받침대 삼아 아기들을 엉덩이에 걸치고 집 안을 돌아다니곤 했다. 내가 해 보려 하니, 아기가 내 허벅지를 타고 미끄러져 내려갔다. 받침대가 될 골구조가 없으니, 나는 우리 쌍둥이들을 두 팔로 안아야 했고, 조금 지나고 나니 팔이 아파 왔다. 꼼지락거리는 아이를 안고만 있는 것도 쉽지 않은데, 수렵과 채집을 하면서 매일 10km씩 걸어야 했던 근대인들의 삶은 생각만 해도 힘들다.

넓은 골반은 여성의 걸음걸이에 해가 되는 요소가 아니다. 이것은 적응된 형태이다. 여성의 넓은 골반은 또한 많은 여성들의 걷는 방법에 영향을 준다.

월-셰플러와 휘트컴 그리고 다른 연구원들은 골반이 넓으면 걸을 때 회전, 즉 몸이 더 많이 돌아간다는 사실을 발견했다.[29] 이는 남성들보다 일반적으로 더 짧은 다리를 지닌 여성들이 생각보다 더 큰 보폭으로 걷는 것을 가능하게 해 준다. 넓은 골반은 여성들의 걸음을 비효율적으로 만들지 않는다. 단지 역학적으로 다르게 만들 뿐이다.

넓은 골반이 여성들의 보행능력을 저해하지 않는다는 것은 분명하다. 그러나 분만 중의 모성 사망은 여전히 진화가 해결하지 못한 문제로 남아 있다. 왜 그럴까? 우리는 알 수 없다. 그러나 학자들은 다수의 가설들을 제시해 왔으며, 아직은 엄중한 과학적 검증이 필요한 단계이다.

한 가지 가설은 높은 사망률이 최근의 현상이라는 것이다.[30] 요즘에는 많은 사람들이 단순당(단순당: 바로 체내에 소화 흡수되어 혈당을 빨리 높이고 즉시 에너지원으로 사용 가능한 당류_역주)이 풍부한 식습관을 유지하고 있다. 이로 인해 아기들의 크기가 커지고 있다(거구증). 이런 식습관은 또한 청소년기 소녀들의 골반 성장을 비롯한 전체적인 성장을 저해한다. 거구의 아기들과 더 작아진 골반은 좋은 조합이 될 수 없다.

이 문제가 초기 조상들이 진화한 시기와 발생 장소의 기후와 관련된 것이라고 주장하는 학자들도 있다.[31] 오늘날, 추운 기후에서 몇

세대를 거쳐 살아온 사람들은 키가 작고 다부지며 넓은 골반을 지니고 있다. 이런 체형이 몸을 따뜻하게 유지하는 데 도움을 주기 때문이다. 적도 가까이에 사는 사람일수록 몸이 가늘다. 이런 체형이 몸을 시원하게 유지하는 데 좋기 때문이다. 호모 사피엔스는 적도 가까이에 위치해 있는 아프리카에서 진화했으므로, 인류 혈통의 초기 일원들은 산부인과의 딜레마를 겪어야 했을지도 모른다. 몸을 서늘하게 유지하기 위해서 산도의 크기가 제한되었을 것이기 때문이다.

또 다른 가설은 산도와 골반, 무릎 사이의 신체 구조적 관계와 관련된 것이다.[32] 고관절을 양옆으로 밀어 서로 떨어뜨려 놓음으로써 산도는 넓어질 수 있으나, 그렇게 되면 효율적인 직립보행을 위해 무릎을 상체의 바로 밑에 유지해야 하는 구조로 인해 대퇴골의 각도가 변화하게 된다. 그러면 무릎에 지나치게 많은 압력이 가해져, 앞십자인대(앞십자인대: 무릎의 인대 가운데 하나로 대퇴골과 경골을 연결하고 무릎을 안정시킨다_역주)가 약화되어 파열의 위험을 피하기 힘들어진다.[33]

마지막 가설은 인류학자인 웬다 트레바탄Wenda Trevathan이 제안한 것이다.[34] 그녀는 직립보행과 분만역학 사이의 관계를 이해하려는 과정에서, 우리가 보행이라는 측면을 지나치게 강조하고 직립이라는 부분은 경시하고 있다고 주장했다.

그녀의 이론은, 골반 구조가 약화되면서 자궁과 방광, 소화기관 하부가 질로 튀어나오는 골반장기탈출증과 관계가 있다. 이런 현상은 임신 기간 및 분만 시에 늘어난 골반기저 인대와 근육이 완전히 회복하지 못하는 경우에 발생한다. 골반기저근은 출산 3회에 1회꼴로 파열된다는 연구도 있으며, 골반장기탈출증은 전 세계 여성의 50퍼센트 정도에게 영향을 미치는 증상이다.[35] 이 증상은 네발동물에게도 나타날 수 있으나, 그들의 산도는 지면과 평행한 구조라 중력이 당기는 힘에 상대적으로 영향을 덜 받기 때문에 내부 장기의 탈출이 발생하는 경우는 매우 드물다. 그러나 이 당기는 힘이 직립보행자에게는 중요한 의미를 지닌다.

여성 산도의 가장 좁은 부분인 좌골극 사이를 넓힘으로써 출산의 어려움을 경감시킬 수는 있겠으나, 이는 또한 장기탈출의 위험을 증가시키는 일이기도 하다. 그렇다면 좁은 좌골극은 골반기저를 강화하기 위한 진화적 절충안이었는지도 모른다.

어쩌면 워시번의 산부인과의 딜레마처럼, 이 가설들 가운데 과학적 증명 과정을 이겨 낼 가설은 없을지도 모른다. 이는 오늘날 생물인류학에서 가장 관심이 집중되는 주제들 가운데 하나이다.

산부인과의 딜레마를 근거로 도출된 예측이 증명과정을 통과하지는 못했지만, 남성들은 달리기를 동반하는 스포츠 분야에서는 여성들보다 분명히 뛰어나다. 그런데 정말 그런가? 이를 살펴보려면 우리는 더욱 깊게 파고 들어가야 한다.

1950년대 초반, 달리기 애호가들은 두 개의 벽이 무너지기를 간절히 기대하고 있었다. 가장 유명했던 것은 1마일(약 1.6km)을 4분 안에 완주하는 것으로, 이는 1954년 로저 베니스터Roger Bannister가 마침내 달성했다. 또 하나는 2시간 20분의 마라톤 기록이었다. 마라톤 세계신기록은 거의 30년 동안이나 2:20에서 멈춰 있었다. 영국 출신의 전 올림픽 참가자인 33세의 짐 피터스Jim Peters가 1953년 런던의 폴리테크닉 마라톤에서 2시간 18분 40.2초(2:18:40.2)의 기록으로 마침내 기록을 경신했다. 현재는 케냐 출신의 엘리우드 킵초게Eliud Kipchoge 선수가 2:01:39의 공식적인 세계신기록을 보유하고 있다. 이제 새로운 목표가 눈에 들어온다.[36] 2시간의 벽을 깨는 일이다.

피터스가 그의 마라톤 신기록을 경신하던 해, 여성 최고기록은 3:40:22로 1926년에 같은 코스에서 바이올렛 피어시Violet Piercy가 세운 기록이었다.[37] 그 기록은 거의 40년 동안이나 그대로였다. 왜 그랬을까? 왜냐하면 여성들에게는 거의 항상, 경쟁하는 것이 금기시되어 왔기 때문이다.

보스턴 마라톤에 첫 여성 참가자인 캐시 스윗처Kathy Switzer가 나타난 것은 1967년이었으며, 그때도 경기 관리자들은 그녀를 코스에서 물리적으로 제거하려 했다. 폴리테크닉 마라톤은 1976년이 되어서야 여성 부문이 생겼으며, 여성 마라톤은 1984년까지 올림픽 경기 종목에 포함되지 않았다. 그럼에도 여성 엘리트 운동선수(엘리트 운동선수: 국가적/국제적 대회, 혹은 프로무대에서 활약하는 선수들_역주)들은 1964년에서 1980년 사이, 세계 기록을 1시간도 넘게 단축시켰다. 같은 기간 동안, 남성 마라톤 기록은 겨우 3분 단축되었다.

접근가능성과 기회는 중요하다. 현재 여성 마라톤 기록은 2019년 시카고 마라톤에서 2:14:04의 기록을 세운 케냐의 브리지드 코스게이Brigid Kosgei 선수가 보유하고 있다. 만일 우리가 시간을 앞당겨서 코스게이 선수를 1953년 폴리테크 코스에 짐 피터스와 함께 세운다면, 그녀는 피터스보다 1.6km 앞서 결승선을 통과했을 것이다.

사실 코스게이 선수는 1964년까지는 남녀 두 부문의 기록을 모두 보유하고 있었을 것이다.

실제로 남성 최고선수들은 100m 단거리에서부터 마라톤까지, 경주 부문에서 여성 최고 선수들을 계속해서 앞지르고 있다. 이는 남성들의 근육량이 더 많고 폐 용량이 더 큰 경향이 있기 때문이다. 남녀 세계 기록의 차이는 거의 항상 약 10퍼센트 정도이다. 그런데 엘리트 운동선수들에서 떨어져 보통 사람들을 보면, 남성과 여성의 차이가 지나치게 과장되었던 것임을 알 수 있다.

2012년 뉴잉글랜드의 아름다운 가을의 어느 날, 나는 천여 명 정도의 다른 참가자들과 나란히 서서 나의 개인 목표인 4시간 안에 마라톤을 완주하기를 기원하고 있었다. 나는 3시간 50분 만에 결승선을 넘었다. 그날 모든 경쟁자들의 평균보다 조금 빠른, 꽤 괜찮은 기록이었다. 나보다 앞서 완주를 한 사람들 가운데 여성 주자는 128명으로, 이는 전체 여성 참가자의 약 30퍼센트에 해당한다. 물론, 전체적인 상위권 남성 주자가 전체적인 상위권 여성 주자보다 빠르기는 했지만, 평균적인 사람들을 대상으로 한 성별 운동능력 차이는 거의 없다. 그리고 경주가 길어질수록 그 차이도 줄어든다.

가끔은 결과가 뒤바뀌기도 한다.

리차드 엘스워스Richard Ellsworth는 참 운도 없다.[38] 2019년 8월, 그는 뉴욕 페이엣빌에서 개최된 그린레이크 지구력 달리기 대회에서, 50km의 코스를 4시간 남짓의 기록으로 완주하여 남성 부문 우승을 차지했다. 그런데 결승선에서 그를 기다리고 있어야 할 트로피가 없었다.

경기 관계자들은 전체 우승자는 당연히 남성 주자일 것으로 간주하고, 남성 주자에게 줄 우승 트로피 하나와 가장 빠른 여성 주자에게 수여할 트로피를 준비했다. 엘리 펠Ellie Pell의 생각은 달랐다. 그녀는 엘스워스보다 8분 먼저 완주했고 트로피 두 개를 전부 차지했다. 이런 일이 있었던 것이 처음은 아니었다.

팸 리드Pam Reed는 데스밸리Death Valley를 통과하는 217km 거리를 혹독한 7월의 날씨에 완주해야 하는 험난한 배드워터 울트라마라톤의 2002년 전체 우승자이다. 그다음 해에도 그녀는 우승을 차지했다. 2017년에는 코트니 다우월터Courtney Dauwalter가 모압 240 울트라마라톤에서 유타주의 레드락 캐니언을 통과하는 코스를 2일 9시간 59분에 완주하여 우승을 차지했다. 2019년 1월, 영국의 몬테인 스파인 레이스에서 재스민 패리스Jasmin Paris는 431km 코스를 83시간 12분 23초에 완주하여 우승했다. 경기 도중 집에서 기다리는 14개월 된 딸을 위한 모유를 짜내려고 휴게소에 네 번이나 들렀음에도 그녀는 대회 기록을 12시간이나 앞당겼다. 그리고 카밀 헤론Camille Herron은 50km와 100km 울트라마라톤을 당당하게 여러 차례 우승했다.

엘리트 운동선수들 사이에서도 여성과 남성의 차이는 좁혀지고 있는데 지구력 운동경기에서 특히 그러하다. 여성의 다리근육이 남성보다 피로에 더욱 잘 견딘다는 연구 결과도 있다.[39] 힘과 속도보다는 지구력을 시험하는 스포츠라면, 여성이 우월할지도 모르겠다.

그럼에도 불구하고, 여성의 보행능력이 절충의 결과라는 잘못된 생각이 여전히 우세하다. 작가 레베카 솔닛Rebecca Solnit은 이를 '창세기부터의 숙취'라고 불렀다.[40] 그녀는 2000년에 출간된 저서《걷기의 인문학Wanderlust: A History of Walking》에서「걷기란 사고와 자유 둘 다와 연관되어 있다.」라면서, 역사적으로 남성은 여성이「이 두 가지를 남성만큼 누릴 자격이 없다.」라고 생각해 왔다고 기술했다.

실증적 증거를 들어 산부인과의 딜레마에 이의를 제기했던 로드아일랜드 대학의 인류학자인 홀리 던스워스Holly Dunsworth도 이에 동의한다.[41] 그녀가 서술했다.

「창세기편의 해석에 지나치게 영향을 받아 온 문화에서, 산부인과의 딜레마OD는 에덴의 몰락의 결과에 대한 신선하고 과학적인 설명을 제공하고 있다.」

그러나 그녀는 이렇게 덧붙였다.

「OD가 잘못된 가설일지는 모르나, 난산과 위험한 출산, 그리고 … 무력한 아기는 이브의 잘못이 아니라 진화의 잘못이다.」

— 12 —

걸음걸이의 차이와 그 의미

이 나라 가장 높은 여왕[1], 위대한 주노가 온다;
나는 걸음걸이로 그녀인 걸 안다.

×

템피스트(1610-1611), 윌리엄 셰익스피어(William Shakespeare)

내 아내와 나는 같은 대학에서 일하는데, 나는 가끔 아내가 캠퍼스 잔디밭을 성큼성큼 걸어가는 것을 발견할 때가 있다. 멀리 떨어져 있어서 얼굴은 보지 못해도, 나는 걸음걸이로 아내를 알아본다. 우리가 각자 걷는 방식은 독특하고 구별가능해서, 존 웨인John Wayne의 살짝 균형을 잃은 건들거림인지, 오즈Oz로 향하는 도로시Dorothy의 깡충거림인지, 메이 웨스트Mae West 엉덩이의 과장된 흔들림인지, 혹은 스쿠비 두Scooby-Doo 셰기Shaggy의 펄쩍 뛰는 모습인지 알 수 있다.

이런 관찰이 일화적인 것만은 아니다.

1977년, 웨슬리언 대학교 심리학자인 제임스 커팅James Cutting과 린 코즈로우스키Lynn Kozlowski는 사람들이 걸음걸이를 보고 서로를 구별할 수 있는지 알아보는 첫 실험을 실시했다.[2] 그들은 개인별 걸음걸이를 기록하고, 요즘 할리우드에서 사용하는 모션 캡처 기술과 유사하게 사람들의 신체를 일련의 작은 전구로 전환했다. 이런 방법으로, 연구 참가자들이 모발의 색상이나 몸의 생김새와 같은 단서를 찾아내지 못하게 했다. 연구원들은 사람들을 전구 줄로 바꾸어 놓아도, 친구들은 그들을 쉽게 찾아낸다는 사실을 알았다.

그 이후부터, 반복된 연구를 통해 우리는 걸음걸이만 보고 친구나 가족들을 찾아내는 데 재주가 있다는 것이 확인되었다.[3] 알고 보니, 우리 뇌의 역영들이 이런 과제를 성취하게끔 미세하게 조정되어 있었던 것이다.

예를 들어, 현재 메릴랜드 국립 표준 기술 연구원의 사회과학자인 카리나 한Carina Hahn은 2017년에 실행한 연구에서 19명의 참가자를 MRI(자기공명영상장치) 안에 눕힌 다음, 익숙한 사람들이 그들에게 다가가는 비디오를 시청하게 했다.[4] 사람들을 걸음걸이로 알아봤을 때 참가자의 귀 바로 뒤에 있는 뇌의 영역(양측후부상측두구)이 활성화됐다. 걸어오는 사람들이 가까이 다가와서 얼굴을 보고 알아봤을 때는, 뇌의 다른 영역이 깨어났다.[5]

사람의 걸음걸이는 그들의 신분 이상의 것을 말해 준다. 우리는 사람의 걸음걸이로 분위기나 의도 그리고 성격을 읽어 내는 데 능숙하다. 축 처진 어깨와 터벅터벅 걷는 자세는 슬픔으로 인식된다. 발걸음의 가벼움은 행복함을 전달한다. 쿵쿵거리는 큰 발소리는 분노를 의미한다. 연구는 이런 추론들이 단순한 직관의 문제가 아니라는 것을 보여 준다.[6]

그러나 사람들이 이런 힌트를 해석하는 것이 100퍼센트 정확한 것은 아니다. 어떤 사람들은 다른 사람들보다 더 뛰어나기도 하다. 영국 더럼 대학의 2012년 연구에서 보면, 걸음걸이를 보고 그 사람을 모험적이거나, 따뜻하거나, 믿을 만하거나, 신경질적이거나, 외향적이거나, 또는 다가가기 쉽다고 인식하지만, 걸음걸이의 소유자들은 자신을 그렇게 생각하지 않는 경우가 많은 것으로 드러났다.[7] 이런 식의 추론은 가끔 틀릴 때가 있는 것으로 보인다.

그런데 이런 추론에 특히 능숙한 사람들이 사이코패스인 것으로 드러났다. 캐나다 온타리오의 브록 대학교 심리학자인 안젤라 북Angela Book의 2013년 연구에서, 북은 47명의 최고 보안 시설에 있는 죄수들에게 대학원 학생들이 걷는 비디오를 보여 주고 그들이 얼마나 취약한지를 1에서 10까지의 단계로 점수를 매겨 보라고 요청했다.[8] 죄수들, 특히 사이코패스로 분류된 죄수들은 후속 조사에서, 사람들의 걸음걸이 단서를 이용해서 약한 사람들 또는 괴롭힘을 당할 만큼 취약한 사람들을 구분해 냈다고 밝혔다. 같은 질문이 주어졌을 때, 대학원 학생들은 이런 단서를 전혀 눈치채지 못했다.

연구가 의미하는 바는 섬뜩하다. 북이 지적했듯이, 1970년대에 30명의 성인 여성과 소녀들을 강간 살해했다고 자백한 테드 번디Ted Bundy는 다음과 같이 자랑한 적이 있다.[9]

"여자가 거리를 걷는 모습, 머리의 기울임, 그 여자가 지닌 태도로 희생자를 고를 수 있다."

인간을 포함한 모든 동물들이 걸음걸이를 보고 종을 구별하고 그 종 안의 각각의 개인들을 인식하며, 심지어 그들의 기분까지 알아낼 수 있게 미세하게 조정되어 있다는 것은 진화적으로 타당한 일이다.

과거의 호미닌은 종이 다르면 걷는 법도 달랐다는 증거를 두고 보면, 저 멀리 먹이를 찾는 인간의 무리가 자신과 같은 종인지 아닌지를 구별하는 것은 유용하고 어쩌면 생사가 달린 문제였는지도 모른다. 미묘한 걸음걸이 단서는 이런 것을 구별하는 데 도움이 되었을 것이다. 그리고 걸음걸이로 나와 같은 종이라는 것을 알았다면, 그 대상이 친구나 가족인지, 혹은 낯선 사람인지도 알 수 있었을까? 여기에 대한 답을 아는 것은 충돌을 회피할 것인지 일으킬 것인지 사이의 차이를 만들었을 것이다.

개인의 걸음걸이에서 기분을 읽어 내는 것 또한 장점으로 작용했을 것이다. 사냥 나간 무리는 성공적이었는가? 아니면 머리를 숙이고 무거운 걸음으로 천천히 걸어오고 있는가? 발을 저는 사람이 있나? 덩치 큰 남성의 자세가 순종적인가? 이는 오늘날 침팬지 무리에서 발생하는 것처럼, 리더십의 변화를 말해 주는 것일 수도 있다.

걸음걸이와 자세 단서는 발화하기 전의 호미닌에게는 중요한 의사소통의 수단이었을 것이다. 우리의 조상들에게 있어서 이런 단서들은 현재의 우리에게만큼이나, 어쩌면 우리들에게보다 훨씬 중요한 수단이었는지도 모른다.

공교롭게도, 걷기를 통해서 우리의 정체를 드러내는 것은 걸음걸이만 있는 것이 아니다.

"발자국은 지문과도 같다."라고 오마르 코스틸라-레이에스Omar Costilla-Reyes는 설명한다.

코스틸라-레이에스는 쌀쌀한 가을 아침 매사추세츠 공과대학 캠퍼스의 뇌 인지과학 건물에서 나를 반겼다. 코스틸라-레이어스는 회색 후디를 입고 있었는데, 열린 옷 사이로 I ♥ Nasa 티셔츠가 보였다. 멕시코시티 외곽의 작은 도시인 톨루카 출신인 그는, 사람들이 뒤에 남기는 발자국으로 개인을 식별하는 알고리듬을 개발해서 영국의 맨체스터 대학에서 박사 학위를 받았다.

코스틸라-레이어스는 사람마다 다른 발자국을 24가지 방법으로 구분했다.[10] 그는 알고리듬을 이용해 99.3퍼센트의 확률로 발자국으로 정확하게 개인을 식별한다고 설명했다. 이는 발자국 인식에 있어서 현재까지 최고의 결과이다.

나는 감명을 받았지만 의심이 갔다. 영화 『유주얼 서스펙트Usual Suspects』의 마지막에서 카이저 소제Keyser Soze처럼 걸음걸이를 꾸미는 사람이 있다면 알고리듬도 속지 않을까? 그럴지도 모른다고 코스틸라-레이에스는 말했지만, 머신러닝 알고리듬을 훈련시키기 위한 더 많은 데이터가 사용되고 있어서 그런 것조차도 알고리듬을 속이지는 못할 것이라고도 했다.

나는 공항 바닥에 압력센서가 장착되는 상상을 하기 시작했다. 미국 교통안정청 직원들이 더 이상 여권과 탑승권을 확인하지 않아도 될 것이다. 그러한 압력 센서 또는 우리의 걸음걸이를 포착하는 카메라를 통해서 정부는 어떤 사람들이 공항을 출입하는지 알 수 있을 것이다.

좀 더 자세히 배우고자, 나는 걸음걸이 인식과 머신러닝의 전문가인 메릴랜드 대학 공과대학 교수인 라마 첼라파Rama Chellappa에게 전화를 걸었다. 이미 지난 20년 동안 더욱 우월한 접근방식이라 여겨지는 '얼굴 인식'으로 연구 공동체의 관심이 대체로 이동하는 상황에서, 그는 2000년에 미국 국방부 보조금을 받아 인식 도구로서의 보행을 연구했다.

"우리는 모두 다른 모습으로 걷습니다. 그러나 이 분야는 아직 학문적인 연습단계에 있습니다."

그는 말했다. 잘못된 카메라 앵글이나 보행 지면의 변화, 또는 물건을 들고 있는지의 여부에 따라 걸음걸이가 변화하며 정확성에 영향을 준다는 점을 지적했다. 더욱이, 개개인의 걸음걸이 특성은 군중 안에서는 구별하기가 힘들 수도 있다. 나는 미국 스파이들이 신발에 자갈이나 동전을 넣어서 걸음걸이를 살짝 바꿔 자신을 알아보기 힘들게 한다는 이야기(아마도 사실이 아닐 듯한)를 떠올렸다.

MIT(매사추세츠 공과대학)로 돌아가, 코스틸라-레이에스는 컴퓨터 시각과 머신러닝의 발전으로 얼굴 인식이 걸음걸이 인식보다 비용이 덜 들고 더욱 효과적인 도구가 되었으나, 걸음걸이와 얼굴표정을 결합시킨다면 매우 효과적일 것이라고 내게 말했다.

한편, 걸음걸이 분석은 또한 의료 종사자들에게 여러 가지 가능성을 열어 준다고 코스틸라-레이어스는 말했다. 치매와 알츠하이머 환자들에게 나타나는 첫 증상들 가운데 하나가 걸음걸이의 변화이다.[11] 병원과 요양원에 압력센서 기구가 설치된다면 걸음걸이 변화를 조기에 발견할 수 있을 것이다.

여기서 끝이 아니다. 2012년, 카네기멜론 대학의 컴퓨터 공학도인 마리오스 사비데스Marios Savvides는 스마트폰으로 소유자의 걸음걸이를 인식할 수 있는 앱을 개발했다.[12] 스마트폰에 내장된 소형 자이로스코프(자이로스코프: 항공기·선박 등의 평형 상태를 측정하는 데 사용하는 기구_역주)와 가속도계가 걸음걸이의 미묘한 차이를 감지한다. 모든 사람은 독특한 걸음걸이를 가지고 있기 때문에, 사용자의 걸음 속도와 움직임이 인식되지 않으면 스마트폰의 잠금상태가 해지되지 않는다. 미국 국방부 건물에서 근무하는 관리자들 일부가 이와 유사한 앱을 사용 중에 있으며, 2021년까지 한 가지 버전이 상용화될 예정이다.

걷는다는 것은 한 장소에서 다른 장소로의 이동 이상의 의미를 지닌다. 걷기는 항상 사회적 현상이었다. 현대인은 소로우Thoreau와 워즈워스Wordsworth, 다윈과 같은 명사들의 고독한 걷기를 찬양하지만, 우리의 진화 역사에서 혼자 걷는 것은 좋은 생각으로 받아들여지지 않았다. 매우 최근까지도, 고독하고 사색적인 걷기는 살을 뚫는 표범의 이빨에 물리는 것으로 끝나기 일쑤였을 것이다.

우리는 종종 마치 물고기 떼처럼 단체로 걷는데, 이는 우리 조상들도 마찬가지였던 것으로 보인다. 함께 걷는 사람들은 무의식적으로 자신들의 걸음걸이를 조정해서 맞춘다는 것이 오래전부터 알려진 이야기이지만, 이것이 실증적으로 증명된 것은 2007년이 되어서였다.

이스라엘의 바르일란 대학 안구운동 및 시각 자각 연구소의 아리 지보토프스키Ari Zivotofsky와 공동연구원인 텔아비브 대학과 텔아비브 사워레스키 의학센터의 제프리 하우스도르프Jeffrey Hausdorff는 14명의 중학교 여학생들을 초대해서 학교 복도를 걷게 했다.[13] 그들은 여학생들이 짝을 이뤄 걸을 때는 걸음걸이를 동일화한다는 사실을 발견했다. 칸막이로 학생들 서로의 시야를 가려도 결과는 바뀌지 않았다. 당연히 여학생들이 손을 잡고 있을 때 동일화가 가장 쉽게 이루어졌다. 나는 걸음걸이 동일화의 명백한 증거를 보여 주었던 366만 년 전의 라에톨리 발자국을 떠올리지 않을 수 없었다. 그 발자국을 남긴 오스트랄로피테쿠스 개체들은 손을 잡고 걷고 있었는지도 모른다.

지보토프스키의 연구가 실행되고 1년 후, 또 다른 연구를 통해 실내체육관에서 인접한 러닝머신 위를 달리는 사람들도 걸음걸이를 동일화한다는 사실이 밝혀졌다.[14]

2018년에는 펜실베이니아 대학 신경과학과의 박사 후 과정 학생이었던 클레어 챔버스Claire Chambers가 유튜브YouTube에 올라온 거의 350개에 달하는 영상에 나타난 인간의 걸음걸이를 분석했다.[15] 그녀는 런던에서 서울, 그리고 뉴욕에서 이스탄불에 이르기까지, 심지어는 완전한 타인들임에도 사람들은 자신들의 발걸음을 동일화한다는 증거를 발견했다.

그러나 동일화된 걸음걸이에 대가가 따르는 경우가 있다.

스티븐 킹Stephen King은 겨우 만 18세의 나이에 그의 첫 소설인 《롱 워크The Long Walk》를 썼다.[16] 소설에 등장하는 10대 소년들과 젊은 남성들 100명은 메인주-캐나다 국경에 서서 시속 6km의 속도로 남쪽을 향해 걷는다. 만일 그들의 걸음이 이 속도 한계점보다 느려지면, 경고를 받는다. 경고를 3번 받으면 그들 옆으로 차를 타고 가는 군인들에게 처형된다. 군중들이 거리를 둘러싸고 그들을 응원한다. 그 긴 걸음은 마지막 한 사람의 경쟁자가 남을 때까지 계속된다.

보행을 연구하는 나 같은 사람에게 《롱 워크》라는 소설이 눈을 떼지 못할 만큼 흥미로웠던 이유는 시속 6.4km(4마일)라는 속도 한계점이 있었기 때문이다. 심리학자인 로버트 라빈Robert Levine과 아라 노렌자얀Ara Norenzayan은 31개국의 2천 명 이상의 사람들을 대상으로 비교문화적 연구를 실시했으며, 편평한 도시의 거리를 홀로 걷는 사람들은 평균적으로 거의 정확히 시속 4.8km(3마일)로 걷는다는 사실을 발견했다.[17] 아일랜드인과 네덜란드인은 조금 빨리(시속 5.8km) 걷는 경향이 있고, 브라질 사람들과 루마니아인은 더욱 느긋한 속도(시속 4km)로 걷는다.

독일 뮌헨의 인간동작 연구소 연구원들은 2011년에 실행한 연구에서 각기 다른 연령의 사람들 358명의 걷는 속도를 수집했더니, 평균 시속 4.5km의 결과가 나왔으며 나이가 들수록 속도가 점차 느려지는 것으로 나타났다.[18] 이 속도(시속 4.8km)를 유지하면, 인간은 놀랄 만큼 효율적인 보행자들이며 지치지 않고 걷고, 걷고, 또 걸을 수 있다. 만일 킹이 한계점을 4.8km로 설정했다면, 이야기가 그다지 흥미롭지 않았을 것이다.

그런데 우리가 신체를 움직이기 위해 치러야 할 대가는 속도를 따라 증가한다. 킹의 소설에 등장하는 소년들은 정신적, 감정적, 그리고, 당연히, 신체적으로 지쳐 있었다. 생존하기 위해 시속 6.4km를 유지해야 한다는 점이 《롱 워크》라는 소설을 끔찍하게 만드는 것이다.

왜 사람들이 자연스럽게 각기 다른 속도로 걷는지에 대한 많은 문화적, 신체해부학적 이유들이 있지만, 그 가운데 하나는 에너지학의 기본 원칙과 관계가 있다. 정상적인 속도로 걷기를 시도해 보자. 그리고 속도를 높여 빠르게 걸어 보자. 이렇게 하기 위해서는 에너지가 필요하다. 그러나 달팽이의 속도처럼 걸음을 늦춰도, 신체가 선호하는 속도를 거부하기 위한 에너지를 필요로 하게 된다. 모든 사람들이 최적의 속도를 가지고 있다. 그렇다면 각기 다른 최적의 속도를 가진 사람들이 같이 걷는다면 어떻게 될까?

걸음이 빠른 사람과 느린 사람 둘이 걷는다고 생각해 보자. 느리게 걷는 사람이 속도를 높여서 모든 에너지적 비용을 흡수할 것인가, 아니면 빠르게 걷는 사람이 속도를 늦추고 그 부담을 지게 될 것인가? 각기 다른 최적의 보행속도를 지닌 사람들이 대규모 무리를 지어 걷는다면 어떻게 될까? 비틀즈가 애비로드(애비로드: 비틀즈의 앨범 이름이자 EMI 스튜디오가 위치했던 장소_역주)를 건넜을 때, 링고가 모든 에너지적 부담을 흡수했을까 아니면 일부만 가져갔을까? 이 질문들의 답은, 사람들은 타협을 하는 경향이 있어 무의식적으로 무리 전체의 에너지 비용을 최소화하는 최적의 속도로 맞추게 된다는 것이다.

그러나 걸어가는 두 사람이 연인 관계라면 여기에서 반전이 일어난다.[19] 시애틀 퍼시픽 대학 교수 카라 월-셰플러의 미국 대학 학생들에 대한 연구는 이성과 관계를 맺고 있는 남성이 에너지 부담의 전체를 흡수한다는 것을 보여 주었다. 기사도적인 행동으로 볼 수도 있겠지만, 심리학적인 관점에서는 전적으로 공평하다고 보기 힘들다. 월-셰플러는 넓은 골반은 여성이 물건을 들고 이동하는 것을 도와준다고 밝힌 학자로서, 바로 그 골반이 여성에게 최적의 보행 속도에 대해 남성보다 더욱 넓은 범위를 제공한다는 것을 발견했다. 여성이 속도를 낮추거나 높일 때는, 남성과 같은 많이 에너지를 소비하지 않는다.

그럼에도 불구하고, 걷는다는 것은 우리가 항상 누군가와 같이 하는 행위였다. 우리 종의 역사의 97퍼센트, 그리고 이족보행 호미닌이 지구를 걸어 다녔던 시기의 99퍼센트의 기간 동안, 우리는 수렵과 채집을 하는 유목민이었다. 우리는 한 먹잇감에서 다음 먹잇감으로 이동하며, 주변 환경을 돌아다녔다. 임시 막사를 세우고, 자원이 거의 소모되면 얼마 안 되는 짐을 꾸려 다 같이 이동했다.

탄자니아의 하드자족과 볼리비아의 치마네족을 비롯한 일부 인간 집단들은 여전히 이런 방식으로 살고 있다. 반면 현대인 대부분은 영구적인 정착지에 살며 농산물을 먹는다. 우리는 자동차를 운전하고 비행기를 띄운다. 전체 인간의 절반 이상이 살고 있는 많은 도시들이 걸어서 장소 이동을 하는 것이 힘들거나 위험한 방식으로 고안되어 있다. 우리를 인간이게 하는 걷기는, 더 이상 전처럼 일반적인 것이 아니다.

「그렇다, 모든 사람이 걸어 다녔던 시절이 있었다. 다른 선택이 없었기 때문이었다.」[20]

저자인 제프 니콜슨Geoff Nicholson은 이렇게 썼다.

「그들에게 선택의 여지가 생긴 순간, 그렇게 하지 않기로 선택한 것이다.」

그 결과, 우리의 건강은 악화되었다.

— 13 —

마이오카인Myokines 그리고 활동 부족의 대가

나에게는 의사가 둘이다.
내 왼쪽 다리와 오른쪽 다리.[1]

×

워킹(1913), 조지 맥컬리 트레빌리안(George Macaulay Trevelyan)

나는 최근에 이런 표제들을 접했다. '지금 바로 걸어야 하는 10가지 이유', '걷기의 9가지 놀라운 건강 효과', '걷기의 효능: 걸어야 하는 15가지 이유'. 생화학자 케이티 보우먼Katy Bowman은 2014년 출간된 자신의 저서 《당신의 DNA를 움직여라Move Your DNA》에서 「걷는 것은 슈퍼푸드다.」라고 썼다.[2] 그러나 인간의 진화를 연구하는 사람으로서 나는 조금 다르게 생각한다. 걷는다는 것은 인간의 기본설정이다. 인류 역사를 보면, 인간은 먹고 싶을 때 걸어야 했다. 정말 새로운 것은 걷지 않는 것이다.

움직이지 않는 것이 우리의 뼈에 미치는 영향을 생각해 보자.

인간의 골격은 두 종류의 뼈로 이루어져 있다. 하나는 골피질 혹은 치밀골이라 불리는 우리 뼈의 두꺼운 외부 껍질이다. 또 다른 하나는 해면골이라 불리며, 우리의 뼈가 서로 만나는 관절에 위치하는 뼈로, 벌집 모양으로 나열된 가늘고 스펀지 같은 뼈의 그물망이다. 우리의 유인원 사촌과 비교해 보면, 인간은 두 종류 다 적게 가지고 있다. 인간은 스펀지처럼 이족보행의 강한 충격을 흡수하는 해면골에 의지하고 있다.

그렇다면 왜 그렇게 적게 가지고 있을까?

웨스트버지니아의 마샬 대학 생물인류학자인 하비바 철철Habiba Chirchir은 CT 스캔을 이용해서 인간과 유인원, 그리고 화석 호미닌의 해면골 골밀도를 계산했다.[3] 그녀는 침팬지와 화석 오스트랄로피테쿠스, 네안데르탈인, 심지어는 홍적세 호모 사피엔스도 관절의 해면골 골밀도가 30에서 40퍼센트로 동일하다는 것을 발견했다. 그러나 현대의 인간은 20에서 25퍼센트로 골밀도가 낮다. 골밀도의 감소는 지난 1만 년 동안 갑자기 발생한 것으로 보인다. 하비바는 우리가 우리의 조상들처럼 많이 움직이지 않기 때문에 이런 일이 발생했다고 주장했다.

펜실베이니아 주립 대학 인류학자인 팀 라이언Tim Ryan도 이에 동의했다.[4] 두 유목민 그룹과 두 농경 공동체의 네 가지 인간 집단을 연구한 그는, 유목민이 농부들보다 골밀도가 높다는 것을 발견했다. 식생활도 여기에 영향을 미쳤겠지만, 대부분의 과학자들은 많이 움직이지 않는 사람들의 뼈가 골밀도가 낮다는 데 동의했다. 사실 인간은 지난 1만 년 동안, 우주비행사가 우주의 저중력 조건에 노출되는 한 번의 우주여행에서 잃는 것만큼의 골밀도를 잃었다.[5]

인간은 나이가 들면서 뼈의 굵기가 자연적으로 가늘어진다. 이는 뼈를 자극하는 에스트로겐 수치가 떨어져서 그런 것인데 폐경 여성에게 특히 많이 나타난다. 우리는 이미 골밀도가 낮은 뼈를 가지고 있기 때문에, 골밀도가 더 떨어지면 노년 인구에서는 골다공증과 골절로 이어질 수 있다.

그러나 골다공증은 우리의 걱정거리가 아니다.

내가 마흔이 되었을 때, 내 형제는 나에게 "후반 나인 홀에 온 걸 환영해."라고 말했다. 예상 수명의 후반부에 접어들었다는 의미의 골프 용어이다. 이 말을 듣고서 어떻게 해야 더 오래, 그리고 건강하게 살 수 있을까 생각했다.

메릴랜드 베데스다에 있는 국립 암 연구소의 스티븐 무어Steven Moore는, 그 답은 매일 걷는 것만큼이나 단순하다고 했다.[6] 그와 그의 연구 팀은 65만 명에 대한 10년 정도의 데이터를 수집해서, 매일 25분을 걷는 것과 상응하는 운동을 하는 사람들은 비만이 아닌 이상, 움직이지 않는 사람들보다 거의 4년을 더 오래 산다는 사실을 발견했다. 10분만 매일 걸어도 수명에 2년의 차이를 만들 수 있었다.

캠브리지 대학의 연구원들은 조기 사망의 위험 요소로 체중과 활동 부족을 살펴보려고 시도했다.[7] 그들은 30만 명이 넘는 유럽인들을 조사해 활동 부족이 비만보다 2배나 더 사망의 원인이 된다는 사실을 발견했다. 또한 매일 20분을 걸으면 사망의 위험을 3분의 1이나 줄일 수 있다는 것도 발견했다. 코펜하겐 대학의 생리학자 벤터 크랄런트 페덜슨Bente Klarlund Pedersen은 2012 테드 강연회TED Talk

에서 "건강하고 뚱뚱한 것이 마르고 게으른 것보다 낫다."라고 설명했다.[8]

이를 이해하기 위해서는 생리학의 과학에 깊게 뛰어들어야 한다.

코넬 대학 대학원생으로 천체물리학에 잠시 발을 담갔던 나는 전공을 바꿔 생리학으로 학위를 받고 졸업했다. 은하를 연구하는 대신, 신체에 대해 배웠다. 살아 있는 유기체의 내면 작용은 뉴욕의 그랜드 센트럴 터미널의 출퇴근 시간대처럼 북적거렸다. 우리 몸의 분자들은, 꾸준한 흐름 속에서 도착했다 출발했다 하면서 계속해서 움직인다. 어떤 때는 악수나 포옹과 만나기도 한다. 어떤 때는 눈길도 주지 않고 서로를 스치고 지나간다. 선물을 들고 있기도 한다. 총을 가지고 있을 때도 있다. 분자들의 복잡한 춤은 혼란스럽지만 질서가 있다.

걷는 것은 이 춤에 중대한 영향을 끼친다. 그 좋은 예이자 많은 연구가 이루어진 주제는 유방암이다. 모든 유방암 발병 건수의 3분의 2를 차지하는 에스트로겐-수용체-양성-유방암이라 불리는 형태가 특히 많이 연구된다. 유방암은 매우 복잡하지만, 기초는 이러하다.

혈류에서 순환하는 에스트로겐은 여성의 정상적인 생리의 일부로 유방 조직의 세포가 자라고 분열하게 도와준다. 세포가 분열할 때마다 세포는 DNA를 복제하는데 그때마다 실수, 즉 돌연변이의 가능성도 생긴다. 보통은 대단한 일이 아니지만, 세포가 자라고 분열하는 속도를 제한하는 유전자에 변이가 생기면, 성장이 통제 불가능해지고, 암이라 부르는 세포 덩어리가 생성된다. 유방의 세포들을 제자리에 머물도록 하는 유전자에 변이가 생기면, 암세포 일부가 혈류로 흘러들어 폐나 간, 뼈, 또는 뇌에 자리 잡게 된다. 이 과정을 전이라고 부르며, 그 결과는 유방암 4기로 나타난다.

미국 여성 여덟 명 중 한 명이 유방암 선고를 받는다.[9] 매년 거의 3천 명의 남성도 유방암에 걸린다. 유방암은 매년 4만 명의 미국인과 전 세계 5천만 명이 넘는 사람들의 목숨을 앗아 간다.

그런데 매일 걷는 것이 유방암 발생의 가능성을 줄여 준다고 한다.[10] 어떻게 그럴까? 한 가지 가능한 설명은, 운동이 혈관에서 순환하는 에스트로겐의 수치를 낮춰 준다는 것이다.[11] 시애틀 프레드 허치슨 암 연구 센터의 앤 맥티어넌Ann McTiernan의 팀은 2016년, 운동이 과학자들이 성호르몬 결합 글로불린이라 부르는 체내 분자 생성을 증가시킨다는 사실을 보여 주었다.[12] 이 분자는 에스트로겐에 붙어서 체내 에스트로겐 농도를 10에서 15퍼센트 줄여 주기 때문에 유방 조직의 DNA가 변이할 가능성을 낮춰 준다.

변이가 발생하더라도, 운동은 손상된 DNA가 스스로 복구할 수 있도록 도와준다고 한다.[13] 하루에 최소 20분 운동을 하는 연구 참가자들은, DNA 복제 실수를 복구하는 능력이 조금 더 좋은(1.6퍼센트) 것으로 나타났다. 어떤 작용으로 그런 결과가 나오는지는 명확하지 않다.

만일 복제 실수가 복구되지 않아 암이 발생된다 하더라도, 걷기는 여전히 도움이 된다. 유방암 진단을 받은 5천 명의 여성을 대상으로 한 연구에서, 크리스탈 홀릭Crystal Holick과 프레드 허치슨 센터 시절의 이전 동료들은 일주일에 한 시간 정도의 걷기 수준이라도 운동을 하면 사망 확률을 40퍼센트나 줄일 수 있다는 사실을 발견했다.[14] 사우디아라비아 암 연구가 에젤딘 이브라힘Ezzeldin Ibrahim과 압델라지즈 알-호미Abdelaziz Al-Homaidh의 후속 연구에서는 에스트로겐 양성 유방암의 경우 이 숫자가 50퍼센트인 것으로 나타났다.[15] 그들은 또한 완화된 후의 암 재발 확률도 운동을 통해 24퍼센트 낮아진다는 것을 발견했다. 전립선암에 걸린 남성들 가운데 진단 후 규칙적인 운동을 하는 사람들 역시 유사한 수준으로 재발률이 낮아졌다.[16] 실제로, 2016년에 150만 명을 대상으로 실시된 연구에서는, 적당한 운동이 13가지 종류의 암 발병 위험을 낮춰 준다는 결과를 보여 주었다.[17]

암이 많은 생명을 앗아 가고 있지만, 산업화된 국가에서의 사망 원인 1위는 심혈관계 질병이다. 그 형태도 다양한 이 질병은, 사망 네 건 중 한 건, 또는 연간 미국인 60만 명의 사망원인이다.[18] 걷는 것은 이 질병 역시 모면할 수 있게 도와준다. 자주 걷는 사람들은 앉아서 생활하는 사람들보다 심박 수와 혈압이 낮다. 4만 명에 조금 못 미치는 수의 미국 남성들을 대상으로 한 2002년의 연구는, 매일 30분의 걷기로 관상동맥 심질환의 발병 위험을 18퍼센트나 줄일 수 있다고 밝혔다.[19]

관상동맥 심질환은 수렵과 채집을 하는 사람들에게는 낯선 질병이다.[20] 서던 캘리포니아 대학 인간생물학과 교수인 데이브 레이츨렌Dave Raichlen은 탄자니아 북부의 하드자족은 평균적인 미국인보다 14배나 활동적이라고 보고했다. 하드자족은 나이가 들어도 혈압이 낮고, 콜레스테롤 수치도 낮으며, 심혈관계 질환의 흔적은 찾아볼 수도 없다. 볼리비아의 치마네족에 대한 연구 역시 관상동맥 심질환이 적고 산업화된 세상의 평균적인 사람들보다 동맥이 막히는 경우도 5배나 적은 것으로 밝혀졌다.

식습관도 이러한 질병에 많은 관계가 있지만, 신체활동이 중대한 역할을 한다는 증거가 있다. 그러나 아마도 생각하는 것과는 다른 방식일 것이다.

듀크 대학의 인류학자인 허먼 폰처는 인간의 신체가 에너지를 사용하는 방법에 대한 이해를 하고자 지난 10년 동안 노력했다. 그는 탄자니아 북부를 방문해서 하드자족과 같이 생활하면서 그들이 움직이는 정도와 에너지를 소비하는 정도에 대한 데이터를 수집했다. 폰처를 비롯한 모든 사람들은 하드자족이 일반적인 미국인보다 에너지 소비가 많을 것으로 생각했다. 하드자족 성인은 매일 10km에서 14km 정도를 걷는 반면, 닐슨 미디어 리서치에 따르면 평균적인 미국인은 하루에 여섯 시간 정도 화면을 쳐다본다고 한다.[21]

그런데 폰처가 발견한 사실은 충격적이었고 인간의 신체에 대한 우리의 생각을 달리하게 했다. 활동적인 하드자족이 사용하는 1일 에너지 총량은 의자에 앉아만 있는 미국인들의 에너지 소비량과 동일했다.[22]

어떻게 이런 일이 가능할까?

걷는 것이 도움이 되지 않는 한 가지, 즉 체중 감량에 단서가 숨겨져 있다.[23] 인간의 걸음은 너무도 효율적이어서 몸무게가 68kg인 사람은 적어도 112km를 걸어야 450g이 감량된다. 따라서 하드자족이 전형적인 미국인들에 비해 추가적으로 걷는 걸음은 그다지 많은 에너지를 소비하지 않는다. 게다가 하드자족은 걷기만 하는 것이 아니다. 땅을 파고, 기어오르고, 달린다. 물론, 그들이 더 많은 에너지를 사용하는 것이 마땅하다.

이 수수께끼에 대해 최근에 받아들여진 가설은 '전 세계 모든 사람들의 신체가 동일한 1일 에너지 허용량을 가지고 있다는 것'이라고 폰처가 내게 말했다.[24] 그 에너지를 어떻게 사용하는가는 문화에 따라, 사람에 따라 다르다. 하드자족은 장소 이동과 식량 채집, 질병 격퇴, 아이 돌보기, 그리고 새 생명 키우기에 에너지를 사용한다. 미국인들도 이와 동일한 다수의 일을 하지만, 하드자족처럼 활동적이지 않기 때문에 우리의 신체는 잉여 에너지를 다른 곳에 사용한다. 바로 신체의 염증 반응을 증가시키는 일이다.

이것이 왜 건강에 문제가 되는지 알아보자.

염증 반응이란 우리의 신체가 대식세포라 불리는, 경계태세의 커다란 아메바처럼 생긴 세포들을 모아서 감염을 막고, 상처를 회복시키는 과정을 말한다. '대식가'라는 의미를 지닌 대식세포는 우리 면역체계의 주요 요소이다. 이 세포들이 종양괴사인자TNF라 불리는, 감염과 싸우는 단백질을 생성한다. TNF가 하는 신체 내의 다양한 역할들 가운데 하나는, 우리가 바이러스나 박테리아에 감염되었을 때 체온을 높이라고, 즉 열이 나게 하라고 시상하부(시상하부: 자율신경계의 기능을 조절하는 뇌구조_역주)에 지시를 하는 것이다.

그러나 만성적으로 높은 TNF 수치는 심장 관련 질병과 관계가 있다.[25]

2017년, 독일 튀빙겐 대학의 스토얀 드미트로프Stoyan Dimitrov는 걷기가 TNF 생성 속도를 늦춰 준다는 사실을 발견했다.[26] 실제로, 20분의 빨리 걷기가 TNF 생성을 5퍼센트나 줄여 주었다.

어떻게 그런 결과가 나왔을까?

그 답은 내가 대학원생 시절 공부하던 생리학 교과서에는 나오지도 않았던 한 단백질 종류 전체와 관련된 것으로 보인다.

1990년대 후반, 덴마크 생리학자인 벤터 크랄런트 페덜슨Bente Klarlund Pedersen이 이끄는 연구팀이 인터류킨-6, 즉 백혈구들이 서로 의사소통을 하는 데 사용하는 단백질에 관심을 갖게 되었다.[27] 그들은 마라톤 주자의 인터류킨-6 수치가 경기를 시작할 때보다 마친 시점에서 100배나 더 높다는 사실을 발견했다.

페덜슨은 그 이유를 밝혀내고자 여섯 명의 남성에게 발목 모래주머니를 달고 앉은 자세로 실험에 참여하게 했다.[28] 참가자의 양다리 각각에 정맥주사를 연결해 채혈을 할 수 있게 했다. 참가자들은 2, 3초에 한 번씩 한쪽 다리는 움직이지 않고, 다른 쪽 다리만을 서서히 들어 올려 앞으로 발차기를 하도록 했다. 운동을 하는 다리에서 채혈된 혈액은 인터류킨-6 농도가 증가했으나 다른 쪽 다리는 그렇지 않았다. 페덜슨은 근육이 자체적으로 인터류킨-6을 생산하여 혈류로 방출한다고 추측했다.

이것은 혁명적인 생각이다.

우리 신체의 많은 장기들은 상호 의사소통의 수단으로 분자를 생성하여 혈류로 방출한다. 이러한 내분비기관들에는 췌장과 뇌하수체, 난소, 그리고 고환이 있다. 그러나 페덜슨의 연구가 있기까지는 근육을 내분비기관이라고 생각한 사람이 거의 없었다. 인터류킨-6은 시작에 불과했다. 과학자들은 현재 우리가 걷는 동안 근육이 생성하여 혈류로 내보내는 100가지의 분자들을 발견했다. 페덜슨의 팀은 그 분자들 가운데 온코스타틴 M이 쥐의 유방조직 종양을 줄여 준다는 것을 발견했으며, 왜 운동이 유방암을 앓고 있는 사람들에게 유익한 것인지를 설명하는 또 다른 이유가 될 수 있을 것으로 보았다.

2003년, 페덜슨은 이 놀라운 분자 종류의 이름을 마이오카인myokines이라고 지었다.[29]

인터류킨-6은 마이오카인의 하나로 항염증 작용을 한다. 인터류킨-6의 많은 역할 가운데 하나는, 문제가 있는 종양괴사인자TNF를 제거하는 데 도움을 주는 것이다. 우리 몸의 천연 이부프로펜(이부프로펜: 소염 진통계 약물_역주)인 것이다. 페덜슨의 팀은 적어도 쥐를 대상으로 한 실험에서 인터류킨-6이 '자연 살해세포'라 불리는 세포를 동원해서 악성 종양을 공격하고 파괴한다는 사실 또한 발견했다.[30]

무슨 이유에선지, 이 마이오카인이 제대로 작동하려면 운동을 하는 동안 근육에 의해 생성되어야만 한다. 그렇다고 반드시 걷기가 필요한 것은 아니다.[31] 휠체어에 의지하고 있는 300만 미국인들도 마이오카인을 생성할 수 있을까? 그렇다. 일본의 와카야마 의과대학 재활의학과의 연구원들은 휠체어를 타고 실행된 하프 마라톤과 농구 경기 후, 인터류킨-6 수치는 올라가고 종양괴사인자 수치는 내려갔음을 발견했다. 2005년 미스 휠체어 아메리카로 선정된 줄리엣 리초Juliette Rizzo는 "걷기란 A 지점에서 B 지점으로의 이동이며, 저도 그렇게 하고 있습니다."라고 말했다.

그러나 마이오카인은 마법의 묘약이 아니다. 주사로 주입하거나 경구 투여할 수 없다. 마이오카인은 오로지 신체가 움직일 때만 만들어진다. 평균적으로 미국인들은 하루에 5,117걸음을 걷는데, 이는 하드자족의 평균 걸음 수의 3분의 1정도이다.[32] 건강을 유지하기 위해서 그렇게 많이 걸어야 하는 것일까? 심장 질환과 특정 암, 제2형 당뇨병을 피하기 위해서는 얼마나 걸어야 할까?

내 스마트폰에 따르면, 그 답은 1일 1만 걸음이다. 내가 그 정도를 걸으면, 내 스마트폰의 만보기 앱이 실망스러운 빨강이나 오렌지색에서 행복한 초록색으로 색을 변경함으로써 인정한다는 뜻을 전달한다. 1만 보라는 이 마법의 한계치는 어디서 온 것일까?[33] 이를 밝혀내려면, 우리는 하계 올림픽 게임이 열리던 1964년의 일본으로 시간여행을 떠나야 한다.

그해 동경 올림픽에서, 에티오피아의 아베베 비킬라Abebe Bikila 선수는 2:12:11.2의 세계 신기록을 세우면서 마라톤에서 금메달을 지켜 냈다.[34] 미국의 단거리주자이자 향후 NFL 명예의 전당에 이름을 올린 밥 헤이스Bob Heyes는 세계 신기록을 노리며 100m 경주용 트랙을 단 10.06초 만에 완주했다. 조 프레이지어Joe Frazier는 권투에서 금메달을 강타했다. 소련 연방의 체조선수 라리사 라티니나Larisa Latynina는 그녀의 마지막 올림픽에서 여섯 개의 메달을 고향으로 가져가, 총 18개의 올림픽 메달을 획득함으로써, 미국의 마이클 펠프스가 헤엄쳐 오기 전까지는 올림픽 역대 최다 메달 획득 기록을 달성했다.

올림픽은 일본 국민들을 고무시켰다. 사상 처음으로 경기가 TV에 생방송으로 중계됐으며, 1964년이 되자 일본 가정의 90퍼센트가 TV를 소유하게 되었다. 큐슈 대학의 보건복지학과 교수인 요시로 하타노Yoshiro Hatano는 기회를 포착했다. 그는 일본의 대중들이 앉아서 생활하는 시간이 지나치게 많고 자신의 조국에 비만이 점차 만연하고 있다는 점을 걱정했다. 걷기에 대한 그의 연구는 일본 사람들이 하루에 3천 5백에서 5천 보를 걷는다고 밝혔다. 그의 계산으로는, 그 정도로는 건강을 유지하기에 충분하지 않았다.

하타노는 그다음 해에, 시계업체인 야마사 토케이와 협업하여 사람들의 허리에 매달아 걸음수를 측정할 수 있는 장치를 개발했다.[35] 그 장치를 만포-케이라고 불렀다. 일본어로 만은 '10,000'을, 포는 '걸음', 그리고 케이는 '계량기'라는 뜻이다. 따라서 만보기다.

내 스마트폰의 걷기 앱은 하루 목표 1만 보로 기본설정되어 있다. 대부분의 핏빗(Fitbit: 헬스케어용 스마트워치_역주)들이 동일하다. 하루 1만 보라는 목표는 하타노 연구의 일부를 기반으로 하고 있지만, 사실은 일종의 마케팅 전략이다. 그렇지만, 반세기가 지난 지금도 여전히 우리와 함께하고 있다. 그런데 이것이 의미 있는 숫자일까? 우리에게 필요한 하루 보행 수는 얼마나 되는 것일까?

보스턴의 브리검 여성병원 유행병학자인 아이-민 리I-Min Lee는 2011년에서 2015년의 기간 동안 평균 연령 72세의 1만 7천 명에 달하는 여성에게 일주일 동안 가속도계를 달도록 요청했다.[36] 그룹 전체로 보았을 때 그들은 하루에 평균 5,499보를 걸었으며, 이는 전형적인 미국 성인의 1일 걸음수보다 약간 많은 정도이다.

그 이후 4년이 조금 넘는 기간 동안, 이 여성들 가운데 504명이 사망했다. 리는 연구 참가자들의 1일 보행 수는 여전히 살아 있는 사람과 그렇지 않은 사람을 알려 주는 훌륭한 예측기라는 것을 알았다. 적어도 평균 4,400보를 걸은 여성은 겨우 2,700보를 걸은 여성보다 훨씬 건강하다는 사실이 드러났다. 1일 보행 수 7,500까지는 적게 걸은 여성보다 많이 걸은 여성이 계속해서 더 건강하게 지냈다. 다만 거기가 정점이었다. 7,500보를 넘어가면 차이가 나타나지 않았다.

더 젊은 집단에서는 정점이 7,500보에 멈추지 않을 것이다. 건강에 도움을 주는 데 필요한 걷기의 양은 연령과 활동 정도에 따라 다르게 나타난다. 간단하게 정리하자면, 리는 모든 사람들에게 현재의 하루 평균 보행수보다 2,000보를 더 걸을 것을 권장하고 있다.[37]

많이 걷는 것이 규칙적인 일상이 되도록 하는 방법 가운데 하나는 개를 키우는 것이다.

개는 인간종이 길들이기 시작한 첫 동물이다.[38] 시베리아에서 발견된 개의 늑골에서 추출한 고대 DNA에서 인간과 개의 늑대 조상들이 3만 년 전부터 같이 어울리기 시작했음을 알 수 있다. 이에 비해, 돼지와 소는 약 1만 년 전부터 사육하기 시작했다. 인류가 지구 전역으로 이주하면서, 우리의 견공들도 우리 곁에서 같이 걸었다.

현재까지도 개 소유자들은 개를 소유하지 않는 사람들보다 하루 평균 약 3,000보를 더 걷고 있으며, 주당 권고 보행 시간인 150분에 도달할 가능성도 더 크다.[39]

암 발병을 예방하고 심혈관계 질병으로 사망할 위험을 낮춰 주는 것 외에, 매일 걷는 것은 자가면역 질병도 예방할 수 있으며 혈당을 낮춰서 제2형 당뇨병을 이겨 낼 수 있게 도와준다.[40] 수면을 개선하고 혈압도 낮춰 준다. 걷는 것은 혈류에 순환하는 코르티솔 수치를 낮춰서, 스트레스 해소에도 도움을 준다. 45세 이상 여성 4만여 명을 대상으로 한 연구에서, 매일 30분의 걷기가 뇌졸중의 위험을 27퍼센트나 줄여 준다는 결과가 나왔다. 이러한 건강상의 이점과 좌식 생활에 익숙한 사람들을 일어서게 하려는 존경스러운 시도에도 불구하고, 걷는다는 것은 힘든 싸움이다. 많은 미래학자들이 우리의 걷는 시절은 지나가 버렸다고 예측하고 있다. 커트 보니것Kurt Vonnegut의 소설 《갈라파고스Galápagos》에는 100만 년 후의 우리 후손들이 수생에 적응해서 진화한 것으로 그려진다. 그들은 보행능력을 상실하고 수영에 적합한 유선형의 형태가 되었다. 픽사의 애니메이션 『월-EWall-E』는 거기까지 가지는 않았지만, 그 영화 역시 미래의 인간을 엑시엄이라는 우주선 안에서 휴식용 의자에 갇혀 생활하며 로봇이 모든 필요한 시중을 들어 주는 걷지 않는 존재로 나타냈다.

인간은 태초부터 우리를 인간으로 규정한 바로 그 행위를 멈출 수 있을까?

우리의 신체적 건강을 위해서 제발 그러지 않기를 바란다. 그리고 정신적 건강을 위해서도.

— 14 —

걷는 것은 왜 사색에 도움이 되는가

덧붙여, 당신은 걸으면서 반추하는 유일한 동물로 알려진 낙타처럼 걸어야 한다.[1]

×

《워킹(1861)》, 헨리 데이비드 소로우(Henry David Thoreau)

찰스 다윈Charles Darwin은 내성적이었다. 그가 비글을 타고 5년 동안이나 여행하면서 역사상 가장 위대한 과학적 통찰을 가져왔던 관찰들을 기록할 수 있었던 것은 대단한 일이다. 당시 다윈은 20대였고, 휴학 기간 동안 유럽을 돌아다니는 19세기 동식물연구가 버전의 배낭여행 특권을 누린 것이었다. 1836년 집으로 돌아온 그는, 그 후 다시는 영국 섬 밖으로 나가지 않았다.

다윈은 학회며 파티, 그리고 대규모 모임을 회피했다. 그런 자리는 다윈을 긴장시켰고 성인 시절의 대부분을 괴롭힌 그의 병세를 악화시켰다. 대신, 그는 런던에서 남동쪽으로 32km나 떨어진 조용한 자신의 집 다운 하우스Down House의 서재에서 글을 쓰며 시간을 보냈다. 가끔 손님 한둘을 접대하긴 했지만, 서신을 통한 바깥세상과의 소통을 선호했다. 다윈은 서재에 거울을 걸어서 우편배달부가 다가오는 것을 일하면서 볼 수 있게 했는데, 이는 이메일의 새로고침 버튼의 19세기 스타일이라 할 수 있겠다.

그러나 다윈의 가장 위대한 통찰은 서재에서 이루어진 것이 아니다. 그것은 집 밖, 그의 사유지를 두르고 있는 소문자 d 모양의 길 위에서 이루어졌다. 다윈은 이 길을 샌드워크Sandwalk라고 불렀다. 현재는 '다윈의 생각하는 길'이라고 알려져 있다. 다윈에 대한 두 권짜리 자서전의 저자 자넷 브라운Janet Browne은 다음과 같이 썼다.[2]

> 다윈은 효율적인 사람으로, 일련의 생각을 방해받지 않으면서 미리 정해 놓은 횟수만큼 순환하기 위해, 길이 꺾이는 곳에 부싯돌 더미를 쌓아 놓고 돌 더미를 지날 때마다 하나씩 쳐서 떨어뜨리곤 했다. 길을 다섯 번 돌면 반 마일(0.8km) 정도가 된다. 샌드워크는 그가 생각을 하는 장소였다. 마음을 진정시키는 이 일상 속에서, 장소에 대한 감각은 다윈의 과학에 현저하게 드러난다. 이것이 사상가로서의 그의 정체성의 틀을 잡아 주었다.

다윈은 샌드워크를 돌면서 자연선택 방식에 의한 진화 이론을 발전시켰다. 덩굴식물의 움직이는 구조를 생각하고, 어떤 경이로운 과정으로 그가 묘사한 환상적인 모양을 지닌 형형색색의 난초가 수분되는 것인지 상상하면서 걸었다. 그는 자웅선택에 대한 이론을 발전시키고 인류 혈통에 대한 증거를 수집하면서 걸었다. 다윈의 말년의 걸음은 그의 부인 엠마Emma와 함께였고, 지렁이와 토양을 서서히 개조하는 그들의 역할에 대해 생각하며 걸었다.

2019년 2월, 나는 다윈의 생각하는 길을 걸으며, 걷는 것이 어떻게 사색에 도움이 되는지를 직접 경험했다. 런던의 학교는 방학 기간이었고, 나는 다윈이 거주하고 일했던 곳을 보러 떼로 몰려드는 가족들과 경쟁해야 했다. 그의 서재에 있는 책상은 아직도 책과 서신, 핀으로 고정된 곤충이 담겨 있는 작은 표본 상자들로 어지럽혀져 있었다. 바로 옆의 의자에는 다윈의 검은 재킷과 검은 중산모, 그리고 나무로 된 지팡이가 걸려 있었다. 지팡이에는 구불구불한 덩굴 같은 나선형의 무늬가 있었고, 막 닦아 놓은 것처럼 보였다. 지팡이의 아랫부분은 많이 닳아 있었다. 샌드워크를 수없이 걸었다는 증거였다.

나는 이 크림색 집의 뒤쪽 부엌으로 나가서, 초록색 격자무늬 구조물과 뒤쪽 현관을 지탱하는 덩굴이 뒤덮인 기둥을 지나 아름답게 가꾼 정원을 통과해 샌드워크에 들어섰다. 나는 혼자였다. 날은 선선하고 바람이 세게 불었다. 잿빛 구름이 지평선에 낮게 깔려 머리 위로 빠르게 지나가면서 이따금씩 보슬비를 뿌렸다. 구름 사이로 가끔씩 해가 나와, 빗방울을 반짝였다.

근처 런던 비긴힐 공항의 비행기 소리와 A233길을 따라 달리는 대형 트럭의 웅웅거리는 소리가 들렸다. 그러나 그런 현대의 소리는 금세 사라졌다. 지금은 1871년이고 나는 다윈과 함께 길을 걷고 있다는 상상에 쉽게 빠져들 수 있었다. 회색 다람쥐의 재잘거리는 소리가 들렸지만, 이 동물은 1876년에 영국으로 들어온 북아메리카

침입종이므로 나는 그 소리를 흘려보냈다.

나는 다섯 바퀴를 돌기 위해 길의 입구에 다섯 개의 납작한 부싯돌을 쌓았다. 그러고 걷기 시작해, 처음에는 목초지를 따라서, 그다음에는 시계 반대방향인 숲을 향해 걸어갔다. 샌드워크는 살아 있었다. 찌르레기와 까마귀가 머리 위로 날아가며, 지저귀는 소리와 꾸르륵 하는 소리로 공기를 채웠다. 아이비가 햇빛을 쫓아 오리나무와 상수리나무의 굵은 기둥을 타고 올라갔다. 발밑에는 곰팡이가 젖은 나뭇잎을 분해하면서 싱그러운 흙냄새를 뿜어냈다. 나는 길가에 핀 도꼬마리 무더기를 뽑았다. 고리 같은 털이 내 손의 주름에 파고들고 내 재킷에 들러붙었다. 한 걸음 걸을 때마다 발밑의 자갈이 달그락거리고, 다윈의 발걸음을 비롯한 수천 번의 발걸음으로 매끈하게 다듬어진 젖은 돌 위로 가끔씩 발이 미끄러졌다.

다운 하우스는 마법의 장소도 아니며, 숭배의 장소도 아니다. 부싯돌 한 개마다 샌드워크를 한 바퀴 돌아도 나에게 과학적 추구를 계속할 지혜를 부여하지는 않았다. 결국엔 야외에서 걷는 것이 우리의 뇌를 각성하는 힘을 가지고 있었던 것이다. 19세기의 뇌 하나가 각성해서 세상과 그 속에서 인간의 자리를 변화시키는 데 도움을 준 장소에 우연히 샌드워크가 있었던 것뿐이다.

그런데 왜? 왜 걷는 것은 우리가 생각하는 데 도움이 될까?

이런 상황에 처해 본 경험이 분명 있을 것이다. 힘든 일이나 학교 과제, 복잡한 인간관계, 혹은 직종 변경에 대한 전망 등 어떤 문제로 고민을 하고 있는데 어떻게 해결해야 할지 모르는 상황. 그래서 우

리는 나가서 걷기로 하고, 걸어가던 길 그 어디 즈음에서 해결책이 떠오르는 것이다.[3]

19세기 영국 시인 윌리엄 워즈워스William Wordsworth는 일생 동안 289,682km를 걸었다고 한다.[4] 그의 춤추는 수선화도 그가 걸었던 그 길 어느 한곳에서 발견했음이 분명하다. 프랑스 철학자 장-자크 루소Jean-Jacques Rousseau는 이렇게 말한 바 있다.[5]

"걷는 것에는 나의 생각을 자극하고 활기 있게 해 주는 무엇인가가 있다. 한 장소에만 머물러서는 거의 생각을 할 수가 없다. 나의 정신을 움직이기 위해서는 나의 몸도 움직여야 한다."

랄프 왈도 에멀슨Ralph Waldo Emerson과 헨리 데이비드 소로우Henry David Thoreau는 뉴잉글랜드 숲을 걸으며 영감을 받아 글을 썼다. 걷기에 대한 논문인 소로우의 〈워킹Walking〉도 그 결과물에 포함된다. 존 뮤어John Muir, 조나단 스위프트Jonathan Swift, 임마누엘 칸트Immanuel Kant, 베토벤Beethoven, 프리드리히 니체Friedrich Nietzsche는 모두 강박적으로 걷는 사람들이었다. 매일 오전 11시에서 오후 1시 사이에 공책을 들고 산책을 했던 니체는 이렇게 말했다.[6]

"진정으로 위대한 모든 생각은 걸으면서 잉태된 것이다."

찰스 디킨스Charles Dickens는 런던의 밤을 오래 거니는 것을 선호했다.

"길은 밤에 너무 외로워서, 나는 규칙적으로 한 시간에 6.4km를 걷는 단조로운 내 발소리에 잠에 빠져든다."[7]

또한 디킨스는 말했다.

"애쓰는 기미도 없이 심하게 졸면서, 계속해서 꿈을 꾸면서, 나는 걷고 또 걷는다."

최근에 들어서는, 애플Apple의 공동창업자 스티브 잡스Steve Jobs에게 걷는 것이 그의 창의적 과정에 중요한 일부가 되었다.

잠깐 멈춰서, 걷기를 좋아하는 이 유명 인사들에 대해 생각해 보는 것은 중요하다. 그들은 모두 남성들이다. 규칙적으로 걸었다는 유명한 여성에 대한 것은 알려진 바가 거의 없다. 버지니아 울프Virginia Woolf는 예외다. 그녀는 꽤 많이 걸었던 것으로 보인다. 최근에는, 로빈 데이비슨Robyn Davidson이 자신의 개와 네 마리의 낙타와 함께 호주를 걸어서 횡단했고, 이 여정에 대해 《트랙스Tracks》라는 책을 썼다.[8] 1999년, 뉴햄프셔 더블린의 89세 할머니인 도리스 해덕Doris Haddock은, 미국의 캠페인 금융법에 항의하기 위해 5,150km를 걸어 미 대륙을 횡단했다.

그러나 역사적으로 걷는 것은 백인 남성의 특권이었다.[9] 흑인 남성은 체포되거나, 더 험한 일을 당할 수 있었다. 산책을 나온 여성들은 괴롭힘을 당하거나, 더 험한 일을 당할 수 있었다. 물론, 우리의 진화 역사상 누구든 혼자 걷는 것이 안전했던 적은 거의 없었다.

많은 위대한 사상가들이 강박적으로 걷는 사람들이었다는 것은 어쩌면 우연일지도 모른다. 전혀 걷지 않았던 훌륭한 사상가들도 그만큼 많이 있을 수 있다. 윌리엄 셰익스피어William Shakespeare나 제인 오스틴Jane Austen, 토니 모리슨Toni Morrison도 매일 걸었을까? 프레데릭 더글러스Frederick Douglass나 마리 퀴리Marie Curie, 아이작 뉴턴Isaac Newton은 어떠한가? 놀랄 만큼 명석한 스티븐 호킹Stephen Hawking도 물론 루게릭병으로 마비된 이후로 걷지 않았다. 따라서 걷는 것이 사색에 필수요건은 아니다. 그러나 도움이 되는 것은 분명하다.

스탠포드 대학 심리학자인 메릴리 오페초Marily Oppezzo는 그녀의 박사과정 지도교수와 함께 캠퍼스를 걸어 다니며 실험 결과를 논의하고 새로운 프로젝트에 대한 아이디어를 교환했다. 어느 날 그들은 걷기가 창의적 사고에 미치는 영향을 관찰하는 실험을 생각해 냈다. 걷기와 사색이 관련되어 있다는 아주 오래된 생각에 무슨 의미가 있는 것일까?

오페초는 멋진 실험을 한 가지 고안했다.[10] 한 그룹의 스탠포드 대학 학생들에게 평범한 사물을 창의적으로 사용하는 방법을 할 수 있는 한 많이 나열해 보라고 요청했다. 프리스비 원반을 예로 들면, 개 장난감으로 사용할 수 있으나, 모자나 접시, 새 목욕통, 혹은 작은 삽으로도 사용이 가능하다. 더욱 참신한 사용법을 나열하는 학생일수록, 창의 점수도 올라간다. 참여 학생의 절반은 실험을 시작하기 전에 한 시간 동안 앉아 있었다. 나머지 절반은 러닝머신에서 걸었다.

그 결과는 놀라웠다. 걷고 난 후의 창의 점수가 60퍼센트나 향상되었다.

그 실험이 있기 몇 년 전, 아이오와 대학의 심리학 교수인 미셸 보스Michelle Voss는 걷기가 뇌연결성에 미치는 효과를 연구했다.[11] 그녀는 55세에서 80세 사이의 움직이기 싫어하는 65명의 지원자들을 모집해서 그들의 뇌를 MIR로 촬영했다. 그 후 1년 동안, 지원자의 절반은 일주일에 3회, 40분씩 걸었다. 나머지 지원자들은 드라마

『골든걸즈Golden Girls』의 재방송을 보면서 시간을 보내고(나쁘다는 것이 아니다, 나는 골든걸즈 주인공인 도로시와 블란치를 좋아한다), 통제집단으로서 스트레치 운동에만 참여하게 했다. 1년 후, 보스는 모든 참가자들을 MRI 장치로 데려가 다시 뇌를 촬영했다. 통제집단에는 별다른 변화가 없었지만, 걸은 사람들은 창의적인 사고능력에 중대한 역할을 하는 것으로 알려진 뇌 영역에서의 연결성이 눈에 띄게 향상된 것으로 나타났다.

걷기는 우리 뇌를 변화시키며, 창의력뿐만 아니라 기억력에도 영향을 준다.

2004년, 보스턴 대학교 공중보건 대학의 제니퍼 우브Jennifer Weuve는 70세에서 81세 사이의 18,766명의 여성을 대상으로 걷기와 인지력 감퇴의 관계에 대해 연구했다.[12] 그녀의 연구팀은 참가자들에게 1분 안에 가능한 많은 동물의 이름을 말해 보라고 요청했다. 규칙적으로 걷는 여성들은 덜 움직이는 여성들보다 더 많은 펭귄과 판다, 천산갑을 기억해 냈다. 우부는 다음으로, 일련의 숫자를 읽은 다음 참가 여성들에게 숫자들을 역순으로 말해 보라고 했다. 규칙적으로 걷는 여성들이 그렇지 않은 여성들보다 과제를 훨씬 잘 수행했다. 일주일에 90분이라는 짧은 시간만 걸어도 시간 경과에 따른 인지력 감퇴 속도가 줄어든다는 사실을 우부는 발견했다. 인지력 감퇴는 치매의 초기 단계에 발생하는 증상이다. 따라서 걷기는 신경퇴행성 상태를 방지할 수도 있다는 말이다.

그러나 상관관계는 인과관계와 같지 않다. 그렇다면 묘지란, 아무런 의심도 없는 연세 드신 분들이 하늘에서 떨어지는 거대한 돌에 맞아, 주로 생을 마감하는 장소라고 해석할 수도 있을 것이다. 어쩌면 인과관계의 화살이 잘못된 방향을 가리키고 있는지도 모른다. 정신적으로 활발한 사람들이 단순히 산책을 더 자주 가는 것일 수도 있다. 학자들은 더욱 깊이 파고들어야 한다.

그렇게 하기 위해서, 나의 학생들이 인간의 사체를 해부하고 있는 끔찍한 해부학 실험실로 가 보자.

8월이면 나의 학생들은 다트머스 대학 의학부 예과 학생들에 의해 해부될 신체를 기부한 개인들의 내부를 속속들이 탐구하는 강도 높은 8주를 이미 보낸 상태이다. 학생들은 조직을 헤쳐 힘줄덩어리인 심장판막과 석회화된 동맥을 찾아낸다. 그들은 보스턴 주변의 길처럼 잘못 고안된 고리 모양을 이루는 혈관을 따라간다. 학생들이 고관절 치환술의 흔적이나 스텐트망(스텐트: 혈관 폐색 등을 막기 위해 혈관 내강에 삽입하는 기구_역주)을 찾아내자, 해부학실의 진지한 정적은 흥분된 웅성거림으로 바뀐다. 악성종양을 발견하거나 실수로 장의 하부를 살짝 베었을 땐 반응이 그다지 달갑지 않다.

모든 해부를 마친 후에는, 마치 신성한 서적의 페이지를 넘겨 덮듯이 장기를 제자리로 돌려놓고 조직과 피부층을 덮는다. 동급생들이 종잇장처럼 얇은 피부를 자를 때, 자신들의 첫 환자의 손을 부드럽게 잡고 있는 학생들을 발견하곤 한다. 사체는 학생들에게 있어 가장 훌륭한 선생님이다.

화석을 연구하는 사람이 의학부 예과 학생들에게 해부학을 가르치고 있다고 해서 놀랐는가? 그러지 마시길. 고생물학자들은 해부학에 능통하다. 화석 한 조각은 인체의 200개가 넘는 뼈와 지구상에 생존했던 수십여 종의 동물들 가운데 하나로부터 나오는 것이다. 화석을 집어 들면, 나는 그 뼈가 어떤 것인지 빠르게 판단해야 한다. 상완골인가? 척추뼈인가? 턱의 일부인가? 고대 영양이나 얼룩말의 뼈인가? 원숭이, 아니면 초기 인간? 화석 뼈의 작은 돌기가 생전에 어떤 근육과 인대를 고정했던 부분인지 단서를 쥐고 있다. 어떤 뼈에는 고대 동물의 심장이 여전히 뛰고 있었을 수백만 년 전에 혈관과 신경이 통과한 홈이나 구멍이 나 있기도 하다. 이 모든 것에 해부학에 대한 지식이 필요하며, 이를 위해 많은 시간을 해부학 실험실에서 보낸다.

9주째에는, 톱이 등장한다. 섬세하게 조직을 헤치고 근육과 신경, 그리고 혈관을 확인하던 시간은 뇌를 추출하는 난폭한 작업에 자리를 내준다. 두개골 상부를 톱으로 절단하는 과정은 많은 학생들의 기분을 상하게 하는데, 그것은 당연하다. 이는 매우 비정상적 행위이다. 윙윙거리는 전기톱이 꺼지면, 연구실에 정적이 찾아온다. 말을 하는 학생은 거의 없으며, 농담은 생각할 수도 없다. 머리카락 타는 냄새를 연상시키는 그을음 냄새가 공기 중에 남아 있다. 너무 두꺼워서 톱이 뚫고 들어가지 못하는 두개골 부분을 깨뜨리기 위해 망치와 끌이 사용되기도 한다.

학생들은 심장을 들고 있을 때 보통 감상적이 된다. 뇌를 들고 있을 때는 경외감을 느낀다. 뇌는 곧 사람이다. 나의 학생들은 뇌가 너무 가볍고 스펀지 같고, 연약하다는 사실에 종종 놀라곤 한다. 그들은 손가락으로 뇌주름과 뇌고랑을 만져 본다. 한 학생이 마치 수박을 자르듯 커다란 칼로 뇌를 가르자, 좌우의 균등한 절반으로 나뉜다. 바로 거기, 뇌줄기(뇌줄기: 좌우 대뇌반구와 소뇌를 제외한 뇌의 가운데 부위로 뇌와 척수를 이어 주는 줄기_역주) 위에 내 약지 길이만 한 두꺼운 조직의 고리가 놓여 있다. 나에게는 마치 벌레 모양의 젤리처럼 보인다. 초기 해부학자들에게는 이것이 해마의 꼬리처럼 보여서, 몸은 말이고 꼬리는 물고기인 그리스 신화 속의 바다괴물의 이름을 따서 해마라고 불렀다. 해마는 뇌에서 기억을 담당하는 부분이다. 뇌의 그 작은 부분에서 신경세포들이 상호작용을 함으로써, 우리의 시체에 많은 기억을 저장했다.

신체를 기증하신 그분의 말년에는 초등학교 3학년 시절 담임 선생님의 성함은 기억하지 못했을 수도 있으나, 선생님이 쓰시던 안경의 모양과 색상은 분명히 기억했을 것이다. 어쩌면 그는 숲에서 하이킹을 하고 돌아왔을 때 어린 시절 기르던 개 세이디의 흙냄새를 여전히 기억하고 있었는지도 모른다. 고등학생 시절 오스틴 영어 선생님이 시 〈죽음에 관한 고찰〉을 낭독했을 때 3년 동안 몰래 짝사랑하던 여학생이 그에게 미소를 지어 보였던 바로 그 순간을 떠올려 보려고 기억을 더듬었는지도 모른다. 그는 결혼식 날 부인의 머리에 장식했던 난초 잎의 벨벳 같던 촉감을 여전히 기억하고 있었을 것이다. 1964년 칼 야스트렘스키가 친 홈런의 개수는 기억하고 있었으나, 어떤 날에는 자신의 부인의 이름조차 기억하지 못하기도 했다. 그는 당황스럽고 혼란스러웠다. 화도 났을 것이다. 그가 마음을 가라앉히고 그의 부인이 손을 잡아 주면, 그는 그들의 결혼식 노래인 〈그대 눈에 비친 우수Smoke gets in your eyes〉를 이름도 기억 못 하는 그 여성을 위해서 처음부터 끝까지 불러 주었다. 그가 죽던 날에는, 그의 아들에게 TV에 삭스팀 야구 중계를 틀고 뒷마당에서 세이디를 데려오라고 부탁했는지도 모른다.

우리는 잊는다는 것의 고통과 당황스러움 때문에, 우리 기억의 중앙 저장소인 뇌의 이 부분을 어떻게 해서든 유지시키려 한다. 물론, 다른 종류의 기억은 뇌의 다른 장소에 저장된다. 사람의 얼굴을 알아보는 능력, 자전거 타는 법과 같은 이른바 암묵기억, 그리고 세계 2차 대전이 시작된 날짜와 같은 외현기억이 그것이다. 그러나 해마는 우리 삶의 이야기가 담긴 저장소이다.

그런데 나이가 들면, 우리의 뇌는 점점 작아진다. 인생의 말년에는 해마가 해마다 한 번에 1~2퍼센트씩 줄어들며, 전에는 즉각 떠오르던 생각들을 기억해 내기가 점점 힘들어진다. 퇴직을 앞둔 동료 한 사람은, 그의 뇌 속의 작은 사람이 자신이 원하는 것을 기억 캐비닛에서 찾아내는 데 시간이 점점 더 많이 걸린다고 농담하곤 했다. 찾아봐야 할 파일은 많아졌는데, 더 이상 정돈은 되어 있지 않고, 그 작은 사람은 지팡이를 짚고 걸어야 한다.

우리는 이에 대해 어떻게 해야 할까?

걸어야 한다.

2011년, 피츠버그 대학 심리학자들이 그 지역에서 나이는 많으나 그것 말고는 건강한 사람들 120명을 모집했다.[13] 그들을 MIR 촬영하여 해마의 크기를 측정했다. 그리고 그들 가운데 절반은 일주일에 세 번, 40분씩 걷게 했다. 나머지 절반은 스트레치 운동은 했으나 장거리 걷기는 하지 않았다. 그로부터 1년 후, 스트레치만 했던 집단은 해마 용량이 1~2퍼센트가량 축소됐다. 그것은 예상했던 결과였다. 한편 걷기를 한 집단에서는 놀라운 일이 발생했다. 그들은 해마 용량이 전혀 줄어들지 않았다. 오히려 증가했다. 걷기를 한 집단은 평균적으로 2퍼센트 정도 해마가 성장했다. 따라서 그들의 기억력 역시 향상되었다.

해마는 재생될 수 있으며, 매일 걷는 것만으로도 성장을 촉진할 수 있다는 것이 밝혀졌다. 걷기는 노화의 영향을 일부 지연시킬 뿐 아니라 역행시킬 수도 있다. 그런데 어떻게 그럴 수 있을까?

한 가지 설명은, 걷기, 혹은 운동이 혈액의 원활한 흐름을 돕기 때문에 이런 현상이 발생한다는 것이다. 2018년, 리버풀 존 무어스 대학의 소피 카터Sophie Carter는 30분 정도마다 2분씩 걸은 사람들과 하루 종일 앉아 있는 사람들의 뇌를 MRI로 스캔했다.[14] 그녀는 일어서서 걸어 돌아다는 사람들은 중대뇌동맥과 경동맥의 혈류가 월등히 좋다는 것을 발견했다. 그러나 혈액은 운송수단일 뿐이다. 대단히 중요한 무엇인가를 뇌로 운반해야만 한다.

마이오카인이 바로 그것이다. 근육이 수축되어 분비되는 마이오카인 분자들은 뇌를 목표로 한 것이며, 혈류가 그것을 운반한다. 마이오카인 가운데 이리신Irisin이라는 한 종류는, 그리스 무지개의 여신이자 헤라의 개인 전령인 이리스Iris에서 이름을 따왔다. 2019년, 브라질의 리우데자네이루 연방대학의 연구원들은, 65세 인구 열 명 중 한 명이 앓고 있는 질병인 알츠하이머 환자들은 이리신 수치가 놀랄 만큼 낮다는 사실을 발견했다.[15]

브라질 연구원들이 쥐의 이리신 생산을 차단하자, 우리의 설치류 사촌들은 미로 속에 치즈가 있는 장소를 좀처럼 기억하지 못했다. 이리신이 다시 몸속에 흐르자, 쥐들이 회복했다. 가장 좋은 성과를 낸 쥐들은 운동을 한 개체들이었다. 적어도 쥐에 있어서는, 퇴화로부터 신경세포를 보호하는 장소인 해마로 이리신이 직접 분비된다.

또 다른 마이오카인은 뇌유래신경영양인자, 또는 BDNF라 불리는 물질이다. 이리신처럼 발음하기 간단하지는 않지만, 더 중요한 물질일 수도 있다. 피츠버그 대학에서 연구한 결과, 해마가 2퍼센트 증가한 걷는 사람들은, 걷지 않는 사람들보다 BDNF 수치도 높았다. 하버드 의과대학의 임상정신의학 교수인 존 레이티John Ratey는 BNDF를 '뇌를 위한 기적의 비료'라고 불렀다.[16]

걷기는 해마와 기억력에만 도움이 되는 것이 아니다. 우울과 불안 증상을 완화시키는 데에도 도움이 된다는 증거들이 있다.

「나는 너무 우울하고 기운이 없어서 걷고 싶지 않다고 생각했다.」[17]

영국 작가인 제프 니콜슨Geoff Nicholson이 그의 저서 《상실된 보행의 기술The Lost Art of Walking》에 썼다.

「그러다 이런 생각이 들었다. 어쩌면 나는 전혀 걷지를 않아서 우울하고 기운이 없는 것인지도 모른다고 말이다.」

우울증으로 힘들어하는 사람들은, 우울증을 '사람을 녹초로 만드는 절망의 심연'이라고 묘사한다. 우울증에 빠지면, 절대 빠져나올 수 없을 것처럼 느껴진다. 미국인 열두 명 가운데 한 명이 이런 심정을 이해한다.[18] 많은 연구들이 규칙적으로 걸으면 우울과 불안의 증상이 완화된다는 것을 보여 주고 있지만, 모든 사람에게 적용되는 것은 아니다. 그리고 걷기의 효력은 어디에서 걷느냐에 따라 다른 것 같아 보인다. 왜 그런지 이해하기 위해서는 다시 해부학 실험실로 돌아가 뇌를 살펴보아야 한다.

일반인의 눈에는 뇌주름과 열구가 무작위로 나열되어 있는 것처럼 보일 것이다. 신경학자에게는 이것들이 인간의 가장 장엄한 기관이 어떻게 작용하는지 보여 주는 지도이다. 뇌 뒷부분의 주름은 시각적 신호들이 처리되는 장소이다. 뇌의 윗부분을 가로지르는 가느다란 신경조직 조각은 신체의 움직임을 조정하는 것을 도와준다. 뇌 앞부분의 튀어나온 부분은 우리가 계획을 세우는 장소이다. 20세기 초, 독일 신경학자인 코르비니안 브로드만Korbinian Brodmann이 뇌의 52가지 영역을 구분하고 이름 지었으며, 현재는 각 뇌영역에 그의 이름이 붙는다. 예를 들어 브로드만 22번 영역은 소리를 처리한다. 브로드만 44와 45번 영역은 발화 작용을 돕는다.

콧등에서 약 7cm 안쪽에 브로드만 25번 영역, 또는 현대 신경학자들이 슬하전전두피질sgPFC이라 부르는 영역이 있다. 이 영역은 우리의 기분을 제어하는 중요한 역할을 하는데, 슬프거나 반추하는 기간 동안 활동이 증가하는 것으로 보인다.

메릴리 오페초가 스탠포드 대학 학생들에게 프리스비의 사용법을 얼마나 많이 나열할 수 있는가를 물어보고 있었을 무렵, 동료인 카디날 그레그 브레트만Cardinal Greg Bratman은 숲속을 걷는 것이 어떻게 기분을 좋아지게 하는지 궁금해하고 있었다. 브레트만은 당시 박사과정의 학생으로 환경과 심리학의 학제간연구에 관심이 있었다.[19] 그는 38명의 사람들에게 그들의 기분과 부정적인 자아성찰에 대한 질문을 포함한 설문조사를 실시했다. 그는 어떤 문제로 인해 심적으로 잠식당하고 있는 사람이 있는지의 여부에 특히 관심이 많았다. 설문조사는 반추점수라 부르는 숫자로 기록이 되었다. 그러고 나서, 브레트만은 MRI 스캔을 통해 슬하전전두피질sgPFC로 통하는 혈류를 측정했다. 그 후에 설문 참가자들에게 걷도록 했다.

참가자 절반은 스탠포드 캠퍼스의 녹지대를 5.6km 정도 걸었다. 스탠포드 대학 캠퍼스는 공기가 맑고 해안 참나무의 그늘이 있으며, 미국어치의 울음소리도 들린다. 나머지 절반은 팔로알토의 중심을 통과하는 다중차로의 번화가인 엘카미노리얼의 보도를 따라 같은 거리를 걸었다. 그곳에서는 주유소와 호텔, 주차장, 패스트푸드점에서 오가는 차를 경계하며 걸어야 했다. 참가자들이 모두 돌아왔을 때, 다시 한번 설문조사와 MRI 스캔이 진행됐다.

번화가를 걷고 돌아온 사람들은 반추점수나 sgPFC로의 혈류에 변화가 없었다. 그러나 숲을 걷고 돌아온 사람들은 반추점수가 낮아지고 sgPFC로의 혈류도 눈에 띄게 줄어들었다.

우리의 정신건강을 위해서는, 나무와 새가 있고 바람의 부드러운 휘파람 소리가 들리는 곳에서 걸어야 하는 것으로 보인다.[20]

그러면 이제 메릴리 오페초가 스탠포드 대학에서 실시한 또 다른 연구로 돌아가 보자. 러닝머신에서 걸은 참가자들이 걷지 않은 참가자들보다 창의력 점수가 높았다는 결과를 알고 난 후, 오페초는 야외에서 걸은 참가자 집단을 실험에 추가했다. 오솔길을 걸은 참가자들은 러닝머신에서 걸은 사람들보다 창의적인 생각을 떠올리는 데 더욱 좋은 성과를 보였다.

안타깝게도 우리는 너무 적게 걷고 있을 뿐 아니라, 많은 사람들이 도시에서 생활하는 탓에, 건강에 유익한 것들이 말살되는 장소에서 걷고 있다.

어쩌면 우리의 미래에 대한 레이 브래드베리Ray Bradbury의 생각은 옳았는지도 모른다.

1951년 출간된 그의 단편소설 《보행자The Pedestrian》는 100년 후의 미래에 레오날드 미드Leonard Mead라는 작가가 밤 산책을 나가며 벌어지는 이야기이다.[21] 브래드베리는 다음과 같이 썼다.

> 11월의 안개 낀 어느 날 저녁 8시에 밖으로 나와 도시의 적막함에 들어서, 그 뒤틀린 콘크리트길에 발을 딛고, 손은 주머니에 찔러 넣은 채, 풀이 자란 이음새를 넘어 침묵을 뚫고 길을 나선다. 이것이 레오날드 미드 씨가 가장 좋아하는 일이다.

여느 때처럼, 미드는 그의 도시 이웃들이 창을 환하게 밝히며 TV를 보는 사이 혼자서 길을 걷는다. 로봇 경찰관이 그를 막고 무엇을 하는지 물었다.

"그냥 걷고 있습니다."

그가 대답한다.

"어디로 가십니까? 무슨 목적으로요?"

로봇 경찰관이 묻는다.

"바람 좀 쐬고, 구경하면서, 그냥 걸어요."

그가 대답한다.

"이런 일을 자주 하십니까?"

"몇 년째 매일 밤 하고 있습니다."

미드가 말한다.

"타세요."

경찰관이 명령한다.

이야기는 미드가 경찰차의 뒷자리에 실려 퇴행성향 정신의학 연구센터로 이송되며 끝이 난다.

— 15 —

타조의 발과 무릎관절 치환술에 대하여

시간은 모든 발뒤꿈치에 상처를 낸다.[1]

×

고 웨스트(Go West, 1940), 그루초 막스(Groucho Marx)

나는 모든 위험을 무릅쓰고 걷기로 결정했다.[2]

×

오로라 리(Aurora Leigh, 1856), 엘리자베스 바렛 브라우닝(Elizabeth Barrett Browning)

1490년, 레오나르도 다 빈치는 비트루비안맨Vitruvian Man을 그렸다. 이는 원과 정사각형을 선으로 둘러 그 테두리까지 팔과 다리를 뻗고 있는 남성의 스케치이다. 이 그림은 1세기 로마의 건축가인 비트루비우스Vitruvius가 추측한 인체의 이상적인 비율을 보여 주기 위하여 만들어졌으나, 비트루비안맨은 이상적인 것과 거리가 멀다. 사실, 이 아이콘은 인류의 진화적 과거의 흉터를 보여 주고 있다.

런던의 임페리얼 칼리지 강사 후탄 애슈레이피안Hutan Ashrafian은 2011년 비트루비안맨의 왼쪽 사타구니 바로 위에 불룩 튀어나온 곳이 있다는 것을 발견했다.[3] 그는 이것이, 모든 남성의 4분의 1 이상이 일생에 한 번은 경험하는 사타구니 탈장임을 바로 알아챘다.[4] 사타구니 탈장은 치료하지 않고 방치하면 치명적일 수 있다. 마치 레오나르도 그림의 모델이 된 사체가 보여 주고 있듯이 말이다.

사타구니 탈장은 이족보행의 직접적인 결과이다.[5]

태어날 때, 인간의 고환은 비뇨기 장기 근처의 복부에 위치해 있으나 생후 1년이 지나면 복강을 통해 음낭으로 내려오게 된다. 이 이동으로 인해 서혜관이라 불리는 복벽의 약한 부위가 생성된다. 이는 다른 많은 포유류에서도 발생하지만, 부정적인 결과는 없다. 그러나 인간은 바로 서기 때문에 중력이 우리의 장기를 아래로 잡아당겨서, 가끔 창자가 서혜관 안으로 비집고 들어가 막히게 된다. 그러면 위험하고 때로는 치명적인 상태를 야기하게 된다.

대부분의 포유류에서 고환이 내려오는 이 이상한 관은 발생적 제약과 오래된 진화 역사의 부산물이다.[6] 돌고래, 코끼리, 아르마딜로 같은 포유류에서는 고환이 체내에 머물러 있기도 하지만, 포유류의 정자가 기능을 하기 위해서는 낮은 온도가 필요하기 때문에, 고환은 몸에서 떨어진 차가운 부분에 붙어 있다. 그러나 물고기의 고환도 체내에 있다. 3억 7천 500만 년 전까지 살았던 물고기와 포유류는 같은 조상을 공유하므로, 인간의 고환은 우리의 수생적 과거의 흔적으로서 복부에 발생의 시발점을 간직하고 있다.

걷는 것은 신체적, 정신적 장점을 가지고 있지만, 단점도 있다. 이는 부분적으로는 인간이 무에서 창조된 존재가 아니기 때문이다. 인간은 변형된 유인원이다. 인간의 혈통은 600만 년이라는 시간 동안 직립보행에 맞게 우리의 신체를 다듬어 왔지만, 진화는 완벽함을 창조하지는 않는다. 대신 진화는 생존하고, 번식하고, 혈통을 이어

가기에 충분한 정도의 형태를 만들어 준다. 화석 기록은 한때는 잘 적응해 살았지만 불가피한 환경 변화로 갑작스레 사라진 멸종 동물들로 가득하다. 인간을 비롯한 적응을 잘한 생존자들조차도, 자연선택에 의해 수정되고 과거의 잔재가 무성한 기존 형태의 고철 처리장이라 할 수 있다.

태초부터 이족보행 동물로 창조되었다면, 인류는 아마 캐시CASSIE 같은 모습이었을 것이다.

오리건 주립대학의 기계공학 및 로봇공학 교수인 조나단 허스트Jonathan Hurst는 내가 그의 연구실로 찾아 갔을 때 이렇게 말했다.

"미래에는, 사람이 하는 일은 모두 로봇이 할 수 있을 것이고, 더 잘할 겁니다."[7]

그는 이족보행 로봇이 물건을 배송하고, 음식을 나르며, 탐색구조 작업을 하는 머지않은 미래를 상상하고 있다.

이족보행이 세상을 돌아다니는 최적의 방법은 아니라고 생각하는 나는, 허스트에게 왜 이족보행 로봇을 만들었는지 물었다.

"네 발로 다니게 만들면 안 되나요? 로봇에게 바퀴라도 달아 주는 건 어떻습니까?"

허스트는 그 질문에 답했다.

"로봇은 인간을 위해 만들어진 세상을 돌아다니게 될 겁니다. 그렇다면, 걷는 것도 인간처럼 만들어야 말이 되지 않겠습니까?"

그러나 허스트의 로봇 디자인은 인간과 닮지 않았다.

나는 2019년 2월에 캐시를 만났다. 허스트의 학생들이 로봇을 러닝머신에 데려가자, 로봇은 작고 푹신한 발로 사람의 평균 속도인 시속 4.8km로 걸었다. 캐시는 C-3PO나 밴더Bender, 터미네이터Terminator 혹은 조니 5Johnny 5와 전혀 닮지 않았다. 휴머노이드와 거리가 멀다. 캐시는 122cm의 키에 32kg이 나가는, 다리밖에 없는 로봇이다. 그러나 나의 곧은 다리와는 달리 캐시의 다리는 가늘고 굽어 있으며, 동력 모터가 엉덩이 가까이에 달려 있다. 나는 이 디자인을 전에 본 적이 있다. 거대한 육생 조류의 모습이다. 사실 캐시는, 뉴기니에 서식하는 45kg의 날지 못하는 조류인 화식조cassowary를 줄인 말이다.

그러나 허스트는 의도적으로 살아 있는 동물을 모델로 캐시를 만든 것이 아니다. 지난 20년 동안 그의 연구팀은, 허스트가 보행의 '보편적 진실'이라 부르는 이족보행의 물리학에 대해 연구해 왔다.[8] 기존의 어떤 디자인보다 이 원칙들이 그의 로봇을 개발하는 지침이었고, 그렇게 만들어진 로봇은 인간과 닮지 않았다.

인간 진화의 과거 흔적이 우리에게 물려준 또 다른 문제는 남성보다는 여성에게 훨씬 많은 영향을 주었다. 이를 이해하기 위해서, 우리는 3천만 년 전으로 거슬러 올라가야 한다.

인간이 침팬지에서 진화한 것이 아닌 것처럼, 유인원은 원숭이에서 진화하지 않았다. 대신, 그들은 공통 조상을 공유하고 있다. 북아프리카의 3천만 년 된 퇴적물을 연구하던 고생물학자들은 이 공통조상이 어떻게 생겼는지 알아냈다. 그것은 고양이 크기만 한 영장류로 에집토피테쿠스Aegyptopithecus라 불렸다. 그 이름은 이집트에서 온 유인원이란 뜻이지만, 물론 에집토피테쿠스는 유인원이 아니다.

유인원의 치아를 가지고 있지만, 원숭이처럼 네 발로 다녔다. 그리고 유인원과는 달리, 에집토피테쿠스는 긴 꼬리를 가지고 있었다.

그 후 천만 년에 걸쳐, 이 혈통은 두 형태로 나뉘게 된다. 하나는 꼬리를 유지한 채 치아의 모양이 다르게 진화되어, 현재의 아프리카 및 아시아 원숭이로 변화했다. 다른 하나는 꼬리를 잃고 결과적으로 현재의 유인원으로 변화했다. 긴팔원숭이, 오랑우탄, 고릴라, 침팬지, 보노보를 포함하는 영장류와 유인원, 인간은 꼬리를 가지고 있지는 않지만, 한때 꼬리를 움직였던 근육을 간직하고 있다.

이 근육들은 여전히 우리에게 남아 있는 꼬리뼈, 혹은 미골에 붙어서 골반기저근을 형성하는 근육의 고정대 역할을 하고 있다.[9] 개의 꼬리를 흔들고 원숭이가 나무에 매달릴 수 있게 하는 근육이, 유인원에게는 장기를 중력의 당김으로부터 지탱할 수 있게 도와주는 용도로 바뀌었다. 그러나 직립보행을 하는 인간에게 밑으로 잡아당기는 중력은 근육 한 장이 감당하기엔 너무 큰 것이다.

따라서 가끔 장기가 질 안으로 돌출하는 약한 상태가 되어, 골반 장기가 제자리에서 탈출하는 것이다.

보스턴 과학박물관은 살아 있는 동물을 다수 보유하고 있다. 야생에서 부상을 입었거나 압수된 애완용 동물들로, 생태계와 동물행동, 진화 교육에 사용된다. 내가 그곳에서 교육을 하던 시절, 가장 좋아하던 동물은 알렉스라 불리는 작은 미국 악어였다. 알렉스는 겨우 두세 살 정도로 무게는 4.5kg 정도이지만, 방문객들이 가까이 볼 수 있도록 수조관에서 꺼내면 꽤 많은 관중들이 모여들곤 했다.

알렉스는 온순했지만, 그가 불안해할 때면 나는 항상 알 수 있었다. 내 손아귀에서 달아나려고 버둥거리기 직전, 꼬리 시작 부분의 근육이 단단해지곤 했다. 꼬리 근육이 긴장된 것 같으면 나는 알렉스의 머리가 천장에, 꼬리는 바닥을 향하도록 위로 향해 들어 주었다. 그렇게 하면 머리로 몰린 피가 어느 정도 빠지면서 알렉스는 다시 얌전해졌다. 몇 초 지나면 나는 다시 파충류에 대한 수업을 계속할 수 있었다.

악어는 정맥에 밸브가 있지만, 수직이 아닌 수평자세에 있을 때만 역류하는 혈액을 저지할 정도의 힘이 있는 것으로 보인다. 나는 직립 자세가 많았던 '캐롤라이나 도살자'가 현재의 악어류보다 더 튼튼한 밸브를 가지고 있었을지 궁금해졌다.

인간과 다른 많은 포유류들도 이런 밸브를 가지고 있으며, 거기엔 타당한 이유가 있다. 기린을 예로 들어 보면, 목에 집중적으로 있는 밸브들이 뇌에서 피가 빠져나가는 것을 방지해 준다. 그런데 이족보행은 우리 체내의 이런 밸브에 부담을 준다. 나이가 들면서 밸브가 샐 수 있기 때문에 혈액이 하지에 몰리게 된다. 인간의 경우 이는 하지정맥류를 야기할 수 있다. 이 증상은 임신 경험이 있는 여성들에게 특히 일반적인데, 이는 임신 중의 태아가 평균적으로 39주 동안 순환계에 가중된 압력을 가하기 때문이기도 하다.

이족보행은 감염이 되면 액체와 점액, 그리고 온갖 종류의 나쁜 것들로 가득 차는 비강에도 영향을 준다. 부비강(부비강: 콧구멍에 인접해 있는 뼈 속 공간_역주) 안의 물질이 인두(인두: 구강과 식도 사이에 있는 소화기관_역주)로 비워지면, 단순한 헛기침 한 번에 깨끗해질 수 있다. 그러나 불행히도, 상악동(상악동: 윗턱뼈 속의 비어 있는 공간_역주)을 비우는 관은 눈 밑에 위치해 있으며 위쪽으로 향해 흘러나간다. 그래서 우리가 심한 감기에 걸리면, 심각할 경우 편두통과 맞먹는 정도의 불쾌한 압력을 느끼게 되는 것이다.

인체의 이런 기이한 구조에 대한 통찰은 염소와 인간을 비교한 연구로부터 시작되었다. 런던의 킹스 대학 안과 전문의인 레베카 포드Rebecca Ford 박사는 염소는 상악동을 비우는 데 아무 문제가 없다는 것을 발견했다.[10] 그래서 많은 임상의들이 콧물로 막힌 부비강에 염증이 생기는 불쾌한 상태인 만성 상악동염을 앓고 있는 환자들에게 서 있는 염소처럼 네 발로 엎드려 있을 것을 권고하는 것이다. 진화를 통해 네 발로 걷던 우리 과거의 반향에 대한 더 나은 해결책을 제시할 만큼 인간의 이족보행 기간은 길지 않았다.

그러나 이족보행의 가장 분명한 부작용은 우리의 근육과 뼈에 미치는 피해이다.

네발동물의 등은 수평으로 연결된 안정적인 척추에 내장이 매달려 있는 현수교와 같은 구조를 하고 있다. 그러나 두발동물은 척추를 90도로 꺾어 놓았다. 인간의 척주脊柱는 24개의 뼈와 디스크가 차곡차곡 쌓아 올려져서 만들어졌다. 케이스 웨스턴 리저브 대학의 고인류학자인 브루스 래티머Bruce Latimer는 인간의 척주를 24개의 컵과 컵받침의 탑이 신체 무게의 대부분을 위태롭게 떠받치고 있는 모습으로 상상한다.[11] 설상가상으로, 컵과 컵받침의 탑은 반듯하지도 않다. 허리 부분의 안으로 들어간 만곡, 중간 지점의 밖으로 휘어진 만곡, 그리고 어깨 위에 머리를 지탱하고 있는 목의 안으로 들어간 만곡으로 세 군데에 굴곡이 있다.

이 만곡에는 장점이 있다. 만곡은 용수철처럼 달릴 때의 압박을 흡수하며 산도로부터 척추의 밑부분이 멀어질 수 있도록 도와준다.[12] 우리의 척추는 상체 전체의 무게를 지탱해야 하기 때문에, 아무런 경고 없이 부러질 수 있다.

인간은 다른 것도 아닌 자신의 체중만으로 척추 골절을 야기할 수 있는 유일한 동물이며, 이러한 위험은 나이가 들수록 높아진다.[13] 놀랍지도 않은 일이지만, 이런 골절의 대부분은 척추의 약한 부분, 즉 만곡의 정점 부위에서 발생한다. 연간 75만 명으로 추정되는 미국인이 척추 압박골절로 고통을 받는다.

여기서 끝이 아니다. 굴곡진 척추에 가해지는 체중은 척추뼈를 (등 중간 부분을 손가락으로 문질러 보면 만져지는 부분) 다른 뼈들로부터 밀어내, 위쪽의 척추뼈가 밀리면서 아래쪽 척추뼈와 어긋나게 되는 현상을 야기한다. 척추전방전위증이라 부르는 이 상태는 인간에게 고유한 증상이며 신경을 압박해서 극심한 통증을 야기하기도 한다.

더욱 일반적인 증상은, 척추뼈 사이의 완충재 역할을 하는 젤 타입 물질로 이루어진 원반 형태의 연골인 추간판(disc: 디스크)이 밀리거나 탈출되는 경우이다. 다년간의 직립보행으로 인한 압박으로 디스크가 척추뼈를 이탈하여 신경을 누르게 되면 이러한 손상이 발생한다. 그 결과는 심각한 통증으로 이어지며, 종종 심신을 약하게 만들기도 한다. 등의 하부에서 발생하는 탈출추간판은 좌골신경 뿌리를 압박하여 다리에까지 통증이 느껴지는 좌골신경통이라는 흔한 증상을 야기한다.

다년간의 일상적 마모로 인해 추간판이 더욱 손상되어 척추뼈 사이의 완충재가 완전히 퇴화되면, 뼈 사이의 마찰이 발생한다. 이는 등에 골관절염을 야기할 수 있으며, 척추신경을 압박해서 팔다리의 통증과 무기력감을 일으키는 골극(골극: 비정상적으로 뼈가 자라는 현상_역주)으로 이어질 수 있다. 인간의 성인에게 이는 흔한 증상들이다. 24개의 컵과 컵받침을 쌓아 올린 탑인 척추는 옆으로 휘어지기도 하는데, 이를 척추측만증이라고 한다. 학령기 아이들의 3퍼센트가 이 증세를 보이나, 다른 동물들에서는 드물거나 전혀 발행하지 않는 증상이다.

아직 허리에 문제가 없다면, 무릎이 말을 안 듣기 시작할지도 모른다. 인간의 무릎은 다른 여느 동물들의 무릎과 크게 다르지 않다. 무릎은, 상대적으로 편평한 종아리뼈(경골) 윗쪽 관절면을 구르는 넙다리뼈(대퇴골) 끝의 둥그스름한 두 개의 융기로 이루어져 있다. 또한 대퇴사두근이 힘을 잘 받을 수 있도록 도와주는 무릎뼈(슬개골)가 있다.

인간이 다른 동물들과 다른 점은, 네발동물들처럼 사지에 체중을 분산하지 않고, 거의 모든 체중을 무릎에 직접 싣는다는 사실이다. 인간은 걸을 때, 마치 망치로 강타하는 듯한 지면으로부터의 힘이 다리를 타고 올라온다. 무릎에서 느끼는 이러한 힘은 놀랄 만큼 강도가 세다. 한 발을 디딜 때마다, 체중의 2배에 맞먹는 힘을 무릎이 흡수한다.[14] 달릴 때는, 그 힘이 체중의 7배 이상이다. 이러한 힘의 일부는 근육이 수축하며 흡수하지만, 나머지 힘은 여전히 뼈 사이의 완충재인 연골에 의해 소모된다. 시간이 지나면 이 완충재는 퇴화한다. 충분한 혈액 공급이 되지 않으니 자가 치유도 쉽게 되지 않는다. 이런 일상적인 마모는 결국 통증을 동반하는 관절염을 일으킨다. 미국 내에서만 해마다 70만 개 이상의 무릎이 치환되고 있는데 이는 이족보행이 이 관절에 가하는 손상 때문이기도 하다.[15]

무릎은 점진적인 퇴화에도 취약하지만 갑작스러운 심한 부상에 또한 취약한 관절이다. 1951년, 뉴욕 양키즈는 월드시리즈 제2차전 홈경기에서 뉴욕 자이언츠와 맞붙었다.[16] 자이언츠의 전설인 윌리 메이스Willie Mays가 우측 중앙 필드로 플라이 볼(플라이 볼: 하늘 높이 날아가는 타구_역주)을 날리자, 양키즈의 중견수인 조 디마지오Joe DiMaggio는 자신의 왼쪽으로 미끄러지듯 내달렸고 신참 우익수 미키 맨틀Mickey Mantle은 자신의 오른쪽으로 질주해 공을 잡으려고 했다. 디마지오가 공이 떨어질 위치로 자리 잡은 것을 보고, 맨틀은 멈춰 서다 오른쪽 클리트(클리트: 신발 바닥에 달린 미끄럼방지용 돌출부_역주)가 스프링클러 시스템의 배수관 커버에 걸려 버렸다. 맨틀의 오른쪽 무릎이 꺾이면서, 그는 바닥에 쓰러졌다.

맨틀은 ACL(앞십자인대)와 MCL(내측측부인대), 그리고 내측 반월판이 손상되는, 정형외과전문의들이 '불행한 3인조'라 부르는 부상을 입었을 가능성이 높다. 맨틀은 그 후로도 536개의 커리어 홈런을 치면서 명예의 전당에 오른 유명 선수 생활을 지속했으나, 그의 무릎은 예전 같지 않았다. 많은 사람들이 맨틀은 무릎 부상이 아니었으면 야구 역사상 최고의 선수가 되었을 것이라 말한다.

축구 스타인 알렉스 모건Alex Morgan, 올림픽 스키선수 린지 본Lindsey Vonn, 전 페이트리엇 쿼터백 톰 브레이디Tom Brady, 프로 농구선수 수 버드Sue Bird는 모두 앞십자인대 파열 부상을 입었던 운동선수들이다. 이는 흔한 부상으로, 운동선수들은 최장 1년 정도 경기출전을 못 하게 된다. 무릎인대가 파열되는 스포츠 스타 한 명당, 수만 명의 일반인들이 해마다 같은 부상을 당한다.

기능적으로 보면, 무릎은 단순하다. 굽혀졌다 펴진다. 해부학적으로 보면, 무릎은 복잡하다. 무릎은 무릎관절을 교차하면서 대퇴골이 하퇴(하퇴: 무릎관절과 발목 사이의 부분_역주)의 뼈와 부착되도록 도와주는 네 개의 인대로 고정되어 있다. 무릎 앞쪽을 가로지르는 앞십자인대ACL와 뒤쪽을 가로지르는 뒤십자인대PCL는 대퇴골이 경골에서 밀려나지 않도록 도와준다. 무릎 내부의 내측측부인대MCL와 외부의 외측측부인대LCL는 무릎이 탈구되는 것을 막아 준다. 포유류 전체에서 발견되는 훌륭한 적응의 사례인 이 해부학적 고무줄은 네발동물보다는 두발동물의 중압감에 더욱 적합하다.

해마다 20만 명에 가까운 미국인들이 앞십자인대를 망가뜨린다.[17] 이 부상은 남성보다 여성에게 더욱 일반적이다.[18] 좌우로의 움직임이 많이 요구되는 농구와 축구, 필드하키, 미식축구 같은 운동에서 특히 많이 발생한다. 야생동물들의 앞십자인대 부상 빈도에 대한 것은 알려진 바가 없지만, 이 부상에 대한 높은 빈도는 네 발이 아닌 두 다리로 움직이기 때문일 가능성이 높다.

인간의 무릎인대는 직립보행에 필요한 골반과 무릎의 적응변화가 있었기 때문에 더욱 취약하다. 유인원과 비교했을 때, 인간은 걷기를 효율적으로 만들어 주는 넓은 골반과 안쪽으로 모이는 무릎을 지니고 있다. 그런데 이런 관절구조로 인해서 우리의 대퇴골 끝과 무릎은 비스듬히 기울어진 상태로 접하게 된다. 각진 물체를 관통하는 힘은 그 물체를 굽히고 부러뜨리기 쉽다. 우리의 무릎인대는 따라서 훨씬 강력한 압박을 견뎌야만 한다. 진화에는 항상 상호절충이 존재하기 마련이며, 인간의 무릎은 이족보행이 치러야만 하는 고통스러운 대가의 한 예이다.

1976년, 당시 애리조나 주립대학ASU의 학생이었던 스물한 살의 반 필립스Van Phillips는 심각한 워터스키 사고로 왼쪽 다리를 무릎 아래로 절단해야만 했다. 그는 일반적인 의족을 하고 집으로 돌아갔다.

"저는 너무 싫었습니다."[19]

그가 2010년 〈원라이프 메거진OneLife Magaine〉 잡지와의 인터뷰에서 말했다.

"우리는 달에 인간을 보냈습니다. 그런데 저는 여기서 이런 형편없는 의족을 차고 있어요. 저는 이것보다 훨씬 좋아질 수 있다는 것을 제 스스로 알고 있었습니다."

그는 애리조나 주립대학을 나와서 노스웨스턴 대학의 의료보장구과의 학생이 되었으며, 치타와 장대높이뛰기 선수에게서 영감을 받은 향상된 디자인을 개발하기 시작했다. 몇 년이 지난 2012년, 세상 사람들은 필립스의 디자인을 기반으로 한 의족을 사용한 남아프리카 단거리 선수 오스카 피스토리우스Oscar Pistorious가 런던 올림픽 400m 경주에서 달리는 모습에 놀라움을 금치 못했다.

우리의 두 발은 합쳐서 52개의 개별적인 뼈로 이루어져 있다. 이는 인체를 구성하는 전체 뼈의 25퍼센트를 차지하는 수다. 발의 뼈들은 인대로 연결되며 발을 가로지르는 다수의 근육으로 단단히 고정된다. 이와는 대조적으로, 필립스의 의족 날blade은 신체를 앞으로 밀어낼 만큼 단단하나 구부러졌다 원래 형태로 되돌아올 만큼 유연한 탄성소재로 만들어진 단 하나의 움직이는 요소로 이루어져 있다.

실험실에서 고안된 그 날과는 달리, 인간의 발은 길고 복잡하며 비선형적인 진화 역사의 산물이다. 그러나 생물학적 세상에서 날처럼 생긴 발을 찾는 것은 어렵지 않다. 타조와 에뮤 같은 거대 육상 조류들은 오스카 피스토리우스의 의족과 유사한 발을 가지고 있다. 그들의 발목과 발뼈는 부척골이라 부르는 하나의 단단한 뼈로 유합되어 있다. 그들은 또한 길고 두꺼운 힘줄이 있어 이족보행을 하는 동안 탄성 에너지를 저장했다 그 반동으로 걸음에 박차를 가할 수 있다. 이런 구조 때문에 타조는 단거리 선수의 2배 속도인 시속 72km로 달릴 수 있는 것이다.

현존하는 포유류 가운데는 인간의 두 발로 걷는 실험에 동참한 동물이 없지만, 소행성이 6천 600만 년 전에 공룡을 멸종시키지 않았더라면(대규모 화산 분출도 일조했다는 증거가 있다) 과학자들은 이족보행의 수렴진화에 대한 분석을 더욱 잘할 수 있었을 것이다.[20] 티라노사우루스 렉스를 비롯한 많은 공룡들이 이족보행을 했으며, 오늘날의 타조와 에뮤의 이족보행 또한 약 2억 4천만 년 전에 살았던 일부 초기 공룡으로 거슬러 올라간다. 이 혈통은 인간의 이족보행 역사보다 50배나 더 오래 지속되어 왔다.

지구상에 새롭게 나타난 이족보행 동물이었던 인간과는 달리, 육상 조류는 이족보행에 맞게 골격을 변화시켰다.

이족보행 공룡의 그늘 아래서 생존했던 초기 포유류는 네발동물이었다. 이런 포유류의 다수는 땅굴이나 숲의 임관에 주로 서식했다. 포유류의 진화에서 발생한 초기 골격 변화 가운데 하나는 목말밑관절의 생성이다.[21] 이 관절은 복사뼈(거골)와 발뒤꿈치뼈(종골) 사이에 위치하며 발이 안쪽과 바깥쪽으로 꺾이게 해 주는 역할을 한다. 이런 동작 덕분에 포유류의 발은 좌우로의 움직임이 자유롭다. 조류는 복사뼈와 발뒤꿈치뼈가 하나로 융합되어 있으며, 포유류의 파충류 조상과 현생 파충류는 이 두 뼈가 나란히 위치해 있다. 그러나 포유류는 발생 초기에 복사뼈가 발뒤꿈치뼈 위로 위치를 이동하여 새로운 발 관절을 형성한 것이다.

한쪽 다리로만 몇 초 동안 서 있어 보자. 옆으로 쓰러지지 않으려고 애를 쓰자 발이 흔들거리는 것이 느껴지는가? 결국에는 우리를 바로 서게 유지해 주는 근육의 수축작용이 우리를 지치게 만들어서, 우리는 휴식을 취하게 된다. 그런데 플라밍고는 지치지 않고 한 다리로만 무한정 서 있을 수가 있다. 플라밍고가 흔들리지 않는 것은 목말밑관절이 없기 때문이다. 그들의 발과 발목의 뼈들은 하나로 유합되어 있다.

인간은 자유로운 움직임이 커다란 장점이었던, 나무 위에서 살던 조상으로부터 해부학적 구조를 물려받았기 때문에, 우리의 발목은 움직임이 자유롭다. 그러나 육상조류는 그 자유로운 움직임을 위해 엄청난 대가를 치러야만 했다.

애틀랜타 호크스를 상대로 한 2013년 경기의 마지막 몇 초를 남기고, LA 레이커스의 스타 코비 브라이언트Kobe Bryant는 오른쪽 베이스라인으로 공을 몰고 가 장거리 점프슛을 던지려고 몸을 띄웠다. 그의 왼발이 그를 수비하던 선수의 발 위로 이상하게 착지하면서 브라이언트의 발이 안쪽으로 꺾여 복사뼈가 다리로부터 밀려 나갔다. 복사뼈와 종아리뼈를 연결하는 앞목말종아리인대가 과다하게 늘어났고, 브라이언트는 극심한 통증을 참으며 농구 코트에서 조심스레 걸어 나갔다.

1996년 애틀랜타 올림픽 경기에서, 미국 체조선수인 케리 스트러그Kerri Strug도 이 발목 인대가 파열됐다. 몇 분 후에, 상당량의 의료용 테이프와 아드레날린, 그리고 열정으로 감싼 스트러그 선수는 미국 체조팀을 위한 금메달로 도약했다. 대부분의 사람들은 앞목말종아리인대가 파열되면, 도약은커녕 걷지도 못한다.

누군가 "발목을 접질렀다."라고 하면, 보통은 앞목말종아리인대가 과다하게 늘어나거나 파열되는 것을 말한다. 복사뼈와 종아리뼈를 지탱해 주는 이 조직의 띠는 인체에서 가장 부상이 잦은 인대이다. 해마다 100만 명의 미국인들이 농구를 하다가, 혹은 고르지 못한 지면을 잘못 디뎌서 발목을 접질린다.[22] 회복되는 데 몇 주가 걸릴 수 있다.

인간은 이족보행을 하기 때문에 발목에 부상을 입기 쉽다. 왜 그런지 이해하기 위해, 나는 우간다 서편의 키발리 포레스트 국립공원으로 떠났다.

열대우림 지역에서는 옷이 마를 날이 없다. 비가 오지 않는 날도 공기가 무겁고 축축하다. 땀이 증발하지 못해 옷과 모자의 가장자리, 양말에 흠뻑 스며든다. 빽빽한 숲을 가로지르는 코끼리 길에는 아무것도 모르는 두발동물의 발을 거는 덩굴들이 엉켜 있다. 숲은 독사와 거대한 거미, 발진을 일으키는 식물들, 사람을 무는 개미, 밀렵꾼들의 덫으로 가득하다. 뉴잉글랜드 출신에게 그리 달가운 장소는 아니지만, 자연 서식지에 사는 침팬지를 연구하기 위해서 반드시 가야만 하는 곳이었다.

너고고Ngogo 침팬지 공동체에는 150마리의 개체가 살고 있는데 미시간 대학의 존 미타니John Mitani와 예일 대학의 데이비드 와츠David Watts가 20년 동안 연구해 오던 대상이다. 나는 침팬지가 걷고 나무를 오를 때 어떻게 발을 사용하는지 관찰하고자 그곳을 방문했다. 오래 지나지 않아, 나는 침팬지들이 어떤 것들을 할 수 있는지 볼 수 있었다.

우림지역에 들어간 첫날, 거대하고 위풍당당한 우두머리 수컷 바톡이 열매가 달린 유바리옵시스 나무 아래로 손가락관절을 이용해 걸어와서 의도적으로 나무의 임관을 올려다보더니 너비 30cm의 나무 기둥을 마치 계단을 걸어 올라가듯 타고 올라갔다. 힘들이지 않고 올라가는 것처럼 보였다. 나의 눈은 바톡의 발에 고정되어 있었고, 나는 내 눈을 믿을 수 없었다. 바톡은 발등을 정강이뼈에 대고 누르면서 발을 꺾어서 발의 바닥이 나무 기둥을 잡을 수 있도록 움직였다. 만약 내가 그렇게 했다면, 첫 번째 동작으로 내 아킬레스건은 끊어졌을 것이다. 두 번째 동작은 앞목말종아리인대를 파열시켰을 것이다.

나는 한 달 동안 이 침팬지 무리를 따라다니며, 나무를 오르는 동작을 거의 200차례나 촬영했다. 침팬지들은 매번, 인간이었으면 대부분 심각한 힘줄과 인대 부상을 입었을 만한 방식으로 발을 움직였다.[23]

인간에게 아킬레스건은 하퇴의 중간 지점에서 종아리근육이 시작되는 부분까지 연결되어 있다. 아킬레스건은 길쭉하며, 특히 우리가 달릴 때 우리의 걸음에 반동을 주는 탄성에너지를 저장한다. 그러나 침팬지의 아킬레스건은 겨우 2.5cm밖에 되지 않는다. 침팬지 다리의 뒷부분은 대부분 근육이며, 이는 힘줄보다 훨씬 유연해서 나무에 오를 때 발목의 움직임이 매우 자유롭다. 다른 말로 하자면, 인간과는 달리 침팬지는 아킬레스건이 파열될 걱정이 없다는 말이다.

침팬지는 발목을 접질릴 걱정 또한 없다. 침팬지는 앞목말종아리인대 자체가 없다.

초기 유인원들은 편하게 나무를 올랐는데, 이는 발 관절이 자유롭게 움직이기 때문만은 아니었다. 그들은 오늘날의 침팬지처럼 움켜잡기 편한 엄지발가락도 가지고 있었다. 인간의 발이 진화된 원재료와도 같은 유인원의 발은, 강도 높은 자연선택의 압력을 받아 움직임이 자유롭고 움켜잡기 편한 부속물이 되었다. 그들의 발 근육은 발가락의 미세한 움직임을 조정하여 숲의 임관에 위치한 높은 나뭇가지를 움켜잡을 수 있도록 해 주었다.

인간의 발은 이족보행을 하면서 바닥을 밀어낼 만큼 단단하고 경직되어 있어야만 한다. 인간 진화 역사의 과정을 거치며, 한때는 움직임이 자유로웠던 많은 부분들이 인대와 근육, 미묘한 골변형에 의해 더욱 안정화되었다. 종이 클립과 강력접착 테이프의 생물학적 등가물인 이러한 변화들은 진화적 수정의 훌륭한 사례이다.[24]

물론 인간의 발은 그 역할을 매우 잘 수행하고 있다. 우리의 발은 힘을 흡수하며 걸음걸이의 추진단계에서는 단단해지고, 발바닥 아치 및 아킬레스건과 같은 탄성적 구조마저 갖추고 있는 형태로 자연 선택되었다. 전에는 우리 조상들의 움켜잡기 편한 발의 움직임을 미세하게 조정하던 본질적인 근육들이, 이제는 아치를 받쳐 주는 역할을 하고 있다. 이러한 변화들이 진화되지 않았더라면, 우리의 조상들은 표범의 발을 하고 있었을지도 모르며, 현재 알고 있는 인간은 존재하지 않았을지도 모른다.

그러나 진화는 기존의 구조에 작고 점진적으로 수정하기 때문에, 우리는 우리를 두 발로 서게 할 만큼 효과적이나 통증이나 부상의 위험이 없을 정도로 우아하지는 못한, 이족보행에 필요한 임시방편의 해결책을 물려받은 것이다.

예를 들어, 족저근막은 발뒤꿈치에서부터 발가락 시작 부분까지, 발바닥에 길게 뻗어 있는 튼튼한 섬유조직의 띠이다. 족저근막은 과도하게 늘어나면 염증이 생겨서 골극을 생성하고 족저근막염이라 부르는 고통스러운 상태를 부른다. 이 막이 없으면, 우리의 발은 움직임이 과도해져서 제대로 기능하지 못할 것이다. 그러나 족저근막은 발을 부상에 취약하게 하기도 한다. 우리는 또한 평발, 건막류, 추상족지증(추상족지증: 갈고리 모양으로 굽은 기형적인 발가락_역주), 상부 발목 염좌, 기타 다양한 질환에 걸리기 쉬운 유일한 동물이다. 이런 여러 가지 발 관련 질병은 인간을 지구상에 거주하게 만들어 준 바로 그 기술, 즉 신발 때문에 악화되는 것으로 보인다.

신발 덕분에 인간은 북쪽 지역으로까지 확장해 결과적으로 미국 대륙에 정착할 수 있었다. 오늘날, 나는 신발이 있어서 아이들과 함께 아스팔트 위에서 농구를 하고, 겨울폭풍이 지나간 후에는 숲에서 하이킹도 할 수 있다. 발목을 감싸는 부츠는 호주와 사하라사막 이남의 아프리카 들판에서 뱀에게 물리는 것을 막아 준다. 신발은 해변이나 도시의 인도에서 깨진 유리조각으로부터 우리의 발을 보호한다. 아니면 '셔츠와 신발이 없으면 서비스도 없습니다'라는 상점에서 단순히 우리가 물건을 살 수 있게 해 준다. 신발이 없었으면, 인간은 에베레스트산을 등반하지도, 달 표면을 걸을 수도 없었을 것이다. 그러나 인간이 고안한 많은 영리한 발명품들이 그렇듯이, 이들이 주는 혜택은 대가를 동반한다.

우리의 발바닥은 열 개의 근육이 네 겹으로 배열되어 있다. 그 근육들 가운데는 발의 아치를 유지하는 것도 있고, 다음 발걸음으로 옮기는 추진력을 제공하는 데 중요한 역할을 하는 근육도 있다.[25] 그런데 대부분의 신발은, 심지어는 건강에 좋을 것처럼 들리는 '아치 받침' 신발들조차도 발바닥 근육을 약화시키기도 한다. 그 결과로 발은 부상에 더욱 취약하게 된다.

멕시코 원주민인 타라후마라족은 뛰어난 장거리 달리기 능력으로 잘 알려진 부족이다.[26] 그들이 신는 샌들은 일반적으로 자동차 타이어 고무조각으로 만들며 끈을 이용해 발에 고정한다. 하버드 대학의 진화생물학자이자 스스로도 장거리 주자인 다니엘 리버만

Daniel Lieberman은 그 부족의 발이 궁금했다. 그는 멕시코 북서쪽의 시에라 타라후마라를 방문해 그들이 어떻게 걷고 달리는지 연구했다. 그는 또한 초음파를 이용해서 타라후마라족의 발 근육 크기를 측정했다. 리버만과 박사 후 연구원인 니콜라스 호로우카Nicholas Holowka와 이안 윌러스Ian Wallace는 2018년, 타라후마라족은 전형적인 미국인들보다 아치가 더 높고 발이 더 단단하며 더 큰 발근육을 가지고 있다고 보고했다.[27]

타라후마라족은 어쩌면 유전적으로 더 강력한 발근육을 갖도록 만들어진 것이 아닐까? 아니다. 신시내티 대학 인류학과의 엘리자베스 밀러Elizabeth Miller는 리버만의 팀과 협력하여 33명 주자들의 발근육 두 개의 크기를 측정했다.[28] 참여 주자의 절반은 쿠션이 있는 일반적인 운동화를 신고 연습을 했다. 나머지 절반은 타라후마라족이 신는 것과 유사한 매우 단순한 신발로 서서히 전환하도록 했다. 겨우 12주 만에, 타라후마라족과 같은 신발을 신은 주자들은 두 개의 발근육 크기가 20퍼센트나 증가했으며, 아치는 놀랍게도 60퍼센트나 더 단단해졌다. 우리의 발은 우리가 신는, 혹은 신지 않는 신발에 의해 변화한다.

그것뿐 아니라, 튼튼한 발근육이 없으면, 발바닥에 길게 뻗어 있는 조직의 띠인 족저근막이 과도하게 늘어나서 찌르는 듯한 통증을 동반하는 족저근막염이 발생한다.[29] 그러나 하버드 대학 생화학자인 아이린 데이비스Irene Davis가 말했다.[30]

"우리는 우리의 발이 살아남기 위해서는 쿠션이 필요하다며 스스로를 달래고 있다."

게다가 신발은 더 이상 발을 보호하기만 하지는 않는다. 신발은 사회적 지위와 부, 그리고 권력의 성별적 상징이다. 그 대가를 치르는 것은 우리의 발이다. 굽이 높은 신발은 종아리 근육을 축소시키고 아킬레스건을 긴장시켜서 걷는 방식을 변화시킨다.[31] 발끝을 좁고 뾰족한 신발 끝에 반복적으로 구겨 넣음으로써 건막류와 추상족지증이 발생할 확률도 증가한다.[32] 이러한 악영향들이 여성의 발을 불균형적으로 만들어 수술적 처치가 필요한 경우도 발생한다.

"헥트 박사님이 가지고 있는 음악은 최고지요."

수술실 간호사가 내게 말했다.

나는 노련한 발과 발목 정형외과 전문의인 폴 헥트Paul Hecht 박사의 손님으로, 파란색 수술 가운과 마스크, 위생덧신을 신고 있었다. 40대의 남성이 다트머스-히치콕 의학센터의 수술대에 누워 있었다. 지난겨울, 그 남성은 얼음에서 미끄러져 오른 발목이 골절됐다.[33] 치료를 위해서 뼈에 나사를 삽입했으나, 경과가 좋지 않았다. 그는 발목관절 유합술이 필요했다.

머리 위의 스피커에서는 스티비 원더가 〈걱정할 것은 하나도 없어Don't You Worry 'Bout A Thing〉라며 노래하고 있었다.

헥트 박사가 피부와 피하지방, 근육으로 이루어진 표피조직을 세심하게 갈라 발목 관절에 도달할 때까지의 첫 절개 과정은 섬세했다.

그러고 나자, 장면은 수술실이라기보다는 건축 자재상에 가깝게 보이기 시작했다. 우선 경골에 박힌 오래된 나사를 제거하기 위한 드릴이 등장했다.

"나무나사가 뭔지 알죠?"

헥트 박사가 내게 물었다.

"음… 네."

내가 말했다. 나는 우리 뒷마당의 큰 상수리나무 위에 아이들의 나무집을 고정시킬 때 나무나사를 사용했었다. 나는 그렇게 큰 강철 여러줄나사를 수술실에서 보게 될 줄은 몰랐다.

이런 수술에서는 어쩔 수 없이 발생하는 실핏줄의 작은 흠집에서 발생하는 출혈을 멈추고 미세한 절개를 만들기 위해서 전기지짐펜이 사용되었다. 조직이 그슬리는 냄새가 수술방을 가득 채웠다. 마치 타이어 교체를 위해서 위로 올려지는 자동차처럼, 목말뼈가 정강이에서 들어 올려졌다.

관절이 드러나자 상황은 어수선해지기 시작했다. 멜론을 동그랗게 파내는 도구처럼 생긴 기구로 발목관절의 연골을 긁어냈다. 그다음에, 헥트 박사는 전기 드릴로 관절에 구멍을 내고 출혈을 유도하여 골조세포들을 환부에 불러와 관절유합이 시작되도록 했다. 드릴이 돌아가면서, 뼈의 얇은 조각들이 튀어 올라 나는 몇 걸음 뒤로 물러났다. 그다음은 망치와 끌을 가지고 뼈의 외층을 물고기 비늘처럼 생긴 작은 덩어리로 깎아 내어 회복이 진행될 표면적을 넓힌다. 마지막으로, 묽게 혼합된 살아 있는 골세포와 영화 『고스트버스터즈』에 나오는 끈적끈적한 점액처럼 생긴 미세한 골세포담체(세포담체: 세포가 원하는 조직으로 증식, 분화될 수 있도록 미세공간을 제공하고 외부 균의 침입을 억제하는 세포의 집과 같은 지지체_역주)를 골절 부위에 이식해서 회복과 새로운 뼈의 성장을 촉진한다. 헥트 박사는 정형외과 전문의가 되기 전에 나무 세공사로 훈련을 받고 있었다. 그럴 만하다.

같은 날 늦게, 나는 중년 여성의 발뒤꿈치 뒷부분을 전기톱으로 깎아 내 고통스러운 골극을 제거하는 과정을 지켜봤다. 또 다른 환자는 관절염 치료를 위해 엄지발가락 관절을 전기드릴로 둥글게 다듬었다.

정형외과는 수백억 달러의 가치가 있는 산업이며, 이 분야가 이렇게 성공한 것은 우리의 진화적 역사 덕분이다.

확실히 하자면, 인간의 발 관련 질병의 일부는 앉아서 지내는 생활방식과 신발을 신고자 하는 결정의 산물이다. 그러나 발의 병적 증상은 신발의 발명 훨씬 이전부터 호미닌 화석에 흔하게 나타난다. 직립보행의 부정적 결과는 오랫동안 우리를 따라다녔던 것이다.

이렇게 병든 오래된 유골들은, 인간으로 존재한다는 것에 대한 다른 무엇인가를 전달하고 있다는 것을 알게 되었다. 유인원이 처음에 어떻게 두 다리로 움직이기 시작했는지에 대한 수수께끼를 풀 수 있는 시작단계로 우리를 되돌려 줄 그 무엇인가를 말이다.

— 결론 —

공감하는 유인원

벌거벗은 상태의 인간의 몸이란 얼마나 나약하고, 쉽게 다치며, 한심하기까지 한지, 어쩐지 약간은 미완성이고, 불완전하다![1]

차타레 부인의 사랑(1928), D. H. 로렌스(D. H. Lawrence)

이족보행은 도구의 사용에서부터 공동 육아, 무역망, 그리고 언어까지, 인류 혈통의 모든 주요 진화 사건들에 시동을 걸어, 한때 중신세 숲에 서 있던 초라한 유인원이었던 인간으로 하여금 지구에 인구를 퍼뜨리게 했다.

그러나 인간이 이렇게 존재하고 있다는 것은 아직도 놀라운 일이다. 인간은, 우리와 크기가 비슷한 보통의 네발짐승이 뛰어다니는 속도의 기껏해야 3분의 1밖에 안 될 정도로, 불쌍하리만치 느리다. 오스트랄로피테쿠스 화석의 후두부에 남겨진 표범의 두 송곳니 구멍은, 빠르지 못한 것에 대한 진화적 결과가 있었다는 사실을 끔찍한 방식으로 상기시켜 준다. 인간은 두 다리로 섰을 때 불안정하다. 해마다 전 세계 50만 건 이상의 사망 원인이 우발적 낙상이다.[2] 효율적인 이족보행에 맞게 생체역학적으로 조정된 짧고 납작한 골반 때문에, 아기는 세상에 나오기 위해 산도 안에서 몸을 비틀어야 해서 분만을 힘겹고, 때로는 위험하게 만들었다. 출생 후에는, 걸음마를 배우는 우리의 모험가 아기는 감독하는 사람이 없으면, 용감하고 어리석게도 실험용 보행로의 틈 사이를 뒤뚱거리며 그냥 지나가려 한다. 나이가 들면서 이족보행은 우리의 허리와 무릎, 발에 고통스러운 타격을 준다.

이족보행의 장점은 그것이 치러야 하는 대가보다 당연히 더 크다. 그렇지 않다면 인류는 오래전에 멸종했을 것이다. 그러나 직립보행의 많은 부정적인 면과 동물 세계에서 직립보행이 얼마나 드문 형태인가를 생각해 보면, 무엇이 저울의 눈금을 멸종이 아닌 생존 쪽으로 기울어지게 했는지 궁금해진다.

그 답을 가장 놀랍고 신비스러운 인간의 조건에서 찾을 수 있을지 모른다. 이를 이해하기 위해서는 인간 화석 기록을 다시 살펴보지 않을 수 없다.

어떤 화석들에는 '루시' 혹은 '수' 같은 이름이 붙어 있다. 대부분은 KNM-ER 2596 같은 이름이 붙는다.

'KNM'은 '케냐 국립 박물관Kenya National Museum'의 약자로, 한 특정 화석의 현재 위치를 말해 준다. 'ER'은 '루돌프 동편East Rudolf'이라는 뜻으로, 이 화석이 케냐 북부 투르카나 호수Lake Turkana의 식민시대 이름인 루돌프 호수Lake Rudolf의 동쪽 연안에서 발견되었다는 뜻이다. 숫자 2596은 그 장소에서 2,596번째로 발견된 화석이라는 뜻이다. 이 화석은 1974년에 발견되었다. 그 후로 그 지역에서 더욱 많은 화석이 발견되어, 현재까지 거의 7만 점에 이른다.

KNM-ER 2596은 작고 갈라진 경골 말단이다. 이는 정강이뼈 밑부분이란 뜻의 과학적 용어이다. 이 뼈와 발목 관절이 만나는 지점은 확장되면서 해면골로 채워지는데, 이것은 그 화석이 직립보행을 하는 호미닌의 뼈라는 것을 분명하게 말해 준다.

뼈의 크기로 보면, 우리는 이 개체의 무게가 32kg보다 살짝 덜 나간다는 것을 추정해 볼 수 있는데, 이는 루시와 동일한 크기이다. 뼈 둘레로 보이는 희미한 선은 닫힌 성장판으로, 이 호미닌이 죽기 바로 전에 완전한 크기로 성장했음을 보여 준다. 이 단서들을 종합해 보면, 10대 후반의 여성이라는 것을 알 수 있다. 화석을 둘러싸고 있던 화산재 층에 남아 있는 방사능 양을 측정한 결과, 그녀는 약 190만 년 전에 사망했다. 다수의 육식동물 이빨 자국이 사망 원인을 짐작케 한다.

당시에는 여러 종의 호미닌이 살고 있었기 때문에, 우리는 KNM-ER 2596이 어떤 종에 속해 있었는지 정확히 알 수 없다.[3] 그런데 이 뼈는 뭔가 이상하다. 루시의 유골에서 나온 정강이뼈나 혹은 그 어떤 이족보행 호미닌의 뼈와도 닮지 않았다. 발목 안쪽의 둥그스름한 혹처럼 튀어나온 안쪽 복사뼈가 유난히 작고 위축되어 있다. 발목 관절도 특이한 방식으로 기울어져 있다. 이 유별난 구조는, 어린 시절 부러진 발목이 제대로 붙지 않은 현대인에게서 찾아볼 수 있다.[4]

물론 190만 년 전에는 의사도 병원도 없었지만, 이 작은 호미닌은 발목이 부러진 채 포식자의 세상에 속수무책으로 버려졌으나 죽지 않았다. 그 당시는. 그녀는 상처가 아물고 성인으로 성장할 때까지 살아 있었다.

화석은 그저 돌이지만, 놀라운 이야기를 들려준다. 190만 년 전의 투르카나 호수 동편을 따라 펼쳐지는 장면을 생각해 보자. 해가 뜨면 황금빛 햇살이 넓게 펼쳐진 초원을 비춘다. 인근의 강을 감싸듯 형성된 숲에서는 원숭이가 소란스럽게 깨어난다. 얼룩말과 영양, 코끼리의 조상들이 아침을 먹으며, 이따금 머리를 들어 키 큰 풀 사이에서 어슬렁거리는 포식자를 살핀다.

호미닌은 안전한 나무 위에서 그 광경이 펼쳐지는 것을 바라본다. 감히 땅으로 내려오지 못한다. 포식자들은 배가 고팠고, 호미닌은 메뉴에 올라 있었다. 그러나 태양이 높이 떠올라 대형 고양잇과 동물들을 그늘로 내몰자, 호미닌은 나무에서 내려와 먹을 것을 찾는다. 그들은 유충, 덩이줄기, 과일, 씨앗, 여린 잎, 그리고 밤새 고양잇과 동물들이 사냥한 먹잇감의 뼈에 남겨진 고기도 수집한다.

그런 호미닌 가운데 하나가 KNM-ER 2596이었다. 그녀는 20명에서 30명 정도로 이루어진 가족과 친구들과 함께 있었다. 그녀의 어머니에게는 돌봐야 하는 다른 아기가 있었기 때문에 그녀를 먹여 주지 않았지만, KNM-ER 2596은 그들이 수렵을 하는 동안 아기를 데리고 다니는 것을 도왔다. 해가 지자 그녀는 다시 나무로 돌아가 잠자리를 만들었다. 어쩌면 그녀는 하늘을 쳐다보며 하늘 위의 점 같은 불빛에 대해 궁금해했는지도 모른다.

어느 날, KNM-ER 2596의 삶은 극적으로 변했다. 나무 위에서 떨어졌던 것인지도 모른다. 어쩌면 발을 헛디뎌 구덩이에 빠졌을 수도 있다. 어찌 되었건 무엇인가 사건이 발생했고, 그녀의 발목은 뒤틀려서 힘줄이 끊어지고, 뼈가 산산이 부서졌다. 그녀는 땅에 주저앉아, 아파서 도움을 외치며 울었다. 어머니가 도우러 달려왔지만, 아기를 포식자가 근처에 있는 탁 트인 초원 위에 내려놓을 수는 없었다. 무리의 다른 사람들이 걱정스러운 표정으로 다가왔다. 이런 소동은 금세 대형 고양잇과 동물과 하이에나의 주의를 끌 것이라는 것을 알고 있었기 때문이다.

그 무리의 사람들에게 가장 안전한 방법은 그녀를 거기에 내버려 두는 것이었지만, 그런 일은 일어나지 않았다.

어쩌면 몇몇의 사람들이 그녀를 나무가 우거진 곳으로 데려가서 그녀가 나무에 올라가도록 도왔을지도 모른다. 그 나무에 과일이 열려서, 그녀는 안전한 나뭇가지에서 떠나지 않고도 먹을 수 있었는지 모른다. 어쩌면 다른 사람들이 유충이나 영양의 고기, 또는 씨앗 한 주먹을 그녀에게 가져다주었는지도 모른다. 어쩌면 그때가 우기여서, 그녀는 나뭇잎에 묻은 물을 핥아먹을 수 있었는지도 모른다.

그녀의 유골을 더 찾을 수 있다면, 더 많은 이야기를 알 수 있을 것이다. 그러나 귀중한 종아리뼈 한 조각만이 그녀가 존재했다는 유일한 증거이다. 우리는 그녀가 회복하는 사이 무리의 다른 사람들이 그녀를 보살폈다는 것을 알 수 있을까? 아니다. 그러나 그게 아니고서 다른 방법으로 생존했다는 것은 상상하기 힘들다. KNM-ER 2596은 서서히 회복했으나, 절뚝거리는 것은 없어지지 않았다.

얼룩말이나 영양과 같은 네발동물이 심각하게 부상을 입으면, 절뚝거리기는 하지만 여전히 걸을 수는 있다. 두발동물이 심한 부상을 입으면, 더 이상 걷지 못하게 된다. 이족보행은 우리의 다리와 발을 부상에 취약하게 할 뿐만 아니라 부상을 입었을 때 특히 우리를 쇠약하게 만든다.

만일 KNM-ER 2596이 파국적 부상을 이겨 낸 호미닌의 유일한 사례라면, 우리는 그녀가 엄청난 행운아라고 생각하고 각주에 첨부하려 할 것이다. 그러나 그녀는 부상이나 질병을 이겨 내기 위해 도움을 필요로 했던 유일한 존재가 아니었다. 다른 많은 호미닌들이 있었다.

에티오피아의 워란소-밀 유적지에서 요하네스 하일리-셀라시 Yohannes Haile-Selassie가 발견한 340만 년 전의 오스트랄로피테쿠스 아파렌시스 골격은 KNM-ER 2596처럼 발목 골절이 치유된 흔적을 가지고 있다.[5] KNM-ER 2596이 투르카나 호숫가에서 발견된 비슷한 시기에, KNM-ER 738이라고 알려진 호미닌이 왼쪽 대퇴골에 골절을 입었다.[6] 오늘날의 응급실 의사들이 자동차 충돌이나 스키 사고 환자들에서 종종 보게 되는 골절형태와 비슷한 나선골절이었다. 환자가 다시 걷게 되려면, 일반적으로 6주 동안은 전혀 움직이지 말아야 한다. KNM-ER 738은 생존할 수 없었다. 그러나 1970년에 리차드 리키의 팀이 발견한 이 화석은 압박종이라 불리는, 뼈가 굵어진 부분이 있었는데 이는 KMN-ER 738의 상처가 아물고 그대로 살아 남았다는 것을 보여 주는 증거이다.

KNM-ER 1808로 알려진 호모 에렉투스는, 염증으로 보이는 뼈 결합조직의 고리 모양이 골격 전체에 나타나 있고, 이로 인해 뼈가 굵어져 있었다.[7] 과학자들은 처음에는 이것이 비타민A 과잉섭취 때문이라 생각했다. 20세기 초 물개의 간을 지나치게 많이 섭취하여, 이와 유사한 이형을 나타내고 결국 사망에 이른 난파선 선원들이 걸렸던 병이다. 어떤 과학자들은 현재에는 치명적이지는 않지만 기형을 야기하는 박테리아 감염인 딸기종이 원인이라고 주장했다. 원인이 무엇이었든, KNM-ER 1808의 골염증은 고통스러웠고 심신을 약화시켰을 것이다. 그러나 이 호모 에렉투스는 계속해서 먹고, 움직이고 숨을 쉬었다. 다른 사람들의 도움 없이 이렇게 했다고는 상상하기 어렵다.[8]

이 외에도 많이 있다. 149만 년 된 나리오코토메 호모 에렉투스 아이는 척추측만증을 앓고 있었던 것으로 보인다.[9] 탄자니아 올두바이 협곡에서 발견된 180만 년 전의 부분 발 화석은 심각한 관절염을 나타내는 형태로 뼈가 자라나 있었다.[10] 그 부근에서 발견된 호미닌의 다리뼈는 상부 발목 염좌로 인한 병든 뼈를 보여 주었다.[11] 남아프리카 동굴의 250만 년 된 퇴적물에서 나온 척추에는 뼈 결합조직 고리의 모양이 심각한 허리 관절염의 형태와 일치했다.[12] 같은 동굴 퇴적물에서 연구원들은 압박골절이 치유된 오스트랄로피테쿠스의 발목을 발견했다.[13] 아홉 살 난 매튜 버거와 그의 개 타우가 발견한 오스트랄로피테쿠스 세디바의 골격인 카라보는 매우 욱신거리고 고통스러웠을 척추 종양을 가지고 있었다.[14] 어떤 경우이든, 이 개개인들은 다른 사람들의 도움을 받은 수혜자였을 것이다.

우리 조상들의 삶은 쉽지 않았다. 두 다리로 움직이는 것은 그들의 삶을 더욱 힘들게 했다. 그들은 매일 먹을 것을 가지고 다른 호미닌 종들과 경쟁하는 한편, 무시무시한 포식자들을 피해 다녀야 했다. 이런 모든 위협들 속에서 그들은 위험한 '타인'으로부터 자신을 맹렬히 보호하면서, 동시에 자신들의 종족에겐 인정을 베풀었다.

하버드 대학 영장류동물학자인 리처드 랭햄Richard Wrangham은 이를 '선행 역설'이라고 불렀다.[15] 어떻게 우리 인간들은 잔인한 동시에 자비로울 수 있을까? 학자들은 인간 본성의 진수를 두고 수세기 동안 논의해 왔다.[16] 우리는 본질적으로 폭력적이나 규칙과 집단규범을 통해 우리의 공격적 성향을 억제하고 있는가? 아니면, 본성은 평화로우나 폭력과 가부장제를 찬양하는 억압적인 사회 속에서 공격적으로 변화하는가?

인간을 비롯한 모든 포유류는 행동적으로 유연한 동물이다. 한 순간 고무적이다가 금세 폭력적이 된다. 귀여운 수달들은 손을 잡고 사랑스럽게 서로의 털을 손질해 준다. 그러나 그들은 새끼 물개를 공격하고 강압적으로 교미를 하기도 한다. 코끼리는 갓 난 새끼를 돌보다가도 갑자기 사파리 여행을 하는 사람을 짓밟아 버리기도 한다. 집에서 기르는 개는 5천만 이상의 미국 가정에서 가족의 일원이다. 개는 물건을 물어 오고, 코를 비벼 대며, 핥기도 하기만, 물기도 한다.[17] 우리의 털북숭이 친구는 매년 450만 명의 미국인을 물어서, 2019년에만 1만 건의 병원 출입과 46건의 사망 사건을 야기했다.

포유류의 행동은 호전성과 조화로움의 춤이다.

우리와 가장 가까운 친척인 침팬지와 보노보는 행동적으로 정반대라고 알려져 있을 때가 많다. 경우에 따라 침팬지는 무자비한 살인자가 될 수 있으나, 보노보는 자유로운 영혼의 평화주의자이다. 인간을 본질적으로 폭력적으로 보는 사람들은 그들의 주장을 뒷받침하고자 침팬지에 대한 연구를 인용하곤 한다. 인간의 본질이 평화적이라고 간주하는 사람들은 보노보의 예를 든다. 실상은 그보다는 미묘한 차이가 있다.

2006년 우간다의 키발리 포레스트 국립공원에서, 나는 무리에서 서열 상위에 속하는 수컷 침팬지인 마일스가 암컷 침팬지를 포악하게 때리는 장면을 목격했다. 도망치고자 하는 암컷의 노력은 마일스가 다리를 잡아당겨 다시 끌어오면서 번번이 실패로 돌아갔고, 마일스는 꽉 쥔 주먹으로 암컷을 때렸다. 그런데 그 일이 있기 이틀 전, 나는 평온해 보이는 마일스가 옆으로 누워서 어린 침팬지와 놀고 있는 모습을 봤다. 그는 온화하고 다정했다.

그로부터 1년 후, 나는 같은 무리의 침팬지의 순찰을 도는 일에 동참했다. 열두어 마리의 수컷 침팬지들이 그들 영역의 경계를 지키고자 하는 목적으로 손가락관절을 이용해 걷고 있었다. 그들은 공기 중의 냄새를 맡고, 가끔씩 두 다리로 서서 소리를 들으며 적을 찾았다. 그들은 심란한 침묵 속에서 움직였다. 그날은 특별한 사건 없이 마무리되었으나,[18] 내가 오기 일주일 전에는 같은 무리가 이웃 무리의 침팬지 한 마리를 맞닥뜨려 때려죽이는 일이 있었다.[19]

그러나 보노보가 영역 살육에 빠져드는 일은 본 적이 없다. 이웃을 만나면 털을 손질해 주며, 먹이를 나누고, 심지어 교미를 하기도 한다. 자원이 풍부한 그들의 숲에서 최적의 행동 전략은 전쟁이 아니라 사랑을 나누는 것이지만, 그렇다고 보노보가 평화주의자라는 의미는 아니다.[20] 그들은 사냥을 하고 육식을 하며, 그들의 암컷 지배 사회구조에서 무리의 구성원들 간의 다툼은 때때로 과격해지기도 한다. 암컷 보노보들이 연합하여 과격한 수컷들을 공격하고 진압할 때도 있다.

"선과 악의 잠재력은 모든 개인에게 발생한다."[21]

리처드 랭햄은 《한없이 사악하고 더없이 관대한The Goodness Paradox》에서 이렇게 서술했다. 인류혈통의 공격성과 우호성 사이의 균형에 대한 통찰이 화석 기록을 통해 이루어질 수 있을까?

스페인 북부 아타푸에르카산에서, 한 고인류학자 팀이 시마데로스우에소스, 혹은 '뼈의 구덩이'라 불리는 50만 년 된 동굴에서 호미닌 화석 7천 점을 발굴했다. 그들은 뒤섞인 유해들을 28개의 부분골격으로 분류했다. 이 화석들은 DNA가 보존되어 있는 가장 오래된 화석으로, 이를 통해 아타푸에르카 사람들이 네안데르탈인의 선조라는 사실이 밝혀졌다.[22]

그 화석들 가운데, 연구원들이 '벤자미나'라는 별명을 붙인 일곱 살 정도에 사망한 여자 아이의 유골이 있었다. 그 아이의 일그러진 두개골은 심각한 두개골유합(두개골유합: 두개골을 이루는 뼈가 유합하는 과정이 불완전해서 비정상적인 모양의 머리를 야기하는 희귀질환_역주)을 앓았다는 사실을 보여 주고 있다.[23] 두개골유합은 정신장애를 일으키는 질환이다. 아이를 7년 동안 키우려면 헌신적으로 돌봐 주는 사람이 필요한데, 벤자미나의 경우에는 돌봄을 넘어서는 그 이상의 노력이 필요했을 것이다. 반면, 벤자미나의 유골에서 멀리 떨어지지 않은 곳에서 발견된 다른 개체는 폭력의 증거를 보여 준다. 그는 돌로 맞아 죽었다.[24] 왼쪽 눈 바로 위 이마에 입은 두 번의 타격이 두개골을 부수고 들어가 뇌가 노출된 상태였다. 그의 사체는 자연적으로 생성된 싱크홀에 던져져, 현재의 뼈의 구덩이에 남겨지게 된 것이다.

3만 6천 년 전 현재의 프랑스 생-시제르에서, 누군가가 날카로운 돌, 어쩌면 손도끼를 집어 들어 한 네안데르탈인의 머리 상부를 내리쳤다. 그러나 그의 화석은 상처 주변이 치유된 것으로 보이며, 이는 그가 계속해서 살았다는 증거이다.[25]

15만 년 전, 현재의 프랑스 니스 근처의 라자렛 동굴에 살던 한 어린 소녀는 오른쪽 머리에 타격을 입었다.[26] 어쩌면 그 소녀는 생각 없이 거닐다 넘어졌는지도 모른다. 친구가 던진 돌에 우연히 맞았을 수도 있다. 그 소녀가 속한 무리의 한 일원이, 혹은 이웃 집단의 사람이 고의로 그녀의 머리를 강타했는지도 모른다. 무슨 일이 발생했는지는 모르나, 그 소녀가 남긴 화석은 그녀가 심각한 상처를 입었음을 알려 준다. 그런 종류의 머리 부상을 입었으면 상당한 출혈이 있었을 것임에도 불구하고, 그 소녀의 상처는 회복되었다. 소녀가 회복될 때까지 누군가가 부상당한 그녀를 간호했음에 틀림이 없다.

2011년, 중국과학원 소속 씨우-지에 우Xiu-Jie Wu는 중국 남부에서 발견된 거의 30만 년 된 두개골에 대한 분석 결과를 발표했다.[27] 두개골의 소유자 역시 머리 상부에 타격을 입었으나 치유되었다. 우와 그녀의 동료들은 충격적인 폭력의 추가적 사례를 계속해서 기록했으며, 우리 조상들의 화석에서 40건이 넘는 머리 부상을 찾아내 기록했다.[28] 그러나 거의 모든 경우에 피해자는 살아남아 상처가 회복되었는데, 대부분은 타인의 도움 없이는 불가능한 일이었을 것이다.

인간은 배타적이다. 인간은 침팬지처럼, 종종 무리의 일부라고 인식되는 사람들에게만 이타심의 범위를 제한한다. 우리는 '타인'이라고 규정하는 사람들에게는 끔찍한 폭력을 행사할 수 있다. 다른 신을 숭배한다거나, 피부색이 다르거나, 다른 언어를 쓴다거나, 혹은 다른 국기 아래서 산다는 이유만으로 타인의 부와 영토를 몰수하기도 한다. 그렇다. 인간은 서로 협력하는 데 능하지만, 우리가 가장 협력을 잘하는 분야는 다수의 다른 인간을 죽이는 일이기도 하다.[29]

『2001: 스페이스 오디세이』에 등장하는 몽둥이를 휘두르는 유인원에서부터, 인류 진화가 큰 동물의 고기를 갈구하는 배고픔에서 기인했다는, 옳지 않으나 여전히 만연해 있는 '사냥꾼 인간'이라는 개념까지, 부인할 수 없는 인간의 폭력적이고 공격적인 성향은 우리가 구성한 과거 인류에 대한 이야기를 장악해 왔다. 그러나 우리 진화의 여정은 또한 우리에게 공감이라는 놀라운 능력을 가져다주었다. 우리는 너무나 자주 우리 본성의 더 좋은 천사를 밀쳐 내고, 타인의 도움으로 머리 부상을 이겨 낸 우의 40명의 호미닌들의 경우에서처럼 갈등과 공감은 연결되어 있다는 사실을 무시하고 있다.[30]

"우리의 심장은 살인을 저지를 듯한 분노로 가득할 때나 오르가

슴을 느낄 때나 거의 비슷하게 움직인다."[31]

스탠포드 대학 심리학자인 로버트 새폴스키Robert Sapolsky가 그의 저서《예의바르게 행동하라: 최선과 최악의 모습에서 인간의 생물학Behave: The Biology of Humans at our Best and Worst》에 이렇게 썼다.

"사랑의 반대는 미움이 아니라, 무관심이다."

그러나 무관심은, 내가 인간 화석 기록에서 발견하지 못한 것이다.

366만 년 전의 라에톨리 발자국을 떠올려 보자. 가장 왜소한 개체는 심각하게 다리를 절며 걸었던 것으로 보인다. 그녀의 발자국 각도는 그녀의 진행 방향에서 거의 30도나 꺾여 있었다. 그러나 그녀는 혼자 걷지 않았다. 그녀를 도와줄 다른 사람들과 함께였다.[32]

루시에게도 역시 도와주는 사람들이 있었다. 그녀의 대퇴골 고관절근육이 붙어 있었을 부위에는 감염된 뼈에서 보이는 날카로운 활 모양의 자국이 남아 있다.[33] 어쩌면 넓다리 옆에 깊게 박힌 가시가 원인이었을지도 모른다. 포식자의 주둥이로부터 필사적으로 도망치느라 뼈에서 힘줄이 끊어져 나갔을 수도 있다. 루시는 도망쳐 나왔으나, 고관절을 다쳐서 다리를 절게 되었을 것이다.

루시는 등에도 문제가 있었다.[34] 루시는 나이가 어리긴 했지만, 척추뼈 네 개가 오늘날 쇼이에르만병(쇼이에르만병: 흉추가 밖으로 굽는 병_역주)이라 불리는 뼈 질환을 앓고 있는 사람에게서 발견되는 것과 유사한 이상 성장을 보였다. 이 질환으로 루시는 등이 굽고 걸음을 걷는 능력도 손상되었을 것이다. 우리 과학의 아이콘인 루시에게도 삶은 힘들고 고통스러웠다.

이야깃거리가 더욱 많은 것은 루시 종의 분만에 관한 것이다.

2017년, 나는 인류학자인 나탈리 러디시나Natalie Laudicina와 케런 로젠버그Karen Rosenberg, 그리고 웬다 트레바탄Wenda Trevathan과 함께 루시의 종이 어떻게 분만을 했는지 재구성해 보았다.[35] 우리는 루시의 골반 모양을 기반으로, 오스트랄로피테쿠스는 대부분의 유인원 출산에서 그렇듯 얼굴이 앞을 향하고 태어나는 것이 불가능하다고 결론지었다. 대신, 아기가 산도에 들어가면서부터 몸을 돌렸을 것이라고 생각했다. 아기는 중간면에 도달해서도 어깨를 빼내기 위해 계속해서 몸을 비틀어야 했을 것이다. 우리의 모의실험에서는 아기가 180도로 완전히 회전할 필요는 없었지만, 아기는 현재 대부분의 인간들이 태어나는 방식으로, 여전히 얼굴을 뒤로 향하고 나오는 후두전위 방향으로 태어나야 했을 것이다. 루시의 종이 혼자서 분만을 하는 것은 위험한 일이었을 것이다.

고인류학자에게 있어, 이는 루시에게도 도와주는 사람들이 있었다는 의미이다. 산파술은 320만 년 전의 오스트랄로피테쿠스의 시대까지 거슬러 올라가는 것이 분명하다. 로젠버그는 이렇게 썼다.

「산파술은 … 가장 오래된 직업이다.」[36]

골반이 넓어 새끼가 산도를 통과하면서 몸을 돌리지 않아도 되는 침팬지는 일반적으로 혼자서 새끼를 낳지만, 넉넉한 골반을 지닌 우리의 또 다른 사촌인 보노보의 경우, 출산이 항상 고독한 경험은 아니다.

2018년, 프랑스 리옹 대학의 박사 후 연구원이었던 엘리사 디무루Elisa Demuru는 우리 속에서 이루어진 세 건의 보노보의 출산을 관찰하여 발표했다.[37] 다른 암컷들이 출산 과정에 함께했으며, 새끼가 태어나는 과정에서 새끼를 받아 주며 도와주기까지 했다. 그 몇 년 전에는, 독일 라이프치히의 막스플랑크 진화 인류학 연구소의 과학자인 파멜라 하이디 더글라스Pamela Heidi Douglas가 콩고 공화국의 숲에서 낮에 야생 보노보가 새끼를 낳는 귀한 장면을 관찰했다. 이때도 역시, 다른 암컷들이 함께 있었다.

인간과 침팬지, 보노보로 이루어진 세 갈래의 가족에서, 침팬지만이 다른 행동을 하고 있다. 어쩌면 침팬지는 진화역사의 과정에서 출산에 대한 사회적 행동이 단독행동으로 변화했는지도 모른다.

그렇다면 인간과 침팬지, 보노보의 최종 공통조상이 출산을 할 때는 다른 암컷들이 함께하며 도와줄 준비를 하고 있었다는 것이 가능성 있어 보인다. 이족보행을 하는 호미닌의 출산에 대한 사회적 지원이, 도와줄 사람이 필요하다는 물리적 욕구보다 앞섰는지도 모른다. 이족보행에 동반되는 골반 변화에 의해 요구되는 회전출산은, 여성들의 도움이 이미 우리 호미닌 조상들의 행동 범위의 일부로 자리했기 때문에 가능했는지도 모른다.

'닭이 먼저냐 계란이 먼저냐'와 비슷한, 출산 조력이 먼저냐 회전출산이 먼저냐 하는 문제에서 논리적 결론은, 도와주는 행위가 먼저 시작됐다는 쪽일 것이다.

직립보행은 사회적 종으로서의 인류 진화와 밀접하게 관련되어 있다. 우리의 이족보행 조상들은 출산을 도왔을 뿐 아니라 신생아의 어머니들이 먹이를 구할 때 아기를 돌봐 주기도 했다는 증거가 있다. 그들은 공동체를 형성해서 어린 아이들의 뇌가 자라고 그들 집단의 방식을 배우는 과정에서 안전하게 보호될 수 있도록 했다. 도망치기에는 너무 느리고 홀로 공격을 막아 내기엔 너무 작았던 그들은, 생존을 위해 서로를 보살펴야만 했다.

오늘날의 우리는, 우리 아이들이 돌봐 주는 사람이 곁에서 그들을 위험으로부터 막아 줄 것이라 자신하며 용감하게 비틀거리며 그들의 첫 걸음을 딛고 있는데도, 신뢰와 관용, 협력에 대한 이런 오래된 기반을 대수롭지 않게 여기고 있다. 우리는 과거 수천 년 동안 그래 왔듯이 무의식적으로 우리 주위의 사람들과 발을 맞춘다.

이족보행은 공감능력과 함께 진화되었으며 기술의 진보를 촉진시켰다. 여기에 지능이 더해져, 결과적으로 현대의학과 병원, 휠체어, 신체 보조기구들을 탄생시켰다.[38] 사회적이고 공감할 줄 아는 유인원의 신체 건강한 걸음의 진화는, 몸이 불편해 걷지 못하는 300만 미국인들을 걷게 해 주었다.

영장류동물학자인 프란스 드 왈Frans de Waal은 「공감은 '신체의 동시화'와 함께 시작한다.」라고 썼다.[39] 주변 사람들과 발을 맞춤으로써, 우리는 다른 사람들의 입장이 되어 보지 않을 수 없다.

다른 많은 이론들처럼, 이족보행과 사회적 성향 사이의 연결고리는 다윈으로 거슬러 올라간다. 1871년 다윈은 다음과 같이 기술했다.

> 신체 크기나 힘과 관련해서, 우리는 인간이 침팬지와 같은 작은 종에서 유래했는지, 아니면 힘이 센 고릴라에서부터 내려왔는지 알지 못한다.[40] 그렇기 때문에, 우리는 인간이 우리의 조상들보다

더 크고 강해졌는지, 혹은 더 작고 약해졌는지 말할 수 없다. 그러나 우리는 고릴라처럼 거대한 크기와 힘, 그리고 난폭함을 지닌 동물은 모든 적으로부터 자신을 보호할 수 있어서 사회적 동물이 되지 않을 수 있으며, 이는 동료에 대한 동정과 사랑과 같은 상위의 정신적 자질을 습득하는 것을 실제로 방해할 수 있다는 점을 명심해야 한다. 따라서 인간이 상대적으로 약한 생물에서 유래했다는 것은 커다란 장점일 수 있다.

물론 다윈의 전체적인 요점은 훌륭하지만, 위의 단락에는 사실적 오류가 있다. 침팬지는 작고 약하지 않다. 그들은 매우 강하다. 고릴라는 그렇게 사납지 않으며 다윈이 설명한 것보다 사회적인 동물이다. 그리고 타인을 돌보는 사회적 종을 '약하다'고 추정하는 것은 실수이다.

유명한 조직 폭력배였던 알 카포네Al Capone는 이렇게 말했을지 모른다.

"내 친절을 약점이라고 착각하지 마시오."[41]

거의 동일한 문장인 "절대 착각하지 마시오 … 내 친절을 약점이라고."는 달라이 라마Dalai Lama의 자질을 나타낸다.[42] 이 문장은 우리의 놀라운 행동적 유연성을 잘 나타내 준다. 우리는 평화적이며 폭력적이고, 협력을 하면서 이기적이고, 공감을 하면서 무관심하다. 드 왈은 다음과 같이 썼다.

"우리는 두 다리로 걷는다. 사회적, 그리고 이기적 다리."[43]

우리는 인간의 이기적 성향을 강조하며 우리의 사회성을 당연시하는 경향이 있다. 사람들은 큰 주목을 받지 못하는 너그럽고, 사려 깊으며, 친절하고, 삶을 바꿀 만한 수백 가지 행동들을 매일같이 실행하고 있다. 그러나 우리가 인간 본성의 협력적인 면에서 벗어나 탐욕과 폭력의 행동을 저지를 때는, 뉴스거리가 될 만큼 일탈적인 행위로 비친다.

인간의 잔혹성의 사례들로 24시간 돌아가는 뉴스 사이클의 폭격을 받는 우리들은, 인간이 놀랍도록 협력적이고 관용적일 수 있다는 사실을 종종 간과한다. 서로를 돕는 것은 우리에게 자연스러운 일이다. 이웃을 위해 문을 잡아 주고, 걸인에게 남은 잔돈을 건네주며, 다른 사람과 음식을 나누려 접시를 돌린다. 이런 것들은 늘 일어나는 일이어서, 인간의 친절함은 마치 걷는 것처럼, 흥미롭지 않은 일이 되어 버렸다. 인간과 우리의 호미닌 조상들은 협력하거나 공감을 표현하는 유일한 생명체가 결코 아니라는 점을 주목할 필요가 있다. 사회적 결합을 유지하는 이러한 행동들은 동물의 왕국에서도 널리 관찰되어 왔다. 예를 들어, 개미와 벌은 인간보다 훨씬 완전하고 효율적으로 협력한다. 코끼리와 돌고래, 개와 같은 다양한 종에서도 공감하는 모습이 관찰되었다.

또한 우리의 자비로운 본성의 메아리가 우리의 유인원 사촌들에게도 나타난다.

1974년, 세 살 된 침팬지 페니가 오클라호마 영장류 연구소의 섬 형태 우리를 둘러싸고 있는 물에 빠져 가라앉기 시작했다. 친족관계도 아닌 아홉 살 난 암컷 침팬지 와슈가 전기가 흐르는 담장을 뛰어넘어 페니를 물에서 안전하게 끌어냈다.[44] 1996년, 서부 로랜드고릴라 암컷인 빈티-주아는 시카고 외각의 부룩필드 동물원에서 그녀의 우리에 떨어진 세 살 난 소년을 들어 올려 품에 안고 안전한 곳으로 데려갔다. 2020년 초에는 허리까지 차는 물에 빠진 남성에게 도움의 손길을 뻗고 있는 오랑우탄의 사진이 찍히기도 했다. 유인원들 가운데 가장 인정이 많고 이타적인 보노보는 먹이를 나누는 것이 일상이며, 심지어는 낯선 존재에게도 먹이를 나누어 준다.

협력과 이타심의 씨앗이 인류혈통에 퍼지게 된 계기는 직립보행으로 야기된 엄청난 도전들 때문이었다.

2011년, 고인류학자인 돈 요한슨과 리차드 리키는 신경외과 전문의이자 의학 저널리스트인 산제이 굽타Sanjay Gupta와 함께 뉴욕 미국 자연사박물관의 공식 행사에 참여했다. 마지막으로 두 고인류학자가 공식적인 자리에 함께한 것은 1980년으로, 그 당시 리키는 고대 아프리카 퇴적물에서 꺼낸 오래된 유골에 관한 견해 차이로 화가 나서 장소를 박차고 나갔다. 그러나 몇십 년 후에, 고인류학 분야의 거장인 이 두 사람은 화해하고 그들의 경력을 함께 되돌아보는 시간을 가졌다.

질의응답 시간에 굽타는 그들에게 '무엇이 우리를 인간이게 하는가' 질문했다. 리키가 먼저 1993년 비행기 사고로 다리를 다쳐 두 다리를 잃고, 현재는 의족에 의지해 걷고 있다는 이야기를 했다. 그는 이렇게 말했다.

다리가 둘인 생명체가 다리를 잃게 되면, 멀리 가지 못합니다.[45]

다리가 하나인 것은 다리가 없는 것보다 나을 게 없지요. 반면, 침팬지나 보노보, 혹은 사자나 개는 다리가 넷이라서 하나가 없어도 아무 문제가 없습니다. 그렇다면 우리가 이족보행을 하게 되면서 … 관계를 맺고 사회적 상호작용을 한다는 것의 의미가 완전히 달라졌을 뿐 아니라 그 가치도 달라졌습니다. 저는 이족보행 영장류가, 이족보행을 하게 되었다는 것에 더불어 이타주의에 대한, 그리고 사회적 관계형성과 연관성에 대한 사고방식이 변화하지 않았다면, 생존하지 못했을 것이라고 믿습니다.

그렇다면 인간의 조건 가운데 가장 신비로운 양상인 이타심에 대한 우리의 수용력은, 험한 세상을 두발동물로서 살아야 하는 취약함에서부터 비롯되었다고 생각해 볼 수 있다. 그렇다. 우리의 생존은 투쟁이었고, 지금도 많은 사람들이 그 투쟁을 이어 가고 있다. 그러나 이족보행 호미닌의 후예로서 우리의 진화적 여정은, 우리의 독특한 보행능력과 발맞춰 진화된 공감능력, 협력, 그리고 관용 때문에 지속되고 있는 것이다.

나는 진화에 따른 인간 실험은 우리가 공감능력이 있는 사회적 유인원에서 유래하지 않았다면 불가능했을 것이라고 주장하고 싶다. 이족보행은 관용과 협력과 서로를 보살피는 마음이 발달된 혈통에서만이 진화될 수 있었을 것이다. 지나치게 공격적이며, 완전하게 이기적인 성향을 지니고, 다른 무리의 일원들에 대한 관용을 베풀 줄 모르는 유인원이 이족보행을 했다면, 멸종으로 직행했을 것이다.

영화『콘택트Contact』에 대해 칼 세이건은 인간을 이렇게 묘사했다.

"인간은 흥미로운 종이다.[46] 재미난 조합이다. 너무나 아름다운 꿈을 꾸고, 너무나 끔찍한 악몽도 꾼다. 상실감으로 너무나 외롭다고 느끼지만, 혼자가 아니니다. 생각해 보라. 인간이 추구하는 모든 것들 가운데 이 공허함을 견딜 만하게 해 주는 유일한 것은 인간 서로 간의 관계이다."

수백만 년에 걸친 수십 차례의 진화적 실험을 거쳐, 우리 인간은 지구상에 존재하는 마지막 이족보행 유인원이 되었다. 우리가 하나의 종으로서 불확실하고 불안정한 시대를 향해 앞으로 나아갈 때, 어깨 너머로 우리가 지나온 발자취를 흘끗 되돌아보는 것도 나쁘지 않다. 우리는 먼 길을 걸어왔고, 많은 것을 극복해 왔다. 함께 말이다.

이제, 우리 조상들의 유골이 전달하는 가르침을 포용하고, 이 멋진 직립보행 유인원의 진화적 성공이 많은 점에서 공감과 관용, 그리고 협력 능력 덕분이라는, 인류 근원에 대한 새로운 이야기를 창조하여야 할 때이다.

이 세상에서 제가 가장 좋아하는 이족보행 동물들의 도움이 없었더라면 이 책을 쓰는 것은 불가능했을 것입니다. 벤과 조시, 아빠가 이 책을 쓰느라 바빴을 때 너희들이 보여 준 참을성과 유머, 사랑, 조언 너무 고맙다. 너희만의 길을 따라가렴. 그러나 항상 서로의 곁에 있어 주려무나. 그리고 너희가 내딛는 발길이 행복과 더욱 공정한 세상으로 향하는 길이길 바란다. 그리고 에린. 당신은 항상 나를 믿어주고 기운을 북돋아 주었어. 당신은 나에게 이 생을 함께 걸어갈 최고의 파트너야.

저는 모든 과정을 통해 저를 지지해 준 사랑스러운 가족이 있는 행운아입니다. 리치, 멜, 디나, 크리스, 어머니, 지니와 메리 이모, 키티, 대도우, 패트리샤, 미카일라, 마이크, 로리, 애담, 애쉴리, 알렉스, 릴리안, 제이크, 엘라, 앤소니, 이안, 제임슨, 그리고 와이엇. 모두들 감사합니다. 그리고 글을 쓰는 나의 험난한 과정을 함께 걸어준 나의 소중한 네발동물 루나. 너도 고맙다.

제가 6학년 때, 저는 선생님과의 문제로 교과서의 글을 글자 그대로 노란색의 줄 친 공책에 옮겨 쓰는 벌을 받았습니다. 저희 아버지는 잘못된 행동을 하는 아이들은 벌을 받아야 한다는 데에 대체적으로 동의하시는 분이셨습니다. 그런데 제가 그런 벌을 받았다고 말씀드렸을 때 아버지는 대로하셨습니다. 아버지는 학교에 연락해서 저에게 다른 벌을 내려 달라 말씀하셨습니다. 아버지에게 글쓰기는 벌이 아니었던 것입니다. 글쓰기는 선물이었습니다. 아버지가 옳습니다. 아버지, 이 책을 한 글자도 빠뜨리지 않고 여러 번 읽어 주시고 교정에 대한 유용한 조언으로 제 목소리를 찾을 수 있게 도와주셔서 감사합니다. 아버지와 글쓰기와 과학에 대한 대화를 나눈 것이 이 책을 쓰면서 가장 즐거웠던 부분입니다.

에비타스Aevitas의 제 에이전트인 에스먼드 함스워스는 저보다 훨씬 전부터 이 책에 대한 믿음을 가지고 있었습니다. 보스턴 대학에서 점심시간에 만나 지침과 지혜를 나눠 주셔서 감사합니다. 에비타스의 팀원인 첼시 헬러, 에린 파일스, 세라 레빗, 슈넬 에키시-몰링, 그리고 메기 쿠퍼는 자신들의 일을 훌륭히 해내는 실력자들입니다. 그분들과 함께 일할 수 있어서 즐거웠습니다.

하퍼콜린스의 명석하고 숙련된 나의 에디터인 게일 윈스턴과 알리샤 탠, 세라 하우겐, 베카 푸트만, 니콜라스 데이비스, 그리고 책을 내는 과정의 모든 단계에서 이 일을 즐겁게 할 수 있게 도와준 하퍼콜린스의 팀 전체에게 감사합니다. 저는 이것이 시작이기를 바랍니다. 프레드 비머, 당신의 노련하고 신중한 원고 교정에 감사드립니다.

과학자로서 그리고 과학해설가로서의 저라는 사람 전부와 제가 하는 일 전부는 루시 커쉬너와 로라 맥래치 덕분입니다. 루시, 당신은 과학과 과학지식, 박물관 교육, 라에톨리, 아프리카, 앤 아보, 액톤, 그리고 지금의 저를 만들어 준 다수의 다른 장소들과 생각들을 포함하는 밴 다이어그램의 교집합에 있는 존재입니다. 로라, 과학과 인생의 조언자로 당신보다 훌륭한 사람은 없습니다. 2003년에 저를 믿고 기회를 주시고, 지속적으로 조언과 우정을 아끼지 않은 점 감사드립니다.

저는 이번 작업을 하면서 대화를 나눌 귀중한 시간을 내주신 다음의 많은 과학자들과 작가, 교사, 학자분들께 감사드립니다. 캐런 아돌프, 지레이 알렘세지드, 후탄 애슈레이피안, 케이 베렌스마이어, 라일리 블랙, 마델라이네 뵈메, 그레그 브레트만, 미셸 브뤼네, 크리스 캄피사노, 수자나 카르발류, 라마 첼라파, 하비바 철철, 자크 코프란, 오마르 코스틸라-레이어스, 엘리사 디무루, 토드 디소텔, 홀리 던스워스, 커크 에릭슨, 딘 퍼크, 시몬 길, 요하네스 하일리-셀라시, 카리나 한, 션 할로빅, 윌 할코트-스미스, 소냐 하만드, 카터리나 하바티, 폴 헥트, 아만다 헨리, 킴 힐, 켄 홀트, 조나단 허스트, 크리스틴 제니스, 스티븐 킹, 존 킹스톤, 브루스 라티머, 아이-민 리, 샐리 르 파지, 댄 리버만, 페이지 메디슨, 안토니아 말칙, 엘리 맥닛, 앤 맥티어넌, 프레드릭 만티, 스테파니 메릴로, 조앤 몬티페어, 스티븐 무어, W. 스캇 피어슨, 벤터 크랄런트 페덜슨, 마틴 픽포드, 헤르만 폰처, 스테파니 팟제, 리디아 파인, 데이브 레이츨렌, 필 리지, 팀 라이언, 브리짓 시너, 니자 샤피로, 산드라 세펠바인, 스캇 심슨, 타냐 스미스, 마이클 스턴, 이언 태터솔, 랜달 톰슨, 에릭 트린카우스, 페그 반 안델, 미셸 보스, 카라 월-셰플러, 캐롤 워드, 애나 워레너, 제클린 베르니몬트, 제니퍼 우브, 캐서린 휘트컴, 버나드 우드, 린지 자노, 베른 지펠, 그리고 아리 지보토프스키. 의도치 않게 빠뜨린 분이 있다면 사과드립니다.

연구실과 유적지, 수술실, 그리고 동물원을 저에게 개방해 주신 저의 동료들께 특히 감사드립니다. 캐런 아돌프, 마델라이네 뵈메, 오마르 코스틸라-레이에스, 토드 디소텔, 폴 헥트, 조나단 허스트, 나타니엘 키첼, 찰스 무시바, 마틴 픽포드, 필 리지, 마이클 스턴, 카라 월-쉐플러, 린지 자노, 감사합니다. 저의 동료인 베른 지펠, 리 버거, 찰스 무시바, 그리고 요하네스 헤일리-셀라시에게 또한 감사드립니다. 여러분의 업적은 저에게 영감을 주고 있으며 여러분들과의 우정은 저에게 더욱 소중합니다. 이 책을 상당 부분 읽어 주시고, 정확하고 읽기 쉽도록 도와주신 저의 친구와 가족, 그리고 동료들께도 감사드립니다. 나타니엘 키첼, 시몬 길, 캐런 아돌프, 데이브 레이츨렌, 브라이언 헤어, 스캇 심슨, 블레인 말리, 셜리 루빈, 멜라니 드실바, 폴 헥트, 아담 반 아스데일, 카라 월-쉐플러, 린지 자노에게 감사드립니다.

저는 다트머스 대학의 인류학 학과에 저를 지지해 주는 명석하고 사려 깊은 동료들이 있어 정말 다행이라고 생각합니다. 네이트 도미니와 제인 테이어, 항상 옳은 질문을 해 주고 세상에 대한 수그러들지 않는 호기심으로 저를 자극해 주셔서 감사합니다. 이 책은 다트머스 대학의 뛰어난 러닝디자인팀의 도움과 온라인 과정인 『이족보행: 직립보행의 과학』이 발전된 덕분에 초반의 형태를 잡을 수 있었습니다. 아담 네메로프와 소여 브로들리, 조쉬 킴, 마이크 고즈와드에게 특히 감사드립니다.

저는 저의 학생들과 저를 끊임없이 움직이게 해 준 그들의 관찰과 질문들에 특히 감사드립니다. 나열하자면 너무 많지만, 이 책의 많은 아이디어들은 제가 강의하는 우스터 주립대학과 보스턴 대학, 그리고 다트머스 대학의 학생들과 나눈 대화에서 비롯된 것들입니다. 저의 이전, 그리고 현재의 대학원 학생들과 학부 연구생들은 신선한 시각과 명석한 통찰력으로 저의 생각에 지속적인 도전장을 던졌습니다. 엘리 맥넛과 케이트 밀러, 루크 패닌, 안잘리 프라밧, 샤론 쿠오, 이브 보일, 제인 스완슨, 코리 길, 지넬 우이, 그리고 에이미 Y. 장에게 감사드립니다.

끝으로, 알렉스 크렉스턴에게 특히 감사드립니다. 지배파충류와 호미닌, 초기 포유류, 그리고 앤드류사르쿠스가 등장하는 책에서 이 페이지들을 사실확인하는 데 당신보다 뛰어나고 정보력이 좋은 사람은 없을 것입니다. 당신의 지식의 폭과 끝이 없는 호기심에 감탄했습니다. 당신이 쓰는 첫 서적을 어서 빨리 읽고 싶네요.

이족보행 진화에 대한 현 시점의 이해와 두 다리로 움직이는 인간에 대한 많은 후속효과의 정확한 모습을 담으려 했던 무던한 노력에도 불과하고, 이 책에는 분명히 실수가 있었을 것입니다. 어떤 실수이건 모두 저의 책임입니다.

소개

1 **지네에 대한 오래된 이야기가 있다**: Duncan Minshull, *The Vintage Book of Walking* (London: Vintage, 2000),

2 **사냥된 636마리의 흑곰 가운데**: "New Jersey Division of Fish & Wildlife," last modified October 10, 2017, https://www.njfishandwildlife.com/bearseas16_harvest.htm.

3 **사람들의 분노가 들끓었다**: Daniel Bates, "EXCLUSIVE: Hunter Who Shot Pedals the Walking Bear with Crossbow Bolt to the Chest Is Given Anonymity over Death Threats," *Daily Mail*, November 3, 2016, https://www.dailymail.co.uk/news/article-3898930/Hunter- shot- Pedals- bear- crossbow- bolt-chest - boasting- three- year- mission- given- anonymity- death- threats.html.

4 **하나는 100만 번이 넘게 시청됐고**: "Pedals Bipedal Bear Sighting," last modified

June 22, 2016, https://www.youtube.com/watch?v=Mk- HHyGRSRw.

5 **다른 하나는 시청 횟수가 400만이 넘었다**: "New Jersey's Walking Bear Mystery Solved," August 8, 2014, https://www.youtube.com/watch?v=kcIkQaLJ9r8&t=3s.

6 **포옹을 하는 침팬지**: Frans de Waal, *Mama's Last Hug: Animal Emotions and What They Tell Us About Ourselves* (New York: W. W. Norton, 2019). Video of encounter: https://www.youtube.com/watch?v=INa- oOAexno.

7 **2011년, 영국 켄트 지역의**: "Gorilla Walks Upright," CBS, January 28, 2011, https://www.youtube.com/watch?v=B3nhz0FBHXs. "Gorilla Strolls on Hind Legs," NBC, January 27, 2011, http://www.nbcnews.com/id/41292533/ns/technology_and_science- science/t/gorilla- strolls- hind- legs/.XllgdpNKhQI. "Walking Gorilla Is a YouTube Hit," BBC News, January 27, 2011, https://www.bbc.co.uk/news/uk- england-12303651.

8 **직립보행을 하는 고릴라 열풍**: "Strange Sight: Gorilla Named Louis Walks like a Human at Philadelphia Zoo," CBS News, March 18, 2018, https://www.youtube.com/watch?v=TD25aORZjmc. 나는 암밤을 2019년 2월에, 루이스는 같은 해 10월에 방문했다. 그들의 관리자가 도움을 많이 주었으며, 그는 고릴라에 대한 지식도 풍부했다. 나는 이 놀라운, 인간의 친척들을 관찰하며 즐거운 시간을 가졌다. 내가 그들을 관찰하는 오전의 몇 시간 동안, 두 고릴라는 손가락 관절로 우리 안의 이곳저곳으로 이동했다. 나는 그들이 두 발로 걷는 것은 보지 못했다. 두 다리로 걷는 것이 더욱 편안한 유인원들조차도 가끔씩 그렇게 행동한다.

9 **페이스(Faith)라는 개는**: "Things You Didn't Know a Dog Could Do on Two Legs," Oprah.com, https://www.oprah.com/spirit/faith- the- walking- dog-video.

10 **이족보행을 하는 문어의 영상이**: "Bipedal Walking Octopus," January 28, 2007, https://www.youtube.com/watch?v=E1iWzYMYyGE.

1부. 직립보행의 기원

1 **모든 다른 동물들은 아래를 본다**: Ovid, *Metamorphoses, Book One*, trans. Rolfe Humphries (Bloomington: Indiana University Press, 1955).

01 — 인간은 어떻게 걷는가

1 **걷는다는 것은 앞으로 넘어지는 것이다**: Paul Salopek, "To Walk the World: Part One," December 2013, https://www.nationalgeographic.com/magazine/2013/12/out- of- eden.

2 **플라톤(Plato) 역시**: From Diogenes Laërtius, *The Lives and Opinions of Eminent Philosophers*, trans. C. D. Yonge (London: G. Bell & Sons, 1915), 231.

3 **이족보행은 지속적으로 우리의 단어와 표현**: 나는 걷기와 관련된 이름에 대한 비유의 나열과 은유들이 일반적인 관행이라는 사실을 발견했다. 이에 대한 변형은 다음 서적에서 찾아볼 수 있다. Rebecca Solnit, Wanderlust: *A History of Walking* (New York: Penguin Books, 2000); Antonia Malchik, *A Walking Life* (New York: Da Capo Press, 2019), 4; Geoff Nicholson, *Lost Art of Walking* (New York: Riverhead Books, 2008), 17, 21–22; Joseph Amato, *On Foot: A History of Walking* (New York: NYU Press, 2004), 6; and Robert Manning and Martha Manning, *Walks of a Lifetime* (Falcon Guides, 2017).

4 **장애가 없는 보통 사람은 한평생**: 장애가 없는 평균적인 미국인은 하루에 5천 보를 조금 넘게 걷고, 평균수명은 79세이다. 이는 대부분의 사람들이 평생 1억 5천만 보를 걷는다는 의미이다. 1.6km에 2천 보 정도로 보면, 12,000km가 조금 안 되는 거리이다. 지구의 둘레는 40,200km가 조금 안 된다. 이는 우리들이 각자 평균적으로 지구를 세 바퀴 정도 돌기에 충분한 거리를 걷는다는 의미이다.

5 **영장류 동물학자인 존 네피어**: John Napier, "The Antiquity of Human Walking," *Scientific American* 216, no. 4 (April 1967), 56–66. 5 By taking advantage of gravity: Timothy M. Griffin, Neil A. Tolani, and Rodger Kram, "Walking in Simulated Reduced Gravity: Mechanical Energy Fluctuations and Exchange,"

Journal of Applied Physiology 86, no. 1 (1999), 383–390.

6 **중력을 이용함으로써**: Timothy M. Griffin, Neil A. Tolani, and Rodger Kram, "Walking in Simulated Reduced Gravity: Mechanical Energy Fluctuations and Exchange," *Journal of Applied Physiology* 86, no. 1 (1999), 383–390.

7 **자메이카의 단거리 선수인 우사인 볼트**: Dan Quarrell, "How Fast Does Usain Bolt Run in MPH/KM per Hour? Is He the Fastest Recorded Human Ever? 100m Record?" Eurosport.com, https://www.eurosport.com/athletics/how-fast- does- usain- bolt- run- in- mph- km- per- hour- is- he- the- fastest-recorded- human- ever-100m- record_sto5988142/story.shtml.

8 **시속 96km를 초과해서 달린다**: 치타는 시속 112km로 달린다고들 하지만, 실제 기록된 최고 속력은 시속 102km이다. N. C. C. Sharp, "Timed Running Speed of a Cheetah (*Acinonyx jubatus*)," *Journal of Zoology* 241, no. 3 (1997), 493–494.

9 **미국 질병통제예방센터에 따르면**: "Accidents or Unintentional Injuries," Centers for Disease Control and Prevention, National Center for Health Statistics, January 20, 2017, https://www.cdc.gov/nchs/fastats/accidental- injury.htm.

10 **인간이 유인원의 후손이라는**: 인간은 유인원이다. 우리는 몸집이 거대하고 과일을 먹는 꼬리 없는 영장류인 호미노이드과의 일원이다. 호미노이드는 고릴라와 침팬지, 보노보, 오랑우탄, 긴팔원숭이를 포함한다. 호미노이드를 줄여서 '유인원'이라고도 한다. 그러나 우리에 대한 단어(인간)와 인간이 아닌 호미노이드에 대한 단어(유인원)가 있는 편이 유용한다. 물론 나는 우리가 유인원이라는 사실을 인정하지만, 이 책에서 나는 '유인원'이란 단어를 인간이 아닌 호미노이드의 대체 단어로 사용했다. 그리고 유인원이란 단어가 사용될 때는, 침팬지와 고릴라, 보노보, 그리고/혹은 긴팔원숭이를 지칭한다.

11 **인간의 기원과 그 역사에 빛이 비칠 것이다**: 이 책에서 나는 '인간(man)'이라는 단어를 다윈의 《종의 기원》과 같은 직접 인용문 안에서, 혹은 실제 인간 남성들을 지칭할 경우에만 사용했다. 이 단어는 모든 인류를 묘사하는 유용한, 혹은 포괄적인 단어가 아니다. 인류학자 셸리 린톤(슬로컴)은 이렇게 썼다. "인간의 절반을 제외하는 이론은 균형적이지 않다." ("Woman the Gatherer: Male Bias in

Anthropology," in *Toward an Anthropology of Women*, ed. Rayna R. Reiter [New York: Monthly Review Press, 1975]). 이런 식의 단어 역시 비슷한 문제가 있다.

12 **다윈도 150년 전에 이미 이 사실을 예측하고 있었다**: 찰스 다윈은《인간의 유래》p. 199에서 "우리의 초기 조상들이 다른 곳이 아닌 아프리카 대륙에서 살았다는 것은 그럴듯하기는 하다." 그러고서 그는 이렇게 썼다. "그러나 이 문제를 두고 추측하는 것은 소용이 없다."

13 **근대 이전의 인류 화석은**: 1864년, 아일랜드의 지리학교수인 윌리엄 킹은 독일 네안데르 계곡의 펠트호퍼 동굴에서 발견된 부분골격을 기반으로 멸종된 새로운 인간종에 이름을 붙였다. 그는 이 유골을 *호모 네안데르탈렌시스*라 불렀다. 네안데르탈인의 화석은 벨기에와 지브롤터반도에서도 발견되었다. 1864년, 다윈은 심지어 지브롤터 네안데르탈인을 손에 올려놓기까지 했으나, 대단한 의미가 있다고는 생각하지 않았다. 크로마뇽 *호모 사피엔스* 화석 역시 1868년에 발견된 것으로 알려져 있다.

14 **호주 출신의 젊은 교수 레이몬드 다트**: 다트의 발견에 대한 자세한 사항에 대해서는 다음 서적 참조.《Adventures with the Missing Link》(New York: Harper & Brothers, 1959), and Lydia Pyne,《Seven Skeletons》(New York: Viking, 2016). 간단히 말하면, 다트의 유일한 여학생인 조세핀 살몬스가 가족의 친구인 E. G. 아이자드가 소유하고 있던 개코원숭이의 두개골을 발견했다. 아이자드는 남아프리카 타웅의 벅스톤 석회암 채석장에서 채굴 중이던 노던라임컴퍼니의 책임자였다. 화석 두개골이 벽난로 위에 있었는지, 책상 위의 문진으로 쓰였는지 이야기를 다시 할 때마다 달라진다. 어찌 되었건, 살몬스는 그 두개골을 다트에게 가져갔다. 다트는 흥분해서 아이자드에게 연락해, 채석장의 다른 화석들도 그의 연구실로 운반해 줄 것을 요청했다. 다트는 그의 저서에서 타웅 아이가 담긴 상자가 도착한 날, 그는 턱시도를 입고 친구의 결혼식을 주관하고 있었다고 회상했다.

15 **작은 나무 상자 하나를 꺼내 왔다**: 1931년, 다트는 타웅 아이를 런던에 가져와서 그곳의 고인류학자들이 연구할 수 있도록 했다. 어느 날, 다트는 타웅 아이가 들어있는 이 상자를 부인인 도라에게 주고 그들의 아파트에 가져가라고 했다. 그런

데 도라가 실수로 택시에 상자를 놓고 내렸다. 택시 기사가 상자를 발견하고 열어 보니 아이의 두개골이 있는 것을 보고 기겁을 하기까지는 꽤 많은 시간이 지났다! 기사는 즉시 상자를 경찰서에 가져갔다. 그 즈음 도라는 상자가 없어진 것을 알고는 런던 경찰서로 찾아갔고, 그곳에서 세상 하나뿐인 화석을 다시 찾을 수 있었다. 아슬아슬했다.

16 **250만 년 된 아이의 안구 구멍을**: 타웅 아이의 지리학적 연령은 확실치 않다. 멕키(1993)는 260만 년에서 280만 년 사이로 추측했다. 최근에는 쿤 외의 다수가(2016) 258만 년에서 303만 년 사이라고 추측하고 있다. Jeffrey K. McKee, "Faunal Dating of the Taung Hominid Fossil Deposit," *Journal of Human Evolution* 25, no. 5 (1993), 363–376. Brian F. Kuhn et al., "Renewed Investigations at Taung; 90 Years After the Discovery of *Australopithecus africanus*," Palaeontologica africana 51 (2016), 10-26.

17 ***오스트랄로피테쿠스 아프리카누스(Australopithecus africanus)*로 명명했다**: Raymond A. Dart, "*Australopithecus africanus*: The Man- Ape of South Africa," Nature 115 (1925), 195–199.

18 **이 화석들이 200만 년에서 260만 년 전의 것이라고 추정하고 있다**: Robyn Pickering and Jan D. Kramers, "Reappraisal of the Stratigraphy and Determination of New U- Pb Dates for the Sterkfontein Hominin Site, South Africa," *Journal of Human Evolution* 59, no. 1 (2010), 70–86.

19 **마카판스갓에서 발견한 호미닌을 *오스트랄로피테쿠스 프로메테우스(Australopithecus prometheus)*라고**: Raymond A. Dart, "The Makapansgat Proto-human *Australopithecus prometheus*," *American Journal of Physical Anthropology* 6, no. 3 (1948), 259–284.

20 **1949년, 다트 교수는 그가 발견한 사실들을 출간하면서**: Raymond A. Dart, "The Predatory Implemental Technique of *Australopithecus*," *American Journal of Physical Anthropology* 7, no. 1 (1949), 1–38. '오스테오돈토케라틱'이라는 용어는 1957년에 등장.

21 **1918년 대부분을 영국과 프랑스에서 주둔하면서**: 다트는 로열 프린스 알프레드 병원에서 위생병으로 근무하다가 호주 육군 의무대(1918-1919) 대위로 승진했

다. 나는 다트가 전쟁의 여파를 목격했을 것으로 추측하지만 직접 전쟁의 행위를 본 것은 아니었고, 1차 대전 기간의 그의 경험에 대해 기술한 것도 찾을 수 없었다. Phillip V. Tobias, "Dart, Raymond Arthur (1893–1988)," *Australian Dictionary of Biography*, vol. 17 (2007).

22 **세계적 베스트셀러가 된 《아프리칸 제네시스(African Genesis)》**: Robert Ardrey, *African Genesis* (New York: Atheneum, 1961).

23 **다트 교수의 제자였던 필립 토바이어스(Phillip Tobias)**: 필립 토바이어스는 2012년에 사망하기 전까지 활발히 연구하면서 오랜 기간 각광받는 경력을 자랑했다. 그는 스테르크폰테인에서 발굴 작업을 했으며, 루이스 리키와 *호모 하빌리스*라는 이름을 붙였고, 이 책의 제7장과 9장의 중요한 인물인 리 버거를 교육시켰다. 토바이어스는 남아프리카 내부의 인종차별 정권에 대항하여, 모든 남아프리카인을 위한 집회에서 연설을 하곤 했다. 내가 그를 만났을 때 이미, 왜소한 토바이어스는 키가 몇 센티는 더 줄고 지팡이를 짚고 있었다. 그는 현명하고 친절한 사람이었다. 나는 그를 고인류학 분야의 요다라고 생각한다.

24 ***오스트랄로피테쿠스 프로메테우스*와 *아프리카누스***: 종의 이름을 적는 과학적 방법은 속은 대문자로, 종은 소문자로, 그리고 이탤릭체로 쓰는 것이다. 그래서 우리 인간은 *호모(Homo) 사피엔스(sapiens)*이다. 타웅 아이는 *오스트랄로피테쿠스 아프리카누스*이다. 오스트랄로피테쿠스를 반복적으로 쓰는 것을 피하고자 종의 이름을 축약하여 속의 첫 글자를 쓰고 그다음에 종의 이름을 적는다. 따라서 우리는 *H. 사피엔스*, 타웅 아이는 *A. 아프리카누스*이다. 그러나 나는 이 책에서 종의 이름을 더욱 축약하여 속의 이름을 빼고 *아프리카누스*, *아파렌시스*, 혹은 *사피엔스* 등으로 불렀다. 과학적으로 이는 해서는 안 되는 일이다. 그러나 독자가 읽기 편하도록, 분류학상의 명명법 규칙을 조금 어기게 되었다.

25 ***프로메테우스*는 *아프리카누스*에 흡수되었다**: John T. Robinson, "The Genera and Species of the Australopithecinae," *American Journal of Physical Anthropology* 12, no. 2 (1954), 181–200. '작은 발'이란 별명이 붙은 부분 골격 StW 573을 기반으로, 론 클라크는 *오스트랄로피테쿠스 프로메테우스*를 부활시켰다. 그러나 스테르크폰테인과 마카판스갓에서 나온 해당 화석이 단일종의 이형체인지, *오스트랄로피테쿠스* 안의 다른 두 개의 종인지 확실하지 않은 상황

에서 이는 논란이 되었다. Ronald J. Clarke, "Excavation, Reconstruction and Taphonomy of the StW 573 *Australopithecus prometheus* Skeleton from Sterkfontein Caves, South Africa," *Journal of Human Evolution* 127 (2019), 41–53. Ronald J. Clarke and Kathleen Kuman, "The Skull of StW 573, a 3.67 Ma *Australopithecus prometheus* Skeleton from Sterkfontein Caves, South Africa," *Journal of Human Evolution* 134 (2019), 102634.

26 **카탈로그 이름을 SK 54로**: Charles K. Brain, "New Finds at the Swartkrans Australopithecine Site," Nature 225 (1970), 1112–1119.

27 **딧송 박물관으로 갔다**: 내가 박물관을 방문했을 당시는 트랜스발 박물관이라고 불렀다. 트랜스발은 남아프리카의 한 지방의 이름으로 1910년부터 1994년까지 프레토리아(행정 수도)와 요하네스버그를 포함하고 있었다. 인종차별 정권이 무너지면서 그 지방 일부를, 소토 언어로 '황금의 지역'이라는 뜻의 가우텡이라고 이름 지었다. 박물관은 2010년, '유산의 장소'라는 뜻의 츠와나 단어인 '딧송'으로 명칭을 변경했다.

28 **수집품 책임자인 스테파니 팟제(Stephany Potze)**: 2016년 이후로는 스테파니 팟제가 딧송 자연사 국립 박물관에 없으나, 현재는 캘리포니아 LA의 라 브리아 타르 핏츠 & 박물관의 연구실 책임자로 있다.

29 **브룸 관(Broom Room)**: SK 48은 석회석이 주입된 *파란트로푸스 로부스투스*의 무거운 두개골로 1949년 브룸과 J. T. 로빈슨이 스와르트크란스에서 발견했다. Sts 5, 또는 플레스 여사는 1947년 스테르크폰테인에서 역시 두 사람이 발견했으며, *오스트랄로피테쿠스 아프리카누스* 성인의 두개골로는 가장 보존이 잘된 화석이다.

30 **고대 표범의 아래턱뼈**: 이 턱뼈는 카탈로그 번호가 SK 349이다.

31 **사냥을 당하는 대상이었다**: Charles K. Brain, *The Hunters or the Hunted? An Introduction to African Cave Taphonomy* (Chicago: University of Chicago Press, 1981). Donna Hart and Robert W. Sussman, *Man the Hunted: Primates, Predators, and Human Evolution* (New York: Basic Books, 2005).

32 **어떤 학자들은 영원히 알 수 없을 것이라 말하기도 한다**: 가장 좋은 사례들이 다음 서적에 있다. Matt Carmill, "Human Uniqueness and Theoretical Content in

Paleoanthropology," *International Journal of Primatology* 11 (1990), 173–192.

⟨02⟩ — 티라노사우루스 렉스, 캐롤라이나 도살자, 그리고 두발동물의 시초

1 **다리가 넷이면 좋아**: George Orwell, *Animal Farm* (London: Secker & Warburg, 1945).

2 **1억 2천만 년 전의 훌륭한 발자국 자취**: Hang- Jae Lee, Yuong- Nam Lee, Anthony R. Fiorillo, and Junchang Lü, "Lizards Ran Bipedally 110 Million Years Ago," *Scientific Reports* 8, no. 2617 (2018), https://doi.org/10.1038/s41598-018-20809-z. 발자국의 연대는 1억 1천만 년에서 1억 2천 800만 년 사이로 추정된다.

3 ***유디바무스가***: David S. Berman et al., "Early Permian Bipedal Reptile," Science 290, no. 5493 (2000), 969–972. 2019년 독일에서 *카바르치아 트로스타이디이*(*Cabarzia trostheidei*)가 발견되었으며 이는 *유디바무스*보다 1,500만 년 앞선다. Frederik Spindler, Ralf Werneburg, and Joerg W. Schneider, "A New Mesenosaurine from the Lower Permian of Germany and the Postcrania of Mesenosaurus: Implications for Early Amniote Comparative Ostology," *Paläontologische Zeitschrift* 93 (2019), 303–344.

4 **이 깃털 달린 친구들이**: Axel Janke and Ulfur Arnason, "The Complete Mitochondrial Genome of *Alligator mississippiensis* and the Separation Between Recent Archosauria (Birds and Crocodiles)," *Molecular Biology and Evolution* 14, no. 12 (1997), 1266–1272, and Richard E. Green et al., "Three Crocodilian Genomes Reveal Ancestral Patterns of Evolution Among Archosaurs," *Science* 346, no. 6215 (2014), 1254449. 나의 동료 한 사람은 비교해부학자와 고생물학자들은 이전부터 조류와 악어류가 친척관계라는 것을 알고 있었으며 유전학이 말해 줄 필요도 없었다고 했다. Robert L. Carroll, *Vertebrate Paleontology and Evolution* (New York: W. H. Freeman, 1988).

5 **이것이 바로 진화론자들이**: "신은 반드시 존재한다... 왜냐하면 악어오리가 존재하지 않기 때문이다.", *Nightline Face- off with Martin Bashir*, ABC News, https://www.youtube.com/watch?v=a0DdgSDan9c. 재미있는 사실은, 백악

기 악어가 2000년대 초반에 발견되었는데 이는 오리의 부리를 하고 있었으며 아마도 오리처럼 먹이를 찾아 물 위를 헤엄치고 다녔을 것이다. 이 악어류를 *아나토수쿠스*라 이름 지었는데, 이는 '악어오리'라는 뜻이다. Paul Sereno, Christian A. Sidor, Hans C. E. Larsson, and Boubé Gado, "A New Notosuchian from the Early Cretaceous of Niger," *Journal of Vertebrate Paleontology* 23, no. 2 (2003), 477–482.

6 **그녀는 그 유골을 *카르누펙스 캐롤리넨시스(Carnufex carolinensis)***: Lindsay E. Zanno, Susan Drymala, Sterling J. Nesbit, and Vincent P. Schneider, "Early Crocodylomorph Increases Top Tier Predator Diversity During Rise of Dinosaurs," Scientific Reports 5 (2015), 9276. 다음도 또한 참조. Susan M. Drymala and Lindsay E. Zanno, "Osteology of Carnufex carolinensis (Archosauria: Pseudosuchia) from the Pekin Formation of North Carolina and Its Implications for Early Crocodylomorph Evolution," *PLOS ONE* 11, no. 6 (2016), e0157528.

7 **초기 악어류 조상들은 몸이 가볍고**: 2020년, 연구원들은 대한민국의 1억 600만 년 된 침전물에서 발견된 이족보행 악어의 화석을 묘사했다. Kyung Soo Kim, Martin G. Lockley, Jong Deock Lim, Seul Mi Bae, and Anthony Romilio, "Trackway Evidence for Large Bipedal Crocodylomorphs from the Cretaceous of Korea," *Scientific Reports* 10, no. 8680 (2020).

8 **경첩과 같은 형태**: From Riley Black (formerly Brian Switek), My Beloved Brontosaurus (New York: Scientific American/Farrar, Straus & Giroux, 2013).

9 **팔의 기능 여부를**: 스티브 브루사티는 그의 저서에서 *T. 렉스*의 팔을 '살인의 공범자'라고 단정 지은 그의 동료 새라 버치의 연구에 대해 논했다. *T. 렉스*의 팔은 마치 거대한 고기용 갈고리처럼 그의 주둥이에서 도망가려 하는 먹이를 붙잡고 있었을 것이다. Steve Brusatte, *The Rise and Fall of the Dinosaurs: The Untold Story of a Lost World* (New York: William Morrow, 2018), 215.

10 **앨버타 대학의 연구원들은**: W. Scott Persons and Philip J. Currie, "The Functional Origin of Dinosaur Bipedalism: Cumulative Evidence from Bipedally

Inclined Reptiles and Disinclined Mammals," *Journal of Theoretical Biology* 420, no. 7 (2017), 1–7. 퍼슨스는 이메일로 나에게 이렇게 썼다. "커다란 꼬리 근육은 이족보행 공룡에게만 유일한 것이 아닙니다(거의 모든 공룡들이 가지고 있음). 그러나 꼬리 근육이 있다는 것은, 속도를 지향하는 진화를 시작할 때 자연적으로 이족보행으로 진화하는 경향이 있다는 의미입니다." 바꿔 말하면, 이 근육 때문에 뒷다리가 앞다리보다 성능이 좋다. 꼬리 근육의 힘을 최대화하기 위해, 자연선택은 빠른 공룡들을 위해 더 길어진 뒷다리와 거추장스럽지 않은 앞다리를 선택했을 것이다.

11 ***벨로키랍토르*의 자세나**: 알고 보니, *T. 렉스*는 할리우드 영화가 우리에게 심어 준 이미지처럼 빨리 달리지 못했다. Brusatte, *The Rise and Fall of the Dinosaurs*, 210–212.

12 **원숭이는 일반적으로 그렇게 하지 못한다**: 이에 대한 예외는 남아메리카의 어텔리드 원숭이다. 이 원숭이들은 수렴진화를 통해 유인원과 같은 어깨 움직임을 획득했다. 거미원숭이, 고함원숭이, 양털원숭이, 양털거미원숭이가 이에 포함된다.

13 **가장 가까운 대륙, 즉 호주**: 호주 본토와 태즈메이니아, 뉴기니를 연결하는 이 땅덩어리를 사훌(Sahul)이라고 부른다.

14 **매우 효과적인 방법이다**: Robert McN. Alexander and Alexandra Vernon, "The Mechanics of Hopping by Kangaroos (Macropodidae)," *Journal of Zoology* 177, no. 2 (1975), 265–303.

15 **행운룡의 두개골**: 나도 나중에 알게 되었지만, 라일리 블랙은 블로그에서 열 개의 최고의 화석 유인원에 대해 농담을 하며, *앤드류사르쿠스*는 '영화 『네버엔딩 스토리』에 나오는 그모크(Gmork)의 실제 버전'이라고 했다. https://www.tor.com/2015/01/04 /ten-fossil-mammals-as-awesome-as-any-dinosaur-2. 이메일에서 블랙은 이를 두고 희극적 수렴진화의 경우라 불렀다!

16 **고생물학자인 크리스틴 자니스(Christine Janis)**: Christine M. Janis, Karalyn Buttrill, and Borja Figueirido, "Locomotion in Extinct Giant Kangaroos: Were Sthenurines Hop- Less Monsters?" *PLOS ONE* 9, no. 10 (2014), e109888.

17 **400만 년 전의 발자국**: Aaron B. Camens and Trevor H. Worthy, "Walk Like a Kangaroo: New Fossil Trackways Reveal a Bipedally Striding Macropodid

in the Pliocene of Central Australia," *Journal of Vertebrate Paleontology* (2019), 72.

18 **대체적으로 네 발로 걷지만**: 아르헨티나의 페후엔-코(Pehuén- Có) 유적지에서 발견된 발자국을 보고 *메가테리움*이 느린 이족보행 걸음을 했다고 주장하는 연구원들도 있다. R. Ernesto Blanco and Ada Czerwonogora, "The Gait of *Megatherium* CUVIER 1796 (Mammalia, Xenartha, Megatheriidae)," Senckenbergiana Biologica 83, no. 1 (2003), 61–68. 또 다른 팀은 이족보행 발자국을, 다른 종류의 거대 나무늘보인 *네오메가테리크늄 페후엔코엔시스*(*Neomegatherichnum pehuencoensis*)의 것으로 보기도 한다. Silvia A. Aramayo, Teresa Manera de Bianco, Nerea V. Bastianelli, and Ricardo N. Melchor, "Pehuen Co: Updated Taxonomic Review of a Late Pleistocene Ichnological Site in Argentina," *Palaeogeography, Palaeoclimatology, Palaeoecology* 439 (2015), 144–165.

19 **침팬지 정도의 크기**: Mark Grabowski and William L. Jungers, "Evidence of a Chimpanzee- Sized Ancestor of Humans but a Gibbon- Sized Ancestor of Apes," *Nature Communications* 8, no. 880 (2017).

03 — "인간은 어떻게 똑바로 서는가" 그리고 이족보행에 대한 바로 그런 이야기들

1 **이족보행의 기원에 대한 추측은**: Jonathan Kingdon, *Lowly Origin: When, Where, and Why Our Ancestors First Stood Up* (Princeton, NJ: Princeton University Press, 2003), 16.

2 **제우스는 이를 걱정하여**: Plato, *The Symposium*, trans. Christopher Gill (New York: Penguin Classics, 2003).

3 **시카고 대학 인류학자**: Russell H. Tuttle, David M. Webb, and Nicole I. Tuttle, "Laetoli Footprint Trails and the Evolution of Hominid Bipedalism," in *Origine(s) de la Bipédie chez les Hominidés*, ed. Yves Coppens and Brigitte Senut (Paris: Éditions du CNRS, 1991), 187–198.

4 **그렇다면 문제는**: 네피어는 (1964) 다음과 같이 썼다: "간헐적 이족보행은 영장류들 사이에서 규칙이나 다름없다." John R. Napier, "The Evolution of Bipedal

Walking in the Hominids," *Archives de Biologie* (Liège) 75 (1964), 673–708. 다른 말로 하자면, 능력은 어느 정도 있으나, 그렇게 할 이점이 없는 경우가 많았다는 것이다. 고생물학자인 마이크 로즈도 이족보행은 최종 공통조상의 이동형태의 일부였으며, 호미닌에서 이족보행의 빈도수가 높아진 계기가 무엇이었느냐 하는 것이 문제라고 주장했다. Michael D. Rose, "The Process of Bipedalization in Hominids," in *Origine(s) de la Bipédie chez les Hominidés*, eds. Yves Coppens and Brigitte Senut (Paris: Éditions du CNRS, 1991), 37–48. 인류학자 존 마크스도 또한 이는 새로운 것이 아니라 독점적 이족보행의 진화라고 지적했다. 그는 행동이 형태를 선행했으며, 이족보행은 어느 정도 라마르크 학설에 맞는다고 주장했다. Jon Marks, "Genetic Assimilation in the Evolution of Bipedalism," *Human Evolution* 4, no. (1989), 493–499. 터틀도, 모든 유인원은 간헐적으로 이족보행을 한다는 것을 기반으로, "이족보행은 호미니데의 등장보다 앞섰다."고 주장했다. Russell H. Tuttle, "Evolution of Hominid Bipedalism and Prehensile Capabilities," *Philosophical Transactions of the Royal Society of London B 292* (1981), 89–94.

5 **'피카부(Peekaboo: 까꿍)' 가설을 지지하는 것으로**: 터틀은 다양한 가설에 재미난 이름을 붙였다. 무능한 사람, 트렌치코트, 흠뻑 젖음, 따라다님, 안달남, 두 발이 네 발보다 나아, 자유분방한 사람들이 더 많이 가, 위로 향하는 움직임, 그리고 아픈 곳을 때려라 등이 있다. Tuttle, Webb, and Tuttle, "Laetoli Footprint Trails," 187–198.

6 **그는 이족보행이**: Jean- Baptiste Lamarck, *Zoological Philosophy, or Exposition with Regard to the Natural History of Animals* (Paris: Musée d'Histoire Naturelle, 1809).

7 **어쩌면 고대 호미닌**: Nina G. Jablonski and George Chaplin, "Origin of Habitual Terrestrial Bipedalism in the Ancestor of the Hominidae," *Journal of Human Evolution 24*, no. 4 (1993), 259–280.

8 **한 학자는 이를 한 걸음 더 발전시켜**: A. Kortlandt, "How Might Early Hominids Have Defended Themselves Against Large Predators and Food Competitors?" *Journal of Human Evolution* 9 (1980), 79–112.

9 **야생에서는**: Kevin D. Hunt, "The Evolution of Human Bipedality: Ecology and Functional Morphology," *Journal of Human Evolution* 26, no. 3 (1994), 183–202. Craig B. Stanford, *Upright: The Evolutionary Key to Becoming Human* (New York: Houghton Mifflin Harcourt, 2003). Craig B. Stanford, "Arboreal Bipedalism in Wild Chimpanzees: Implications for the Evolution of Hominid Posture and Locomotion," *American Journal of Physical Anthropology 129*, no. 2 (2006), 225–231.

10 **어떤 학자들은**: Richard Wrangham, Dorothy Cheney, Robert Seyfarth, and Esteban Sarmiento, "Shallow- Water Habitats as Sources of Fallback Foods for Hominins," *American Journal of Physical Anthropology 140*, no. 4 (2009), 630–642.

11 **이 가설은 1960년대에**: Sir Alister Hardy, "Was Man More Aquatic in the Past?" *New Scientist* (March 17, 1960). Elaine Morgan, *The Aquatic Ape: A Theory of Human Evolution* (New York: Stein & Day, 1982). Elaine Morgan, *The Aquatic Ape Hypothesis: Most Credible Theory of Human Evolution* (London: Souvenir Press, 1999). Morgan's TED Talk, "I Believe We Evolved from Aquatic Apes," TED.com, https://www.ted.com/talks/elaine_morgan_i_believe_we_evolved_from_aquatic_apes. David Attenborough, "The Waterside Ape," BBC Radio, https://www.bbc.co.uk/programmes/b07v0hhm. Marc Verhaegen, Pierre- François Puech, and Stephen Murro, "Aquarboreal Ancestors?" *Trends in Ecology & Evolution 17*, no. 5 (2002), 212–217. Algis Kuliukas, "Wading for Food the Driving Force of the Evolution of Bipedalism?" *Nutrition and Health 16* (2002), 267–289.

12 **수생 유인원 가설은**: 이 가설에서 부족한 데이터는 지속적인 마케팅을 통해 충족됐다. 이 생각의 지지자들은 트위터와 이메일, 유투브의 의견 게시판, 그리고 아마존의 서평을 이용하여 수생-유인원 가설의 몇 가지 버전을 알리려 했다. 예를 들어, 나는 아마존 서평에서 수십 명의 독자가 수생-유인원 가설을 이족보행 기원의 *올바른* 설명이라고 채택하지 못한, 교과서를 비롯한 책들에 별점 2개를 준 것을 보았다. 사실 나는, First Steps가 한 사람의 독자로부터는 최소 2개의 별점을

받을 것으로 확신한다. 왜냐하면 나는 수생 유인원 가설을 믿지 않기 때문이다. '믿는다'는 여기서 정말 중요한 뜻을 지니는 단어이다. 만일 수생-유인원 가설로부터 나온 예측이 현재 우리가 가지고 있는 증거로 증명된다면, 나는 이 생각을 기쁘게 지지할 것이다. 그러나 수생 유인원의 지지자들은 이 이론을 증명 가능한 이론으로 만들어 반대 이론을 반박하는 데 관심이 없고, 과학 공동체가 이 가설을 받아들이도록 괴롭히는 데 집중하고 있다. 그들의 이론을 지지하려고 선별한 데이터는 정당한 비평을 무시하거나 공격하는 데 쓰이고 있다. 한마디로, 그들은 과학을 하는 데 관심이 없다. 수생 유인원 가설의 붕괴를 보고 싶으면, 다음을 참조하면 된다. John H. Langdon, "Umbrella Hypotheses and Parsimony in Human Evolution: A Critique of the Aquatic Ape Hypothesis," Journal of Human Evolution 33, no. 4 (1997), 479–494.

13 **그러나 우리 모두는 훌륭한 미스터리를 좋아한다**: Björn Merker, "A Note on Hunting and Hominid Origins," *American Anthropologist 86*, no. 1 (1984), 112–114. Kingdon, Lowly Origin (2003). R. D. Guthrie, "Evolution of Human Threat Display Organs," *Evolutionary Biology 4*, no. 1 (1970), 257–302. David R. Carrier, "The Advantage of Standing Up to Fight and the Evolution of Habitual Bipedalism in Hominins," *PLOS ONE 6*, no. 5 (2011), e19630. Under Tan, "Two Families with Quadrupedalism, Mental Retardation, No Speech, and Infantile Hypotonia (Uner Tan Syndrome Type- II): A Novel Theory for the Evolutionary Emergence of Human Bipedalism," *Frontiers in Neuroscience 8*, no. 84 (2014), 1–14. Anthony R. E. Sinclair, Mary D. Leakey, and M. Norton-Griffiths, "Migration and Hominid Bipedalism," *Nature 324* (1986), 307–308. Edward Reynolds, "The Evolution of the Human Pelvis in Relation to the Mechanics of the Erect Posture," *Papers of the Peabody Museum of American Archaeology and Ethnology 11* (1931), 255–334. Isabelle C. Winder et al., "Complex Topography and Human Evolution: The Missing Link," *Antiquity 87*, no. 336 (2013), 333–349. Milford H. Wolpoff, *Paleoanthropology* (New York: McGraw- Hill College, 1998). Sue T. Parker, "A Sexual Selection Model for Hominid Evolution," *Human Evolution 2* (1987), 235–253. Adrian L. Melott

and Brian C. Thomas, "From Cosmic Explosions to Terrestrial Fires," *Journal of Geology 127*, no. 4 (2019), 475–481.

14 **타조 흉내**: 다음 서적도 참조. Carolyn Brown, "IgNobel (2): Is That Ostrich Ogling Me?" *Canadian Medical Association Journal 167*, no. 12 (2002), 1348.

15 **그리고 아직 아주 많이 남아 있다**: 그들에 대해 회의적인 이유는 더 있다. 2008년, 케세이어스와 C. 오웬 러브조이는 '졸리의 역설'이라는 철학을 받아들여 다른 영장류의 이족보행 행동을 반박하여 호미닌의 기원에 대해 추측하고자 했다. 그들은 다른 영장류의 이족보행에 대한 배경상황이, 호미닌이 두 다리로 움직이기 시작했다는 이유가 될 수 없다고 주장했다. 만일 그렇다면 다른 영장류들도 완전한 이족보행을 그들의 이동 방법으로 받아들였을 것이라고 반박했다. Ken Sayers and C. Owen Lovejoy, "The Chimpanzee Has No Clothes: A Critical Examination of *Pantroglodytes* in Models of Human Evolution," *Current Anthropology 49*, no. 1 (2008), 87–114.

16 **분자인류학자인 토드 디소텔(Todd Disotell)**: 우리와의 인터뷰가 있고 오래지 않아, 그는 애머스트의 매사추세츠 대학에 새로운 자리를 받아들였다.

17 **완전히 분화되어 나왔다는**: 나는 여기에 '완전히'라는 단어를 넣었다. 혈통은 빠른 종분화가 이루어지는 경우가 거의 없고, 느리고 복잡한 과정을 통해 이종교배가 지속되면서 생산적인 분화가 이루어지기 때문이다. Nick Patterson, Daniel J. Richter, Sante Gnerre, Eric S. Lander, and David Reich, "Genetic Evidence for Complex Speciation of Humans and Chimpanzees," *Nature 441* (2006), 1103–1108. Alywyn Scally et al., "Insights into Hominid Evolution from the Gorilla Genome Sequence," *Nature 483* (2012), 169–175. 게다가, 아주 깊은(즉, 1,200만 년) 인간-침팬지 분화의 하향효과가 원숭이-유인원 분화를 초기 점신세로 밀어냈기 때문이다. 이는 공통 유인원-원숭이 조상을 빠르게는 2,900만 년 전으로 추정하고 있는 화석기록과는 상이한 것이다.

18 **직립보행이 왜 이득이 되는 것이었는지 확실하지 않다**: 인류학자 헨리 메켄리와 피터 로드만은 이족보행은 '유인원이 살 수 없는 곳에서의 삶의 방식'이라고 했다. Roger Lewin, "Four Legs Bad, Two Legs Good," *Science 235* (1987),

969–971.

19 **한 가지는**: Peter E. Wheeler, "The Evolution of Bipedality and the Loss of Functional Body Hair in Hominids," *Journal of Human Evolution 13*, no. 1 (1984), 91–98. Peter E. Wheeler, "The Thermoregulatory Advantages of Hominid Bipedalism in Open Equatorial Environments: The Contribution of Increased Convective Heat Loss and Cutaneous Evaporative Cooling," *Journal of Human Evolution 21*, no. 2 (1991), 107–115.

20 **하버드 대학 연구원들은**: Michael D. Sockol, David A. Raichlen, and Herman Pontzer, "Chimpanzee Locomotor Energetics and the Origin of Human Bipedalism," *Proceedings of the National Academy of Sciences 104*, no. 30 (2007), 12265–12269.

21 **두 배나 많은 에너지를**: 소콜을 비롯한 다른 학자들의 2007년 논문 원본에는, 침팬지는 인간보다 4배나 많은 에너지를 소비한다고 보고되어 있다. 이 수치는 그 이후 2배로 수정되었다. Herman Pontzer, David A. Raichlen, and Michael D. Sockol, "The Metabolic Cost of Walking in Humans, Chimpanzees, and Early Hominins," *Journal of Human Evolution 56*, no. 1 (2009), 43–54. Herman Pontzer, David A. Raichlen, and Peter S. Rodman, "Bipedal and Quadrupedal Locomotion in Chimpanzees," *Journal of Human Evolution 66* (2014), 64–82.

22 **에너지적 효과가 특별히 없었다**: Herman Pontzer, "Economy and Endurance in Human Evolution," *Current Biology 27*, no. 12 (2017), R613–R621. Lewis Halsey and Craig White, "Comparative Energetics of Mammalian Locomotion: Humans Are Not Different," *Journal of Human Evolution 63* (2012), 718–722.

23 **인류학자인 수자나 카르발류(Susana Carvalho)**: Susana Carvalho et al., "Chimpanzee Carrying Behaviour and the Origins of Human Bipedality," *Current Biology 22*, no. 6 (2012), R180–R181. 침팬지들이 소비하는 견과류는 두 종류가 있는데, 나는 '아프리카 호두'라는 이름으로 통합했다. 두 종류의 견과류는 기름야자 너츠(*Elaeis guineensis*)와 코울라 너츠(*Coula edulis*)이다.

24 **고든 휴스(Gordon Hewes)도 그런 생각을 했다**: Gordon W. Hewes, "Food Transport and the Origin of Hominid Bipedalism," *American Anthropology 63*, no. 4 (1961), 687–710. Gordon W. Hewes, "Hominid Bipedalism: Independent Evidence for the Food- Carrying Theory," *Science 146*, no. 3642 (1964), 416–418.

25 **먹이제공 가설**: C. Owen Lovejoy, "The Origin of Man," *Science 211*, no. 4480 (1981), 341–350. C. Owen Lovejoy, "Reexamining Human Origins in Light of *Ardipithecus ramidus*," *Science 326*, no. 5949 (2009), 74–74e8.

26 **이 가설을 비판하는 많은 사람들은**: 다음 논문 참조. Lori Hager, *Women in Human Evolution* (New York: Routledge, 1997).

27 **인류학자인 낸시 태너(Nancy Tanner)**: Nancy Tanner and Adrienne Zihlman, "Women in Evolution, Part I: Innovation and Selection in Human Origins," *Signs 1*, no. 3 (1976), 585–605. Adrienne Zihlman, "Women in Evolution, Part II: Subsistence and Social Organization Among Early Hominids," *Signs 4*, no. 1 (1978), 4–20. Nancy M. Tanner, *On Becoming Human* (Cambridge: Cambridge University Press, 1981).

28 **보노보와**: Thibaud Gruber, Zanna Clay, and Klaus Zuberbühler, "A Comparison of Bonobo and Chimpanzee Tool Use: Evidence for a Female Bias in the Pan Lineage," *Animal Behavior* 80, no. 6 (2010), 1023–1033. 혁신적인 영장류로 논의가 되는 많은 경우가 프란스 드 왈에 있는 암컷들에 대한 것이다. *The Ape and the Sushi Master: Cultural Reflections of a Primatologist* (New York: Basic Books, 2008). Klaree J. Boose, Frances J. White, and Audra Meinelt, "Sex Differences in Tool Use Acquisition in Bonobos (Pan paniscus)," *American Journal of Primatology* 75, no. 9 (2013), 917–926. 세네갈의 연구지인 퐁골리에 있는 침팬지들은 대부분 암컷들로, 뾰족하게 만든 나뭇가지를 가지고 사냥을 한다. Jill D. Pruetz et al., "New Evidence on the Tool- Assisted Hunting Exhibited by Chimpanzees (*Pan troglodytes verus*) in a Savannah Habitat at Fongoli, Sénégal," *Royal Society of Open Science* 2 (2015), 140507.

04 — 루시(Lucy)의 조상

1 **오류에 빠져서는 안 된다**: Charles Darwin, *The Descent of Man, and Selection in Relation to Sex*, vol. I (London: John Murray, 1871), 199.

2 **다리뼈는**: 뒤부아가 옳았던 것으로 보이나, 그 이유가 다르다. 2015년, 크리스 러프와 동료들은 트리닐 대퇴골을 재검하고, 두개골보다는 훨씬 최근의 것이며 *호모 사피엔스*의 유골일 확률이 높다고 결론지었다. 그러나 뒤부아는 1900년에 트리닐에서 대퇴골 네 점을 추가로 발견했으며 1930년대에 들어서 그 유골들을 설명했다. 러프가 그 유골들을 분석한 결과는 *호모 에렉투스*의 해부학적 구조와 일치했다. 따라서 추가적으로 발견된 대퇴골은 그가 옳았다는 것을 보여 주었으나, *피테칸트로푸스 에렉투스*가 이족보행을 했다는 뒤부아의 결론은 *호모 사피엔스*의 대퇴골을 기준으로 한 것으로 밝혀졌다. Christopher B. Ruff, Laurent Puymerail, Roberto Machiarelli, Justin Sipla, and Russell L. Ciochon, "Structure and Composition of the Trinil Femora: Functional and Taxonomic Implications," Journal of Human Evolution 80 (2015), 147–158.

3 **1900년에 뒤부아와 그 아들은**: Pat Shipman, *The Man Who Found the Missing Link: Eugène Dubois and His Lifelong Quest to Prove Darwin Right* (Cambridge, MA: Harvard University Press, 2002).

4 **그러나 부울이 유골의 신체적 특징을 해석한 방식은**: 라샤펠의 개체는 죽을 당시 늙고 관절염에 걸려 있었다. 따라서 생전에 그는, 그의 종이 완전한 직립 자세를 이루지 못해서가 아니라 골격이 병들 정도로 오래 살았기 때문에 등이 굽어 있었던 것이다.

5 **애리조나 주립대학 고인류학자인**: 발견 당시, 도날드 요한슨은 클리브랜드 자연사 박물관에 소속되어 있었다. 이 책을 통해, 나는 일반적으로 과학자들이 그들의 연구가 논의될 시점이 아닌 현재 근무하고 있는 장소를 알리려고 노력했다.

6 **그 동료들은**: 이 책을 통해, 나는 동료 과학자들의 위대한 업적들을 최대한 인정하려고 노력했다. 그러나 과학은 혼자서 하는 경우가 드물고, 내가 논의하는 모든 연구에는 일반적으로 대규모의 팀이 기여한다. 주석에 포함된 'et al.'이라는 용어는 다섯 명 이상의 저자가 있을 때 사용되며, 주석에 120회 이상 사용된 것으로 보인다. 나는 주석에 그의 최신 서적 *예의바르게 행동하라*(*Behave*)로 등장

하는 로버트 사폴스키가 언급한 다음의 말을 인용하고자 한다. "어떤 단일 남성 혹은 여성의 연구라고 설명할 때면, 나는 사실 그 사람과 그의 박사후과정 팀 전체, 기술자, 대학원학생, 그리고 오랜 기간 광범위한 분야에서 협력한 조력자들을 전부 의미한다. 내가 단일 명칭으로 지칭하는 이유는 간결하기 때문이며, 그들 혼자서 모든 작업을 했다는 의미를 전달하고자 함은 아니다. 과학은 완전한 팀 작업이다."

7 **수없이 반복해 듣다가**: Donald C. Johanson, *Lucy: The Beginnings of Humankind* (New York: Simon & Schuster, 1981).

8 **루시가 어떻게 죽었는지는 확실치 않으나**: John Kappelman et al., "Perimortem Fractures in Lucy Suggest Mortality from Fall out of Tall Tree," *Nature* 537 (2016), 503–507.

9 **인간의 아기도 역시 이런 형태의 척추를 하고 있다**: 이는 복잡해 보인다. 인간의 유아는 척추에 어느 정도의 S자 만곡을 가지고 태어난다. Elie Choufani et al., "Lumbosacral Lordosis in Fetal Spine: Genetic or Mechanic Parameter," *European Spine Journal 18* (2009), 1342–1348. However, the spine becomes more lordotic developmentally, particularly at the age when kids begin to take their first steps. M. Maurice Abitbol, "Evolution of the Lumbosacral Angle," *American Journal of Physical Anthropology 72*, no. 3 (1987), 361–372. 그러나 이는 반드시 발생하는 현상으로 보인다. 걸어 보지 못한 아이들도 여전히 S자 형태의 척추 만곡을 형성한다. Sven Reichmann and Thord Lewin, "The Development of the Lumbar Lordosis," *Archiv für Orthopädische und Unfall- Chirurgie, mit Besonderer Berückisichtigung der Frakturenlehre und der Orthopädisch- Chirurgischen Technik 69* (1971), 275–285.

10 **소둔근(小臀筋)이라고 하는**: 내가 여기서 언급하고 있는 근육은, 훨씬 커다란 근육인 대둔근, 즉 엉덩이 근육과 비교되는 소둔근이라 부르는 중둔근과 소둔근이다.

11 **그녀가 두 다리로 세상을 걸어 다닐 때**: C. Owen Lovejoy, "Evolution of Human Walking," *Scientific American* (November 1988), 118–125. 내가 고관절이 몸의 측면에 있다고 한 것은, 장골능이 인간의 경우에는 몸의 측면으로 회전되어 있다는 말을 간략하게 표현한 것이다. 이와는 달리, 유인원의 장골능은 납작하

고 몸의 뒤편을 향하고 있다.

12 **침팬지에서는 절대 발생하지 않으며**: Christine Tardieu, "Ontogeny and Phylogeny of Femoro- Tibial Characters in Humans and Hominid Fossils: Functional Influence and Genetic Determinism," *American Journal of Physical Anthropology* 110 (1999), 365–377.

13 **그러나 루시가 발견되기 1년 전**: 이 견본은 카탈로그 번호가 A.L. 129-1이며 루시와는 다른 개체의 것이다. 이 발견에 대한 자세한 사항과 해부학적 중요성은 다음 서적에서 참고할 수 있다. Johanson, *Lucy: The Beginnings of Humankind*. Donald C. Johanson and Maurice Taieb, "Plio-Pleistocene Hominid Discoveries in Hadar, Ethiopia," *Nature* 260 (1976), 293–297.

14 **그러나 그녀의 머리는 발견되지 않았다**: 아마도. 프란시스 테커레이는 Sts 14 부분 유골의 머리가 Sts 5, 또는 플레스 여사일 가능성을 제기했다. 그는 또한 플레스 여사가 청소년기의 남성일 가능성도 주장했다. Francis Thackeray, Dominique Gommery, and Jose Braga, "Australopithecine Postcrania (Sts 14) from the Sterkfontein Caves, South Africa: The Skeleton of 'Mrs Ples'?" *South African Journal of Science* 98, no. 5–6 (2002), 211–212. 그러나 다음도 참조. see Alejandro Bonmatí, Juan- Luis Arsuaga, and Carlos Lorenzo, "Revisiting the Developmental Stage and Age- at- Death of the 'Mrs. Ples' (Sts 5) and Sts 14 Specimens from Sterkfontein (South Africa): Do They Belong to the Same Individual?" *Anatomical Record* 291, no. 12 (2008), 1707–1722.

15 **상호 절충이 필요한 경우가 종종 있다**: 내 머리에 이 생각을 심어 준 것은 보스턴 대학의 지질학자 앤디 쿠르츠이다. 나는 그와 함께 2015년 겨울 공동강의를 진행하는 즐거움을 누렸다.

16 **40K와 40Ar에도**: 이 부분에서는 줄곧 칼륨과 아르곤에 대해 기술했다. 그러나 연구원들은 이 기술의 정확성을 향상시키는 손쉬운 방법인 40Ar/39Ar(아르곤-아르곤) 연대측정법을 개발했다.

17 **그녀의 유골이**: Robert C. Walter, "Age of Lucy and the First Family: Single-Crystal 40Ar/39Ar Dating of the Denen Dora and Lower Kada Hadar Members of the Hadar Formation, Ethiopia," *Geology* 22, no. 1 (1994), 6–10.

18 **공식 만찬 자리에서**: Juliet Eilperin, "In Ethiopia, Both Obama and Ancient Fossils Get a Motorcade," *Washington Post*, July 27, 2015.

19 **그런데 1990년대 중반**: Meave G. Leakey, Craig S. Feibel, Ian McDougall, and Alan Walker, "New Four- Million- Year- Old Hominid Species from Kanapoi and Allia Bay, Kenya," *Nature* 376 (1995), 565–571.

20 **발견된 호미닌 화석의 해부학적 구조는**: Brigitte Senut et al., "First Hominid from the Miocene (Lukeino Formation, Kenya)," *Comptes Rendus de l'Académie des Sciences— Series IIA— Earth and Planetary Science* 332, no. 2 (2001), 137–144.

21 **만일 시너와 픽포드가**: 나는 2019년 가을 시너와 픽포드의 연구실에서 *오로린 투게넨시스*의 모형을 연구했다. 가장 완전한 형태의 이 대퇴골에 보존되어 있는 것은 직립보행을 하는 호미닌의 모든 특징들이었다. 이 뼈 하나만을 보고, 나 역시 이 연구원들처럼 *오로린*이 이족보행을 했다는 결론을 내렸다. 이 호미닌의 나머지 부분은 어떻게 생겼을지 어서 보고 싶다!

22 **위조 허가증에 대한 고발**: Ann Gibbons, *The First Human: The Race to Discover Our Earliest Ancestors* (New York: Anchor Books, 2007). *오로린* 화석에 대한 서사를 가장 잘 정리한 것은 브리짓 시너의 발언일 것이다. 시너는 가장 오래된 이 호미닌 대퇴골의 발견에 대해 예상치 못한 다음과 같은 대답을 했다: "나는 마틴에서 그것을 강에나 던져 버리라고 말했다. 우리에게 문젯거리만 가져올 것이라고 했다." (From Gibbons, p. 195.)

23 **소문이다**: 2018년, 나는 현재 *오로린* 화석을 소유하고 있는 케냐 커뮤니티 박물관(CMK)의 책임자인 유스티스 기통가와 연락을 주고받았다. 나는 *오로린* 자료들을 연구하고 싶다는 요청을 했고 "실제 *오로린* 화석은 새로운 양해각서의 세부사항이 마무리될 때까지는 접근불가하다."라는 대답을 들었다. 여기서 기통이 말하는 양해각서란 CMK와 바링고 카운티 정부 사이의 협정을 뜻하는 것으로, 기통가에 의하면 정부 측에서는 외국인 연구원들이 이전의 양해각서를 지키지 않았다고 생각한다고 한다.

24 ***오로린*이 세상에 알려지고 겨우 6개월 후**: Yohannes Haile- Selassie, "Late Miocene Hominids from the Middle Awash, Ethiopia," *Nature* 412 (2001), 178–181.

25 **해부학적 구조들이 결합된 모습이었다**: Michel Brunet et al., "A New Hominid from the Upper Miocene of Chad, Central Africa," Nature 418 (2002), 145–151. Patrick Vignaud et al., "Geology and Palaeontology of the Upper Miocene Toro- Menalla Hominid Locality, Chad," *Nature* 418 (2002), 152–155.

26 **투마이의 두개골이 찌그러지고**: Milford Wolpoff, Brigitte Senut, Martin Pickford, and John Hawks, "Palaeoanthropology (Communication Arising): *Sahelanthropus* or '*Sahelpithecus*'?" Nature 419 (2002), 581–582. Brunet et al., "Reply," *Nature* 419 (2002), 582. Milford Wolpoff, John Hawks, Brigitte Senut, Martin Pickford, and James Ahern, "An Ape or the Ape: Is the Toumaï Cranium TM 266 a Hominid?" *PaleoAnthropology* (2006), 35–50.

27 **복원된 결과, 대후두공이 인간과 같은 장소인**: Christoph P. E. Zollikofer et al., "Virtual Cranial Reconstruction of *Sahelanthropus tchadensis*," *Nature* 434 (2005), 755–759. Franck Guy et al., "Morphological Affinities of the *Sahelanthropus tchadensis* (Late Miocene Hominid from Chad) Cranium," *Proceedings of the National Academy of Sciences* 105, no. 52 (2005), 18836–18841.

28 **아후타는 대퇴골을 발견했다**: 당시에는 그것이 영장류의 대퇴골이라고 인식되지 못했다. 2004년, 당시 푸아티에 대학 대학원생이었던 오드 버저렛은 토로스-메날라 부근에서 나온 동물의 화석을 연구하고 있었는데, 그때 그녀가 그 대퇴골이 대형 영장류의 것이라고 확인했다. 토로스-메날라에서 발굴된 대형 영장류는 *사헬란트로푸스 차덴시스*뿐이었다. 2018년, 버저렛과 그녀의 전 지도교수인 로베르토 마키아렐리가 그 대퇴골에 관한 그들의 연구를 파리 인류학 협회에서 발표할 것을 제안했으나, 연구 초록이 협회 운영자들에게 거절당해, 전 고인류학 공동체가 놀라움을 금치 못했다. Ewen Callaway, "Controversial Femur Could Belong to Ancient Human Relative," Nature 553 (2018), 391–392. 프랑크 기와 동료들은 2020년 9월 말에 이 대퇴골을 설명하는 견본 인쇄판을 발간함으로써 동료들이 검토한 판본이 곧 출간될 것을 시사했다.

29 **사죄는 필요 없다**: Robert Broom, "Further Evidence on the Struc-ture of the South African Pleistocene Anthropoids," *Nature* 142 (1938), 897–899. 그로부터 10여년 후, 브룸과 그의 학생 J. T. 로빈슨은 다음과 같이 서술했다: "남아

프리카에서 최근에 너무나도 빠르게 중요한 발견을 하게 되어서 그에 대한 기록을 발표하는 것은 1년 혹은 2년 내에는 불가능할 것이다. 북반구에서 자주 그러듯 출간을 오랜 시간 미루게 될 수도 있으나, 예비 보고서를 발표하고 우리의 설명이 적절치 않다는 비난을 받을 준비가 되어 있다. 우리는 적절하지 않은 설명이라도 발표를 해서 우리의 발견을 동료들에게 알리는 것이, 10년 이상 비밀로 간직하고 있는 것보다 낫다고 생각한다." Robert Broom and John T. Robinson, "Brief Communications: Notes on the Pelves of the Fossil Ape-Men," *American Journal of Physical Anthropology* 8, no. 4 (1950), 489–494. 그리고 4개월 뒤, 브룸은 84세의 나이로 타계했다.

30 **고대한다**: 본 클론스라고 하는 교육자재 회사는 공개된 치수와 사진으로부터 *아르디피테쿠스*와 *사헬란트로푸스*의 모형을 제작했다. 이 자재들이 경험적 교육을 실천할 유일한 수단이기 때문에, 다수의 인류학자들은 교육연구실에 비치하기 위해 두개골 하나에 $295(약 30만 원)나 하는 이 회사의 모형을 구매했다. 나와 나의 동료들은 채드와 에티오피아에 돈을 보내서 화석의 실제 모형을 구매하고 싶었으나, 현재로선 불가능한 일이다. 내가 *아르디피테쿠스 라미두스*의 실제 발뼈와 *사헬란트로푸스*의 제대로 된 모형을 보았기 때문에, 본 클론스에서 만든 모형은 최선의 노력에도 불구하고 한심스러울 만큼 부정확하며, 어떤 점에서는 오해의 소지도 있다는 점을 말할 수 있다. 예를 들어 실제의 *사헬란트로푸스* 두개골은 본 클론스 모형보다 약 20퍼센트는 더 크다.

31 **어떤 연구원이 표현한 것처럼**: Daniel E. Lieberman, *The Story of the Human Body: Evolution, Health, and Disease* (New York: Pantheon, 2013), 33. 그는 다음과 같이 썼다. "*아르디피테쿠스*와 *사헬란트로푸스*, 그리고 *오로린* 화석을 전부 다 넣어도 쇼핑백 하나만 있으면 충분하다." 나는 여기에 "다른 식료품을 담을 공간이 아직 많이 남아 있다."라는 부분을 추가했다.

05 — 아르디(Ardi) 그리고 강의 신

1 ***라미두스(ramidus)*가**: Rick Gore, "The First Steps," *National Geographic* (February 1997), 72–99.

2 **1994년 9월**: Tim D. White, Gen Suwa, and Berhane Asfaw, "*Australopithecus*

ramidus, a New Species of Early Hominid from Aramis, Ethiopia," *Nature* 371 (1994), 306–312. 연관된 치아 모음인 기준표본이 그 지역 아파르 사람인 가다 하메드에 의해 발견되었다.

3 **이로부터 6개월 후**: Tim D. White, Gen Suwa, and Berhane Asfaw, "Corrigendum: *Australopithecus ramidus*, a New Species of Early Hominid from Aramis, Ethiopia," *Nature* 375 (1995), 88.

4 **혹자들은 이를 과학계의 맨해튼 프로젝트라고**: Rex Dalton, "Oldest Hominid Skeleton Revealed," *Nature* (October 1, 2009). Donald Johanson and Kate Wong, *Lucy's Legacy: The Quest for Human Origins* (New York: Broadway Books, 2010), 154.

5 **아르디가 나무가 무성한 환경에서 살다가 죽었음을 나타냈다**: Giday WoldeGabriel et al., "The Geological, Isotopic, Botanical, Invertebrate, and Lower Vertebrate Surroundings of *Ardipithecus ramidus*," *Science* 326, no. 5949 (2009), 65–65e5. 단순해 보이는 많은 고인류학 진술들이 그렇듯이, 이것도 논쟁을 일으키는 사항이다. 어떤 학자들은 아라미스 지역이 화이트와 그의 동료들이 말하는 것처럼 나무가 우거진 곳이 아니었을 것이라 주장한다. Thure E. Cerling et al., "Comment on the Paleoenvironment of *Ardipithecus ramidus*," *Science* 328 (2010), 1105. 추가적으로, 두 번째 *아르디피테쿠스 라미두스* 화석 지역인 에티오피아 고나는 목초지 환경에 가까웠던 것으로 보인다. 이는 *아르디피테쿠스*가 다양한 환경에서 생존할 수 있었다는 것을 의미한다. Sileshi Semaw et al., "Early Pliocene Hominids from Gona, Ethiopia," *Nature* 433 (2005), 301–305. 흥미로운 것은, 좀 더 개방된 환경의 고나 지역에서 발견된 두 번째 *아르디피테쿠스*의 부분 골격이 나무가 많은 아라미스 지역에서 나온 *아르디피테쿠스*보다 이족보행에 적합한 골격변형을 이루고 있는(즉, 인간과 가까운) 것으로 보인다. Scott W. Simpson, Naomi E. Levin, Jay Quade, Michael J. Rogers, and Sileshi Semaw, "*Ardipithecus ramidus* Postcrania from the Gona Project Area, Afar Regional State, Ethiopia," *Journal of Human Evolution* 129 (2019), 1–45.

6 **뼈는 연약했고, 루시의 화석화된 뼈처럼 촘촘하지 않았다**: 이는 화석 자체를 참조해야

한다. 살아 있었다면, 루시와 아르디는 그들의 골격과 유사한 골밀도를 보였을 것이다.

7 **화이트와 공동 관리자였던**: 고인이 된 J. 데스몬드 클라크가 이 그룹을 1981년에 결성했다. 다른 프로젝트 관리자들은 전에 언급했던 지질학자 기데이 월드 게브리엘과 고고학 전문가 요나스 베예네이다.

8 **절충안이었다**: 2019년 케이스 웨스턴 리저브 대학의 스캇 심슨은 에티오피아 고나 지역에서 발견된 *아르디피테쿠스 라미두스*의 또 다른 부분골격을 그의 팀이 분석한 내용을 출간했다. 나는 아직 그 실제 화석을 연구해 보지는 못했지만, 아르디보다 더욱 이족보행에 적합한 것으로 보인다. 만약 이것이 옳다고 밝혀지면, 그 당시(440만 년 전) *아르디피테쿠스*의 이족보행 능력에 차이가 있었다는 것이다. 자연선택은 이족보행에 더욱 잘 적응한 개체들을 선호해, 그들을 선택적인 이족보행 *아르디피테쿠스*에서 결과적으로는 습관적인 이족보행 *오스트랄로피테쿠스*로 진화시켰을 수 있다.

9 **인류의 발전(March of Progress)이라 불리는 이 그림은**: 인류 진화에 대한 이 단계적이고 점진적인, 왼쪽에서 오른쪽으로 진행되는 그림은 잘링거를 훨씬 앞선다. 벤자민 워터하우스 호킨스는 토마스 헨리 헉슬리의 저서 《자연에서 인간 위치에 대한 증거 (London: Williams & Norgate, 1863)》 삽화로 현생 유인원의 서 있는 골격을 그렸다. 이러한 그림은 다음의 저서에도 나타난다. William K. Gregory, "The Upright Posture of Man: A Review of Its Origin and Evolution," *Proceedings of the American Philosophical Society* 67, no. 4 (1928), 339–377. 그리고 다음 저서의 표지 뒷면에 또다시 등장한다. Raymond Dart, *Adventures with the Missing Link* (New York: Harper & Brothers, 1959).

10 **우리 조상들이 절대로 손가락 관절로 걷지 않았다는**: C. Owen Lovejoy, Gen Suwa, Scott W. Simpson, Jay H. Matternes, and Tim D. White, "The Great Divides: *Ardipithecus ramidus* Reveals the Postcrania of Our Last Common Ancestors with African Apes," *Science* 326, no. 5949 (2009), 73–106. Tim D. White, C. Owen Lovejoy, Berhane Asfaw, Joshua P. Carlson, and Gen Suwa, "Neither Chimpanzee Nor Human, *Ardipithecus* Reveals the Surprising Ancestry of Both," *Proceedings of the National Academy of Sciences* 112, no.

16 (2015), 4877–4884.

11 ***모로토피테쿠스(Morotopithecus)***: 이 놀라운 유인원의 발견자는 로라 맥래치로, 미시간 대학에서 내 논문의 지도교수였다. Laura MacLatchy, “The Oldest Ape,” *Evolutionary Anthropology* 13 (2004), 90–103.

12 **요산은 과일에 존재하는 당인 과당을**: James T. Kratzer et al., “Evolutionary History and Metabolic Insights of Ancient Mammalian Uricases,” *Proceedings of the National Academy of Sciences* 111, no. 10 (2014), 3763–3768. 구별되어야 할 중요한 사항이 있다: 크렛쳐와 학자들 다수는 요산분해효소 변이를 아프리카 유인원들이 어떻게 적도 아프리카로 되돌아갈 수 있었는지에 대한 설명으로 사용한다. 반면, 나는 이 변이가 아프리카 유인원들을 현대의 유럽에서 생존할 수 있도록 도왔을 것이라고 주장하고 있다. 굶는 기간 동안에도 요산이 혈압을 조절하여 안정화시킨다는 증거도 있다. Benjamin De Becker, Claudio Borghi, Michel Burnier, and Philippe van de Borne, “Uric Acid and Hypertension: A Focused Review and Practical Recommendations,” *Journal of Hypertension* 37, no. 5 (2019), 878–883.

13 **아프리카 유인원과 인간에 존재하는 이 유전자는**: Matthew A. Carrigan et al., “Hominids Adapted to Metabolize Ethanol Long Before Human- Directed Fermentation,” *Proceedings of the National Academy of Sciences* 112, no. 2 (2015), 458–463. 아이아이원숭이의 알코올 대사에 대한 자세한 정보는 다음 서적 참조. Samuel R. Gochman, Michael B. Brown, and Nathaniel J. Dominy, “Alcohol Discrimination and Preferences in Two Species of Nectar- Feeding Primate,” *Royal Society Open Science* 3 (2016), 160217.

14 **뵈메와 그녀의 팀은**: Madelaine Böhme et al., “A New Miocene Ape and Locomotion in the Ancestor of Great Apes and Humans,” *Nature* 575 (2019), 489–493.

15 **이 가설에는 논란의 여지가 많아서 여러 이론이 제기되고 있다**: Scott A. Williams et al., “Reevaluating Bipedalism in *Danuvius*,” *Nature* 586 (2020), E1–E3. Madelaine Böhme, Nikolai Spassov, Jeremy M. DeSilva, and David R. Begun, “Reply to: Reevaluating Bipedalism in *Danuvius*,” *Nature* 586 (2020), E4–E5.

16 **그는 인간의 이족보행 진화를 이해하기 위한 최적의 모델은**: Dudley J. Morton, "Evolution of the Human Foot. II," *American Journal of Physical Anthropology* 7 (1924), 1052. **다음도 참조**. Russell H. Tuttle, "Darwin's Apes, Dental Apes, and the Descent of Man," *Current Anthropology* 15 (1974), 389–426. Russell H. Tuttle, "Evolution of Hominid Bipedalism and Prehensile Capabilities," *Philosophical Transactions of the Royal Society of London B* 292 (1981), 89–94.

17 **하늘을 향해 팔을 올리고**: 생물학자 워렌 브로클만과의 개별적 대화.

18 **결과적으로**: Carol V. Ward, Ashley S. Hammond, J. Michael Plavcan, and David R. Begun, "A Late Miocene Partial Pelvis from Hungary," *Journal of Human Evolution* 136 (2019), 102645. 일부 학자들은 *오레오피테쿠스*가 이족보행을 했을 것이라고 주장했으나, 다수가 이 주장을 거부했다. 이 골격에 대한 최근의 검토를 통해, 몸통의 해부학적 구조 때문에 *오레오피테쿠스*가 '현존하는 유인원보다 이족보행적 물리적 행동이 확실히 더욱 가능했을 것이라는' 사실이 밝혀졌다. Ashley S. Hammond et al., "Insights into the Lower Torso in Late Miocene Hominoid *Oreopithecus bambolii*," *Proceedings of the National Academy of Sciences* 117, no. 1 (2020), 278–284.

19 **일부 분자유전학자들은**: 예를 들면 다음과 같다. Kevin E. Langergraber et al., "Generation Times in Wild Chimpanzees and Gorillas Suggest Earlier Divergence Times in Great Ape and Human Evolution," *Proceedings of the National Academy of Sciences* 109, no. 39 (2012), 15716–15721.

20 **확실한 이족보행을 했다면**: 2007년 출간된 그의 저서에서 아론 필러는 이족보행이 2천만 년 전인, 유인원 혈통의 바로 그 시작점까지 거슬러 올라간다는 가설을 세웠다. 그는 이에 대한 증거로 *모로토피테쿠스 비쇼피*의 등뼈를 사용했다. 그러나 이 종의 대퇴골 혹은 고관절이 그 분류군에 있어 이족보행을 했다고 시사하는 점이 전혀 없었다. Aaron G. Filler, *The Upright Ape: A New Origin of the Species* (Newburyport, MA: Weiser, 2007).

21 **오늘날의 오랑우탄은 가끔 이런 식으로 움직인다**: Susannah K. S. Thorpe, Roger L. Holder, and Robin H. Crompton, "Origin of Human Bipedalism as an

Adaptation for Locomotion on Flexible Branches," *Science* 316 (2007), 1328–1331.

22 **손끝으로 가볍게 만지는 것만으로도**: Leif Johannsen et al., "Human Bipedal Instability in Tree Canopy Environments Is Reduced by 'Light Touch' Fingertip Support," *Scientific Reports* 7, no. 1 (2017), 1–12. 가볍게 만지는 것이 우리 조상들이 먹을 것을 찾는 데도 도움을 주었을지 모른다. 나의 다트머스 대학 동료인 네이트 도미니는 우리 인간들이 식료품점에서 잘 익었는지 보려고 과일을 눌러 보듯이, 침팬지도 무화과가 먹을 때가 되었는지 보려고 그들의 기다란 손가락으로 살짝 만져 본다. 만일 침팬지들이 그들의 긴 손가락으로 이렇게 할 수 있다면, 인간과 유사한 손의 비율을 한 초기 이족보행 호미닌들도 나무 위를 걸어 다니며 과일을 찾으러 다닐 때 이렇게 했을 것이다. Nathaniel J. Dominy et al., "How Chimpanzees Integrate Sensory Information to Select Figs," *Interface Focus* 6 (2016).

23 **가설을 살릴 수는 없을까**: 내가 깊이 존경하는 다수의 내 동료들은, 이족보행이 진화된 근본적 신체 형태의 모델인 등이 짧고 손가락 관절을 이용해 걷는 유인원을 지지한다. 데이비드 필빔, 댄 리버만, 데이비드 스트레이트, 스캇 윌리엄스, 그리고 코디 팽은 모두 이 체형이 최종 공통조상의 형태라고 주장하는 글을 썼다. 한 예로, 데이비드 R. 필빔과 다니엘 E. 리버만의 저서를 참고. "Reconstructing the Last Common Ancestor of Chimpanzees and Humans," in *Chimpanzees and Human Evolution*, ed. Martin N. Muller, Richard W. Wrangham, and David R. Pilbeam (Cambridge, MA: Belknap Press of Harvard University Press, 2017), 22–142. 손가락 관절로 걷는 최종 공통조상에 대한 가장 설득력 있는 증거는 손목에서 찾을 수 있다. 대부분의 영장류는 각 손에 아홉 개의 손목뼈가 있다. 그러나 인간과 아프리카 유인원은 여덟 개밖에 없다. 그 이유는 손목뼈 가운데 하나인 중심뼈가 손배뼈와 유화되어, 고릴라와 침팬지, 그리고 보노보, 인간의 경우는 두 뼈가 하나가 되었기 때문이다. 왜 그럴까? 이 유화로 인해 손가락 관절로 걷는 동안 손목이 안정화되고, 따라서 이 형태로 보행을 하던 최종 공통조상에게도 도움이 되었던 것으로 보인다. Caley M. Orr, "Kinematics of the Anthropoid Os Centrale and the

Functional Consequences of the Scaphoid- Centrale Fusion in African Apes and Humans," *Journal of Human Evolution* 114 (2018), 102–117. Thomas A. Püschel, Jordi Marcé- Nogué, Andrew T. Chamberlain, Alaster Yoxall, and William I. Sellers, "The Biomechanical Importance of the Scaphoid- Centrale Fusion During Simulated Knuckle- Walking and Its Implications for Human Locomotor Evolution," *Scientific Reports* 10, 3526 (2020), 1–10. 이는 또한 손목뼈의 무작위적 유화로도 해석될 수 있는데, 이는 고릴라와 침팬지가 그들의 진화 역사 후반기에 이런 보행형태를 취하도록 한 나무 위에서 생활하는 유인원에게 있어 선택적인 중립일 수 있다. 나는 현재 나무 위에서 생활하는 등이 긴 이족보행 원류 모델을 선호하지만, 이런 논란이 어떻게 진행될 것이며 앞으로 다가올 시대에 새롭게 발견될 화석으로 인해 어떤 정보들이 제공될 것인지 지켜보는 것은 매우 흥미로운 일이다.

24 **줄어드는 숲을 따라 이동하다가**: 어떻게 이해해야 할지 몰라 이 책에서 다루지 않은 화석 발견은 크레테섬에서 발견된 거의 600만 년 된 이족보행 발자국 유적지이다. 이 발자국은 논란의 소지가 많지만, 입증될 경우, 이족보행 유인원들이 인간과 아프리카 유인원의 최종 공통조상이 아프리카에서 거주하기 시작한 이후에도 유럽 레퓨지아에 계속해서 생존했다는 증거가 된다. Gerard D. Gierliński et al., "Possible Hominin Footprints from the Late Miocene (c. 5.7 Ma) of Crete?" *Proceedings of the Geologists' Association* 128, no. 5–6 (2017), 697–710.

2부. 인간이 되다

1 ***호모 사피엔스*는 이족보행을 발명하지 않았다**: Erling Kagge, *Walking: One Step at a Time* (New York: Pantheon, 2019), 157.

06 — 고대 발자국

1 **적막한 평야에 천천히 발을 딛는 것은 매력적이다**: John Keats, Harry Buxton

Forman, and Horace Elisha Scudder, *The Complete Poetical Works of John Keats* (Boston: Houghton Mifflin, 1899), 246.

2 **라에톨리(Laetoli)라 불리는**: 마사이족 사람들은 이 지역을 올라에톨리(Olaetole)라고 부른다.

3 **이족보행을 하는 아이의 연약한 맨발은**: 맨발로 다니는 사람들은 발바닥에 두꺼운 굳은살이 생기는데, 이 굳은살은 발의 민감성을 해치지 않으면서 발을 보호해 준다. 그러나 발을 보호하는 굳은살이 생성되지 않은 아이의 발바닥 아치 중앙에 가시가 박혔다. 굳은살 형성에 대한 자세한 내용은 다음 서적 참조. Nicholas B. Holowka et al., "Foot Callus Thickness Does Not Trade Off Protection for Tactile Sensitivity During Walking," *Nature* 571 (2019), 261–264.

4 **작고 이상하게 파인 자국들도 있었다**: 매사추세츠 박스버러의 중학교 과학교사인 페그 반 안델은 라에톨리 발자국에 대한 동화책을 쓰려고 조사를 시작했고 앤드류 힐이 사망하기 전에 그와 인터뷰를 했다. 인터뷰를 진행한 노트에서 힐은 이 빗방울 자국과 라이엘의 지질학 원리와 그 자국의 관계에 대해 언급했다.

5 **그곳을 동물들이 며칠에 걸쳐 걸어 다녔고**: Mary D. Leakey and Richard L. Hay, "Pliocene Footprints in the Laetolil Beds at Laetoli, Northern Tanzania," *Nature* 278 (1979), 317–323. Mary Leakey, "Footprints in the Ashes of Time," *National Geographic* 155, no. 4 (1979), 446–457. Michael H. Day and E. H. Wickens, "Laetoli Pliocene Hominid Footprints and Bipedalism," *Nature* 286 (1980), 385–387. Mary D. Leakey and Jack M. Harris, eds., *Laetoli: A Pliocene Site in Northern Tanzania* (Oxford: Oxford University Press, 1987). Tim D. White and Gen Suwa, "Hominid Footprints at Laetoli: Facts and Interpretations," *American Journal of Physical Anthropology* 72 (1987), 485–514. Neville Agnew and Martha Demas, "Preserving the Laetoli Footprints," *Scientific American* (1998), 44–55. 그 근방의 사디만 화산이 라에톨리 화산재의 근원일 것이라는 일반적인 생각에 최근 의혹이 생기면서, 화산재의 근원이 현재는 미확인 상태이다. Anatoly N. Zaitsev et al., "Stratigraphy, Minerology, and Geochemistry of the Upper Laetolil Tuffs Including a New Tuff 7 Site with Footprints of *Australopithecus afarensis*, Laetoli, Tanzania," *Journal of*

African Earth Sciences 158 (2019), 103561.

6 **9월, 그들에게 운이 따랐다**: Details from Mary Leakey, *Disclosing the Past*: An Autobiography (New York: Doubleday, 1984). Virginia Morell, *Ancestral Passions: The Leakey Family and the Quest for Humankind's Beginnings* (New York: Simon & Schuster, 1995).

7 **엔디보 엠부이카(Ndibo Mbuika)를 보내**: 팀 화이트, 론 클라크, 마이클 데이, 그리고 루이스 로빈스도 G-발자국 발견과 발굴에 기여한 유능한 연구원들이다.

8 **세 명, 어쩌면 네 명이**: Matthew R. Bennett, Sally C. Reynolds, Sarita Amy Morse, and Marcin Budka, "Laetoli's Lost Tracks: 3D Generated Mean Shape and Missing Footprints," *Scientific Reports* 6 (2016), 21916. 찰스 무시바는 라에톨리 G-발자국을 만든 개체는 네 명일 수 있다고 주장했다.

9 **라에톨리 발자국은 발자국을 만든 개체가**: Kevin G. Hatala, Brigitte Demes, and Brian G. Richmond, "Laetoli Footprints Reveal Bipedal Gait Biomechanics Different from Those of Modern Humans and Chimpanzees," *Proceedings of the Royal Society B: Biological Sciences* 283, no. 1836 (2016), 20160235.

10 **만든 것일지도 모른다**: 우리는 현재 A-발자취의 형태학에 대한 분석을 통해 청소년기의 *오스트랄로피테쿠스 아파렌시스*가 만든 발자국인지 아니면 다른 호미닌 종에 의한 것인지 시험해 보려 하고 있다.

11 **학생들은 발자국들을 깨끗이 정리하면서**: 우리는 다음 노래들을 포함하는 이족보행 플레이리스트를 만들어 볼 수 있었을 것이다. "Walk of Life" (Dire Straits), "Love Walks In" (Van Halen), "Walking on a Thin Line" (Huey Lewis), "Walking on Sunshine" (Katrina and the Waves), 그리고 "Walk This Way" (Run- DMC version, of course).

12 ***호모 하빌리스*(Homo habilis)라 명명했다**: Louis S. B. Leakey, Phillip V. Tobias, and John R. Napier, "A New Species of the Genus Homo from Olduvai Gorge," *Nature* 202, no. 4927 (1964), 7–9.

13 **도구들은 330만 년 전 퇴적된**: Sonia Harmand et al., "3.3-Million- Year-Old Stone Tools from Lomekwi 3, West Turkana, Kenya," *Nature* 521 (2015), 310–315.

14 **걸음마를 배우는 아기 *오스트랄로피테쿠스*의 보기 드문 부분 골격을**: Zeresenay

Alemseged et al., "A Juvenile Early Hominin Skeleton from Dikika, Ethiopia," *Nature* 443 (2006), 296–301. Jeremy M. DeSilva, Corey M. Gill, Thomas C. Prang, Miriam A. Bredella, and Zeresenay Alemseged, "A Nearly Complete Foot from Dikika, Ethiopia, and Its Implications for the Ontogeny and Function of *Australopithecus afarensis*," *Science Advances* 4, no. 7 (2018), eaar7723.

15 **날카로운 돌로 고의적으로 절단된**: Shannon P. McPherron et al., "Evidence for Stone- Tool- Assisted Consumption of Animal Tissues Before 3.39 Million Years Ago at Dikika, Ethiopia," *Nature* 466 (2010), 857–860.

16 **이 정의를 고수하는 과학자들은**: Baroness Jane Van Lawick-Goodall, My Friends the Wild Chimpanzees (Washington, DC: National Geographic Society, 1967), 32.

17 **유전학적 증거를 보면**: David L. Reed, Jessica E. Light, Julie M. Allen, and Jeremy J. Kirchman, "Pair of Lice Lost or Parasites Regained: The Evolutionary History of Anthropoid Lice," *BMC Biology* 5, no. 7 (2007). Note the title of this paper.

18 **나이가 많은 아이가 아기를 안았을지도 모른다**: See Rebecca Sear and David Coall, "How Much Does Family Matter? Cooperative Breeding and the Demographic Transition," *Population and Development Review* 37, no. s1 (2011), 81–112.

19 **이러한 다른 사람들에 의한 소소한 육아의 행위는**: 이 가설은 협력적 양육 가설이라고 알려져 있으며, 사라 하디가 다음의 훌륭한 서적에서 발전시켰다. *Mothers and Others: The Evolutionary Origins of Mutual Understanding* (Cambridge, MA: Belknap Press, 2009).

20 **집단으로 아이들을 키우는**: Jeremy M. DeSilva, "A Shift Toward Birthing Relatively Large Infants Early in Human Evolution," *Proceedings of the National Academy of Sciences* 108, no. 3 (2011), 1022–1027. *오스트랄로피테쿠스*가 집합적으로 어린이들을 보살폈다는 가설에 대한 한 가지 예측은 젖을 떼는 시기이다. 거대 유인원들은 어미가 4년에 걸쳐 새끼에게 젖을 먹인다. 오랑

우탄 새끼는 일곱 살이 넘을 때까지 젖을 떼지 않는다. 수렵-채집 공동체의 인간은, 이와 대조적으로, 1년에서 4년까지 젖을 먹인다. 인간이 젖을 빨리 뗄 수 있는 것은, 무리의 다른 일원들이 음식을 나눠 줄 능력과 의지를 가지고 있기 때문이기도 하다. 최근, *오스트랄로피테쿠스* 유아의 치아에 대한 동위원소 분석을 통해 그들 역시 젖을 빨리 뗐다는 사실이 밝혀졌다. 이는 우리의 초기 조상들이 협력을 통해 육아를 했다는 독립적인 증거이다. Théo Tacail et al., "Calcium Isotopic Patterns in Enamel Reflect Different Nursing Behaviors Among South African Early Hominins," *Science Advances* 5 (2019), eaax3250. Renaud Joannes- Boyau et al., "Elemental Signatures of *Australopithecus africanus* Teeth Reveal Seasonal Dietary Stress," *Nature* 572 (2019), 112–116.

21 **무엇이든 먹었을 것이며**: 이 증거들 가운데 일부는 탄소 동위원소 분석에서 나온 것으로, *오스트랄로피테쿠스 아파렌시스*에 대해서 광범위한 수치를 보여 주고 있다. Jonathan G. Wynn, "Diet of *Australopithecus afarensis* from the Pliocene Hadar Formation, Ethiopia," *Proceedings of the National Academy of Sciences* 110, no. 26 (2013), 10495–10500.

22 **일반화된 식습관으로의 움직임은**: Daniel Lieberman, *The Story of the Human Body: Evolution, Health, and Disease* (New York: Vintage, 2013).

23 **오늘날, 개코원숭이와 침팬지는**: Jane Goodall, The Chimpanzees of Gombe: Patterns of Behavior (Cambridge, MA: Harvard University Press, 1986), 555–557. Jane Goodall, "Tool- Using and Aimed Throwing in a Community of Free- Living Chimpanzees," *Nature* 201 (1964), 1264–1266. William J. Hamilton, Ruth E. Buskirk, and William H. Buskirk, "Defensive Stoning by Baboons," *Nature* 256 (1975), 488–489. Martin Pickford, "Matters Arising: Defensive Stoning by Baboons (Reply)," *Nature* 258 (1975), 549–550.

24 **최근에, 고인류학자인 요하네스 하일리-셀라시(Yohannes Haile-Selassie)가**: Yohannes Haile-Selassie, Stephanie M. Melillo, Antonino Vazzana, Stefano Benazzi, and Tim othy M. Ryan, "A 3.8-Million- Year- Old Hominin Cranium from Woranso- Mille, Ethiopia," *Nature* 573 (2019), 214–219.

25 **뇌 크기의 3분의 1밖에 되지 않지만**: William H. Kimbel, Yoel Rak, and Donald

C. Johanson, The Skull of *Australopithecus afarensis* (Oxford: Oxford University Press, 2004).

26 **뇌는 체중의 2퍼센트밖에 되지 않지만**: 아이의 뇌가 성장할 때는 신체 에너지의 40 퍼센트 이상으로, 더욱 많은 에너지가 요구된다. Christopher W. Kuzawa et al., "Metabolic Costs and Evolutionary Implications of Human Brain Development," *Proceedings of the National Academy of Sciences* 111, no. 36 (2014), 13010–13015.

27 **목초지라는 환경에서는**: Herman Pontzer, "Economy and Endurance in Human Evolution," *Current Biology* 27 (2017), R613–R621.

28 **아이는 이 연령에**: 뇌 성장에 대한 디키카 논문. Philipp Gunz et al., "*Australopithecus afarensis* Endocasts Suggest Apelike Brain Organization and Prolonged Brain Growth," *Science Advances* 6 (2020), eaaz4729. 사실, 스미스는 디키카 아이의 나이를 정확한 날수로 계산할 수 있었다. 디키카 아이는 861일을 살다가 죽었다. 이 책에서 논의된 다른 많은 연구들처럼, 이 역시 대규모의 협동 작업으로 이루어졌다. 타냐 스미스가 검토한 스캔자료는 폴 태퍼로와 아델라인 르카벡과 협력하여 수집한 것이다. 필립 건츠가 아이의 뇌를 재구성했으며, 물론 지레이 알렘세지드가 처음으로 화석을 발견했다.

07 — 1마일(1.6km)을 걷는 다양한 방법

1 **한 가지 이상이다**: Ann Gibbons, "Skeletons Present an Exquisite Paleo- Puzzle," *Science* 333 (2011), 1370–1372. Bruce Latimer, personal communication.

2 **고인류학 분야의 인디애나 존스 같은 인물이었다**: 이것이 의미하는 바는, 리 버거는 탐험가이자 모험가로서 과학을 대중화함으로써 미래의 연구원 세대들을 고무시키는 역할을 했다는 것이다. 따라서 버거는 인디애나 존스이다. 해리슨 포드의 캐릭터가 구현한 여성편력이나 좀도둑질과 같은 모습이 아닌, 좋은 면에서만 그러하다.

3 **리 버거는 구글 어스(Google Earth)를 다운받은 것이다**: 우리의 마음을 사로잡는 이 이야기에 대한 자세한 내용은 이 주제에 관한 버거의 두 권의 서적을 참조하면 된다. Lee Berger and Marc Aronson, *The Skull in the Rock: How a Scientist,*

a Boy, and Google Earth Opened a New Window on Human Origins (Washington, DC: National Geographic Children's Books, 2012). Lee Berger and John Hawks, *Almost Human: The Astonishing Tale of Homo naledi and the Discovery That Changed Our Human Story* (Washington, DC: National Geographic, 2017).

4 **그럴듯한 사망 원인을**: Ericka N. L'Abbé et al., "Evidence of Fatal Skeletal Injuries on Malapa Hominins 1 and 2," *Scientific Reports* 5, no. 15120 (2015).

5 **197만 7천 년 전에서 앞뒤로 3천 년 정도의 기간 안에**: Robyn Pickering et al., "*Australopithecus sediba* at 1.977 Ma and Implications for the Origins of the Genus Homo," *Science* 333, no. 6048 (2011), 1421–1423.

6 **그들은 새로운 종을 *세디바(sediba)*로 명명하고**: Lee Berger et al., "*Australopithecus sediba*: A New Species of *Homo*- Like Australopith from South Africa," Science 328, no. 5975 (2010), 195–204.

7 **플라스틱 모형을 나에게 보냈다**: 버거의 실험실에서 검은 천 밑에 있던 실제 화석을 본 내가 모형본의 해부학적 구조를 보고 왜 놀랐는지 독자들에게 해명이 필요할 것 같다. 실제 발뼈와 발목뼈들(경골, 복사뼈, 종골)은 여전히 연결된 상태였고 세포간질로 서로 결합되어 있었다. 크리스찬 칼슨이 이 뼈들을 마이크로 CT 스캔해서, 장시간의 지루한 컴퓨터 작업을 통해 디지털 방식으로 분리했다. 그 후 칼슨은 분리된 각 발뼈의 디지털 형상을 3D 프린트 했다. 그것이 바로 버거와 지펠이 2010년 봄에 나에게 보낸 것이었다.

8 **그 두 종류의 골반과 고관절의 차이에 주목한 그는**: John T. Robinson, *Early Hominid Posture and Locomotion* (Chicago: University of Chicago Press, 1972). 로빈슨은 또한 *아프리카누스*를 *호모*로 분류했다. 만일 이것이 받아들여진다면, *오스트랄로피테쿠스*의 기준종이 *아프리카누스*가 되는 것이기 때문에 호미닌들의 이름에 엄청난 혼란을 가져오게 될 것이다.

9 **그로부터 30년 뒤, 미국 자연사 박물관**: William E. H. Harcourt- Smith and Leslie C. Aiello, "Fossils, Feet, and the Evolution of Human Bipedal Locomotion," *Journal of Anatomy* 204, no. 5 (2004), 403–416.

10 **우리가 발견한 사실들을 발표했다**: Bernhard Zipfel et al., "The Foot and Ankle of

Australopithecus sediba," *Science* 333, no. 6048 (2011), 1417–1420. 이 책에 언급된 다른 연구들과 마찬가지로, 이 또한 협력을 통한 작업으로, 로버트 키드와 크리스찬 칼슨, 스티브 처칠, 그리고 리 버거의 기여가 큰 도움이 되었다.

11 **홀트와 지펠, 그리고 나는 우리의 가설을 시험했으며**: Jeremy M. DeSilva et al., "The Lower Limb and Mechanics of Walking in *Australopithecus sediba*," *Science* 340, no. 6129 (2013), 1232999.

12 **우리는 40인의 MRI를 촬영했고**: Jeremy M. DeSilva et al., "Midtarsal Break Variation in Modern Humans: Functional Causes, Skeletal Correlates, and Paleontological Implications," *American Journal of Physical Anthropology* 156, no. 4 (2015), 543–552.

13 **관절을 조작하여 *세디바*가 걷는 것처럼 만들었다**: Amey Y. Zhang and Jeremy M. DeSilva, "Computer Animation of the Walking Mechanics of *Australopithecus sediba*," *PaleoAnthropology* (2018), 423–432. Sally Le Page tweet of *sediba* walking: https://twitter.com/sallylepage/status/1088364360857198598.

14 **몬티 파이튼(Monty Python)의 그림인 '이상한 걸음 부(Ministry of Silly Walks)'에나**: William H. Kimbel, "Hesitation on Hominin History," *Nature* 497 (2013), 573–574. For "Ministry of Silly Walks" sketch, see: https://www.dailymotion.com/video/x2hwqki. 이상한 걸음부 장관과 퍼들리 씨의 걸음걸이를 분석한 탁월한 논문은 다음을 참조. Erin E. Butler and Nathaniel J. Dominy, "Peer Review at the Ministry of Silly Walks," *Gait & Posture* (February 26, 2020).

15 **진화학 연구소 소장인 마리온 뱀포드(Marion Bamford)와**: Marion Bamford et al., "Botanical Remains from a Coprolite from the Pleistocene Hominin Site of Malapa, Sterkfontein Valley, South Africa," *Palaeontologica Africana* 45 (2010), 23–28.

16 **긴 팔과 솟아오른 어깨를 가진**: 긴 팔은 나무를 오르기 위해 조정된 것이라는 설명은 필요 없겠지만, 솟아오른 어깨는 설명이 필요할 것 같다. 케빈 헌트는 좁고 솟아오른 어깨가 팔을 늘어뜨리고 있는 유인원의 무게중심을 잡는 데 도움을 주었을 것이라고 주장했다. Kevin D. Hunt, "The Postural Feeding Hypothesis: An

Ecological Model for the Evolution of Bipedalism," *South African Journal of Science* 92 (1996), 77–90.

17 **숲에서 나온 먹이에 크게 의존했다**: Amanda G. Henry et al., "The Diet of Australopithecus sediba," *Nature* 487 (2012), 90–93.

18 **그 이후로도 하일리-셀라시는**: Yohannes Haile- Selassie et al., "New Species from Ethiopia Further Expands Middle Pliocene Hominin Diversity," Nature 521 (2015), 483–488.

19 **또 다른 *아르디*를 찾아냈군요!**: 라티머는 다음 서적에서 인용했다. John Mangels, "New Human Ancestor Walked and Climbed 3.4 Million Years Ago in Lucy's Time, *Cleveland Team Finds* (Video)," Cleveland Plain Dealer (March 28, 2012), https://www.cleveland.com/science/2012/03/new_human_ancestor_walked_and.html.

20 **루시의 종과는 다른 방식으로 걸었던 또 다른 호미닌이**: Yohannes Haile- Selassie et al., "A New Hominin Foot from Ethiopia Shows Multiple Pliocene Bipedal Adaptations," *Nature* 483 (2012), 565–569. 그러나 하일리-셀라시가 버틀의 발을 *오스트랄로피테쿠스 데이레메다*로 직접적으로 귀속시킨 것은 아니라는 점을 분명히 하는 것이 중요하다. 버틀의 발은 아직 알려지지 않은 제3의 호미닌에서 나온 것일 수도 있다.

08 — 이동하는 호미닌

1 **갈 곳이 없지만**: Jack Kerouac, *On the Road* (New York: Viking Press, 1957), 26.

2 **코뿔소는 무엇을 하고 있었던 것일까**: 13세기에 마르코 폴로는 그의 고향인 이탈리아에서부터 중국까지 실크로드를 따라서 12,000km가 넘는 거리를 여행했다. 이 여정을 담은 지도에는 그가 드마니시를 지나갔다고 표시하고 있다. 그가 그곳에 머물렀다는 증거는 알려져 있지 않다. 그러나 드마니시가 유럽과 아시아를 연결하는 무역로의 중요한 일부가 되면서 많은 사람들이 드마니시를 거쳤으며 결과적으로 몽골제국에 흡수되었다. 마르코 폴로는 여정을 계속했고, 자바섬에 도착해서 유니콘을 봤다고 기록했다. 그는 이렇게 기록했다. "그 나라에는 야생 코끼리가 있고, 코끼리만큼 커다란 유니콘이 많이 있다. 유니콘의 털은 버팔로와 같

고, 발은 코끼리처럼 생겼으며, 이마 가운데 검은색의 굵은 뿔이 달렸다. 그러나 뿔을 가지고 해를 끼치지는 않고, 길고 단단한 가시로 뒤덮인 혀로만 공격을 한다. [다른 개체에 대해 사나워지면 무릎으로 누르고 혀로 긁는다.] 머리는 야생 멧돼지와 닮았고, 항상 지면을 향해 굽어져 있다. 그들은 수렁과 진흙 속에 있는 것을 즐긴다. 보기에 흉측한 짐승으로, 우리의 이야기에 나오는 것처럼 처녀의 무릎에 앉아 있는 모습과는 전혀 닮지 않았다; 사실, 우리가 환상을 가졌던 모습과는 완전히 다르다." 마르코 폴로가 묘사하고 있는 것은 물론 코뿔소이다.

3 **1991년에 호미닌 턱뼈를 발견했다**: Leo Gabunia and Abesalom Vekua, "A Plio-Pleistocene Hominid from Dmanisi, East Georgia, Caucasus," *Nature* 373 (1995), 509–512.

4 **자우위 저(Zhaoyu Zhu)는 2018년에**: Zhaoyu Zhu et al., "Hominin Occupation of the Chinese Loess Plateau Since About 2.1 Million Years Ago," *Nature* 559 (2018), 608–612.

5 **내가 그를 만나고 3년 후**: Fred Spoor et al., "Implications of New Early Homo Fossils from Ileret, East of Lake Turkana, Kenya," *Nature* 448 (2007), 688–691. 프레드릭 만티의 현 직위는 케냐 국립박물관 지구과학부의 책임자이다.

6 **저서 《뼈의 지혜(The Wisdom of the Bones)》에서는**: Alan Walker and Pat Shipman, *The Wisdom of the Bones: In Search of Human Origins* (New York: Vintage, 1997).

7 **어떻게 그것을 봤는지는 하느님만이 아실 것이다**: Walker and Shipman, *The Wisdom of the Bones*, 12.

8 **과학자들은 나리오코토메 아이가**: 이 계산에는 불확실한 부분이 있었다. 처음에는 나리오코토메 아이가 죽을 당시의 나이를 추정하는 것으로 시작되었다. 생활연령은 7.6에서 8.8세 사이에서 최고로는 15세까지 추정되었다. 대부분의 학자들은 치아발달을 분석한 최첨단 방식을 통해 결정된 낮은 연령대를 지지했다. 사망 당시 아이의 신장은 사용된 측정기술에 따라 141cm에서 160cm 사이로 계산되었다. 그리고 *호모 에렉투스*가 사춘기의 급성장이 있었는지, 혹은 이것은 최근에 발생된 현상인지에 대한 의문이 제기되었다. 나리오코토메의 성인 크기는 162cm에서 182cm 이상 되는 것으로 계산되었다. Ronda R. Graves, Amy C.

Lupo, Robert C. McCarthy, Daniel J. Wescott, and Deborah L. Cunningham, "Just How Strapping Was KNM- WT 15000?" *Journal of Human Evolution* 59, no. 5 (2010), 542–554. Chris Ruff and Alan Walker, "Body Size and Body Shape" in The *Narioko-tome* Homo erectus *Skeleton*, ed. Alan Walker and Richard Leakey (Cambridge, MA: Harvard University Press, 1993), 234–265.

9 **노스웨스턴 대학의 인류학자인 크리스 쿠자와(Chris Kuzawa)는**: Christopher W. Kuzawa et al., "Metabolic Costs and Evolutionary Implications of Human Brain Development," *Proceedings of the National Academy of Sciences* 111, no. 36 (2014), 13010–13015.

10 **커다란 오른쪽 대퇴골은**: Henry M. McHenry, "Femoral Lengths and Stature in Plio- Pleistocene Hominids," *American Journal of Physical Anthropology* 85 (1991), 149–158. KNM- ER 1808의 신장을 조금 작게 추정한 172cm라는 수치는 마누엘 윌과 제이 T. 스탁이 측정한 것이다. Manuel Will and Jay T. Stock, "Spatial and Temporal Variation of Body Size Among Early *Homo*," *Journal of Human Evolution* 82 (2015), 15–33. 한 연구팀은 발자국의 크기를 기반으로, 이 *호모 에렉투스* 무리의 키가 121cm에서 182cm까지의 범위인 것으로 추정했다. Heather L. Dingwall, Kevin G. Hatala, Roshna E. Wunderlich, and Brian G. Richmond, "Hominin Stature, Body Mass, and Walking Speed Estimates Based on 1.5-Million- Year- Old Fossil Footprints at Ileret, Kenya," *Journal of Human Evolution* 64, no. 6 (2013), 556–568.

11 **2009년, 나이로비 국립 박물관과 조지 워싱턴 대학의 연구팀이**: Matthew R. Bennett et al., "Early Hominin Foot Morphology Based on 1.5-Million- Year- Old- Footprints from Ileret, Kenya," *Science* 323, no. 5918 (2009), 1197–1201. Kevin G. Hatala et al., "Footprints Reveal Direct Evidence of Group Behavior and Locomotion in Homo erectus," *Scientific Reports* 6 (2016), 28766.

12 **특히 뛰어갈 때**: Dennis M. Bramble and Daniel E. Lieberman, "Endurance Running and the Evolution of *Homo*," *Nature* 432 (2004), 345–352.

13 **전 세계의 생태계에서**: Chris Carbone, Guy Cowlishaw, Nick J. B. Isaac, and J.

Marcus Rowcliffe, "How Far Do Animals Go? Determinants of Day Range in Mammals," *American Naturalist* 165, no. 2 (2005), 290–297.

14 **어떤 길이었든, 그들은 210만 년 전에**: 환경이 호미닌의 유라시아 이주를 조장하는 조건을 형성하는 데 어떤 역할을 했는지 궁금해하는 사람들이 있을 것이다. 지구가 건조해지고 기온이 낮아졌으며 그에 따른 목초지 서식지가 확장되었다는 증거가 있으며, 이는 부분적으로는 280만 년 전 파나마 지협이 좁아지면서 대서양과 태평양이 물리적으로 분리된 결과로 해류가 변화했기 때문이기도 하다. Aaron O'Dea et al., "Formation of the Isthmus of Panama," *Science Advances* 2, no. 8 (2016), e1600883. Steven M. Stanley, *Children of the Ice Age: How a Global Catastrophe Allowed Humans to Evolve* (New York: Crown, 1996).

15 **빙하기 기간에는**: 100만 년 가운데 지난 3/4의 기간 동안 빙하 작용이 여덟 번의 기간에 걸쳐 발생했다고 알려져 있다. EPICA community members, "Eight Glacial Cycles from an Antarctic Ice Core," *Nature* 429 (2004), 623–628.

16 **학자들은 이 화석을**: Isidro Toro- Moyano et al., "The Oldest Human Fossil in Europe, from Orce (Spain)," *Journal of Human Evolution* 65, no. 1 (2013), 1–9. Eudald Carbonell et al., "The First Hominin of Europe," *Nature* 452 (2008), 465–469. José María Bermúdez de Castro et al., "A Hominid from the Lower Pleistocene of Atapuerca, Spain: Possible Ancestor to Neandertals and Modern Humans," *Science* 276, no. 5317 (1997), 1392–1395.

17 **첫 번째, 인류학자인**: Leslie C. Aiello and Peter Wheeler, "The Expensive- Tissue Hypothesis: The Brain and the Digestive System in Human and Primate Evolution," *Current Anthropology* 36, no. 2 (1995), 199–221.

18 **근래에는, 하버드 대학의 인류진화생물학자인 리처드 랭햄(Richard Wrangham)이**: Richard Wrangham, *Catching Fire: How Cooking Made Us Human* (New York: Basic Books, 2009). 이 우아한 가설의 유일한 단점은 시기 설정이다. 불의 조절에 대한 가장 오래된 증거는 150만 년 전의 것이다. 그러나 화석기록에서 발견할 수 있는 뇌의 증가는 적어도 200만 년 전부터 시작된다. 불을 사용한 것이 현재 우리가 가진 증거보다 오래되었거나, 아니면 음식을 익히는 행위로는

초기 *호모*의 뇌 크기가 증가했다는 것을 설명할 수 없다는 것이다. 만일 후자의 설명이 고생물학이나 고고학적 증거로 뒷받침된다고 해도, 불의 조절과 음식을 익히는 행위가 홍적세 *호모*의 뇌 성장을 유지하고 어쩌면 촉진시키기까지 했다는 설명은 거의 확실하다.

19 **그리고 불은 포식자를 억제하는**: Richard Wrangham and Rachel Carmody, "Human Adaptation to the Control of Fire," *Evolutionary Anthropology* 19 (2010), 187–199.

20 **두 발로 걷는 동물은**: Dennis M. Bramble and David R. Carrier, "Running and Breathing in Mammals," *Science* 219, no. 4582 (1983), 251–256. Robert R. Provine, "Laughter as an Approach to Vocal Evolution," *Psychonomic Bulletin & Review* 23 (2017), 238–244.

21 **그들은 앉은 자세로**: Morgan L. Gustison, Aliza le Rouz, and Thore J. Bergman, "Derived Vocalizations of Geladas (*Theropithecus gelada*) and the Evolution of Vocal Complexity in Primates," *Philosophical Transactions of the Royal Society* B 367, no. 1597 (2012). 나는 발성과 보행능력 사이의 관계가 어디까지 연장되는지 궁금하다. 예를 들어, 새는 놀라운 음성 목록을 가지고 있다. 가슴근육이 물에 뜨는 고래와 돌고래 같은 수생 동물들 또한 복잡한 의사소통 체계를 가지고 있다.

22 **우리의 아이들에게도**: 미국과 중국의 아이들의 경우에도 첫 걸음과 첫 단어는 상관관계를 지니며, 발생하는 연령과는 무관하다. Minxuan He, Eric A. Walle, and Joseph J. Campos, "A Cross- National Investigation of the Relationship Between Infant Walking and Language Development," *Infancy* 20, no. 3 (2015), 283–305.

23 **브로카 영역의 비대칭이**: 다음의 논평 참조. Amélie Beaudet, "The Emergence of Language in the Hominin Lineage: Perspectives from Fossil Endocasts," *Frontiers in Human Neuroscience* 11 (2017), 427. Dean Falk, "Interpreting Sulci on Hominin Endocasts: Old Hypotheses and New Findings," *Frontiers in Human Neuroscience* 8 (2014), 134. KNM- ER 1470이 보여 준 증거로도 알 수 있듯이, 이는 분명 초기 *호모*의 경우였다. Dean Falk, "Cerebral Cortices

of East African Early Hominids," *Science* 221, no. 4615 (1983), 1072–1074.

24 **스페인에서 발견된 50만 년 된 화석은**: Ignacio Martínez et al., "Auditory Capacities in Middle Pleistocene Humans from the Sierra de Atapuerca in Spain," *Proceedings of the National Academy of Sciences* 101, no. 27 (2004), 9976–9981. Ignacio Martínez et al., "Communicative Capacities in Middle Pleistocene Humans from the Sierra de Atapuerca in Spain," *Quaternary International* 295 (2013), 94–101. Ignacio Martínez et al., "Human Hyoid Bones from the Middle Pleistocene Site of the Sima de los Huesos (Sierra de Atapuerca, Spain)," *Journal of Human Evolution* 54, no. 1 (2008), 118–124. Johannes Krause et al., "The Derived FOXP2 Variant of Modern Humans Was Shared with Neandertals," *Current Biology* 17, no. 21 (2007), 1908–1912. See also Elizabeth G. Atkinson et al., "No Evidence for Recent Selection of *FOXP2* Among Diverse Human Populations," *Cell* 174, no. 6 (2018), 1424–1435.

25 **약 80만 년 전**: Nick Ashton et al., "Hominin Footprints from Early Pleistocene Deposits at Happisburgh, UK," *PLOS ONE* 9, no. 2 (2014), e88329.

26 **2019년, 파리의 국립 자연사 박물관의 과학자들이**: Jérémy Duveau, Gilles Berillon, Christine Verna, Gilles Laisné, and Dominique Cliquet, "The Composition of a Neandertal Social Group Revealed by the Hominin Footprints at Le Rozel (Normandy, France)," *Proceedings of the National Academy of Sciences* 116, no. 39 (2019), 19409–19414.

27 **뼛조각에서 추출한 DNA로**: David Reich et al., "Genetic History of an Archaic Hominin Group from Denisova Cave in Siberia," *Nature* 468, no. 7327 (2010), 1053–1060. Fahu Chen et al., "A Late Middle Pleistocene Denisovan Mandible from the Tibetan Plateau," *Nature* 569 (2019), 409–412.

09 — 중간계로의 이주

1 **방황하는 모든 이들이 길을 잃은 것은 아니다**: From the poem "All That Is Gold Does Not Glitter" in J. R. R. Tolkien, Lord of the Rings: The Fellowship of

the Ring (London: George Allen & Unwin, 1954).

2 **높이 1,916m의 워싱턴산을 덮을 만큼 두꺼웠던**: 산꼭대기의 암석들이 형성되어 있지 않아서 산 정상의 얼음은 얇았을 것이다.

3 **연구 결과를 2019년에 발표했다**: Eva K. F. Chan et al., “Human Origins in a Southern African Palaeo- Wetland and First Migrations,” *Nature* 575 (2019), 185–189. 148.

4 **과거와 현재의 인간 게놈 전체를 살피는 최근의 연구들은**: Carina M. Schlebusch et al., “Southern African Ancient Genomes Estimate Modern Human Divergence to 350,000 to 260,000 Years Ago,” *Science* 358, no. 6363 (2017), 652–655.

5 **스미소니언 박물관의 과학자**: Alison S. Brooks et al., “Long- Distance Stone Transport and Pigment Use in the Earliest Middle Stone Age,” *Science* 360, no. 6384 (2018), 90–94.

6 **2019년 튀빙겐 대학의 카테리나 하바티(Katerina Harvati)가**: Katerina Harvati et al., “Apidima Cave Fossils Provide Earliest Evidence of *Homo sapiens* in Eurasia,” *Nature* 571 (2019), 500–504. Israel Hershkovitz et al., “The Earliest Modern Humans Outside Africa,” *Science* 359, no. 6374 (2018), 456–459.

7 **기적적으로 보존되어 있는 DNA를**: Richard E. Green et al., “Analysis of One Million Base Pairs of Neanderthal DNA,” Nature 444 (2006), 330–336. Lu Chen, Aaron B. Wolf, Wenqing Fu, Liming Li, and Joshua M. Akey, “Identifying and Interpreting Apparent Neanderthal Ancestry in African Individuals,” *Cell* 180, no. 4 (2020), 677–687.

8 **인류가 호주 본토에 도착했다**: Chris Clarkson et al., “Human Occupation of Northern Australia by 65,000 Years Ago,” *Nature* 547 (2017), 306–310.

9 **2만 년 전경에는**: Steve Webb, Matthew L. Cupper, and Richard Robbins, “Pleistocene Human Footprints from the Willandra Lakes, Southeastern Australia,” *Journal of Human Evolution* 50, no. 4 (2006), 405–413.

10 **포트 록 동굴의 샌들은**: 다음 서적의 참고자료 참조. Janna T. Kuttruff, S. Gail DeHart, and Michael J. O’Brien, “7500 Years of Prehistoric Footwear from Arnold Research Cave,” *Science* 281, no. 5373 (1998), 72–75.

11 **세인트루이스 소재 워싱턴 대학교의 에릭 트링커스(Erik Trinkaus)는**: Erik Trinkaus, “Anatomical Evidence for the Antiquity of Human Footwear Use,” *Journal of Archaeological Science* 32, no. 10 (2005), 1515–1526. Erik Trinkaus and Hong Shang, “Anatomical Evidence for the Antiquity of Human Footwear: Tianyuan and Sunghir,” *Journal of Archaeological Science* 35, no. 7 (2008), 1928–1933.

12 **1만 3천 년 전**: Duncan McLaren et al., “Terminal Pleistocene Epoch Human Footprints from the Pacific Coast of Canada,” *PLOS ONE* 13, no. 3 (2018), e0193522. Karen Moreno et al., “A Late Pleistocene Human Footprint from the Pilauco Archaeological Site, Northern Patagonia, Chile,” *PLOS ONE* 14, no. 4 (2019), e0213572.

13 **9월 2일의 아침**: 이 정보들 가운데 일부는 다음의 서적에서 참조. Paige Madison, “Floresiensis Family: Legacy & Discovery at Liang Bua,” April 26, 2018, http://fossilhistorypaige.com/2018/04/lunch- liang- bua.

14 **학자들은 이를 새로운 종이라 선언하고**: Peter Brown et al., “A New Small- Bodied Hominin from the Late Pleistocene of Flores, Indonesia,” *Nature* 431 (2004), 1055–1061.

15 **신장도 같고 팔다리의 비율도 같다**: William L. Jungers et al., “The Foot of *Homo floresiensis*,” *Nature* 459 (2009), 81–84.

16 **발견자들은 이 새로운 종에**: Florent Détroit et al., “A New Species of Homo from the Late Pleistocene of the Philippines,” *Nature* 568 (2019), 181–186.

17 **그 소식이 버거에게 전해지자**: 자세한 내용은 다음 서적 참조. Lee Berger and John Hawks, *Almost Human: The Astonishing Tale of Homo naledi and the Discovery That Changed Our Human Story* (Washington, DC: National Geographic, 2017).

18 ***호모 날레디(Homo naledi)*라고 명명했다**: Lee R. Berger et al., “*Homo naledi*, a New Species of the Genus *Homo* from the Dinaledi Chamber, South Africa,” *eLife* 4 (2015), e09560. *호모 날레디*의 화석은 라이징 스타 동굴계의 두 번째 방에서 발견되었다: John Hawks et al., “New Fossil Remains of *Homo naledi*

from the Lesedi Chamber, South Africa," eLife 6 (2017), e24232. 남아프리카 말라파 동굴에서 나온 *오스트랄로피테쿠스 세디바*의 화석과 마찬가지로, *호모 날레디* 화석의 다수는 표면 스캔 작업을 마쳤기 때문에 다음 웹사이트에서 디지털 모델을 만나 볼 수 있다: www.morphosource.org.

19 **그 유골들은 겨우 26만 년 전의 것이었다**: Paul H. G. M. Dirks et al., "The Age of *Homo naledi* and Associated Sediments in the Rising Star Cave, South Africa," *eLife* 6 (2017), e24231.

20 **알 수 없다**: 이안 테터셀은 다른 호미닌들 가운데 *호모 사피엔스*만이 살아남은 이유가 우리의 상징적 행동에 있다고 보았다. Ian Tattersall, Masters of the Planet (New York: Palgrave Macmillan, 2012). 펫 쉬프먼은 개를 기르면서, 특히 네안데르탈인에 비해 인간에게 유리한 점이 생겼다고 주장했다. Pat Shipman, *The Invaders: How Humans and Their Dogs Drove Neanderthals to Extinction* (Cambridge, MA: Belknap Press of Harvard University Press, 2015).

3부. 일생의 걸음

1 **두 발로 마음 가벼이**: Walt Whitman, "Song of the Open Road," in Leaves of Grass (Self- published, 1855).

⑩ — 걸음마

1 **그러나 인간은 다르다**: Wenda Trevathan and Karen Rosenberg, eds., *Costly and Cute: Helpless Infants and Human Evolution* (Santa Fe: University of New Mexico Press, published in association with School for Advanced Research Press, 2016).

2 **얼굴 표정을 흉내 내기도 하며**: Andrew N. Meltzoff and M. Keith Moore, "Imitation of Facial and Manual Gestures by Human Neonates," *Science* 198, no. 4312 (1977), 75–78.

3 **출생 직후 찍힌 한 아기의 비디오가**: 이 비디오를 둘러싼 미디어 선정성에 대한 비

판은 젠 건터 박사의 다음 블로그 참조. "브라질의 신생아는 걷지 않았다, 기자가 일반적인 반사행동을 가지고 이야기를 만들었다. 이것은 잘못되었다," May 30, 2017, https://drjengunter.com/2017/05/30/a- newborn- baby- in- brazil- didnt- walk- journalists- made- a- story- of- a- normal- reflex- thats- wrong.

4 **독일 소아과전문의인 알브레히트 파이퍼(Albrecht Peiper)는**: Albrecht Peiper, *Cerebral Function in Infancy and Childhood* (New York: Consultants Bureau, 1963).

5 **태아 발달을 연구하는 알레산드라 피온텔리(Alessandra Piontelli)는**: Alessandra Piontelli, *Development of Normal Fetal Movements: The First 25 Weeks of Gestation* (Milan: Springer-Verlag Italia, 2010).

6 **암스테르담 자유대학교의 신경과학자 나디아 도미니치(Nadia Dominici)는**: Nadia Dominici et al., "Locomotor Primitives in Newborn Babies and Their Development," *Science* 334, no. 6058 (2011), 997–999.

7 **약 50년 전, 맥길 대학의 심리학자인 필립 로만 젤라조(Philip Roman Zelazo)와**: Philip Roman Zelazo, Nancy Ann Zelazo, and Sarah Kolb, " 'Walking' in the Newborn," *Science* 176 (1972), 314–315.

8 **작고 통통한 다리를**: 사실 이 통통한 다리가 '걸음 반사'에서 실질적 걷기로의 전이를 평균적으로 1년 정도 지연시키는 원인이 되는 것으로 보인다. Esther Thelen and Donna M. Fisher, "Newborn Stepping: An Explanation for a 'Disappearing' Reflex," *Developmental Psychology* 18, no. 5 (1982), 760–775.

9 **도움을 받지 않고 걸을 수 있는**: 도움 없이 걷는 행위를 판단하는 엄격한 기준들이 있다. 연속적으로 다섯 발자국을 걸어야 걸음의 시작이라고 정의하는 사람들도 있다. 멈추거나 넘어지지 않고 3m를 걸어야 한다는 주장도 있다.

10 **생후 13개월에서 15개월 사이에**: 그러나 게젤은 독일 혈통을 가진 아기들의 데이터만을 수집했으며, 한부모 가정의 아기는 제외시켰던 것으로 보인다. 이렇게 배제된 자료들 때문에 게젤의 데이터를 가지고 인구평균을 추정하는 것은 매우 잘못된 행위이다.

11 **상황은 또다시 바뀌었다**: Beth Ellen Davis, Rachel Y. Moon, Hari C. Sachs, and Mary C. Ottolini, "Effects of Sleep Position on Infant Motor Development,"

Pediatrics 102, no. 5 (1998), 1135–1140.

12 **인류학자인 케이트 클랜시(Kate Clancy)와**: Kathryn B. H. Clancy and Jenny L. Davis, "Soylent Is People, and WEIRD Is White: Biological Anthropology, Whiteness, and the Limits of the WEIRD," *Annual Review of Anthropology* 48 (2019), 169–186.

13 **쇠파리가 사람의 피부 밑에 유충을 심어서**: Kim Hill and A. Magdalena Hurtado, *Ache Life History* (New York: Routledge, 1996), 153–154.

14 **영유아 혹은 어린 아이들은**: Hill and Hurtado, *Ache Life History*, 154.

15 **인류학자인 힐랄드 케플란(Hillard Kaplan)과**: Hillard Kaplan and Heather Dove, "Infant Development Among the Ache of Eastern Paraguay," *Developmental Psychology* 23, no. 2 (1987), 190–198.

16 **중국의 북부 지역에서는**: 다음 서적의 참고자료 참조. Karen Adolph and Scott R. Robinson, "The Road to Walking: What Learning to Walk Tells Us About Development," in *Oxford Handbook of Developmental Psychology*, ed. Philip David Zelazo (Oxford: Oxford University Press, 2013). Lana B. Karasik, Karen E. Adolph, Catherine S. Tamis- LeMonda, and Marc H. Bornstein, "WEIRD Walking: Cross- Cultural Research on Motor Development," *Behavioral and Brain Sciences* 33, no. 2–3 (2010), 95–96.

17 **220명의 아이들을 대상으로 스위스에서 진행된 연구는**: Oskar G. Jenni, Aziz Chaouch, Jon Caflisch, and Valentin Rousson, "Infant Motor Milestones: Poor Predictive Value for Outcome of Healthy Children," *Acta Paediatrica* 102 (2013), e181–e184. Graham K. Murray, Peter B. Jones, Diana Kuh, and Marcus Richards, "Infant Developmental Milestones and Subsequent Cognitive Function," *Annals of Neurology* 62, no. 2 (2007), 128–136.

18 **아주 가끔 발표되고는 있다**: Trine Flensborg- Madsen and Erik Lykke Mortensen, "Infant Developmental Milestones and Adult Intelligence: A 34-Year Follow-Up," *Early Human Development* 91, no. 7 (2015), 393–400. Akhgar Ghassabian et al., "Gross Motor Milestones and Subsequent Development," *Pediatrics* 138, no. 1 (2016), e20154372.

19 **학습 기회로의 문을 열어 준다고**: Joseph J. Campos et al., "Travel Broadens the Mind," *Infancy* 1, no. 2 (2000), 149–219.

20 **2015년에 진행된 연구에서는**: Alex Ireland, Adrian Sayers, Kevin C. Deere, Alan Emond, and Jon H. Tobias, "Motor Competence in Early Childhood Is Positively Associated with Bone Strength in Late Adolescence," *Journal of Bone and Mineral Research* 31, no. 5 (2016), 1089–1098. 같은 연구 단체가 2017년, 첫 걸음이 늦으면 60에서 64세 사이의 연령대에 골강도가 낮다는 예측을 할 수 있다는 것을 발견했다. Alex Ireland et al., "Later Age at Onset of Independent Walking Is Associated with Lower Bone Strength at Fracture-Prone Sites in Older Men," *Journal of Bone and Mineral Research* 32, no. 6 (2017), 1209–1217. Charlotte L. Ridgway et al., "Infant Motor Development Predicts Sports Participation at Age 14 Years: Northern Finland Birth Cohort of 1966," *PLOS ONE* 4, no. 8 (2009), e6837.

21 **무하마드 알리(Muhammad Ali)가 아기**: From Jonathan Eig, *Ali: A Life* (Boston: Houghton Mifflin Harcourt, 2017), 11. James S. Hirsch, *Willie Mays: The Life, the Legend* (New York: Scribner, 2010), 13. Andrew S. Young, *Black Champions of the Gridiron* (New York: Harcourt, Brace & World, 1969). Martin Kessler, "Kalin Bennett Has Autism— and He's a Div. I Basketball Player," *Only a Game*, WBUR, June 21, 2019, https://www.wbur.org/onlyagame/2019/06/21/kent- state- kalin- bennett- basketball- autism.

22 **전 세계의 다양한 문화 속에 살고 있는 많은 아이들이**: 다음 저서의 참고자료 참조. Adolph and Robinson, "The Road to Walking."

23 **각각의 영유아들은 그들만의 길을**: Adolph and Robinson, "The Road to Walking," 410.

24 **안토니아 말칙(Antoia Malchik)이 그녀의 저서**: Antonia Malchik, *A Walking Life* (New York: Da Capo Press, 2019), 25.

25 **아돌프 박사의 팀은**: Lana B. Karasik, Karen E. Adolph, Catherine S. Tamis-LeMonda, and Alyssa L. Zuckerman, "Carry On: Spontaneous Object Carrying in 13-Month- Old Crawling and Walking Infants," *Developmental*

Psychology 48, no. 2 (2012), 389–397. Carli M. Heiman, Whitney G. Cole, Do Kyeong Lee, and Karen E. Adolph, "Object Interaction and Walking: Integration of Old and New Skills in Infant Development," *Infancy* 24, no. 4 (2019), 547–569.

26 **아기들은 목적 없이 방 안을 돌아다니며**: Justine E. Hock, Sinclaire M. O'Grady, and Karen E. Adolph, "It's the Journey, Not the Destination: Locomotor Exploration in Infants," *Developmental Science* (2018), e12740.

27 **시력 장애가 있는 아이들이**: Miriam Norris, Patricia J. Spaulding, and Fern H. Brodie, *Blindness in Children* (Chicago: University of Chicago Press, 1957).

28 **걷는 법을 어떻게 배우는가?**: Karen E. Adolph et al., "How Do You Learn to Walk? Thousands of Steps and Dozens of Falls per Day," *Psychological Science* 23, no. 11 (2012), 1387–1394.

29 **걸음마를 배우는 평균적인 아이는**: Adolph, "How Do You Learn to Walk?"

30 **어른처럼 걷지 못한다**: David Sutherland, Richard Olshen, and Edmund Biden, *The Development of Mature Walking* (London: Mac Keith Press, 1988).

31 **예를 들어, 인간의 신생아는**: Jeremy M. DeSilva, Corey M. Gill, Thomas C. Prang, Miriam A. Bredella, and Zeresenay Alemseged, "A Nearly Complete Foot from Dikika, Ethiopia, and Its Implications for the Ontogeny and Function of *Australopithecus afarensis*," *Science Advances* 4, no. 7 (2018), eaar7723. Craig A. Cunningham and Sue M. Black, "Anticipating Bipedalism: Trabecular Organization in the Newborn Ilium," *Journal of Anatomy* 214, no. 6 (2009), 817–829.

32 **아이들이 부과하는 매일의 압박에**: 인간이 아닌 대상과의 실험적 작업에서도, 이족보행의 새로운 압박에 뼈가 대응하는 방법들이 나타났다. 1939년, 앞다리가 없이 태어나 뒷다리로만 뛰어다니는 염소가 있었다. 1년 후에 사고로 죽은 이 염소를 위트레흐트 대학의 비교해부학자 에버하트 요하네스 슬리시퍼가 검사했다. 슬리시퍼의 염소는 척추와 골반, 그리고 다리뼈에 구조적 변형이 있었으며, 이는 비정상적 보행형태의 결과인 것으로 생각됐다. Everhard J. Slijper, "Biologic-Anatomical Investigations on the Bipedal Gait and Upright Posture in

Mammals, with Special Reference to a Little Goat, Born Without Forelegs," *Proceedings of the Koninklijke Nederlandse Akademie van Wetenschappen* 45 (1942), 288–295. 최근에는, 일본의 연구팀이 짧은꼬리원숭이를 두 다리로 걷게 훈련시켰다. 인간에서와 마찬가지로, 이 원숭이는 요추천만이 형성됐다. 그러나 인간의 경우, 뼈와 척추뼈 사이의 디스크가 쐐기 모양이 되기 때문에 요추천만이 형성되는 것과는 달리, 이 원숭이의 경우는 디스크에만 변형을 보였다. Masato Nakatsukasa, Sugio Hayama, and Holger Preuschoft, "Postcranial Skeleton of a Macaque Trained for Bipedal Standing and Walking and Implications for Functional Adaptation," *Folia Primatologica* 64, no. 1–2 (1995), 1–9. 2020년에는, 스토니 브룩 대학의 가브리엘 루소가 쥐에게 마구를 채워 두 다리로 걷게 하는 통제실험을 실시했다. 네 발로 걷는 쥐와 비교했을 때, 두 다리로 걷는 쥐들은 대후두공이 앞쪽으로 이동하고, 요추천만이 형성되었으며, 다리 관절도 더 커졌다. Gabrielle A. Russo, D'Arcy Marsh, and Adam D. Foster, "Response of the Axial Skeleton to Bipedal Loading Behaviors in an Experimental Animal Model," *Anatomical Record* 303, no. 1 (2020), 150–166.

33 **좌우로 뒤뚱거린 이유는**: 당시는, 걸음마를 배우는 아이는 고관절과 무릎을 굽히고, 다리를 벌리고 걷는 직립 유인원 같아 보였다. 그러나 침팬지는 이와는 반대의 방법으로 그들의 걸음걸이를 발전시킨 것 같다. 침팬지들은 영유아 시기(0.1~5살)에 이족보행을 가장 많이 한다. 이 어린 시기에는 자신들의 시간의 6퍼센트를 두 다리로 서서 보내면서 성인 침팬지보다 3배나 더 이족보행을 한다. Lauren Sarringhaus, Laura Mac-Latchy, and John Mitani, "Locomotor and Postural Development of Wild Chimpanzees," *Journal of Human Evolution* 66 (2014), 29–38.

34 **하반신 마비로**: Christine Tardieu, "Ontogeny and Phylogeny of Femoro-Tibial Characters in Humans and Hominid Fossils: Functional Influence and Genetic Determinism," *American Journal of Physical Anthropology* 110 (1999), 365–377.

35 **슬개골 외융기의 놀라운 점은**: Yann Glard et al., "Anatomical Study of Femoral

Patellar Groove in Fetus," *Journal of Pediatric Orthopaedics* 25, no. 3 (2005), 305–308.

36 **그 결과는 항상 동일했다**: Karen E. Adolph, Sarah E. Berger, and Andrew J. Leo, "Developmental Continuity? Crawling, Cruising, and Walking," *Developmental Science* 14, no. 2 (2011), 306–318. 다음 서적의 추가 참고자료 참조. Adolph and R. Robinson, "The Road to Walking."

⑪ — 출산과 이족보행

1 **이 엉덩이는 튼튼한 엉덩이**: Lucille Clifton, "Homage to My Hips," *Two-Headed Woman* (Amherst: University of Massachusetts Press, 1980).

2 **이 마지막 두 가지 활동이**: Alexander Marshack, "Exploring the Mind of Ice Age Man," *National Geographic* 147 (1975), 85. Francesco d'Errico, "The Oldest Representation of Childbirth," in *An Enquiring Mind: Studies in Honor of Alexander Marshack*, ed. Paul G. Bahn (Oxford and Oakville, CT: American School of Prehistoric Research, 2009), 99–109.

3 **아는 것이 많지 않다**: 그러나 다음을 참조. Pamela Heidi Douglas, "Female Sociality During the Daytime Birth of a Wild Bonobo at Luikotale, Democratic Republic of Congo," Primates 55 (2014), 533–542. 출산을 돕는 것은 일부 원숭이들에게서도 관찰되었다. Bin Yang, Peng Zhang, Kang Huang, Paul A. Garber, and Bao- Guo Li, "Daytime Birth and Postbirth Behavior of Wild *Rhinopithecus roxellana* in the Qinling Mountains of China," *Primates* 57 (2016), 155–160. Wei Ding, Le Yang, and Wen Xiao, "Daytime Birth and Parturition Assistant Behavior in Wild Black- and- White Snub- Nosed Monkeys (*Rhinopithecus bieti*) Yunnan, China," *Behavioural Processes* 94 (2013), 5–8.

4 **막힘없이 통과해서**: 히라타 외 다수는 침팬지도 가끔 여기에 묘사된 출산에서 벗어나는 경우가 있다는 증거를 제시했다. Satoshi Hirata, Koki Fuwa, Keiko Sugama, Kiyo Kusunoki, and Hideko Takeshita, "Mechanism of Birth in Chimpanzees: Humans Are Not Unique Among Primates," *Biology Letters*

7, no. 5 (2011), 286–288. 다음 서적도 참조. James H. Elder and Robert M. Yerkes, "Chimpanzee Births in Captivity: A Typical Case History and Report of Sixteen Births," *Proceedings of the Royal Society of London* B 120 (1936), 409–421.

5 **인간의 분만은 14시간 정도이나**: Karen Rosenberg, "The Evolution of Modern Human Childbirth," *Yearbook of Physical Anthropology* 35, no. S15 (1992), 89–124.

6 **나와 다른 모든 아기들이 찾아낸 해결 방법은**: 출산역학에도 변형이 존재한다. 다음을 참조. Dana Walrath, "Rethinking Pelvic Typologies and the Human Birth Mechanism," *Current Anthropology* 44 (2003), 5–31.

7 **1951년에 펜실베이니아 대학**: Wilton M. Krogman, "The Scars of Human Evolution," *Scientific American* 184 (1951), 54–57.

8 **루시의 골반 모양을 보고 알 수 있다**: Christine Berge, Rosine Orban-Segebarth, and Peter Schmid, "Obstetrical Interpretation of the Australopithecine Pelvic Cavity," *Journal of Human Evolution* 13, no. 7 (1984), 573–584. Robert G. Tague and C. Owen Lovejoy, "The Obstetric Pelvis of A. L. 288-1 (Lucy)," *Journal of Human Evolution* 15 (1986), 237–255. Jeremy M. DeSilva, Natalie M. Laudicina, Karen R. Rosenberg, and Wenda R. Trevathan, "Neonatal Shoulder Width Suggests a Semirotational, Oblique Birth Mechanism in *Australopithecus afarensis*," *Anatomical Record* 300 (2017), 890–899.

9 **대부분 여성의 골반에서는**: Cara M. Wall- Scheffler, Helen K. Kurki, and Benjamin M. Auerbach, *The Evolutionary Biology of the Pelvis: An Integrative Approach* (Cambridge: Cambridge University Press, 2020).

10 **산도를 찾아 나오는 것은**: In Jennifer Ackerman, "The Downsides of Upright," *National Geographic* 210, no. 1 (2006), 126–145.

11 **내 머리가 통과한다고 해도**: Lewis Carroll, *Alice's Adventures in Wonderland* (New York: Macmillan, 1865).

12 **오늘날의 모든 문화에서와 마찬가지로**: Wenda R. Trevathan, *Human Birth: An Evolutionary Perspective* (New York: Aldine de Gruyter, 1987). Karen

R. Rosenberg and Wenda R. Trevathan, "Bipedalism and Human Birth: The Obstetrical Dilemma Revisited," *Evolutionary Anthropology* 4 (1996), 161–168. Karen R. Rosenberg and Wenda R. Trevathan, "The Evolution of Human Birth," *Scientific American* 285 (2001), 72–77. Wenda R. Trevathan, *Ancient Bodies, Modern Lives* (Oxford: Oxford University Press, 2010). 또한, 산파술이란 태어나는 아기를 받아 줄 준비가 된 여분의 손길 정도가 아니었다. 델라웨어 대학교 간호대학 교수인 델라 캠벨은 600건의 인간의 출산에 대한 데이터를 수집했다. 절반 정도의 여성이 출산 시 가까운 친구나 가족의 일원을 동반했다. 나머지 절반은 그렇지 않았다. 종종 '도울라(doula: 출산 조언자)'라고 알려진 동반 여성이 있는 산모들은 한 시간 이상 분만 시간을 단축했다. 이는 산모뿐 아니라 아기에게도 이득이 된다. 신생아의 건강 상태를 측정하는 아프가 점수도, 도울라가 있는 상태에서 태어난 아기들이 더 좋았다. 최근에는 토론토 대학 교수 엘린 호드넷이 전 세계의 1만 5천 건의 출산을 다룬 22건의 연구를 검토했다. 분만 중의 사회적 지지는 이란이든, 나이지리아, 보츠와나, 혹은 미국의 경우이든, 분만시간을 단축시켰고 약물 사용의 필요성과 긴급 제왕절개의 가능성을 낮춰 주었다. 인간의 신체는 생리학적으로 분만 시 도움을 받게 적응되어 있다. 그리고 이런 도움들이 좋지 않은 일이 발생할 확률을 낮춰 준다. Della Campbell, Marian F. Lake, Michele Falk, and Jeffrey R. Backstrand, "A Randomized Control Trial of Continuous Support in Labor by a Lay Doula," *Gynecologic & Neonatal Nursing* 35, no. 4 (2006), 456–464. Ellen D. Hodnett, Simon Gates, G. Justus Hofmeyr, and Carol Sakala, "Continuous Support for Women During Childbirth," *Cochrane Database of Systematic Reviews* 7 (2013). 미네소타 대학 공중보건학 케이티 코즈히마닐 교수의 연구도 참조.

13 **출산은 아름다워요**: Angela Garbes, *Like a Mother: A Feminist Journey Through the Science and Culture of Pregnancy* (New York: HarperCollins, 2018), 101.

14 **전 세계적으로 30만 명에 가까운**: "Maternal Mortality," World Health Organization, September 19, 2019, https://www.who.int/news- room/fact- sheets/detail/

maternal- mortality.

15 **UN인권위원회의 2019년 보고서에 따르면**: Elizabeth O'Casey, "42nd Session of the UN Human Rights Council. General Debate Item 3," United Nations Human Rights Council, September 9–27, 2019.

16 **여성들의 평균 혼인연령이**: Using raw data from Max Roser and Hannah Ritchie, "Maternal Mortality," *Our World in Data*, https://ourworldindata.org/maternal- mortality. "List of Countries by Age at First Marriage," Wikipedia, https://en.wikipedia.org/wiki/List_of_countries_by_age_at_first_marriage.

17 **미국에서는 연간 약 700명의 여성이**: Donna L. Hoyert and Arialdi M. Miniño, "Maternal Mortality in the United States: Changes in Coding, Publication, and Data Release, 2018," *National Vital Statistics Report* 69, no. 2 (2020), 1–16. GBD 2015 Maternal Mortality Collaborators, "Global, Regional, and National Levels of Maternal Mortality, 1990–2015: A Systematic Analysis for the Global Burden of Disease Study 2015," The Lancet 388 (2016), 1775–1812.

18 **그의 새로운 인류학적 접근법은**: Sherwood L. Washburn, "The New Physical Anthropology," *Transactions of the New York Academy of Sciences* 13, no. 7 (1951), 298–304.

19 **1960년, 셰리 워시번은**: Sherwood L. Washburn, "Tools and Human Evolution," *Scientific American* 203 (1960), 62–75.

20 **그의 저서 《사피엔스(Sapiens)》에서**: Yuval Noah Harari, Sapiens: *A Brief History of Humankind* (New York: HarperCollins, 2015), 10.

21 **던스워스와 동료들은 그들의 2021년 연구에서**: Holly Dunsworth, Anna G. Warrener, Terrence Deacon, Peter T. Ellison, and Herman Pontzer, "Metabolic Hypothesis for Human Altriciality," *Proceedings of the National Academy of Sciences* 109, no. 38 (2012), 15212–15216. 던스워스는 이를 EGG 가설이라고 불렀다 (Energetics: 에너지론/ Growth: 성장/ Gestation: 잉태).

22 **인간 신생아의 평균 뇌 용량은**: Jeremy M. DeSilva and Julie J. Lesnik, "Brain Size at Birth Throughout Human Evolution: A New Method for Estimating

Neonatal Brain Size in Hominins," *Journal of Human Evolution* 55 (2008), 1064–1074.

23 **여유가 생기면 되는데 말이다**: See Herman T. Epstein, "Possible Metabolic Constraints on Human Brain Weight at Birth," *American Journal of Physical Anthropology* 39 (1973), 135–136.

24 **2015년, 워레너는**: Anna Warrener, Kristi Lewton, Herman Pontzer, and Daniel Lieberman, "A Wider Pelvis Does Not Increase Locomotor Cost in Humans, with Implications for the Evolution of Childbirth," *PLOS ONE* 10, no. 3 (2015), e0118903.

25 **탄자니아 하드자족에서부터**: Frank W. Marlowe, "Hunter- Gatherers and Human Evolution," *Evolutionary Anthropology* 14 (2005), 54–67. Charles E. Hilton and Russell D. Greaves, "Seasonality and Sex Differences in Travel Distance and Resource Transport in Venezuelan Foragers," *Current Anthropology* 49, no. 1 (2008), 144–153.

26 **2007년, 하버드 대학 인류진화생물학과의 캐서린 휘트컴(Katherine Whitcome)과**: Katherine K. Whitcome, Liza J. Shapiro, and Daniel E. Lieberman, "Fetal Load and the Evolution of Lumbar Lordosis in Bipedal Hominins," *Nature* 450 (2007), 1075–1078. 여성의 경우, 쐐기 형태의 척추뼈에 추가적으로 뼈와 뼈를 연결하는 관절면의 각도 역시 비스듬하다. 이는 만곡이 두드러져 부상을 입기 쉬운 등에 안정성을 가져다주는 것으로 생각된다.

27 **한편, 월-셰플러는**: Cara Wall- Scheffler, "Energetics, Locomotion, and Female Reproduction: Implications for Human Evolution," *Annual Review of Anthropology* 41 (2012), 71–85. Cara M. Wall- Scheffler and Marcella J. Myers, "The Biomechanical and Energetic Advantage of a Mediolaterally Wide Pelvis in Women," *Anatomical Record* 300, no. 4 (2017), 764–775.

28 **물건을 들고 걸으면**: Cara M. Wall- Scheffler, K. Geiger, and Karen L. Steudel-Numbers, "Infant Carrying: The Role of Increased Locomotor Costs in Early Tool Development," *American Journal of Physical Anthropology* 133, no. 2 (2007), 841–846.

29 **월-셰플러와 휘트컴 그리고 다른 연구원들은**: Wall- Scheffler and Myers, "The Biomechanical and Energetic Advantage of a Mediolaterally Wide Pelvis in Women." Katherine K. Whitcome, E. Elizabeth Miller, and Jessica L. Burns, "Pelvic Rotation Effect on Human Stride Length: Releasing the Constraint of Obstetric Selection," *Anatomical Record* 300, no. 4 (2017), 752–763. Laura T. Gruss, Richard Gruss, and Daniel Schmid, "Pelvic Breadth and Locomotor Kinematics in Human Evolution," Anatomical Record 300, no. 4 (2017), 739–751. See also Yoel Rak, "Lucy's Pelvic Anatomy: Its Role in Bipedal Gait," *Journal of Human Evolution* 20 (1991), 283–290.

30 **한 가지 가설은 높은 사망률이**: Jonathan C. K. Wells, Jeremy M. DeSilva, and Jay T. Stock, "The Obstetric Dilemma: An Ancient Game of Russian Roulette, or a Variable Dilemma Sensitive to Ecology?" *Yearbook of Physical Anthropology* 149, no. S55 (2012), 40–71.

31 **주장하는 학자들도 있다**: Christopher B. Ruff, "Climate and Body Shape in Hominid Evolution," *Journal of Human Evolution* 21, no. 2 (1991), 81–105. Laura T. Gruss and Daniel Schmitt, "The Evolution of the Human Pelvis: Changing Adaptations to Bipedalism, Obstetrics, and Thermoregulation," *Philosophical Transactions of the Royal Society B* 370, no. 1663 (2015). 다음 논문의 논평도 참조. Lia Betti, "Human Variation in Pelvis Shape and the Effects of Climate and Past Population History," *Anatomical Record* 300, no. 4 (2017), 687–697.

32 **또 다른 가설은 산도와 골반**: 그러나 다음 논문도 참조. Anna Warrener, Kristin Lewton, Herman Pontzer, and Daniel Lieberman, "A Wider Pelvis Does Not Increase Locomotor Cost in Humans, with Implications for the Evolution of Childbirth," *PLOS ONE* 10, no. 3 (2015), e0118903. 그들은 여성의 ACL 부상 빈도가 높은 이유가 남성보다 근력이 약하기 때문이라고 가정했다. 이는 부분적으로는 어린 시절의 운동 참여가 성별에 따라 권장(혹은 단념)되는 차이 때문이기도 하다.

33 **파열의 위험을 피하기 힘들어진다**: 다음의 외반족 무릎과 ACL 부상 위험의 관계

에 대한 내용도 참조. Mary Lloyd Ireland, "The Female ACL: Why Is It More Prone to Injury?" *Orthopaedic Clinics of North America* 33, no. 4 (2002), 637–651.

34 **마지막 가설은 인류학자인**: Wenda Trevathan, "Primate Pelvic Anatomy and Implications for Birth," *Philosophical Transactions of the Royal Society B* 370, no. 1663 (2015). See also Alik Huseynov et al., "Developmental Evidence for Obstetric Adaptation of the Human Female Pelvis," *Proceedings of the National Academy of Sciences* 113, no. 19 (2016), 5227–5232.

35 **골반장기탈출증은 전 세계 여성의 50퍼센트**: See Donna Mazloomdoost, Catrina C. Crisp, Steven D. Kleeman, and Rachel N. Pauls, "Primate Care Providers' Experience, Management, and Referral Patterns Regarding Pelvic Floor Disorders: A National Survey," *International Urogynecology Journal* 29 (2018), 109–118, 그리고 그 안의 참고자료.

36 **이제 새로운 목표가 눈에 들어온다**: 킵초게는 2019년 42.2km를 두 시간 안에 완주했으나, 공식적인 경주에서의 기록은 아니었다.

37 **피터스가 그의 마라톤 신기록을 경신하던 해**: Marathon records from "Marathon World Record Progression," Wikipedia, https://en.wikipedia.org/wiki/Marathon_world_record_progression.

38 **리차드 엘스워스(Richard Ellsworth)는 참 운도 없다**: Hailey Middlebrook, "Woman Wins 50K Ultra Outright, Trophy Snafu for Male Winner Follows," *Runner's World*, August 15, 2019, https://www.runnersworld.com/news/a28688233/ellie- pell- wins- green- lakes- endurance- run-50k.

39 **남성보다 피로에 더욱 잘 견딘다는**: 예로 다음을 참조. John Temesi et al., "Are Females More Resistant to Extreme Neuromuscular Fatigue?" *Medicine & Science in Sports & Exercise* 47, no. 7 (2015), 1372–1382.

40 **작가 레베카 솔닛(Rebecca Solnit)은**: Rebecca Solnit, *Wanderlust: A History of Walking* (New York: Penguin Books, 2000), 43. Genesis: "In sorrow thou shalt bring forth children."

41 **로드아일랜드 대학의 인류학자인 홀리 던스워스(Holly Dunsworth)도**: See Holly

Dunsworth, "The Obstetrical Dilemma Unraveled," in *Costly and Cute: Helpless Infants and Human Evolution*, ed. Wenda Trevathan and Karen Rosenberg (Santa Fe: University of New Mexico Press, published in association with School for Advanced Research Press, 2016), 29.

⑫ — 걸음걸이의 차이와 그 의미

1 **이 나라 가장 높은 여왕**: William Shakespeare, The Tempest, www.shakespeare.mit.edu/tempest/full.html.

2 **1977년, 웨슬리언 대학교**: James E. Cutting and Lynn T. Kozlowski, "Recognizing Friends by Their Walk: Gait Perception Without Familiarity Cues," *Bulletin of the Psychonomic Society* 9 (1977), 353–356.

3 **그 이후부터, 반복된 연구를 통해**: Sarah V. Stevenage, Mark S. Nixon, and Kate Vince, "Visual Analysis of Gait as a Cue to Identity," *Applied Cognitive Psychology* 13, no. 6 (1999), 513–526. Fani Loula, Sapna Prasad, Kent Harber, and Maggie Shiffrar, "Recognizing People from Their Movement," *Journal of Experimental Psychology: Human Perception and Performance* 31, no. 1 (2005), 210–220. Noa Simhi and Galit Yovel, "The Contribution of the Body and Motion to Whole Person Recognition," *Vision Research* 122 (2016), 12–20.

4 **예를 들어, 현재 메릴랜드**: Carina A. Hahn and Alice J. O'Toole, "Recognizing Approaching Walkers: Neural Decoding of Person Familiarity in Cortical Areas Responsive to Faces, Bodies, and Biological Motion," *Neuro-Image* 146, no. 1 (2017), 859–868.

5 **걸어오는 사람들이 가까이 다가와서**: 걷기에 특별히 한정된 것은 아니나, 베아트리체 드 겔더와 그녀의 동료들은 2005년 참가자들에게 잘못 짝지어진 몸에 붙여진 얼굴 표정 영상을 보여 주는 실험에 대한 발표를 했다. 환영하는 얼굴이 위협적인 자세의 몸에 붙어 있거나 그 반대로 짝지어진 모습과 같은 영상이었다. 여기서의 의문은 우리의 첫 반응이 얼굴에 대한 것인지, 아니면 신체에 대한 것인지에 관한 것이었다. 놀랍게도 그 답은, 참가자들이 얼굴 표정보다는 몸의 자세에 먼

저 반응하는 경우가 많았다는 것이었다. Hanneke K. M. Meeren, Corné C. R. J. van Heijnsbergen, and Beatrice de Gelder, "Rapid Perceptual Integration of Facial Expression and Emotional Body Language," *Proceedings of the National Academy of Sciences* 102, no. 45 (2005), 16518–16523.

6 **연구는 이런 추론들이**: Shaun Halovic and Christian Kroos, "Not All Is Noticed: Kinematic Cues of Emotion- Specific Gait," *Human Movement Science* 57 (2018), 478–488. Claire L. Roether, Lars Omlor, Andrea Christensen, and Martin A. Giese, "Critical Features for the Perception of Emotion from Gait," *Journal of Vision* 9, no. 6 (2009), 1–32. 이 의문점을 조사한 근본적인 연구인 다음 논문도 참고: Joann M. Montepare, Sabra B. Goldstein, and Annmarie Clausen, "The Identification of Emotions from Gait Information," *Journal of Nonverbal Behavior* 11 (1987), 33–42.

7 **영국 더럼 대학의 2012년 연구에서**: John C. Thoresen, Quoc C. Vuong, and Anthony P. Atkinson, "First Impressions: Gait Cues Drive Reliable Trait Judgements," *Cognition* 124, no. 3 (2012), 261–271.

8 **안젤라 북(Angela Book)의 2013년 연구에서**: Angela Book, Kimberly Costello, and Joseph A. Camilleri, "Psychopathy and Victim Selection: The Use of Gait as a Cue to Vulnerability," *Journal of Interpersonal Violence* 28, no. 11 (2013), 2368–2383.

9 **북이 지적했듯이**: 북은 그녀의 논문에서 로날드 M. 홈스와 스티븐 T. 홈스를 인용했다, Serial Murder (New York: Sage, 2009).

10 **코스틸라-레이어스는**: Omar Costilla- Reyes, Ruben Vera-Rodriguez, Patricia Scully, and Krikor B. Ozanyan, "Analysis of Spatio-Temporal Representations for Robust Footstep Recognition with Deep Residual Neural Networks," *IEEE Transactions on Pattern Analysis and Machine Intelligence* 41, no. 2 (2018), 285–296.

11 **첫 증상들 가운데 하나가**: Joe Verghese et al., "Abnormality of Gait as a Predictor of Non- Alzheimer's Dementia," *New England Journal of Medicine* 347, no. 22 (2002), 1761–1768. Louis M. Allen, Clive G. Ballard, David J. Burn, and

Rose Anne Kenny, "Prevalence and Severity of Gait Disorders in Alzheimer's and Non- Alzheimer's Dementias," *Journal of the American Geriatrics Society* 53, no. 10 (2005), 1681–1687.

12 **2012년, 카네기멜론 대학의 컴퓨터 공학도인 마리오스 사비데스(Marios Savvides)는**: Jim Giles, "Cameras Know You by Your Walk," *New Scientist* (September 12, 2012), https://www.newscientist.com/article/mg21528835-600-cameras-know- you- by- your- walk. Joseph Marks, "The Cybersecurity 202: Your Phone Could Soon Recognize You Based on How You Move or Walk," *Washington Post* (February 26, 2019), https://www.washingtonpost.com/news/powerpost/paloma/the- cybersecurity-202/2019/02/26/the-cybersecurity-202-your- phone- could- soon- recognize- you- based- on-how- you- move- or- walk/5c744b9b1b326b71858c6c39.

13 **텔아비브 사워레스키 의학센터의 제프리 하우스도르프(Jeffrey Hausdorff)는**: Ari Z. Zivotofsky and Jeffrey M. Hausdorff, "The Sensory Feedback Mechanisms Enabling Couples to Walk Synchronously: An Initial Investigation," *Journal of Neuroengineering and Rehabilitation* 4, no. 28 (2007), 1–5. 이 연구팀의 최근 연구에 대해서는 다음을 참조. Ari Z. Zivotofsky, Hagar Bernad- Elazari, Pnina Grossman, and Jeffrey M. Hausdorff, "The Effects of Dual Tasking on Gait Synchronization During Over- Ground Side- by- Side Walking," *Human Movement Science* 59 (2018), 20–29.

14 **지보토프스키의 연구가 실행되고 1년 후**: Niek R. van Ulzen, Claudine J. C. Lamoth, Andreas Daffertshofer, Gün R. Semin, and Peter J. Beck, "Characteristics of Instructed and Uninstructed Interpersonal Coordination While Walking Side- by- Side," *Neuroscience Letters* 432, no. 2 (2008), 88–93.

15 **클레어 챔버스(Claire Chambers)가**: Claire Chambers, Gaiqing Kong, Kunlin Wei, and Konrad Kording, "Pose Estimates from Online Videos Show That Sideby-Side Walkers Synchronize Movement Under Naturalistic Conditions," *PLOS ONE* 14, no. 6 (2019), e0217861.

16 **스티븐 킹(Stephen King)은 겨우 만 18세의 나이에**: Stephen King (writing as

Richard Bachman), The Long Walk (New York: Signet Books, 1979). 나는 킹에게 이메일을 써서 당시 대학생이었던 킹이 시속 3.8km(3마일)가 아닌 시속 6.4km(4마일)로 참가자들을 걷게 하는 것이 더욱 끔찍하다는 사실을 어떻게 알았는지 물어보았다. 그는 몰랐다. 그는 실수로 4마일이 인간이 걷는 평균 속도라고 생각했던 것이다.

17 **비교문화적 연구를 실시했으며**: Robert V. Levine and Ara Norenzayan, "The Pace of Life in 31 Countries," *Journal of Cross- Cultural Psychology* 30, no. 2 (1999), 178–205. 흥미롭게도, 라빈과 노렌자얀은 평균 걸음 속도와 세 가지의 변수 사이의 상관관계를 발견했다. 그 세 가지 변수는 평균기온과 경제적 활력, 그리고 그 나라의 일반적 문화이다 (개인적 혹은 집산적). 강력한 경제적, 그리고 개인적 가치를 지닌 추운 나라들의 사람들이 빨리 걸었다.

18 **독일 뮌헨의 인간동작 연구소 연구원들은**: Michaela Schimpl et al., "Association Between Walking Speed and Age in Healthy, Free- Living Individuals Using Mobile Accelerometry— A Cross- Cultural Study," *PLOS ONE* 6, no. 8 (2011), e23299.

19 **여기에서 반전이 일어난다**: Janelle Wagnild and Cara M. Wall- Scheffler, "Energetic Consequences of Human Sociality: Walking Speed Choices Among Friendly Dyads," *PLOS ONE* 8, no. 10 (2013), e76576. Cara Wall-Scheffler and Marcella J. Myers, "Reproductive Costs for Everyone: How Female Loads Impact Human Mobility Strategies," *Journal of Human Evolution* 64, no. 5 (2013), 448–456.

20 **걸어 다녔던 시절이 있었다**: Geoff Nicholson, *The Lost Art of Walking* (New York: Riverhead Books, 2008), 14.

⟨13⟩ — 마이오카인(Myokines) 그리고 활동 부족의 대가

1 **나에게는 의사가 둘이다**: George M. Trevelyan, *Clio, a Muse: And Other Essays Literary and Pedestrian* (London: Longmans, Green, 1913).

2 **걷는 것은 슈퍼푸드다**: Katy Bowman, *Move Your DNA: Restore Your Health Through Natural Movement* (Washington State: Propriometrics Press, 2014).

3 **생물인류학자인 하비바 철철(Habiba Chirchir)은**: Habiba Chirchir et al., "Recent Origin of Low Trabecular Bone Density in Modern Humans," *Proceedings of the National Academy of Sciences* 112, no. 2 (2015), 366–371. 철철은 내게 이메일을 통해 그녀의 표본에는 커다란 시간적 차이가 있으며, 더욱 연약한 골격에 이 변화가 정확히 언제 발생했는지는 여전히 불확실하다는 주의를 주었다.

4 **펜실베이니아 주립 대학 인류학자인 팀 라이언(Tim Ryan)도**: Timothy M. Ryan and Colin N. Shaw, "Gracility of the Modern Homo sapiens Skeleton Is the Result of Decreased Biomechanical Loading," *Proceedings of the National Academy of Sciences* 112, no. 2 (2015), 372–377. 철철은 그녀의 연구에서 이 결과들을 바로 인정했다. Habiba Chirchir, Christopher B. Ruff, Juho-Antti Junno, and Richard Potts, "Low Trabecular Bone Density in Recent Sedentary Modern Humans," *American Journal of Physical Anthropology* 162, no. 3 (2017), 550–560. 이 부분에서 골밀도라고 언급된 것은 엄밀히 말하면 골부피/면적 비율을 뜻한다.

5 **인간은 지난 1만 년 동안**: Daniela Grimm et al., "The Impact of Microgravity on Bone in Humans," *Bone* 87 (2016), 44–56. 다음 서적도 참조. Riley Black (formerly Brian Switek), *Skeleton Keys: The Secret Life of Bone* (New York: Riverhead Books, 2019), 108.

6 **스티븐 무어(Steven Moore)는, 그 답은**: Steven C. Moore et al., "Leisure Time Physical Activity of Moderate to Vigorous Intensity and Mortality: A Large Pooled Cohort Analysis," *PLOS ONE* 9, no. 11 (2012), e1001335.

7 **캠브리지 대학의 연구원들은**: Ulf Ekelund et al., "Physical Activity and All- Cause Mortality Across Levels of Overall and Abdominal Adiposity in European Men and Women: The European Prospective Investigation into Cancer and Nutrition Study (EPIC)," *American Journal of Clinical Nutrition* 101, no. 3 (2015), 613–621.

8 **코펜하겐 대학의 생리학자**: Bente Klarlund Pedersen, "Making More Minds Up to Move," *TEDx Copenhagen*, September 18, 2012, https://tedxcopenhagen.dk/talks/making- more- minds- move.

9 **미국 여성 여덟 명 중 한 명이**: "Breast Cancer Facts & Figures 2019–2020," American Cancer Society (Atlanta: American Cancer Society, Inc., 2019). "Breast Cancer," World Health Organization, https://www.who.int/cancer/detection/breastcancer/en/index1.html.

10 **그런데 매일 걷는 것이**: Janet S. Hildebrand, Susan M. Gapstur, Peter T. Campbell, Mia M. Gaudet, and Alpa V. Patel, "Recreational Physical Activity and Leisure- Time Sitting in Relation to Postmenopausal Breast Cancer Risk," *Cancer Epidemiology and Prevention Biomarkers* 22, no. 10 (2013), 1906–1912.

11 **수치를 낮춰 준다는 것이다**: Kaoutar Ennour- Idrissi, Elizabeth Maunsell, and Caroline Diorio, "Effect of Physical Activity on Sex Hormones in Women: A Systematic Review and Meta- Analysis of Randomized Controlled Trials," *Breast Cancer Research* 17, no. 139 (2015), 1–11.

12 **앤 맥티어넌(Ann McTiernan)의 팀은**: Anne McTiernan et al., "Effect of Exercise on Serum Estrogens in Postmenopausal Women," *Cancer Research* 64, no. 8 (2004), 2923–2928.

13 **변이가 발생하더라도**: Stephanie Whisnant Cash et al., "Recent Physical Activity in Relation to DNA Damage and Repair Using the Comet Assay," *Journal of Physical Activity and Health* 11, no. 4 (2014), 770–778.

14 **5천 명의 여성을 대상으로 한 연구에서**: Crystal N. Holick et al., "Physical Activity and Survival After Diagnosis of Invasive Breast Cancer," *Cancer Epidemiology, Biomarkers & Prevention* 17, no. 2 (2008), 379–386. 홀릭은 현재 헬스코어 주식회사(HealthCore, Inc.)의 연구사업부 부사장으로 재직 중이다.

15 **후속 연구에서는**: 흥미로운 것은, 이 연구가 에스트로겐 반응 양성 종양 유방암의 경우만을 다루었다는 사실이다. 에스트로겐 반응 음성인 경우는 아무런 영향이 없는 것으로 나타나, 운동이 유방암 위험을 낮춰 주는 방식이 에스트로겐을 통한 것이라는 사실을 보여 주었다. Ezzeldin M. Ibrahim and Abdelaziz Al- Homaidh, "Physical Activity and Survival After Breast Cancer Diagnosis: Meta- Analysis of Published Studies," *Medical Oncology* 28 (2011), 753–765.

16 **유사한 수준으로 재발률이 낮아졌다**: Erin L. Richman et al., "Physical Activity After Diagnosis and Risk of Prostate Cancer Progression: Data from the Cancer of the Prostate Strategic Urologic Research Endeavor," *Cancer Research* 71, no. 11 (2011), 3889–3895.

17 **실제로, 2016년에**: Steven C. Moore et al., "Leisure- Time Physical Activity and Risk of 26 Types of Cancer in 1.44 Million Adults," *JAMA Internal Medicine* 176, no. 6 (2016), 816–825. 75만 명을 대상으로 한 2020년의 연구 역시, 적당한 운동이 일곱 가지 종류의 암 발생률을 줄여 준다는 유사한 결과를 보여 주었다. 대상 암은 결장(남성), 자궁내막, 골수종, 유방, 간, 신장암, 그리고 비호지킨 림프종(여성)을 포함한다. Charles E. Matthews et al., "Amount and Intensity of Leisure- Time Physical Activity and Lower Cancer Risk," *Journal of Clinical Oncology* 38 no. 7 (2020), 686–697.

18 **그 형태도 다양한 이 질병은**: "Heart Disease Facts," Centers for Disease Control and Prevention, December 2, 2019, https://www.cdc.gov/heartdisease/facts.htm.

19 **2002년의 연구는**: Mihaela Tanasescu et al., "Exercise Type and Intensity in Relation to Coronary Heart Disease in Men," *Journal of the American Medical Association* 288, no. 16 (2002), 1994–2000.

20 **관상동맥 심질환은**: David A. Raichlen et al., "Physical Activity Patterns and Biomarkers of Cardiovascular Disease in Hunter- Gatherers," *American Journal of Human Biology* 29, no. 2 (2017), e22919.

21 **평균적인 미국인은**: "Time Flies: U.S. Adults Now Spend Nearly Half a Day Interacting with Media," Nielsen, July 31, 2018, https://www.nielsen.com/us/en/insights/article/2018/time- flies- us- adults- now- spend- nearly- half- a- day- interacting- with- media.

22 **1일 에너지 총량은**: Herman Pontzer et al., "Hunter- Gatherer Energetics and Human Obesity," *PLOS ONE* 7, no. 7 (2012), e40503. Herman Pontzer et al., "Constrained Total Energy Expenditure and Metabolic Adaptation to Physical Activity in Adult Humans," *Current Biology* 26, no. 3 (2016), 410–417.

23 **단서가**: 이 문제에는 사람의 몸무게와 걷는 속도와 같은 많은 변수들이 작용한다. 이 계산을 하는 방법은 몇 가지가 있는데, 각 계산법마다 정해진 가정이 있다. 첫 번째는, 표준을 따르되, 평균적인 성인 인간은 시속 약 4.8km(3마일)로 걸을 때 1마일당 70에서 100kcal를 '태운다'라는, 아마도 잘못된 가정이 개입된다. 체중 1파운드(450g)당 2,500kcal라는, 잘못됐지만 논쟁을 위해 여기에서만 허용된 가정을 하면, 그 답은 64km를 걸어도 체중 1파운드가 줄지 않는다는 것이다. 더 좋은 접근법은 신체활동지표를 사용하는 것인데, 이는 보통의 속도로 걷기를 3MET 단위(g/kcal/hr)로 정하고 있다. 이렇게 계산하면 답은 112km이다.

24 **최근에 받아들여진 가설은**: Herman Pontzer, "Energy Constraint as a Novel Mechanism Linking Exercise and Health," *Physiology* 33, no. 6 (2018), 384–393. Herman Pontzer, Brian M. Wood, and Dave A. Raichlen, "Hunter-Gatherers as Models in Public Health," *Obesity Reviews* 19, no. S1 (2018), 24–35. Herman Pontzer, "The Crown Joules: Energetics, Ecology, and Evolution in Humans and Other Primates," *Evolutionary Anthropology* 26, no. 1 (2017), 12–24.

25 **만성적으로 높은 TNF 수치는**: Roberto Ferrari, "The Role of TNF in Cardiovascular Disease," *Pharmacological Research* 40, no. 2 (1999), 97–105.

26 **스토얀 드미트로프(Stoyan Dimitrov)는**: 작용방식은 이러하다: 걷기는 에피네프린과 노르에피네프린을 증가시킨다. 이 두 물질은 베타-S 아드레날린 수용체라고 불리는 수용체를 활성화하여(면역세포에 대해) TNF(항염증성 사이토카인)를 하향조절한다. Stoyan Dimitrov, Elaine Hulteng, and Suzi Hong, "Inflammation and Exercise: Inhibition of Monocytic Intracellular TNF Production by Acute Exercise Via β2- Adrenergic Activation," *Brain, Behavior, and Immunity* 61 (2017), 60–68.

27 **1990년대 후반**: Kenneth Ostrowski, Thomas Rohde, Sven Asp, Peter Schjerling, and Bente Klarlund Pedersen, "Pro- and Anti-Inflammatory Cytokine Balance in Strenuous Exercise in Humans," *Journal of Physiology* 515, no. 1 (1999), 287–291.

28 **페덜슨은 그 이유를 밝혀내고자**: Adam Steensberg et al., "Production of

Interleukin-6 in Contracting Human Skeletal Muscles Can Account for the Exercise- Induced Increase in Plasma Interleukin-6," *Journal of Physiology* 529, no. 1 (2000), 237–242.

29 **페덜슨은 이 놀라운 분자 종류의 이름을**: Bente Klarlund Pedersen et al., "Searching for the Exercise Factor: Is IL-6 a Candidate?" *Journal of Muscle Research and Cell Motility* 24 (2003), 113–119.

30 **페덜슨의 팀은**: Line Pedersen et al., "Voluntary Running Suppresses Tumor Growth Through Epinephrine- and IL-6-Dependent NK *Cell Mobilization* and Redistribution," Cell Metabolism 23, no. 3 (2016), 554–562. See Alejandro Lucia and Manuel Ramírez, "Muscling In on Cancer," *New England Journal of Medicine* 375, no. 9 (2016), 892–894.

31 **걷기가 필요한 것은 아니다**: T. Kinoshita et al., "Increase in Interleukin-6 Immediately After Wheelchair Basketball Games in Persons with Spinal Cord Injury: Preliminary Report," *Spinal Cord* 51, no. 6 (2013), 508–510. T. Ogawa et al., "Elevation of Interleukin-6 and Attenuation of Tumor Necrosis Factor– Alpha During Wheelchair Half Marathon in Athletes with Cervical Spinal Cord Injuries," Spinal Cord 52 (2014), 601–605. 리초는 다음 서적에서 인용했다. Antonia Malchik, *A Walking Life* (New York: Da Capo Press, 2019).

32 **미국인들은 하루에 5,117걸음을**: David R. Bassett, Holly R. Wyatt, Helen Thompson, John C. Peters, and James O. Hill, "Pedometer- Measured Physical Activity and Health Behaviors in U. S. Adults," *Medicine & Science in Sports & Exercise* 42, no. 10 (2010), 1819–1825.

33 **1만 보라는**: 이 부분은 1만 보라는 한계치에 집중하고 있으나, 걸음 수를 세는 관행은 역사가 깊다. 다트머스 대학 디지털 인문학 및 사회적 참여 분야의 교수인 제클린 월니몬트에 의하면, 첫 계보기는 16세기까지 거슬러 올라가며 심지어는 나폴레옹도 의사의 지시에 따라 걸음 수를 세었다고 한다. 시간이 지나면서 변화한 것은, 건강과 관련한 걸음의 수이다(현재는 1만 보). Jacqueline D. Wernimont, *Numbered Lives: Life and Death in Quantum Media* (Cambridge,

MA: MIT Press, 2019).

34 **그해 동경 올림픽에서**: 비킬라는 사하라 사막 이남에서 마라톤 금메달을 획득한 첫 아프리카 선수이다. 그는 1960년 로마에서 맨발로 42.1km를 달려서 금메달을 획득하며 유명해졌다. 그가 1964년 금메달을 획득한 이래, 모든 마라톤 금메달의 절반은 에티오피아, 케냐, 혹은 우간다 선수들이 가져갔다. 슬프게도 비킬라는 1969년 자동차 사고로 마비가 되어 1973년 겨우 41세의 나이에 사망했다.

35 **하타노는 그다음 해에**: Catrine Tudor- Locke, Yoshiro Hatano, Robert P. Pangrazi, and Minsoo Kang, "Revisiting 'How Many Steps Are Enough?'" *Medicine & Science in Sports & Exercise* 40, no. 7 (2008), S537–S543.

36 **아이-민 리(I-Min Lee)는 2011년에서 2015년의**: I- Min- Lee et al., "Association of Step Volume and Intensity with All- Cause Mortality in Older Women," *JAMA Internal Medicine* 179, no. 8 (2019), 1105–1112.

37 **간단하게 정리하자면, 리는**: Carey Goldberg, "10,000 Steps a Day? Study in Older Women Suggests 7,500 Is Just as Good for Living Longer," WBUR, May 29, 2019, https://www.wbur.org/commonhealth/2019/05/29/10000-steps-longevity- older- women- study.

38 **개는 인간종이 길들이기 시작한**: Pontus Skoglund, Erik Ersmark, Eleftheria Palkopoulou, and Love Dalén, "Ancient Wolf Genome Reveals an Early Divergence of Domestic Dog Ancestors and Admixture into High- Latitude Breeds," *Current Biology* 25, no. 11 (2015), 1515–1519. Kari Prassack, Josephine DuBois, Martina Lázničková- Galetová, Mietje Germonpré, and Peter S. Ungar, "Dental Microwear as a Behavioral Proxy for Distinguishing Between Canids at the Upper Paleolithic (Gravettian) Site of Predmostí, Czech Republic," *Journal of Archaeological Science* 115 (2020), 105092.

39 **현재까지도 개 소유자들은**: Philippa M. Dall et al., "The Influence of Dog Ownership on Objective Measures of Free- Living Physical Activity and Sedentary Behavior in Community- Dwelling Older Adults: A Longitudinal Case- Controlled Study," *BMC Public Health* 17, no. 1 (2017), 1–9.

40 **암 발병을 예방하고**: Hikaru Hori, Atsuko Ikenouchi-Sugita, Reiji Yoshimura, and Jun Nakamura, "Does Subjective Sleep Quality Improve by a Walking Intervention? A Real- World Study in a Japanese Workplace," *BMJ Open* 6, no. 10 (2016), e011055. Emily E. Hill et al., "Exercise and Circulating Cortisol Levels: The Intensity Threshold Effect," *Journal of Endocrinological Investigation* 31, no. 7 (2008), 587–591. Jacob R. Sattelmair, Tobias Kurth, Julie E. Buring, and I- Min Lee, "Physical Activity and Risk of Stroke in Women," *Stroke* 41, no. 6 (2010), 1243–1250. 이 연구는 복용량에 따른 효과를 보여 주었는데, 이는 걷기의 양과 속도가 중요하다는 의미이다.

⑭ — 걷는 것은 왜 사색에 도움이 되는가

1 **낙타처럼 걸어야 한다**: Henry David Thoreau, "Walking," *Atlantic Monthly* (1861).

2 **자넷 브라운(Janet Browne)은**: Janet Browne, Charles Darwin: *The Power of Place* (Princeton, NJ: Princeton University Press, 2002), 402.

3 **해결책이 떠오르는 것이다**: 콜롬비아 대학 심리학자인 크리스틴 E. 웹은 우리가 문제를 해결하는 많은 방식 가운데 걷기는 '넘어가다'를 구현한 것이라고 썼다. Christine E. Webb, Maya Rossignac- Milon, and E. Tory Higgins, "Stepping Forward Together: Could Walking Facilitate Interpersonal Conflict Resolution?" *American Psychologist* 72, no. 4 (2017), 374–385.

4 **19세기 영국 시인**: 레베카 솔닛은 그녀의 저서 『방랑벽(Wanderlust)』에 워즈워드에 대해 다음과 같이 기술했다. "나는 항상 워즈워드를 철학의 기구로 다리를 사용한 첫 인물로 생각한다." Rebecca Solnit, Wanderlust: A History of Walking (New York: Penguin Books, 2000), 82.

5 **프랑스 철학자 장-자크 루소(Jean-Jacques Rousseau)는**: Jean- Jacques Rousseau, *Les Confessions* (1782–1789). 다음 서적에서 인용. Duncan Minshull, *The Vintage Book of Walking* (London: Vintage, 2000), 10.

6 **산책을 했던 니체는**: Friedrich Nietzsche, *Götzen- Dämmerung* (Twilight of the Idols, or, How to Philosophize with a Hammer) (Leipzig: C. G. Naumann, 1889).

7 **길은 밤에 너무 외로워서**: Charles Dickens, *Uncommercial Traveller*, "Chapter 10: Shy Neighborhoods" (London: All the Year Round, 1860).

8 **최근에는, 로빈 데이비슨(Robyn Davidson)이**: Robyn Davidson, *Tracks: A Woman's Solo Trek Across 1700 Miles of Australian Outback* (New York: Vintage, 1995).

9 **그러나 역사적으로 걷는 것은**: Solnit, Wanderlust, Chapter 14.

10 **오페초는 멋진 실험을**: Marily Oppezzo and Daniel L. Schwartz, "Give Your Ideas Some Legs: The Positive Effect of Walking on Creative Thinking," *Journal of Experimental Psychology: Learning, Memory, and Cognition* 40, no. 4 (2014), 1142–1152.

11 **미셸 보스(Michelle Voss)는**: Michelle W. Voss et al., "Plasticity of Brain Networks in a Randomized Intervention Trial of Exercise Training in Older Adults," *Frontiers in Aging Neuroscience* 2 (2010), 1–17. 통제집단의 스트레치 운동은 모든 뇌의 변화가 걷기와 관련된 심혈관 변화의 결과이지, 단체수업을 통한 사회적 자극에 의한 것이 아니라는 점을 분명히 했다.

12 **제니퍼 우브(Jennifer Weuve)는**: Jennifer Weuve et al., "Physical Activity, Including Walking, and Cognitive Function in Older Women," *Journal of the American Medical Association* 292, no. 12 (2004), 1454–1461.

13 **2011년, 피츠버그 대학**: Kirk Erickson et al., "Exercise Training Increases Size of Hippocampus and Improves Memory," *Proceedings of the National Academy of Sciences* 108, no. 7 (2011), 3017–3022.

14 **소피 카터(Sophie Carter)는**: Sophie Carter et al., "Regular Walking Breaks Prevent the Decline in Cerebral Blood Flow Associated with Prolonged Sitting," *Journal of Applied Physiology* 125, no. 3 (2018), 790–798.

15 **2019년, 브라질의 리우데자네이루 연방대학의**: Mychael V. Lourenco et al., "Exercise-Linked FNDC5/Irisin Rescues Synaptic Plasticity and Memory Defects in Alzheimer's Models," *Nature Medicine* 25, no. 1 (2019), 165–175.

16 **임상정신의학 교수인 존 레이티(John Ratey)는**: John J. Ratey and Eric Hagerman, *Spark: The Revolutionary New Science of Exercise and the Brain* (New York:

Little, Brown Spark, 2013). 피츠버그 대학 연구의 주요 저자인 커크 에릭슨은 이메일을 통해, 다른 조직들도 BDNF를 생산할 수 있기 때문에 그의 연구 참가자들에게서 순환되는 BDNF가 근육으로부터 직접 파생된 것인지 결정할 수 없다고 밝혔다.

17 **걷고 싶지 않다고 생각했다**: Geoff Nicholson, *The Lost Art of Walking* (New York: Riverhead Books, 2008), 32.

18 **미국인 열두 명 가운데 한 명이**: 우울증에 대한 설명은 제논(Zenon)의 역설을 생각나게 한다. 기원전 5세기 엘레아의 철학자인 제논은 청중에게 중정을 가로질러 반대편의 벽을 향해 걷는다고 상상하도록 했다. 우선, 길의 절반을 걷는다. 그러고 나머지 거리의 절반을 걷는다. 이런 방식으로, 남은 거리의 반을 나누어 걷는 여정을 계속하면, 반대편 벽에 절대 도달할 수 없다. 절반으로 나뉜 거리는 무한으로 작아지지만, 걸어갈 절반의 길이가 항상 남는다. 다다를 수 없다는 좌절과 고갈, 그리고 절망을 상상해 보라. 그러나 알제리 태생의 그리스도교 사제로 후에 성 아우구스틴으로 공표된 히포의 아우구스틴이 이 제논의 역설을 들었을 때, 답을 했다는 설명이 있다. 그는 "*Solvitur ambulando.*"라고 말했다. "걷는 것으로 해결이 됩니다." 그의 표현은 실용주의자들의 구호가 되었으며, 나이키의 유명한 "저스트 두 잇(Just Do It)"이라는 슬로건과 크게 다르지 않다.

19 **브레트만은 당시 박사과정의 학생으로**: Gregory N. Bratman, J. Paul Hamilton, Kevin S. Hahn, Gretchen C. Daily, and James J. Gross, "Nature Experience Reduces Rumination and Subgenual Prefrontal Cortex Activation," *Proceedings of the National Academy of Sciences* 112, no. 28 (2015), 8567–8572. 브레트만은 현재 워싱턴 대학의 환경 및 산림 과학과의 조교수로 재직 중이다.

20 **나무와 새가 있고**: 식물이 공기 중으로 발산하는 분자인 피톤치드가 인간의 생리에 영향을 끼친다는 가설도 있다. 한 연구는 나무의 피톤치드가 면역기능을 향상시킨다고 주장했다. Qing Li et al., "Effect of Phytoncide from Trees on Human Natural Killer Cell Function," *International Journal of Immunopathology and Pharmacology* 22, no. 4 (2009), 951–959. 피톤치드는 일본의 전통인 '신린-요쿠' 또는 '산림욕'의 기반이 되는 기재일 수도 있다. 그

러나 생리학적으로 어떤 작용을 하는지는 명확히 알려져 있지 않다.

21 **1951년 출간된 그의 단편소설**: Ray Bradbury, 《The Pedestrian》 *The Reporter* (1951).

⑮ — 타조의 발과 무릎관절 치환술에 대하여

1 **시간은 모든 발뒤꿈치에 상처를 낸다**: 막스 형제의 영화 『서쪽으로 가라(Go West, 1940)』에서 가져오기는 했으나, 출처가 많은 어구이며, 그라우초가 처음 사용한 사람이 아니다. Garson O'Toole, "Time Wounds All Heels," Quote Investigator, September 23, 2014, https://quoteinvestigator.com/2014/09/23/heels/.

2 **걷기로 결정했다**: Elizabeth Barrett Browning, *Aurora Leigh* (London: J. Miller, 1856).

3 **강사 후탄 애슈레이피안(Hutan Ashrafian)은**: Hutan Ashrafian, "Leonardo da Vinci's Vitruvian Man: A Renaissance for Inguinal Hernias," *Hernia* 15 (2011), 593–594.

4 **모든 남성의 4분의 1 이상이**: "Inguinal Hernia," Harvard Health Publishing (July 2019), https://www.health.harvard.edu/a_to_z/inguinal- hernia- a- to- z.

5 **사타구니 탈장은 이족보행의**: Gilbert McArdle, "Is Inguinal Hernia a Defect in Human Evolution and Would This Insight Improve Concepts for Methods of Surgical Repair?" *Clinical Anatomy* 10, no. 1 (1997), 47–55.

6 **고환이 내려오는 이 이상한 관은**: See Alice Roberts, *The Incredible Unlikeliness of Being: Evolution and the Making of Us* (New York: Heron Books, 2014).

7 **모두 로봇이 할 수 있을 것이고**: 허스트가 10대였던 시절, 그의 아버지는 그를 콜로라도 대학에 데려가 대학생들이 만든 로봇이 10가지의 과제를 수행하며 겨루는 걷는 기계 10종 경기를 해마다 관람하곤 했다. 2000년에, 허스트는 그의 디자인으로 참가해서 우승했다.

8 **지난 20년 동안, 그의**: Jonathan Hurst, "Walking and Running: Bio-Inspired Robotics," TEDx OregonStateU, March 16, 2016, https://www.youtube.com/watch?v=khqi6SiXUzQ. 이메일을 통해, 허스트는 "다리로 걷는 방식의 근본적

인 진실은 다리가 두 개건, 네 개, 여섯 개건, 다리의 수에 상관없이 적용됩니다. 우리는 이족보행에 초점을 맞췄지만, 사족보행과 이족보행 사이의 유사성이 차이점보다 훨씬 큽니다."라고 밝혔다.

9 **이 근육들은 여전히**: Leslie Klenerman, *Human Anatomy: A Very Short Introduction* (Oxford: Oxford University Press, 2015). See also Arthur Keith, "The Extent to Which the Posterior Segments of the Body Have Been Transmuted and Suppressed in the Evolution of Man and Allied Primates," *Journal of Anatomy and Physiology* 37, no. 1 (1902), 18–40.

10 **안과 전문의인 레베카 포드(Rebecca Ford) 박사는**: Rebecca L. Ford, Alon Barsam, Prabhu Velusami, and Harold Ellis, "Drainage of the Maxillary Sinus: A Comparative Anatomy Study in Humans and Goats," *Journal of Otolaryngology— Head and Neck Surgery* 40, no. 1 (2011), 70–74.

11 **고인류학자인 브루스 래티머(Bruce Latimer)는**: Ann Gibbons, "Human Evolution: Gain Came with Pain," *Science*, February 16, 2013, https://www.sciencemag.org/news/2013/02/human-evolution-gain-came-pain.

12 **용수철처럼 달릴 때의 압박을 흡수하며**: Eric R. Castillo and Daniel E. Lieberman, "Shock Attenuation in the Human Lumbar Spine During Walking and Running," *Journal of Experimental Biology* 221, no. 9 (2018), jeb177949.

13 **유일한 동물이며**: Bruce Latimer, "The Perils of Being Bipedal," *Annals of Biomedical Engineering* 33, no. 1 (2005), 3–6.

14 **한 발을 디딜 때마다**: Darryl D. D'Lima et al., "Knee Joint Forces: Prediction, Measurement, and Significance," *Proceedings of the Institution of Mechanical Engineers, Part H: Journal of Engineering in Medicine* 226, no. 2 (2012), 95–102.

15 **미국 내에서만 해마다**: 이 수치는 2030년이 되면 128만에 도달할 것으로 예상된다. Matthew Sloan and Neil P. Sheth, "Projected Volume of Primary and Revision Total Joint Arthroplasty in the United States, 2030–2060," Meeting of the American Academy of Orthopaedic Surgeons, March 6, 2018.

16 **1951년, 뉴욕 양키즈는**: Roger Kahn, *The Era*, 1947–1957 (New York: Ticknor &

Fields, 1993), 289.

17 **해마다 20만 명에 가까운**: Matthew Gammons, "Anterior Cruciate Ligament Injury," Medscape, June 16, 2016, https://emedicine.medscape.com/article/89442-overview.

18 **남성보다 여성에게 더욱 일반적이다**: David E. Gwinn, John H. Wilckens, Edward R. McDevitt, Glen Ross, and Tzu- Cheng Kao, "The Relative Incidence of Anterior Cruciate Ligament Injury in Men and Women at the United States Naval Academy," *American Journal of Sports Medicine* 28, no. 1 (2000), 98–102. Danica N. Giugliano and Jennifer L. Solomon, "ACL Tears in Female Athletes," *Physical Medicine and Rehabilitation Clinics of North America* 18, no. 3 (2007), 417–438.

19 **저는 너무 싫었습니다**: Christa Larwood, "Van Phillips and the Cheetah Prosthetic Leg: The Next Step in Human Evolution," *OneLife Magazine*, no. 19 (2010).

20 **동참한 동물이 없지만**: 다음 서적에 훌륭한 개요가 있다. Steve Brusatte, *The Rise and Fall of the Dinosaurs: The Untold Story of a Lost World* (New York: William Morrow, 2018). 다음 논문도 참조. Pincelli M. Hull et al., "On Impact and Volcanism Across the Cretaceous- Paleogene Boundary," *Science* 367, no. 6475 (2020), 266–272.

21 **초기 골격 변화 가운데 하나는**: Qiang Ji et al., "The Earliest Known Eutherian Mammal," *Nature* 416 (2002), 816–822.

22 **해마다 100만 명의 미국인들이**: Shweta Shah et al., "Incidence and Cost of Ankle Sprains in United States Emergency Departments," *Sports Health* 8, no. 6 (2016), 547–552.

23 **인간이었으면 대부분 심각한 힘줄과 인대 부상을**: 인간의 '전부'가 아닌 '대부분'이라 쓴 이유는, 숲에 거주하며 꿀을 따려고 나무를 오르는 사람들은 더 기다란 근섬유를 가지고 있으며 발목관절 움직임의 범위도 훨씬 넓기 때문이다. Vivek V. Venkataraman, Thomas S. Kraft, and Nathaniel J. Dominy, "Tree Climbing and Human Evolution," *Proceedings of the National Academy of Sciences*

110, no. 4 (2013), 1237–1242. Thomas S. Kraft, Vivek V. Venkataraman, and Nathaniel J. Dominy, "A Natural History of Tree Climbing," *Journal of Human Evolution* 71 (2014), 105–118.

24 **생물학적 등가물인 이러한 변화들은**: François Jacob, "Evolution and Tinkering," Science 196, no. 4295 (1977), 1161–1166.

25 **다음 발걸음으로 옮기는 추진력을**: Dominic James Farris, Luke A. Kelly, Andrew G. Cresswell, and Glen A. Lichtwark, "The Functional Importance of Human Foot Muscles for Bipedal Locomotion," *Proceedings of the National Academy of Sciences* 116, no. 5 (2019), 1645–1650.

26 **뛰어난 장거리 달리기 능력으로 잘 알려진**: Christopher Mc-Dougall, *Born to Run: A Hidden Tribe, Superathletes, and the Greatest Race the World Has Never Seen* (New York: Vintage, 2009). 다음 논문도 참조. Daniel E. Lieberman et al., "Running in Tarahumara (Rarámuri) Culture: Persistence Hunting, Footracing, Dancing, Work, and the Fallacy of the Athletic Savage," Current Anthropology 61, no. 3 (2020), 356–379.

27 **리버만과 박사 후 연구원인 니콜라스 호로우카(Nicholas Holowka)와**: Nicholas B. Holowka, Ian J. Wallace, and Daniel E. Lieberman, "Foot Strength and Stiffness Are Related to Footwear Use in a Comparison of Minimally- vs. Conventionally- Shod Populations," *Scientific Reports* 8, no. 3679 (2018), 1–12.

28 **신시내티 대학 인류학과의 엘리자베스 밀러(Elizabeth Miller)는**: Elizabeth E. Miller, Katherine K. Whitcome, Daniel E. Lieberman, Heather L. Norton, and Rachael E. Dyer, "The Effect of Minimal Shoes on Arch Structure and Intrinsic Foot Muscle Strength," *Journal of Sport and Health Science* 3, no. 2 (2014), 74–85.

29 **찌르는 듯한 통증을 동반하는**: T. Jeff Chandler and W. Ben Kibler, "A Biomechanical Approach to the Prevention, Treatment, and Rehabilitation of Plantar Fasciitis," *Sports Medicine* 15 (1993), 344–352. Daniel E. Lieberman, *The Story of the Human Body: Evolution, Health, and Disease* (New York:

Pantheon, 2013).

30 **하버드 대학 생화학자인 아이린 데이비스(Irene Davis)가**: Stephen J. Dubner, "These Shoes Are Killing Me," *Freakonomics Radio*, July 19, 2017, https://freakonomics.com/podcast/shoes/.

31 **굽이 높은 신발은 종아리 근육을**: Robert Csapo et al., "On Muscle, Tendon, and High Heels," *Journal of Experimental Biology* 213 (2010), 2582–2588.

32 **신발 끝에 반복적으로 구겨 넣음으로써**: Michael J. Coughlin and Caroll P. Jones, "Hallux Valgus: Demographics, Etiology, and Radiographic Assessment," *Foot & Ankle International* 28, no. 7 (2007), 759–779. Ajay Goud, Bharti Khurana, Christopher Chiodo, and Barbara N. Weissman, "Women's Musculoskeletal Foot Conditions Exacerbated by Shoe Wear: An Imaging Perspective," *American Journal of Orthopaedics* 40, no. 4 (2011), 183–191. Lie berman, *The Story of the Human Body*.

33 **오른 발목이 골절됐다**: 헤흐트 박사가 후속 이메일에 썼듯이, "그 부상은 철판과 나사를 사용한 수술적 치료가 필요했습니다. 안타깝게도, 그 환자는 통증이 심한 외상 후 관절염이 생겨서, 발목 유합 수술을 해야만 했습니다."

결론: 공감하는 유인원

1 **얼마나 나약하고, 쉽게 다치며**: D. H. Lawrence, *Lady Chatterley's Lover* (Italy: Tipografia Giuntina, 1928).

2 **50만 건 이상의 사망**: "Falls," World Health Organization, January 16, 2018, https://www.who.int/news- room/fact- sheets/detail/falls.

3 **어떤 종에 속해 있었는지**: 같은 시간대에 공존했던 호미닌 종의 수는 의견이 분분한 주제이다. 190만 년 전의 케냐의 쿠비 역시 다르지 않다. 그 당시에는 적어도 두 종류가 있었다. *호모*와 *오스트랄로피테쿠스*(혹은 파란트로푸스) *보이세이*라 불리는 *로부스트 오스트랄로피테쿠스*였다. 그러나 최대 네 개의 종이 공존했을 수도 있다. *호모 하빌리스*와 *호모 루돌펜시스*라 부르는 두 개의 초기 호미닌 종이 있었다는 가설도 있다. 그리고, KNM- ER 2598라 이름 붙여진 190만 년 된 두개골 조각은 *호모 에렉투스*로 분류되어, 이 분류군 역시 이 시대에 진화했다는 것

을 말해 주고 있어 190만 년 전의 케냐의 쿠비 포라에 거주하던 종의 개수가 네 개가 되었다.

4 **어린 시절 부러진 발목이**: Jeremy M. DeSilva and Amanda Papakyrikos, "A Case of Valgus Ankle in an Early Pleistocene Hominin," *International Journal of Osteoarchaeology* 21, no. 6 (2011), 732–742.

5 **340만 년 전의 *오스트랄로피테쿠스 아파렌시스***: Yohannes Haile- Selassie et al., "An Early *Australopithecus afarensis* Postcranium from Woranso- Mille, Ethiopia," *Proceedings of the National Academy of Sciences* 107, no. 27 (2010), 12121–12126.

6 **왼쪽 대퇴골 골절을 입었다**: Richard E. F. Leakey, "Further Evidence of Lower Pleistocene Hominids from East Rudolf, North Kenya," *Nature* 231 (1971), 241–245.

7 **KNM-ER 1808로 알려진**: 간 섭취로 인한 비타민A 과다에 대해서는 다음을 참조. Alan Walker, Michael R. Zimmerman, and Richard E. F. Leakey, "A Possible Case of Hypervitaminosis A in *Homo erectus*," *Nature* 296, no. 5854 (1982), 248–250. Alan Walker and Pat Shipman, *The Wisdom of the Bones: In Search of Human Origins* (New York: Vintage, 1997). 또 다른 가설은 KNM- ER 1808이 비타민A 함량이 높은 꿀을 과다 섭취했다고 주장하고 있다. Mark Skinner, "Bee Brood Consumption: An Alternative Explanation for Hypervitaminosis A in KNM- ER 1808 (*Homo erectus*) from Koobi Fora, Kenya," *Journal of Human Evolution* 20, no. 6 (1991), 493–503. 딸기종 설명에 대해서는 다음을 참고. Bruce M. Rothschild, Israel Hershkovitz, and Christine Rothschild, "Origin of Yaws in the Pleistocene," Nature 378 (1995), 343–344.

8 **상상하기 어렵다**: KNM- ER 1808이 골학적으로 남성인지 여성인지에 대해서는 의견이 분분하다. 골반의 좌골절흔이 넓고 눈 위 뼈의 융기가 작은 것을 기반으로, 워커와 그 외의 학자들은 1982년 〈네이처(Nature)〉 학술지에서 1808이 골학적으로 여성이라고 추측했다. 현생인류 골격의 성을 구분하는 기준이 초기 호미닌에게는 제대로 적용되지 않는다는 증거와, *호모 에렉투스*의 신체 크기가 이형태의 가능성이 있다는 점을 고려했을 때, 나는 1808이 골학적으로 남성이라고 생

각했기 때문에 이 문장에서 '그'로 표현되었다. 물론 내가 틀린 것일 수 있다.

9 **149만 년 된 나리오코토메**: Bruce Latimer and James C. Ohman, "Axial Dysplasia in *Homo erectus*," *Journal of Human Evolution* 40 (2001), A12. 또 다른 팀은 나리오코토메가 척추측만증이 아닌 외상으로 생긴 디스크 탈출이 있었다고 주장했다. Regula Schiess, Thomas Boeni, Frank Rühli, and Martin Haeusler, "Revisiting Scoliosis in the KNM- WT 15000 Homo erectus Skeleton," *Journal of Human Evolution* 67 (2014), 48–59. Martin Hauesler, Regula Schiess, and Thomas Boeni, "Evidence for Juvenile Disc Herniation in a *Homo erectus* Boy Skeleton," *Spine* 38, no. 3 (2013), E123–E128.

10 **180만 년 전의 부분 발 화석은**: Elizabeth Weiss, "Olduvai Hominin 8 Foot Pathology: A Comparative Study Attempting a Differential Diagnosis," *HOMO: Journal of Comparative Human Biology* 63, no. 1 (2012), 1–11. 랜디 서스만은 OH 8 발의 병변은 외상으로 인한 것이라고 추측했다. Randall L. Susman, "Brief Communication: Evidence Bearing on the Status of *Homo habilis* at Olduvai Gorge," *American Journal of Physical Anthropology* 137, no. 3 (2008), 356–361.

11 **호미닌의 다리뼈는**: Susman, "Brief Communication."

12 **250만 년 된 퇴적물에서 나온 척추에는**: Edward J. Odes et al., "Osteopathology and Insect Traces in the *Australopithecus africanus* Skeleton StW 431," *South African Journal of Science* 113, no. 1–2 (2017), 1–7.

13 **같은 동굴 퇴적물에서**: G. R. Fisk and Gabriele Macho, "Evidence of a Healed Compression Fracture in a Plio- Pleistocene Hominid Talus from Sterkfontein, South Africa," *International Journal of Osteoarchaeology* 2, no. 4 (1992), 325–332.

14 ***오스트랄로피테쿠스 세디바*의 골격인 카라보는**: Patrick S. Randolph- Quinney et al., "Osteogenic Tumor in *Australopithecus sediba*: Earliest Hominin Evidence for Neoplastic Disease," *South African Journal of Science* 112, no. 7–8 (2016), 1–7.

15 **하버드 대학 영장류동물학자인 리처드 랭햄(Richard Wrangham)은**: Richard Wrangham,

The Goodness Paradox: The Strange Relationship Between Virtue and Violence in Human Evolution (New York: Vintage, 2019).

16 **학자들은 인간 본성의 진수를**: 랭햄은 루소가 많은 이들이 생각하는 것만큼 루소적이지 않다고 주장하고 있으나, 이는 종종 토마스 홉스(인간을 근본적으로 이기적으로 간주)나 장-자크 루소의 사상과 나란히 한다고 간주되곤 한다. Wrangham, *The Goodness Paradox*, 5, 18. Robert M. Sapolsky, *Behave: The Biology of Humans at Our Best and Worst* (New York: Penguin Press, 2017). Nicholas A. Christakis, *Blueprint: The Evolutionary Origins of a Good Society* (New York: Little, Brown Spark, 2019). Brian Hare and Vanessa Woods, *Survival of the Friendliest: Understanding Our Origins and Rediscovering Our Common Humanity* (New York: Random House, 2020).

17 **물기도 한다**: 개가 무는 횟수와 사망자 수는 다음에서 참조. "List of Fatal Dog Attacks in the United States," Wikipedia, https://en.wikipedia.org/wiki/List_of_fatal_dog_attacks_in_the_United_States.

18 **그날은 특별한 사건 없이**: 침팬지에게 있어서는 그랬다. 이는 침팬지와 숲에서 보낸 첫날 내 아내에게 있었던 일이며, 우리의 팀은 이미 침팬지가 붉은콜로부스원숭이를 사냥해 잡아먹는 것을 목격했다. 그 후 얼마 지나지 않아, 우리는 무화과나무 지지대 안에 숨어서 숲코끼리의 작은 무리가 지나가는 것을 지켜보았다. 그 다음으로 침팬지는 우리를 질척한 진흙이 무릎까지 오는 늪지대로 우리를 이끌었다. 그곳에서 우리는 '살인' 벌의 둥지를 건드렸다. 진흙에 빠진 상태여서 도망칠 수도 없었고, 벌은 무자비하게 우리를 계속해서 쏘아 댔다. 나는 손으로 얼굴과 안경 주위의 벌을 쳐 냈고, 내 레드삭스 모자는 숲속으로 날아갔다. 내 아내는 내 손을 잡았고, 늪에서 서로를 끌어당겨 빠져나와 안전한 곳으로 달려갔다. 그래서 아마도 나는 그날이 '특별한 사건 없이' 지나갔다고 쓰면 안 됐을지도 모르겠다. 내 아이들은 이 이야기를 좋아하며, 우간다 열대우림 깊은 곳에 내 안경을 쓰고 보스턴의 야구팀을 응원하는 침팬지 한 마리가 있을 것이라고 상상한다.

19 **때려죽이는 일이**: 다수의 침팬지 서식지에서 수집된 데이터를 종합해 보면, 이는 인간이 있었기 때문에 발생한 일탈 행위가 아니다. Michael L. Wilson et al., "Lethal Aggression in *Pan* Is Better Explained by Adaptive Strategies Than

Human Impacts," *Nature* 513 (2014), 414–417. 세라 하디가 인간이 침팬지보다 참을성이 많다는 것에 대한 최고의 비유를 한 것 같다. 해마다 160만 명이 비행기를 탄다는 사실에 주목한 그녀는 독자들에게 생각하는 실험을 제안했다: "만일 내가 침팬지로 가득한 비행기를 탔다면 어떨까? 손가락 발가락이 온전히 붙은 상태로, 숨을 쉬고 사지가 멀쩡한 상태의 아기를 데리고 비행기를 내릴 수 있다면 다행일 것이다. 피가 흐르는 귓불과 다른 부속물들이 비행기 통로에 가득할 것이다." Sarah Blaffer Hrdy, *Mothers and Others: The Evolutionary Origins of Mutual Understanding* (Cambridge, MA: Belknap Press, 2011), 3.

20 **그렇다고 보노보가 평화주의자라는**: 영장류를 포함한 육식에 대해서 다음을 참조. Martin Surbeck and Gottfried Hohmann, "Primate Hunting by Bonobos at LuiKotale, Salonga National Park," *Current Biology* 18, no. 19 (2008), R906–R907. 암컷 연합에 대해서 다음을 참조. Nahoko Tokuyama and Takeshi Furuichi, "Do Friends Help Each Other? Pattern of Female Coalition Formation in Wild Bonobos at Wamba," *Animal Behavior* 119 (2016), 27–35.

21 **선과 악의 잠재력은**: Wrangham, *The Goodness Paradox*, 6.

22 **DNA가 보존되어 있는 가장 오래된 화석으로**: Matthias Meyer et al., "Nuclear DNA Sequences from the Middle Pleistocene Sima de los Huesos Hominins," *Nature* 531 (2016), 504–507.

23 **심각한 두개골 유합**: Ana Gracia et al., "Craniosynostosis in the Middle Pleistocene Human Cranium 14 from the Sima de los Huesos, Atapuerca, Spain," *Proceedings of the National Academy of Sciences* 106, no. 16 (2009), 6573–6578.

24 **그는 돌로 맞아 죽었다**: Nohemi Sala et al., "Lethal Interpersonal Violence in the Middle Pleistocene," *PLOS ONE* 10, no. 5 (2015), e0126589.

25 **상처 주변이 치유된 것으로**: Christoph P. E. Zollikofer, Marcia S. Ponce de León, Bernard Vandermeersch, and François Lévêque, "Evidence for Interpersonal Violence in the St. Césaire Neanderthal," *Proceedings of the National Academy of Sciences* 99, no. 9 (2002), 6444–6448.

26 **라자렛 동굴에 살던 한 어린 소녀는**: Marie- Antoinette de Lumley, ed., *Les Restes*

Humains Fossiles de la Grotte du Lazaret (Paris: CNRS, 2018).

27 **중국 남부에서 발견된**: Xiu- Jie Wu, Lynne A. Schepartz, Wu Liu, and Erik Trinkaus, "Antemortem Trauma and Survival in the Late Middle Pleistocene Human Cranium from Maba, South China," *Proceedings of the National Academy of Sciences* 108, no. 49 (2011), 19558–19562.

28 **충격적인 폭력의 추가적 사례를**: 이는 인류 전쟁에 대한 문제를 제기한다. 그러나 지금까지는, 호미닌 조상들이 대규모의 분쟁에 참여했다고 시사하는 화석 기록은 찾지 못했다. *호모 사피엔스*의 몇몇 무리들이 수렵과 채집의 생활을 포기하고, 처음에는 가축을 기르고 그다음에는 경작을 하기 위해 영구적 공동체를 형성하여 정착하기 전까지는 전쟁은 발생하지 않았을 것이다. 그 후에 물이 잘 공급되는 목초지와 비옥한 토양이 싸울 만한 가치가 있는 대상이 되었던 것으로 보인다. 이 연구에 대한 최신 개요는 다음을 참고. Nam C. Kim and Marc Kissel, *Emergent Warfare in Our Evolutionary Past* (New York: Routledge, 2018). 대규모 인류 폭력의 가장 오래된 증거는 케냐의 투르카나 호숫가의 나타루크에서 발견된 고대 대학살의 유골 흔적으로, 2016년 캠브리지 대학의 고인류학자 마르타 미라존 라르가 발견했다. 그곳에서 그녀는 1만 년 전에 몸이 묶인 채 찔리고 맞아서 죽은 열 명의 유골을 발견했다. Mara Mirazón Lahr et al., "Inter- Group Violence Among Early Holocene Hunter- Gatherers of West Turkana, Kenya," *Nature* 529 (2016), 394–398. 수단의 제벨 사하바 유적지 역시 전쟁의 초기 흔적이 남아 있는 곳이라고 알려져 있다. Fred Wendorf, *Prehistory of Nubia* (Dallas: Southern Methodist University Press, 1968).

29 **인간은 서로 협력하는 데 능하지만**: 햄은 반응적 공격성과 선제적 공격성을 구분했다. Richard Wrangham, "Two Types of Aggression in Human Evolution," *Proceedings of the National Academy of Sciences* 115, no. 2 (2018), 245–253. Wrangham, The Goodness Paradox.

30 **우리 본성의 더 좋은 천사를 밀쳐 내고**: 이에 대한 추가 정보는 다음을 참고. Christakis, Blueprint; Wrangham, *The Goodness Paradox; Sapolsky, Behave*; Hare and Woods, *Survival of the Friendliest*; and Steven Pinker, *The Better Angels of Our Nature: Why Violence Has Declined* (New York: Penguin Group, 2015).

진화에서 협력의 전반적인 역할에 대한 자세한 사항은 다음을 참조. Ken Weiss and Anne Buchanan, *The Mermaid's Tale: Four Billion Years of Cooperation in the Making of Living Things* (Cambridge, MA: Harvard University Press, 2009).

31 **거의 비슷하게 움직인다**: Sapolsky, *Behave*, 44.

32 **그녀를 도와줄 다른 사람들과 함께였다**: 이는 로저스 씨의 다음 인용을 생각나게 한다. "내가 아이였을 때 뉴스에서 무서운 것을 보면, 나의 어머니는 내게 이렇게 말씀하셨다. '도와주는 사람들을 찾아봐. 남을 돕는 사람들은 항상 있어.'"

33 **날카로운 활 모양의 자국이**: 뼈에 대한 묘사는 다음에서 참조. Donald C. Johanson et al., "Morphology of the Pliocene Partial Hominid Skeleton (A.L. 288–1) from the Hadar Formation, Ethiopia," *American Journal of Physical Anthropology* 57, no. 4 (1982), 403–451. 가능한 원인에 대해서는 뉴햄프셔 레바논의 다트머스 히치콕 의학병원 병리학자인 빈센트 메몰리의 도움으로 추론했다.

34 **루시는 등에도 문제가 있었다**: Della Collins Cook, Jane E. Buikstra, C. Jean DeRousseau, and Donald C. Johanson, "Vertebral Pathology in the Afar Australopithecines," *American Journal of Physical Anthropology* 60, no. 1 (1983), 83–101. 쇼이에르만병은 아이들의 경우 치료가 가능하며 반드시 악화되는 것은 아니다. 사실, 최근에 두 명의 프로 운동선수들이 쇼이에르만병에 걸렸다. NHL 하키 선수인 밀란 루칙과 MLB 농구 선수인 헌터 펜스이다.

35 **2017년, 나는 인류학자인**: Jeremy M. DeSilva, Natalie M. Laudicina, Karen R. Rosenberg, and Wenda R. Trevathan, "Neonatal Shoulder Width Suggests a Semirotational, Oblique Birth Mechanism in *Australopithecus afarensis*," *Anatomical Record* 300, no. 5 (2017), 890–899.

36 **산파술은 … 가장 오래된 직업이다**: Karen Rosenberg and Wenda Trevathan, "Birth, Obstetrics, and Human Evolution," *British Journal of Obstetrics and Gynaecology* 109, no. 11 (2002), 1199–1206.

37 **엘리사 디무루(Elisa Demuru)는**: Elisa Demuru, Pier Francesco Ferrari, and Elisabetta Palagi, "Is Birth Attendance a Uniquely Human Feature?

New Evidence Suggests That Bonobo Females Protect and Support the Parturient," *Evolution and Human Behavior* 39, no. 5 (2018), 502–510. Pamela Heidi Douglas, "Female Sociality During the Daytime Birth of a Wild Bonobo at Luikotale, Democratic Republic of Congo," *Primates* 55 (2014), 533–542. 롤라 야(Lola Ya) 보노보 보호구역에서 보노보를 연구해 온 브라이언 헤어는 보노보도 흥분할 때가 있고 그럴 때면 좋지 않은 결과로 이어질 수 있다며 주의를 주었다. 그는 '암컷이 새끼를 훔쳐서 돌려주지 않는' 경우가 가끔 있으나, 이는 혈연관계가 훨씬 강한 야생의 상황이 아니라는 점을 나에게 전달했다.

38 **병원, 휠체어, 신체 보조기구들을**: 로봇공학 교수인 조나단 허스트는 테드 강연회에서 로봇과 로봇의 외골격은 결국 휠체어를 과거의 산물로 몰아낼 것이라고 말했다. 허스트는 "휠체어는 역사 속의 유물이 될 것입니다."라고 말했다. 이집트에서 발견된 3천 년 된 나무와 가죽 발가락은 가장 오래된 것으로 알려진 신체 보조기구이다. 기원 전 1100-1700년 전의 힌두교 성전인 베다 가운데 하나는, 전장에서 다리를 잃고 강철로 대체한 여왕 전사 비스팔라(Viśpálā)에 대한 설명을 하고 있다. 그러나 사지를 대체할 보조기구를 생산하는 데 필요한 창의력이 있기 이전에 공감이 먼저 있었다. Jacqueline Finch, "The Ancient Origins of Prosthetic Medicine," *The Lancet* 377, no. 9765 (2011), 548–549.

39 **공감은 '신체의 동시화'와 함께**: Frans de Waal, "Monkey See, Monkey Do, Monkey Connect," *Discover* (November 18, 2009). 다음도 참조. Frans de Waal, *Age of Empathy: Nature's Lessons for a Kinder Society* (New York: Broadway Books, 2010).

40 ***신체 크기나 힘과 관련해서***: Darwin, *The Descent of Man,* 156.

41 **내 친절을 약점이라고 착각하지 마시오**: 이 인용문은 인터넷에서 쉽게 찾아볼 수 있으나 출처가 분명하지 않다. 《알 카포네의 지혜(The Wisdom of Al Capone)》의 저자 윌리엄 J. 헬머는 그의 웹사이트에서(www.myalcaponemuseum.com) 이를 두고 "기껏해야 의심스럽다."라고 했다.

42 **절대 착각하지 마시오 … 내 친절을 약점이라고**: 인용문의 전문은 다음과 같다. "내 침묵을 무지라고, 내 침착함을 수용이라고, 혹은 내 친절함을 약점이라고 착각하

지 마시오. 연민과 관용은 약점의 신호가 아니라 강인함의 신호입니다." 그러나 다시 한번, 이는 출처가 분명하지 않으며, 사실이 아닐 수 있다.

43 **우리는 두 다리로 걷는다**: De Waal, *Age of Empathy*, 159.

44 **안전하게 끌어냈다**: Roger Fouts and Stephen Tukel Mills, Next of Kin: *My Conversations with Chimpanzees* (New York: Avon Books, 1997), 179–180. Gorilla rescue from "20 Years Ago Today: Brookfield Zoo Gorilla Helps Boy Who Fell into Habitat," *Chicago Tribune* (August 16, 2016), https://www.chicagotribune.com/news/ct- gorilla- saves- boy- brookfield- zoo-anniversary-20160815-story.html. Orangutan from Emma Reynolds, "This Orangutan Saw a Man Wading in Snake- Infested Water and Decided to Offer a Helping Hand," CNN, February 7, 2020, https://www.cnn.com/2020/02/07/asia/orangutan- borneo- intl- scli/index.html. 조금 냉소적인 해석은 오랑우탄이 단순히 먹이를 향해 손을 뻗었다는 것이다. 그러나 그 남성은 먹을 것을 가지고 있지 않았기 때문에, 이는 가능성이 낮다. 난쟁이 침팬지의 행동에 대한 더욱 자세한 사항은 다음 서적과 서적 내의 출처 참고. Vanessa Woods, *Bonobo Handshake* (New York: Gotham, 2010).

45 ***다리가 둘인 생명체가***: American Museum of Natural History, "Human Evolution and Why It Matters: A Conversation with Leakey and Johanson," YouTube (May 9, 2011), https://www.youtube.com/watch?v=pBZ8o-lmAsg. 마가렛 미드는 문명에 대한 가장 초기의 증거가 무엇이냐는 질문을 받았다. 그녀의 답은, '상처가 아문 대퇴골'이었다. Ira Byock, *The Best Care Possible: A Physician's Quest to Transform Care Through End of Life* (New York: Avery, 2012).

46 **인간은 흥미로운 종이다**: 영화『콘택트(Contact)』는 로버트 제메키스 감독이 1997년 제작했다. 소설《콘택트(Contact)》에서 세이건은 다음과 같이 썼다: "그곳엔 많은 것들이 있다: 감정과 기억, 본능, 학습된 행동, 광기, 꿈, 그리고 사랑. 사랑은 매우 중요하다. 인간은 흥미로운 조합이다." 각본은 마이클 골든버그와 제임스 V. 하트가 작성했다.